感谢我的学生,年复一年,他们求知若渴的神情，满怀热情地想要学习如何把世界设计得更美，让我萌发了写这本书的念头。

感谢我的同事，他们包容我，支持我并鼓励我在亚利桑那大学用非传统的方法教授绘图入门课程。

最最感谢佩奇，没有她的爱这本书永远也无法完成。她在此书的撰写、创作和出版的各个阶段都给予了适时而又关键的贡献，正是她让本书变得深刻。

目录

图片鸣谢

作者诚挚地感谢如下所列的出版社、研究机构和个人允许本书翻印所用到的插图、图表和照片。

Page 15. Pablo Picasso—Guernica. © 1999 Estate of Pablo Picasso/Artists Rights Society (ARS), New York.

Page 15. Gearbox Control Surface Lock Casting. From *Graphics—Analysis and Conceptual Design* by A. S. Levins. Copyright © 1968 by John Wiley & Sons, Inc., New York.

Page 15. Le Corbusier—La Chapelle de Ronchamp. From *Le Corbusier 1946–52*. © 1999 Artists Rights Society (ARS), New York/ADAGP, Paris/FLC.

Page 17. A Victorian Drawing Class. From *Nelson's New Drawing Course* by J. Vaughan (Edinburgh 1903). By permission of Thomas Nelson and Sons, Ltd., Publishers, London.

Pages 25, 51, 73, 74, 79, 109, 135. Johnny Hart from the cartoon strip, *B. C.* By permission of Johnny Hart and Field Enterprises, Inc.

Pages 34, 35, and 36. Photographs by Peggy Hamilton Lockard.

Page 39. Charles Schultz *Peanuts* cartoon. United Feature Syndicate.

Page 48. Le Corbusier—Le Modulor. From *Le Corbusier 1946–52*. © 1999 Artists Rights Society (ARS), New York/ADAGP, Paris/FLC.

Page 56. Diagram of the Brain. From *The Dragons of Eden* by Carl Sagan. Copyright © 1977 by Carl Sagan. Reprinted by permission of Random House, Inc., and by permission of the author and the author's agents, Scott Meredith Literary Agency, Inc., 845 Third Avenue, New York, New York, 10022.

Page 59. Schematic Representation of the Organismic Hierarchy from *Janus: A Summing Up* by Arthur Koestler. Copyright © 1978 by Arthur Koestler. Reprinted by permission of Random House, Inc., and by permission of Sterling Lord Literistic, Inc.

Page 63. The Two Modes of Consciousness: A Tentative Dichotomy taken from *The Psychology of Consciousness* by Robert E. Ornstein, copyright © 1972 by Harcourt Brace & Company, reprinted by permission of the publisher.

Page 72. Express Text Cycle from *Experiences in Visual Thinking*, Second Edition, by R. H. McKim. Copyright © 1980 by Wadsworth, Inc. Reprinted by permission of the publisher, Brooks/Cole Publishing Company, Monterey, California.

Page 77. Nancy Strube—Fig. 21–50, Scroll. From *Experiences in Visual Thinking*, Second Edition, by R. H. McKim. Copyright © 1980 by Wadsworth, Inc. Reprinted by permission of the publisher, Brooks/Cole Publishing Company, Monterey, California.

Page 82. Piranesi—Illustration 28, Carceri: Plate 3. From *Giovanni Battista Piranesi. Drawings and Etchings at Columbia University.* Copyright © 1972 by the Trustees of Columbia University of the City of New York. By permission of Columbia University.

Page 82. Canaletto—Piazza San Marco: Looking East from South of the Central Line. From *Canaletto: Giovanni Antonio Canal 1697–1768* by W. G. Constable, Second Edition, edited by J. G. Links. Copyright © Oxford University Press 1976. By permission of the publisher.

Page 82. Leonardo da Vinci—The Costruzione Legittima as it was Drawn by Leonardo from *On The Rationalization of Sight: With an Examination of Three Renaissance Texts on*

Perspective by William J. Ivins, Jr. Copyright © 1973 by Da Capo Press, Inc. By permission of the publisher.

Page 83. Peter Eisenman—Axonometric Drawing. From *Five Architects* by P. Eisenman, M. Graves, C. Gwathmey, J. Hedjuk, R. Meier. Copyright © 1974 by Peter Eisenman, Michael Graves, Charles Gwathmey, John Hedjuk, and Richard Meier. Used by permission of Oxford University Press, Inc.

Page 84. C. Leslie Martin—Multi-view Orthographic Projections. Reprinted with permission of Macmillan Publishing Co., Inc. from *Architectural Graphics,* Second Edition, by C. Leslie Martin. Copyright © 1970 by C. Leslie Martin.

Page 92. Richard Welling—Line Drawing. From *The Technique of Drawing Buildings* by Richard Welling. Watson-Guptill Publications. By Permission of Richard Welling.

Page 92. Paul Stevenson Oles—Tone Drawing. From *Architectural Illustration: The Value Delineation Process* by Paul Stevenson Oles. Copyright © 1979 by Van Nostrand Reinhold Company. Reprinted by permission of the publisher.

Page 93. Mark deNalovy-Rozvadovski—Tone of Lines Drawing. From *Architectural Delineation* by Ernest Burden. Copyright © 1971 by McGraw-Hill Inc. Used with permission of the McGraw-Hill Companies.

Page 93. Helmut Jacoby—Line and Tone Drawing. From *New Architectural Drawings* by Helmut Jacoby. Copyright © 1969 by Verlag Gerd Hatje. Reprinted by permission of the publisher.

Page 111. Projected Perspective Methods. From *Architectural Graphic Standards,* Sixth Edition, by Charles G. Ramsey and Harold R. Sleeper. Copyright © 1970 by John Wiley & Sons, Inc. By permission of the publisher.

Page 115. Leonard da Vinci—Studio del Corpo Umano O "Canone di Proporzioni." By permission of Scala New York/Florence.

Page 135. C. Leslie Martin—Shadows on Plans and Elevations. Reprinted with permission of Macmillan Publishing Co., Inc. from *Design Graphics,* Second Edition, by C. Leslie Martin. Copyright © 1968 by C. Leslie Martin.

Page 155. Ted Kautzky—Pencil Drawings. From *The Ted Kautzky Pencil Book* by Ted Kautzky. Copyright © 1979 by Van Nostrand Reinhold Company. Reprinted by permission of the publisher.

Page 195. Paul Laseau—Problem Solving Diagrams. From *Graphic Problem Solving for Architects and Builders* by Paul Laseau. Copyright © 1975 by CBI Publishing Company. Reprinted by permission of the publisher, CBI Publishing Company, Inc., 51 Sleeper St., Boston, MA 02210.

Pages 202, 207, 212. Paul Laseau—Drawings from *Graphic Thinking for Architects and Designers* by Paul Laseau. Copyright © 1980 by Van Nostrand Reinhold Company. Reprinted by permission of John Wiley & Sons, Inc.

Page 204. Edward de Bono—Illustrations on p. 179 and specified excerpts from *Lateral Thinking: Creativity Step by Step* by Edward de Bono. Copyright © 1970 by Edward de Bono. Reprinted by permission of HarperCollins Publishers, Inc.

Pages 205 and 206. Edward T. White—Programming Diagrams. From *Introduction to Architectural Programming* by Edward T. White. Copyright © 1972 by Edward T. White. By permission of the author.

Page 211. Francis D. K. Ching. Regular and Irregular Forms. From *Architecture: Form, Space and Order* by Francis D. K. Ching. Copyright © 1979 by Van Nostrand Reinhold Company. Reprinted by permission of John Wiley & Sons, Inc.

Page 222. Edward T. White—The Variables of Presentation. From *Presentation Strategies in Architecture* by Edward T. White. Copyright © 1977 by Edward T. White. By permission of the author.

Page 223. Documents de L'Ecole Nationale Supérieure des Beaux-Arts, Paris. From *The Architecture of the Ecole Des Beaux-Arts,* The Museum of Modern Art, New York, edited by Arthur Drexler.

Page 227. Cartoon from *Shaping the City* by Roger K. Lewis.

Pages 253, 254, 255, 258. Photographs and drawings by Les Wallach, Bob Clements, and John Birkinbine of Les Wallach's office, Line and Space.

Page 259. Photographs by Bill Timmerman.

Page 259. Drawings by Rick Joy.

Page 276. Photograph by Douglas Mazonwicz. From *Prehistoric Art* by T. G. E. Powell.

All other drawings in *Design Drawing* are by the author.

致　谢

作者诚挚地感谢以下出版社和作者为本书提供了资料。

Brooks/Cole Publishing Company, Monterey, California, for permission to quote from *Experiences in Visual Thinking,* second edition, by R. H. McKim. Copyright © 1972, 1980 by Wadsworth, Inc.

Jerome S. Bruner for permission to quote from *A Study of Thinking* by Jerome S. Bruner, Jacqueline J. Goodnow, and George A. Austin. Copyright © 1956 by John Wiley & Sons.

Edward de Bono and Harper & Row, Publishers, Inc. for permission to quote specified excerpt on pages 63–64, 197, and 203 abridged from *Lateral Thinking: Creativity Step by Step* by Edward de Bono. Copyright © 1970 by Edward de Bono.

James J. Gibson, *The Ecological Approach to Visual Perception*. Copyright © 1979 by Houghton Mifflin Company. Reprinted with the permission of Dr. Eleanor J. Gibson.

James J. Gibson, *The Perception of the Visual World*. Copyright © 1950 by Houghton Mifflin Company. Used with permission.

James J. Gibson, *The Senses Considered as Perceptual Systems*. Copyright © 1966 by Houghton Mifflin Company. Reprinted with permission.

"Excerpts" from *The Hidden Dimension* by Edward T. Hall. Copyright © 1966, 1982 by Edward T. Hall. Used by permission of Doubleday, a division of Random House, Inc., and Edward T. Hall Associates.

William H. Ittelson and Seminar Press, Inc. for permission to quote from *Environment and Cognition,* edited by William H. Ittelson. Copyright © 1973 by Seminar Press, Inc.

Sterling Lord Literistic, Inc. for permission to quote excerpts from *Karl Popper* by Bryan Magee. Copyright © 1973 by Bryan Magee.

W. W. Norton & Company, Inc. for permission to quote from *Conceptual Blockbusting* by James L. Adams. Copyright © 1974, 1976 by James L. Adams.

Random House, Inc. and Sterling Lord Literistic, Inc. for permission to quote from *Janus: A Summing Up* by Arthur Koestler. Copyright © 1978 by Arthur Koestler.

Edward T. White for permission to quote from *Introduction to Architectural Programming* by Edward T. White. Copyright © 1972 by Edward T. White.

John Wiley & Sons, Inc. for permission to quote from *Graphic Thinking for Architects and Designers* by Paul Laseau. Copyright © 1980 by Van Nostrand Reinhold Company.

对于这本书的出版，作者还要感谢两个人：南茜・格林，诺顿出版社的编辑，她对图书的兴趣、独到的见解和对质量的坚持造就了这本书；凯西・鲁布尔，他不仅使本书结构紧凑不冗余，还使叙述更清晰。

前言

在《设计手绘》一书初版发行27年之后，我能有机会再做修改,感激之情溢于言表。修订版包含了原版书浓缩的精华;我保留了我认为对于一个学习绘图的人来说仍然有用和重要的知识点,同时也用很大篇幅介绍了此书撰写之初还不为人知的新兴技术。

本书还包括实践与应用相互结合的章节，应用部分详细说明了书中提及的绘图技能如何应用在教学和实践中；相互结合部分包括用两种色彩序列来说明覆盖图的使用。在此基础上，本书还包括手工绘图和数码上色的结合，还有电脑制作的表述图，这些都是出自我儿子斯科特·劳克德之手。您在序列图中看到的技术和基因遗传可是一点关系都没有，完全是斯科特智慧与勤奋的结果，他能参与此书的修订工作，我深感高兴与欣慰。

修改过的第一章和第二章删除了原版中一些纯理论的部分，透视画法和投影章节则做了简化，变得更加简明易懂。我还删除了原书中很多用来解释文章的卡通插图，虽然为原书画这些图的时候很有趣，但我还是觉得是时候让它们退休了。《设计手绘》第一版在27年前出版至今，不管是在设计界，还是在专业的设计学校，绘图的应用和教学的方式都有了很大的变化。电脑的运用使得绘图有了革命性的变化，从长远的角度看，益处是显而易见的。然而，短期内电脑的优点还不是那么明显。

电脑辅助绘图已经被人们欣然接受，那些不愿意花时间学习绘图的学生和那些不愿意花时间帮助学生学习绘图的学校都乐于采用这个办法。大多激进的电脑拥护者断言电脑将为我们完成所有的绘图，因此绘图的技能和伴随学习绘图的间接学习也都没有必要了。

电脑辅助绘图已经开始取代更多无聊而重复的绘图工作，开始做大型的重复性工程绘图。电脑还可以做很多对于手工绘图者而言不可能或者非常困难的事。比如说，它们能保持定量轨迹，校验规定尺寸，确保一份图纸上的变动能应用到所有相关的图纸上去。

但是，电脑绘图技术对于线条重量或色泽光度来说毫无差别，而且用电脑绘制展示图片，要么是一些电脑制作的难看的背景模板，要么就是什么都没有，电脑使用的下降趋势由此可见一斑。

到底是需要让专业的设计师用电脑绘图，还是让专门绘图的技术工人来完成这项任务，人们的意见还不统一。

电脑的使用开始让人们清楚哪种绘图技能依然值得学习，毕竟学着像上几辈的设计师们那样绘制非常精确美观、一目了然的工程草图似乎没有必要了。能熟练使用CAD制图的人能更加精确地绘制这些草图，而且绘图依据的标准可以被编成程序输入电脑。

花时间学习熟练的手工绘图用以挑战电脑，似乎越来越不被人们提倡了。花时间学习徒手快速绘制先于电脑工作的概念草图，还有学习徒手绘制一幅绘制分层图，分层图再与电脑结合绘制最终的展示透视图并为其上色，这些绝对是值得花时间去学的。

在修订版中加入了两种新的色彩序列，是为了说明这两种徒手绘图的用法。虽然不再需要学着徒手画出精准无误的图，但我们应该学习这两种徒手绘图的技巧，因为这两种技巧在设计和绘图的领域里非常重要。

我们永远都需要在设计之初就呈现我们的设计理念，特别是那些带有三维性、主观性和经验性特点的，而且，如果我们看重那些表现我们最终设计的图片质量，就要能徒手画出分层图，分层图能给予设计师们期待的个人风格。

基于这些理由，本书提倡的这种绘图方法在不久的将来会比过去显现出更多的价值。

引言

本书以环境设计专业（建筑学、景观园林设计和室内设计）的学生为对象。多数环境设计初学者已经对美术绘画或制图绘画有些了解。然而，与其对英语、数学或自然科学的了解相比，设计初学者对绘图的态度，根据其是否接触过美术绘画或制图绘画，几乎没有什么太大的不同。设计学校通常只是提高学生正巧具有的绘画能力。与此同时，他们或者过分不当地欣赏学生的所谓“天赋”或者同样不当地蔑视学生缺少天赋。因此，对于在其他方面做好准备接受设计教育的学生来说，学习绘图和在设计中使用绘图经常感到艰难。

先前我曾写过一本有关绘图的书《建筑手绘方法》。这本书的成功，以及更加确信绘图能力对设计师的重要性，使我著述了《设计手绘》这本书和现在的修订版本。本书的主要主张有：

- 设计绘图在其用途、方法和价值上明显不同于传统的正式的美术和制图，将环境设计学生局限于美术或制图的传统态度和方法就是限制了他们对设计过程中最有价值的工具的理解。
- 设计绘图在描述设计的方式上与传统制图有显著不同。制图将一个设计看做一个对象，用传统的平面图、剖面图和正视图来描述它，而设计绘图将一个设计看做一种环境，用透视图来研究对它的主观体验。

作为作者，我知道最大的难点在于西方的线性、合理论点的知识传统——如何归类和关联必须讲述的内容。不幸的是，只有虚构作品的作者的意识流散文能被人们接受。当所述的多数内容涉及打破和重新制定传统类别时，尤其困难。先考虑设计绘图与美术绘画和制图绘画这两种传统绘画之间的关系，才能更好地了解本书开始建立的新绘画类别——设计绘图。

设计绘图与美术和制图之间的关系

传统划分

美术与制图之间的区别，从机械制图引入初中时起对学生来说就变得显而易见。这种精确制图，有其自己特定的直线形式，是继很早以前将美术绘画引入小学以后而来的。基于学生性别的文化教育划分，强化了这种区别。虽然社会对“男性”和“女性”绘画的观念正不断弱化，但你仍会发现，高中美术课上男生较少，而机械制图课上的女生更少。

理性与创造力的视觉/图形要素

美术与制图是沿用已久的有益传统，对绘图员、画家和插图画家而言，其技术、价值和方法足以。然而，可惜的是，美术绘画和制图绘画所代表的两极绕过了可能比这两种传统观念更有价值的对绘画的思考和使用。这第三种绘画方法将绘画作为理性和创造力的视觉/图形要素。视觉是我们最发达的感官，卓越视觉与敏捷的手之间的独特联系，是使我们成为人类的智力源泉。如果我们发展这种视觉/图形潜能，与我们只使用头脑通过理性语意来分类相比，我们经常能在代表性图纸中更直接地“看”到最正确或最合理的选择。我们的眼睛非常明智，与其他感官相比，我们更相信眼睛。同意参加口头描述的初次会面的任何人士都知道我的意思。我们的语言充满了这种老掉牙的但真实的短语，例如，“我明白”“它看起来很适合我”“给我看看”“让我看看”“我能想像”等。

绘出问题或者问题的临时解决方案允许设计者和设计过程中牵涉到的所有其他人以最直接的方式看到和评估提案。我们的便利、安全、愉悦和理智所依赖的建筑环境的所有设计者都使用或者应当使用这种绘画。一段时间以来，我们已经知道我们必然受我们所居住的环境影响，但我们却一直没有积极认真地承担设计环境的责任。对于这种设计责任而言，知道被拟建环境围绕会是什么样子是绝对必要的。

我并不准备在此对绘画在哲学或科学调查方面的应用提出论点，虽然我相信绘画在那些方面会非常有用。不幸的是，在多数人类高级行为中，对图形存在偏见。当我们的孩子成熟时，我们拿走他们的图画，有意限制眼睛与心灵之间强烈的进化联系。任何带有插图的书籍，名声都不好。

一种相关态度认为绘画或图片会误导人，会打击情绪反应，在严肃的事情上不能使用。而我的经验却正相反，绘画比文字更值得信赖，更真实。

绘画还被许多设计方法理论家怀疑为神秘的直观活动或者低估为自动的不需要动脑的活动。相信自己的绘画能力并且在设计过程中有意识使用绘画的许多设计者并不这样认为。

绘画作为“视觉”

我们可以得出这样一个论点，除了交流用途以外，语言的重要益处之一就是它促使思想更精确。对于绘画也存在类似论点。准确地复制空间环境和根据绘制的表征进行评价，促使更精确地“看到”和体验到环境。这种绘画能力使我们能够提出环境中的精确变化，以评价的方式“看到”它们。绘制复杂对象和空间的能力，促使我们更深地理解和评价环境的空间结构。

三种绘画

我发现，说明设计绘图、美术和制图之间差异的最佳方式是比较它们的用途、方法和价值体系。

关于美术，绘画重视自我表达、主题的选择、名师技巧、多层传达（经常有意隐藏），尤其是绘画本身就是独一无二的真迹。绘画本身就是作品。在色彩、透视法和主题方面，真实性经常被有意扭曲，这种扭曲是作品表现价值的一部分。创作美术绘画还通常被认为是一种完整的有限行为，重画或更改会降低特定图画的价值，因为这表明画家的优柔寡断或弱点。美术对于绘画效率没有要求。事实上，它更重视绘画的艰辛。

毕加索，1937年(5月~6月初)

艺术绘画是单一的创造行为的产物，根据其与现实和习俗的并列来评价。

关于制图，绘画重视机械准确性和效率，通过一组严格的正式的直线抽象概念（平面图、正视图、剖面图和等角图）与现实相联系。这些只是现有的或已确定的对象的制造记录或样式。制图或机械图纸的优点，就像你判断复印机的优点一样。除了字体风格或者指北箭头的选择和放置以外，这里没有自我表达或创造性思维的表达空间。

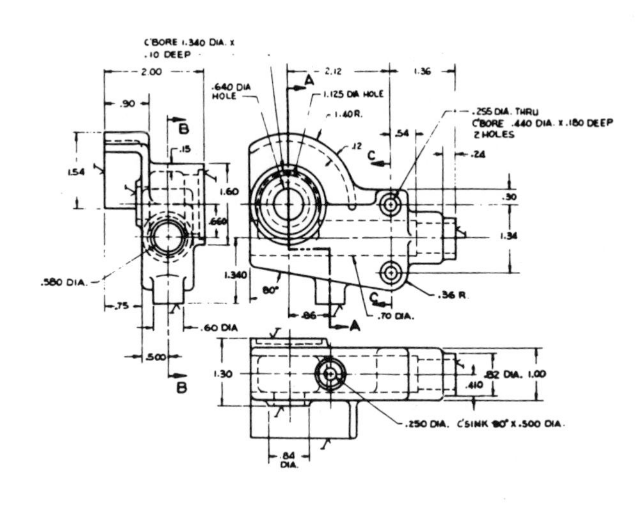

齿轮箱控制表面锁铸件图纸（选自通用动力公司康维尔部门的图纸）

制图绘画是一种有效制作的机械上准确的并且遵循严格的正式规则的样式或记录。

关于设计绘图，绘画必须消除若干困惑。设计绘图应清晰完整地表现设计，同时又是临时的，可以改进的。它们可能不正规，但却必须准确。它们应展现设计存在于其周围环境中的样子，还要将设计作为围绕观众的环境展现设计本身。设计绘图应把设计作为一个综合对象迅速地、客观量化地表现出来，同时还要把设计作为要体验的环境主观定性地表现出来。最后，虽然它们在设计的产生、评价、改进和记录过程中绝对必不可少，但设计绘图本身是没有价值的——它们的唯一作用就是为设计过程服务。

设计绘图应主要供设计者使用，其次供他人使用。它们作为“透明观众”存在，通过它们设计者能够看到他们正在设计的东西。

勒·柯布西耶，朗香教堂手绘草图

最有价值的设计绘图是那些扩充和形成设计过程、准确表现设计的体验性质的绘画。

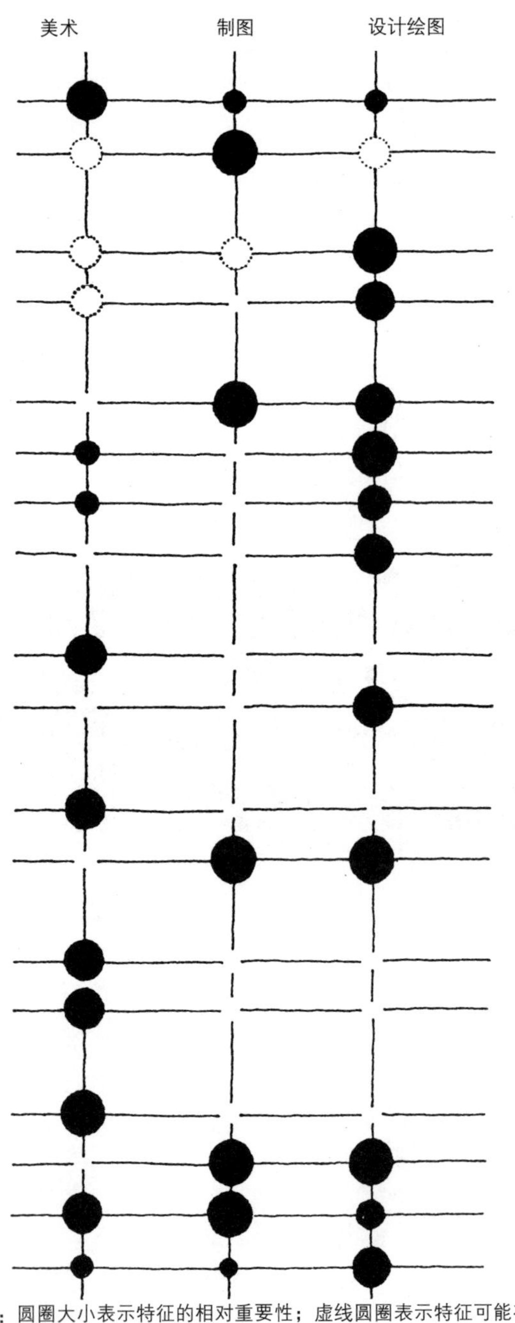

注：圆圈大小表示特征的相对重要性；虚线圆圈表示特征可能存在也可能不存在。

技巧

介质的选择
符合正式规则
真实感
与现实的直接关系——真实感
纳入特定环境

时间

效率
与决策过程的关系
反复绘制
制作特定绘图的时间选择
创新
发明绘画新方式
发明绘画新用途

主体

可有各种各样的个别解释
普遍明确的解释
绘图者
拟用来证明绘图者的技能
主题的自我表达选择

用途

本身作为结果被人羡慕
通向另一个结果的一种方式
主要与他人交流
主要用于设计者的自我交流

左面的表格说明了三种绘画之间的区别。设计绘图与美术和制图有某些共同特征，但显而易见，它又不同于另两种绘画。也许这三种绘画之间的区别可以总结如下：

美术：回应与表达

画家绘画时，他们是在对环境做出回应，自由表达他们的体验。绘画完成时，他们希望画作会传达有关其某些体验的个人表达，反过来每位观众根据其自己的体验进行各种各样的解释。画家将其画作悬挂在画廊中。

制图：描述和说明

绘图员绘图时，他们是在描述预先确定好的建造对象或待建造对象。绘图完成时，他们必须依靠它来精确说明所描述对象是如何或者应当如何建造，不能自由解释。绘图员复制他们的绘图作为说明，然后作为记录归档。

设计绘图：生成、评价和改进

设计者绘图时，是在设计一种不存在的还未确定的环境。他们直接生成、评价和改进他们在绘图的水晶球中所看到的东西。他们的绘图可能永远不会结束，但设计者依靠它们向设计者自己和客户准确表现拟建环境的体验。设计者可能会扔掉他们的绘图。

这三种绘画以后的区别可能会比现在更大。制图因其重复的机械性质将日益被计算机取代。这种可能性严重危及传统的非计算机化的“机械”绘图课程。这一名称暗示了机器制造理想，继续培训人类来创作以机械完美为目标的东西似乎是徒劳的。

美术绘画当然将继续存在，但现实情况是过去要求的精确描绘曾被大量放弃，许多画家用绘画作为预言性表达，最后的作品通过完全不同于现实表达的油漆过程来完成。

设计绘图也许是这三种绘画中前景最好的。阿尔文·托夫勒在《未来冲击》（1970年）一书中写道：

扩大我们对可能之未来的想像是重要的；但这些想像不必组织、明确为结构化形式。过去，乌托邦文学为我们做到了这一点。它在安排人类有关选择性未来的梦想方面发挥了实际的至关重要的作用。今天我们因围绕其组织对可能之未来的竞争性想像的乌托邦式想法的缺乏而受苦。

建筑师、园林景观设计师和室内设计师应带头提出选择性未来的实际论坛。赖特的广亩城市、索拉尼的建筑生态、阿基格拉姆集团的各种城市提案以及最近的“新城市主义”都有瑕疵，但却都有影响力。设计绘图应能够向我们展示许多更好的可选方案，使我们无须构建就能够想像居住其中会是什么样子。

绘图的教与学

计算机挑战

在《设计手绘——理论与技法》第一版中，我曾指出，教授绘图的传统方法，尤其是透视画法和定影法，是如此需要技巧且乏味枯燥，在实践中几乎不使用这些技巧。今天，我还必须指出在数量上急剧增长的制图和透视图计算机程序的不当使用。人们不是欢迎其作为设计绘图的有益补充，而是太经常地支持用其完全替代手工，从而忽略了学习手工绘图的必要性。

展示对所设计环境的体验的徒手视平图，仍然是特定设计方案承诺立基于其上的最快速、最好的表现方法。不幸的是，特定设计方案的承诺经常在几乎没有或者根本没有进行三维勘察的情况下做出。原因在于，在平面图和截面图最终确定之前或者在最终设计完全编进计算机之前不能绘制透视图。

计算机帮助我们为限制透视画法用于非设计表现图增加了理由，而不是提高我们学习我们的设计之三维体验性质的能力。但设计者仍然需要学习手绘，来绘制至少三种绘图：

· 计算机绘图之前的徒手概念化的平面图和截面图，探究问题的可能解决方案之范围

维多利亚时期的绘图班

· 透视图、重叠图以及手工或数字上色，帮助发展和赢取最佳设计方案的承诺

· 徒手绘图的层，为最后的表现透视图赋予人性，赋予个性和生命

计算机永远不可能接手这些基本类型的绘图，因为受过良好训练的人类的手和眼，始终会更快、更好、更美丽。

教授绘图

有关教授和学习绘图的所有观念都基于关于绘图能力的天性、起源和发展的假设。我同意行为心理学家的为数不多的几个观点之一，就是所谓绘图才能实际上就是不被认识的多年强化行为的产物。未将绘图强化为行为的学生，在其第一堂绘图或设计课上，当其将其绘图与其他学生相比较时，可能会感到气馁，那些学生几乎不怎么努力但却画得比他们要好。

天赋

常规的逃避想法是认为这种不费力的绘图技巧是天生的或者“天然”的才能。这对于学生来说是令人舒适的想法，这为他们的拙劣绘图找到了借口，甚至更糟糕，他们完全放弃了成为设计师的想法，因为他们显然不具备绘图“天赋”。对于老师而言，这种说法同样是一种便捷的借口，他们可以假设画得笨拙的学生没有天赋，因而难以教育。在先天或天生能力这种假设盛行的情况下，几乎不可能进行教授或学习。天赋是种荒诞的说法，也许令人舒服，但对于那些教授和参加绘图课程的人而言，显然是站不住脚的。

当一个学生展示出普遍被认为是天赋的东西时，他的同学和老师没有看到十年甚至十五年的强化绘图行为。在我所知道的每种情况中，这种所谓的天赋是父母、老师和朋友强化的结果，而且已变成自我奖赏。天赋神话同样不相信学习绘图所花费的集中努力的时间，这对于那些做出努力的人来说并不公平。它同样剥夺了好的绘图老师因其学生的绘图能力而可能应获得的荣誉。

动机

绘图能力的培养不要求大量的实际绘图。学习绘图没有许多捷径。困惑之一是快速自信地学习绘图要求长期缓慢地尝试性地绘图。清晰、综合说明、图解示例以及耐心、支持的态度是教学的基本要素，但是也许对学生学习绘图影响最大的要属成功的自我奖赏体验。完成一幅较难的画作，学生认为是一种成功，并且对此感到自豪，这比世界上所有书籍和说教都更有助于学生学习绘图。学生从半成品图开始绘图或者接受老师或同学的帮助都没有关系。重要的是学生了解如何创作类似图画——在认识到这种自我奖赏体验能够重复和提高的喜悦中，其所接受的帮助会被遗忘。如果一位老师能够将学生转变为把绘图当做一件享乐的事，则这位老师已经做出了任何老师能做到的最最重要的事情。

随附的绘图练习《设计手绘——体验与实践》，旨在提供成功的绘图体验，支持学生努力学习绘图。合理的勤奋和聪明才智的运用，在绘图课程上应当始终得到成功的奖赏。

认识绘图

虽然学习绘图可能从使绘图有奖赏开始，但学习应尽可能多地上升到认识、语言层面。绘图能力必须不仅仅只是协调良好的动物或机器人能被安排完成的物理程序。

太多书籍和课程冲入绘图中，好像它是一种物理教育课，几乎没有认识到绘图能力以某种方式延伸到肩部以上，并且有关绘图以及绘图与现实和设计过程之间的关系的知识在不断增长。多数绘图错误都是头脑错误而不是手头错误。

因为我对绘图的智力方面比较感趣味，我纳入了比一般绘图书中更多的论点和理论。这些论点旨在向读者揭示——也许说服读者接受——有关设计绘图的用途、方法和价值的某些观点。但不仅于此，这些论点还企图鼓励学生思考绘图的方式，使其有意识，可传达。天赋或先天能力的荒诞说法对于设计学科、设计学校或者个人设计者毫无用处。尽可能多地了解绘图的其他用途、方法和价值，为了作为设计者的你自己有意识地选择和发展它们，这更有价值。

教授设计绘图

确定设计绘图是一种不同实践对于教学生绘图有若干影响：

· 设计绘图任务应始终包含设计决定，即使只是将家具或人物放置在哪里，选择材料或者对设计做出微小变更。应当始终留有学生发挥创造力的空间。设计机会可能非常有限，但绘图人肯定不能只是像复印机一样，须承担更多责任。否则图画本身成为目标，则其不再是设计绘图。

·设计绘图课程应由设计过程中使用绘图的执业设计师教授。

·绘制风景和静物对于教授设计专业的学生如何绘图只有有限的帮助，因为设计绘图中需要的是绘制根本不存在的或者只存在于设计者脑海中的事物的能力。设计优秀的环境的绘图范例和细节，在构建设计词库和绘图技巧方面极有价值。

·设计绘图应准确，但不机械。

·设计绘图应关注环境设计选择，利用配景和绘图技巧使绘图更真实，但永远不要让它们成为焦点。

·设计绘图应始终包含周围环境，考虑设计在其位置上是什么样子的。

·设计绘图任务应教授速度和效率，使绘图能与头脑同步。

·设计绘图应是设计者可直接、清晰、诚实地与自己交流的载体。

·应鼓励学生学习绘制私人的和广泛共享的设计绘图，聪明、自由地使用各种图示在特定设计过程中可能有益。

·设计绘图学生应了解并练习在各种情形下选择绘制什么和如何绘制。

对设计绘图的了解以及其中涉及的技术可在初中阶段学习。我认为表现构建环境的能力，以及用图解表示各种概念的能力，至少像学习制作预先确定的对象的直观图案一样有用。

如果我们用写作比拟绘画，美术绘画可能就是诗歌，制图绘画可能就是一组规范、一个科学描述、或者一份填写完整的调查问卷。而设计绘图更为基础，它仅仅是词汇和语法。

设计绘图对于说了什么甚至是如何去说基本没有什么作用；它只是词汇、语法或者语态。在这个比拟中，设计绘图甚至可被认为是语前的，因为无论设计者想表达什么，都要用混凝土、木材、钢材和玻璃来表达和阅读，而不是图纸。

绘图的自由与纪律

在设计或绘图课上给予学生自由时，学生经常询问，“您的意思是我们能够以我们希望的任何方式来绘制吗？”这个问题造成逻辑或语义困惑，因为回答是，“不，你暂时不能以你希望的任何方式来绘制，除非你准备让一位富有经验的观察员认为你打算不准确的、不适当的或者拙劣地绘制。你只能以你能绘制它的方式来绘制。”绘图中的自由始自以多种技巧绘制多种图画的遵守纪律的能力。然后才能说设计者完全拥有自由。绘图中的自由和纪律就像同一枚硬币的两面，它们不能单独出现。

结构化的徒手绘图

本书通篇提倡的绘图种类就是结构化徒手绘图。它可用四种方式组织：

· 了解特定绘图在设计过程中的用途和潜力，知道绘制什么和如何绘制的各种各样的选择

· 掌握透视画法和定影法下的空间结构，在关键案例中作为基础框架绘制

· 在绘制某些图示时，掌握感性和程序结构，使它们能被可靠复制

· 构建渐渐精确的研究的基础结构，这样最后图画始终有先前的图画支持

这种绘图方式受到多年努力教授几乎没有绘图经验的年轻人将绘图作为设计工具的经历影响。我认为这是教授多数学生理解各种绘制技巧的基础结构和理论以及其与现实和设计过程之间关系的最佳方式。教授这种设计方式并不能将优秀学生的绘图水平提升到巅峰，但它会将平均生和差生的绘图提升到一定水平，使之不再成为传达所提议环境的障碍。我还认为这种方法促进了对绘图和绘图相关知识的无限期的继续学习，因为绘图是以知识为基础的——广泛基于对感知、见解和设计过程的了解。它不局限于画家的纸上技巧或介质应用或通过制图的设备和压力获得机械准确性。在许多方面它是美术与制图的结合，但我认为这种结合是协同作用的——出乎意料地不同，在许多方面比美术和制图对设计者更有价值。

设计绘图的另一个特点是对绘图工具不敬。有些学生错误地以为，规则和准确性只存在于丁字尺和三角形中，或者存在于计算机中。实际中，在设计绘图中，情况并不是这样。这里有一个基本准确性需要掌握，但工具没有什么作用。你可以构建一个透视图，然后徒手用手指和沙子投影，绘制基本准确的遵守规则的设计图。

对于那些接受过美术或制图规则教育的人来说，本书可能看起来起先提供一种弱化的或许可的绘图方法。这不是我的意图。我不认为今天的环境设计学生需要较少的绘制技巧或规则——他们需要更多——你会发现本书介绍的技巧至少同传统美术或制图课程中的技巧一样要求高。我希望加之于绘图规则之上的是更理解他们学习的绘图技巧能如何在设计过程中运用。

自由的手

自由的手是自由心灵的唯一合适伴侣。这一词语有特定意义：由于我们直立行走，正好解放我们的双手用于完成更重要的任务。在设计过程中，我们需要生成临时的设计提案，持续与重申的设计问题相比较。这些图示应间接表明问题的重申，而那些重申反过来提示需要更多的图。设计基本上是一种意识流过程，依赖于工具是有抑制作用的，即使是像计算机那样复杂精密的工具。用自由的心灵、自由的手以及任意简单的绘图工具，就可以绘出临时设计提案的图表和图示。

自由的心灵

设计绘图的目标是能够自由地绘出各种各样的环境，因此所有绘图决定都是自由的。以恐惧、防卫的不胜任的形式做出决定，显然是一种可怜的绘图、设计或生活的方式。由于你

害怕透视图、油墨或色彩，以特定方式绘制特定图画是设计过程中最可惜的局限。

设计教育的优越之处在于它让学生设想优于其周围环境的环境，对此书本后面没有答案。环境设计学生享有独一无二的生命教育形式，这也许应当成为所有教育的通用形式：设想、提出、倡导和练习就其未来做出选择，始终伴有犯错可能性。绘图能力，就像我们的环境和我们自己一样，不是作为一件礼物被接受，或者被发现或找到，而是必须有意识地、慎重地、自由地、快乐地创造。本书的目的就在于在创造绘图能力方面提供帮助。

学习绘图的价值

在绘图被视为环境设计师必须掌握的基本技巧数百年后，最近五十年，绘图在若干不同方面受到质疑。这些质疑使绘图课程逐渐减少和弱化。然而，尽管某些设计教育工作者和其毕业生有这种错觉，但执业设计师仍然绘图，并且希望他们聘用的毕业生会手绘，这一点最近变得愈发明显。他们中的大多数人认为CAD技术是必备技能，但只是在传统的基础绘图能力基础上，并不能替代它。尽管许多设计教育工作者低估绘图的价值，但多数环境设计师仍继续将绘图作为设计师可用的最佳表现工具。即使是在专业学校，某些老师也在继续教育学生如何绘图，甚至为何要绘图。现在我们能够公开地披露和思索为何绘图教学被错误地放弃。

对绘图能力的学习和教学的这些所有抨击都始自我先前所论述的错误观念——绘图能力是天生的或遗传的才能，因此难以或者根本不可能学习或教授。我近四十年的教学经验表明，绘图是任何设计者都需要的最可学得的技能之一。如果说它是一件礼物，它也是父母、兄弟姐妹、朋友和老师给的礼物。

我还确信，现在学习绘图比我开始接受设计教育那时更容易，因为今天的设计学生可以接触到那么多优秀的老师和书籍。除了那些伟大的设计师和绘图员，从米开朗基罗到路易斯·沙利文，很少有人被问及他们如何学习绘图或者他们对设计学生学习绘图的看法。

当我1948年在伊利诺伊大学开始接受设计教育时，唯一有关绘图的书籍是画家Kautzky和Guptill所著，他们二人都不是设计师。他们的美丽书籍完全是为画家编写的，其最终作品是画作，而不是画作所代表的设计。1968年我出版了《建筑手绘方法》一书，我对于开始改变这一点也发挥了作用。自那时起，Edward T. White III, Paul Laseau, Paul Stevenson Oles, Michael Doyle, Kevin Forseth和Frank Ching，所有执业设计师的书籍，无限地优于Kautzky和Guptill。它们涵盖设计过程中绘制的各种绘图，从Edward T. White III的规划和方案图以及Paul Laseau的概念和发展图，通过Frank Ching的综合汇集和解释以及Kevin Forseth的基础图示几何学和美丽的分析透视图，到Michael Doyle的华丽的色彩画及对色彩画创作的清晰说明，以及Paul Stevenson Oles的杰作色调透视图。对他们作品的这些简单描述并没有开始充分发挥他们的能力。你应花一个周末阅读这些书，然后购买最吸引你的书——它将成为你私人专业图书馆的起点。它们相当于你能在设计教育类别中找到的实质文献。由于这些老师的贡献，今天学习绘图更为容易，当设计学生认为绘图不重要或者不值得花时间学习时，更应觉得羞愧。

过去，小学和中学教育重视手部技能，将其作为教育的一个组成部分，花费时间教授书法、绘画、木工和缝纫。学校的这种态度在家中得到加强，绗缝和木作等技能因其必要性和愉悦性在家中得到重视。这意味着设计教育不是只能选择和鼓励已经会绘画的学生，因为这样的社会能产生大量具有绘画“天赋”的人。专业设计学校经常将绘画教学委托给工程教员或美术教员，或者，在无法获得这种支持的情况下委托给最初级的教员，当新教员出现的时候就由新教员来担任了。

最近五十年，家庭生活和学校教育都发生了深刻变化。过去曾经是杰出特点的手部技能，今天只是令人好奇，也许甚至令人感到为难。耗时的手工同所有体力劳动的价值和尊严一起持续衰落。独自花费很长时间用手制作某样东西，尤其当技能本身需要花费很长时间才能掌握时，这通常会被认为反常，当然也不像以往那样能带来满意和愉悦。

学校似乎也失去了教授书法甚至语法或拼写等能力的意愿和耐心，因为此类事情需要对每个人进行重复纠正。放映电影或口头讨论观念比拿着厚厚一堆作业回家批改更为轻松。根据所有这些变化，现在如此少的学生似乎具有绘画“天赋”，也就不足为奇了。

同时，最近三十年，专业设计学校也持续地轻视绘图。对此有许多理由，这些理由全都可以理解，某些理由是有道理的。首先认识到传统对绘图能力的关注对于那些先前几乎没有绘图经验的学生来说不公平。不是承担教授每个人绘图的责任来尝试平衡这些个体差异，而是通过促进其他传达形式来努力实现均衡：口头说明、分析图和模型。图画易令人误解并且通常没有模型甚至分析图可靠的论断使这些变化合理化。

绘图因其与美术学院的学院形式主义有关而被诋毁，对精细表现的绘图的过分强调被认为是过分强调形式视觉品质的表现，形式视觉品质被认为是表面的、肤浅的。在其最极端的形式下，这种新的建筑见解认为美丽的图画是设计衰败的首要线索，绘制美丽图画的能力，尤其是享受其绘制的能力，应避免和拒绝。

设计方法学家发现依赖这种对绘图的轻视和对绘图与设计过程的关系的错误理解很容易产生。许多方法学家认为绘图是或者应当只是中立地打印出明确根据合理的“解决问题”已经做出的决定。他们通常错误地认为绘图是某种非理性的仪式，更喜欢各种量化的分析模型，他们的影响对于设计绘图的普遍受轻视有一定作用。

绘图不受重视的所有这些理由，其根本在于坚持不懈地努力将环境设计变成一门科学。科学主义将用方法的科学必然性取代传统的文化必然性或者某一特定风格的学术必然性——Colin Rowe将之称为“物理羡妒”。它通过假设，像科学一样，我们需要一系列“超语言”表现某些看不到但却存在的所有重要的环境质量而对绘图有所影响。就像亚原子物理学家的中微子和天文学家的黑洞一样，科学主义坚持有我们必须识别、分析、表现和解决的看不见的环境问题存在。我们因此使用矩阵、图表、决策树、交互作用网、无穷的方框箭头图以及其他伪科学表示法，来表现重要的但看不见的环境或设计过程的特征。各种图形工具的分析当然是有益的，但其不能取代传统设计绘图所表现的综合情况。各种解决问题语言的提议者似乎忘记了，与科学探索超越人类视觉宏观和微观尺度不同，环境设计是在人类尺度上显示的。环境质量必须由人类直接感知，长期以来我们一直使用图形方式来表现环境质量。

最近对学习绘图的价值的挑战是计算机。虽然计算机提倡者持续主张，计算机图形的益处日益明显，但是，逐渐清晰的是，虽然计算机是非常精密复杂的工具，但它只是另一个帮助我们绘制用于传达和组织已确定好的设计的缺乏创造性的、自动的和重复性图形的工具。在绘制探究、合成和引导设计师致力于特定设计的个人概念图方面，计算机几乎不能提供什么帮助。

绘图教学发生这些变化的速度对于美国学术界而言也许是独一无二的。从来没学会绘图的聪明的年轻学生，可以在一两年内取得硕士学位，然后告诉其他更年轻的学生，他们确实不需要学习绘图，因为绘图基本上是误导的，确实有必要时，可以由下属或机器来绘制。这些年轻教师永远不需要实际讲述任何有关学习绘图的价值，因为在他们的设计教学中他们明显缺乏对绘图能力的尊重，这是由于他们通常没有在实践中确实需要绘图的体验，直到他们认识到这一点，才得到纠正。同时，回到办公室，典型的建筑师、园林景观设计师或室内设计师，一直奇怪为什么最近的毕业生不会绘图、不学绘图。

我们不时能在专业期刊中看到Helmut Jahn或Frank Gehry等卓越设计师发表的设计绘图。发表的作品更明确地说明著名设计师仍然绘画，但编辑们对其绘图的趣味很少延伸到绘画如何应用于设计过程。绘图只是作为文章插图来观看。

如果对设计图形的这种重复关注不仅仅只是流行盛衰的一部分或者编辑趣味的再现，我们必须利用这个机会重新考虑我们对待绘图的某些态度。首先我们需要丢掉天赋一说。把绘图能力带出天赋和个人特质领域，认识到其与设计师的思考过程有基础关系，我们才能启动严肃对话。我相信这种对话会清楚地表明设计绘图与传统的美术和制图之间的区别。它还会很快取代我们无意识地从画家和绘图员那里接受的神话和不适当观念的混 一次约会以及你如何努力想像约会的情形——在可能发生的各种情形下，你或你的约会对象会说什么或做什么。

像其他人类预期一样，环境设计师担忧他们设计环境专业行为的结果，因为他们知道无论他们设计的是什么，都会对其居住者的生活产生长久影响。能够绘出你正在设计的环境，从而使其可信，并且你可以想像其已经建成并被人们使用，这对于设想设计的成功是很重要的。在我们能够接受和相信我们自己对环境的表现之前，我们永远不能确定我们所提议设计的成功。

绘制出你能接受作为你正在设计的环境质量之可靠预报器的图的能力，是设计者概念性信心最坚定的基础之一。准确预期你所专业负责的未来，是设计绘图的主要目的。

在设计教育的前期，我们必须再次献身于严肃的绘图教学，有三个原因：第一，绘图仍然是形象化你正在设计的东西的最佳方式。第二，今天由于有了许多优秀的绘图书籍，绘图更加容易习得。第三，绘图可以成为设计师创造性信心的来源。绘图课程应当由经验丰富的设计师教授，学生助理可提供帮助 ，师生比例必须适当，能够保持真实学习所需的个人注意力。

在更基础的层面上，我认为，作为今天中小学学生的父母，环境设计师必须带头主张书法和绘图技能恢复为中小学教育的组成部分，灵巧的手和眼是灵巧的心灵必不可少的伙伴。

第1章　感　知

经Johnny Hart and Field公司的许可

我们体验世界的过程就是靠感觉。对于环境设计师来说，理解感觉是非常重要的，因为我们自己和他人都是通过这个过程来体验我们所设计的环境和创作的设计手绘的。我们可以做出最好的分析，也可以构想出最好的方案，但如果他人，尤其是客户和用户，也能感觉到我们设计中的特质，那么我们才能说这个设计是成功的。环境设计师的整个事业依靠的就是感觉，我们应该相信自己的感觉，也有理由这样做。当然，我们也要对他人的感觉具有敏感的预期，因为他人的感觉往往跟我们不同。

多年来，心理学关于感觉的概念已经产生了变化。它曾经代表的是过于简单甚至是被动的刺激/反应模型，而现在的认识是：（1）所有的感觉都发生在具体场景中，这些场景中交织着的关系相互倚赖；（2）我们对感觉的寻找是积极的甚至具有强迫性的；（3）对于环境的感觉与对于物体的感觉在本质上是不同的。本书篇幅有限，我个人也没有足够的资格来探讨感觉这个问题，但是环境设计师应该大量阅读关于感觉的书籍，这样就能够更好地了解自己，了解自己的客户，他们才是这些感觉的受用者。

感觉包括我们所有的感官输入，但我只想在此强调视觉，不仅仅因为视觉是手绘所涉及的最关键的感觉，还因为视觉在我们感受环境及与环境互动过程中起着主导作用。

进化的馈赠

人类是部分基因继承、部分文化传承、部分自觉自主体验的产物。在三者中，基因继承或进化的馈赠是最普遍的，在我们的一生中这几乎是不变的。但是，通过增加对这种古老文化传承的理解，我们可以学会尊重其有用的特性，并适当减少对它的成见。

我们的生存倚赖所有的感官感觉，但是在所有感觉中视觉是最大的功臣。视觉支配着所有其他感觉，原因如下：

·与其他感觉相比，视觉的工作距离较远，因此可以说是我们的早期预警系统。我们的进化祖先被剑齿虎撕咬致死，一定就会意识到远远地发现死敌是多么重要——而不需要近距离地去闻、去听、去感觉或去尝它的味道。在《聪明的眼睛》（1970年）一书中，R·L·格雷戈里提出：

眼睛通过发现远处的物体来提示未来。看起来，我们所认知的大脑能够进化到今天的地步很大程度要倚赖感觉，尤其是眼睛，我们可以通过眼睛看到远处的物体来获取远处的信息。

·视觉是我们发展最好的感觉。与其他感觉比起来，视觉感受到的世界信息更加丰富，这是因为眼睛一直与大脑同步进化，而其他感觉历经多年后便开始退化了。再次引用格雷戈里的话：

我们可以认识到，眼睛需要智能的帮助才能够识别并定位空间中的物体，但是智慧的头脑离开了眼睛是不能够得以发展的。所以，如果我们说是眼睛解放了神经系统，这一点也不为过。眼睛使神经系统摆脱了习惯性思维的统治，使我们具有策略计划的能力，并最终形成了抽象的思维。我们仍然受到视觉概念的控制。

在《视觉思维体验》（1972年）中，罗伯特·H·麦基姆解释了视觉思维的普遍性：

视觉思维贯穿所有的人类活动，从抽象和理论性的活动到实际平常的活动都是如此。天文学家考虑神秘的宇宙事件；橄榄球教练想出新的战术；驾驶员在不熟悉的公路上驾驶汽车；所有这些都需要视觉进行思维。当你计划今天穿什么时，或者整理凌乱的书桌时，甚至处在睡梦之中，都需要视觉进行思维。

唐纳德·D·霍夫曼在《视觉智力：我们如何创造视觉》（1998年）中就非常肯定视觉智能的决定作用：

视觉通常非常快速、肯定、可信、广博，我们也很自然地认为它是唾手可得的。但是，视觉的快速与奥林匹克滑冰运动员的速度一样，都具有欺骗性。滑冰运动员优雅娴熟的动作背后隐藏着多年艰苦的训练，在视觉快速熟练的动作背后隐藏着智力，后者几乎占据一半的大脑皮层。我们的视觉智力与理性和感性智力互相影响，很多时候，视觉智力先于理性和感性智力并起到推动作用。

·我们的头脑建立在视觉和触觉的联合进化之上，这两种感觉非常强烈，以至于其他三种感觉不得不屈居次位。我们的世界看起来就像感觉到的一样，感觉起来就像看到的一样，这种相辅相成使我们能够成功地与环境进行互动。在著作《人类的新兴思想》（1965年）中，作者N·J·贝里尔解释说：

景观对于我们来说是运动中的视觉，看到事物的记忆就是视觉形象的记忆，也是视觉肌肉运动的记忆。闭上眼睛片刻，想像一个三角形，你可以感觉得到你的眼睛从一点移动到另一点。在这个过程中，我们同时也加入了手指、手心的皮肤和肌肉的感官印象。头脑里的映像在视觉和触觉区域中间被扩展，然后结合曾经相关联的映像记录重新记忆储存。事实上，我们的头脑非常独特，看和做在我们的头脑中牢不可破地联系在一起。

视觉是反馈回路，我们通过视觉控制自己的身体，尤其可以控制双手。所有的头脑活动都是视觉/现实的，我们寻找感觉就是因为这些感觉可以转变成行为。布罗诺夫斯基在《人类的攀升》（1973年）中提出：

我们很积极主动；我们明确知道，在人类的进化历史中，双手的发展促成了头脑相应的进化，而这决不仅仅是具有象征意义的偶然事件……我们的拇指可以准确地与食指相对，这是非常特殊的人类手势。我们可以做到这一点是因为头脑中的某个区域很大，在控制拇指的过程中，我们的头脑运用了大量的灰质，比控制胸腔和腹部所运用的灰质总和还要多。

基于以上原因，视觉已经成为我们最可信的感觉，有着它不可忽视的权威性。我们称为头脑的东西更好的称谓是眼脑，或者更准确地讲，眼脑手，因为我们的头脑就是建立在眼/手联系之上的。

在我们的进化过程中，视觉是最后一种参与进化的感觉，然而，它在头脑的进化过程中起着领导作用，它是我们了解这个世界的信息源泉。吉伯森曾经指出，心理学家们看起来非常迷恋幻觉，他们忘记了我们的视觉之所以会被欺骗正是因为它太值得信赖了。抽象地弯曲现实世界中的视觉线索可以很轻易地误导我们，但正是因为我们的视觉非常值得信任，所以它似乎是不容置疑的。

感觉的不公共性

视觉从来都不是中立的，它的损害与眼脑手系统的进化联系在一起。

·感觉是自私的，它有选择地感觉信息，这些信息必须能够起到保障生存、愉悦、个人获益或恭维的作用。

·感觉的聚集性，感觉使用视网膜中央凹视力使我们的视野中部变得更加敏锐，忽视外围环境，这使得我们很难充分理解其工作的复杂性。

·感觉将世界上的物体在时间和空间上看成是各自分离的，使得我们很难看到它们之间的关系。

·感觉形成整体或本身特性上的完形，根据不全面的证据得出结论。

·感觉实行区别待遇，寻找形式和模式之间细微的差别。

·感觉在第一印象之后就迅速做出判断，口头解释的作用仅仅是“理性的”证明，这样一来，我们不得不立即做出判断。

·感觉凌驾于等值之上，认为数字先于域，认为物体与其背景并非等值，使得我们很难做到考虑整体背景或保持平衡的趣味。

·感觉要求新输入，就像在特定的某一风格中过度地改换映像，会导致在色彩上或过度饱和或过分缺失，也使我们很难去长久地保持原有的构思去完成计划。

这些不同的观念曾经保障我们在进化过程中能够生存下来，但是它们也构成了最顽固的感觉/构想障碍。我们看待世界的方式促使我们使用老套的做法、区别对待、做出不成熟的决定并且无休无止地将世界进行分类。

感知环境

空间感觉

我们使用视觉线索感知空间，这些线索对环境设计师来说非常重要，它们关系到设计师所要设计的环境，还关系到设计师做出什么样的设计来表现这些环境。空间感觉来自各种表面、边缘和透视线索，这在右面的透视图中体现了出来。在这些透视图中，四个几何形状在每幅图中的大小都是一样的。但是，根据构成背景的表面不同，这四个形状看起来在大小和距离上都是不一样的。

表面

从最开始，我们的感觉系统就被视为一个视觉领域，这个领域在地平线处被分割开来。领域的上半部分从来都是明亮的天空，下半部分是地球表面，随着地面渐行渐远，其表面的质地坡度也由粗糙变得精细。我们应该学会感知这种特征显著的地平表面和连续的背景表面，因为这种感觉对于我们理解空间是非常重要的。在《视觉世界的知觉》（1950年）中，吉伯森主张：

如果感觉不到连续的背景表面，那么基本上就没有空间感觉这回事。

"基本"的意思就是我们不应该将视觉空间构想成一个或多个物体，而应该将它构想为连续的表面或许多连接在一起的表面。视觉世界的空间特点不是由其内在物体赋予的，而是由物体的背景决定的。

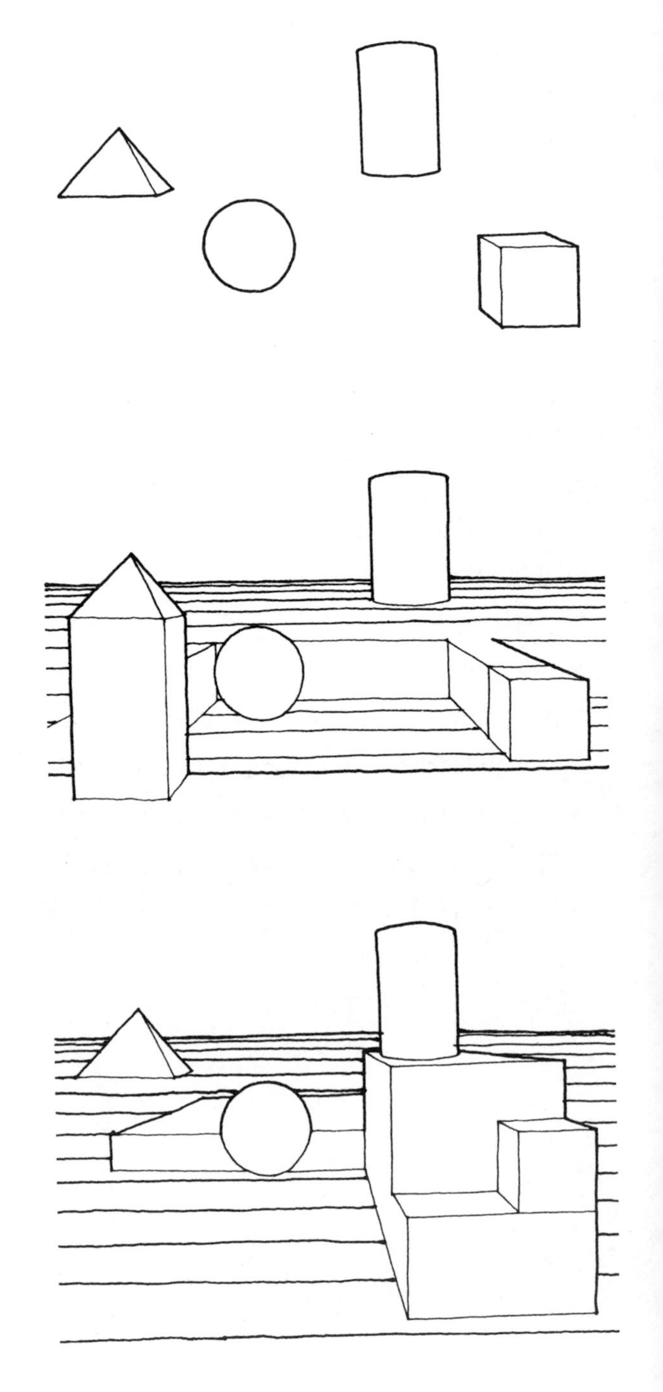

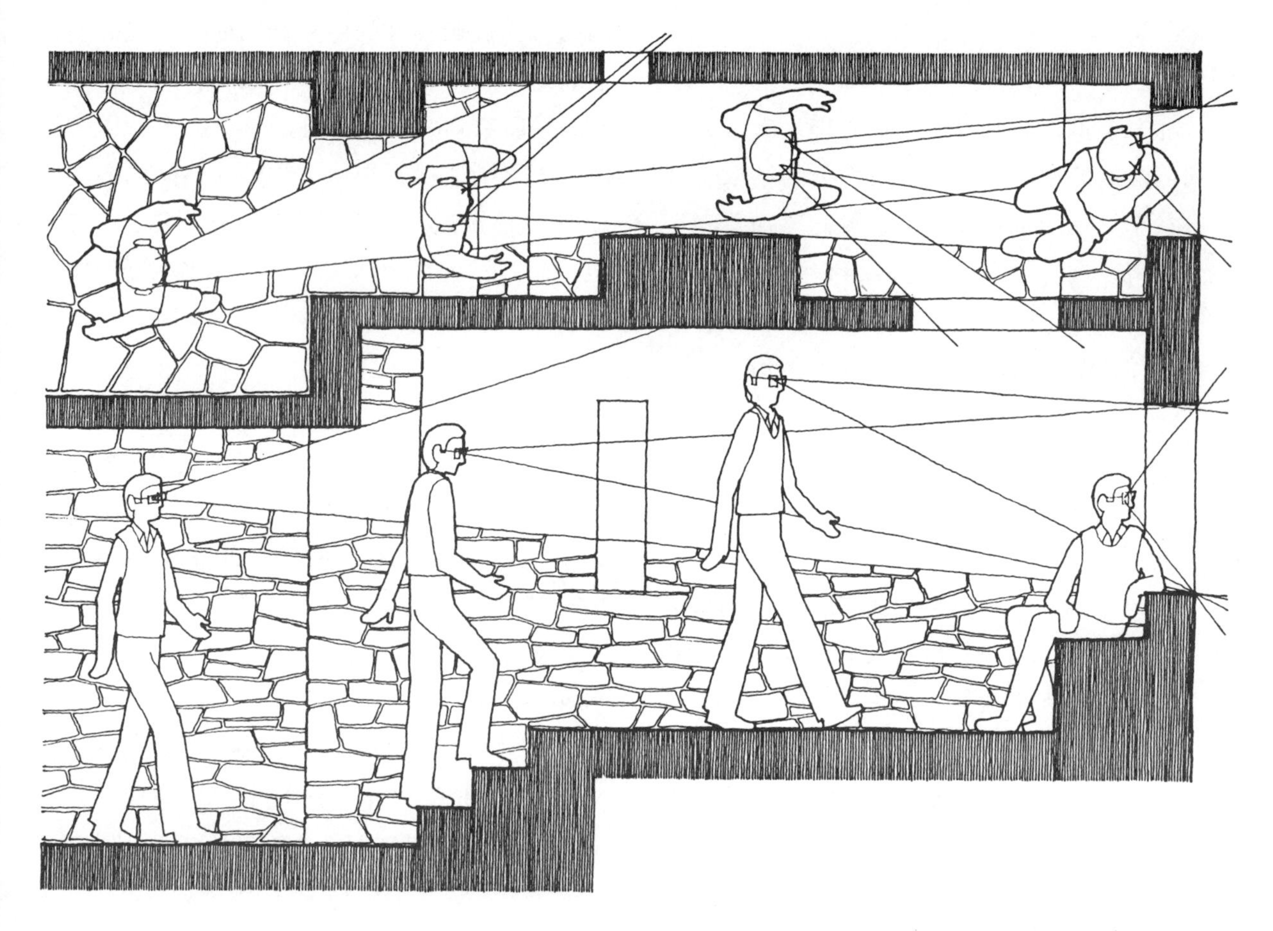

边缘

空间的形状或构造，特别是在环境中穿越的运动体验是通过边缘知觉传达的。在《知觉系统的感官》（1966年）中，吉伯森解释了在我们的动觉世界里所发生的事情：

每当观察者移动时，数组就会改变。每个环境光的立体角（每个图形中的临近锥体部分）会改变。每个可能在眼球中间上投影的形状根据透视变换而变化，投影在视网膜上的每个形状经受相应的转换……

……当观察者移动时，视野到处会移动。

除了对明显改变的尺寸和表面倾斜具有敏感性外，空间的动觉经历取决于空间边缘沿背景的移动——空间移动或吉伯森所说的“运动视觉和边缘信息”。再次引用吉伯森的观点：

房间表面的边缘由光学结构的不连续性指定。房间内表面角落和两个平面的夹角由流量中的另外一种不连续性指定……可以表述为：

纹理可以在边缘经受擦拭或剪断。也就是说，一种纹理可擦除或穿过另外一种。此类视觉不连续性和表面的分离是相符合的……环境运动知觉理论上具有关于布置的信息，而且迄今所进行的实验性检验认同此信息对于人类观察是有效的。

在吉伯森的被认为是知觉系统的感官的语录中的最后部分中描述了我们关于空间动觉经历所得知的范围：

当一个人从一个空间走向另外一个空间时，他具有不同的远景。在一个远景和另外一个远景间有什么联系呢？答案是很有趣的：转变是另外一个边缘现象，即：从后面出现。

当房间内的一个人走向并穿过门时，门框边缘扩大展现出下一个房间的排列。不能被擦拭的新排列（或旧的一个消失）在达到街道或斜坡角落处产生。如果他有广阔视野，则他可能看到排列逐渐从其背后消失。世界上的洞、缝隙、窗户或障碍物间的空间说明为它在光学密集排列上打开……

一个远景导致不连续连接顺序中的另外一个。长期以来，当一个人在房屋中走来走去，街道、城镇、村庄，顺序作为场景感知，而且变换事实对其显而易见，然后，他可以找到路从一个地方到达另外一个地方，而且，他可以在另外一个地方后面看到更多的场景。然后他会找到地理上的方向。即使他进入房间内，他也可以领会到和房间相关的房屋、街道、城镇和村庄……

由运动遮挡和其变体提供的信息非常丰富。它指明了世界边缘的存在性，甚至是边缘的深度。同时，它也指明了一个表面在另外一个表面后的存在性，即隐藏表面的连续存在性……

透视

很长时间以来，哲学家和心理学家认为：空间或深度的比例完全是双眼视觉的结果。至少有12个其他的视觉线索帮助我们感知空间。在爱德华·T·豪尔的《隐藏维度》（1969年）一书中的附录里简要说明了根据詹姆斯·J·吉伯森的《视觉世界的知觉》的清单。

A.位置透视

1.纹理透视。其表面纹理的密度会随距离减小而逐渐增加。

2.尺寸透视。当物体远离时，它们的尺寸减小（很显然，12世纪的意大利画家认为此观点并不适用于人物画）。

3.线性透视。可能这点是在西方国家中众所周知的透视方式。文艺复兴时期的艺术因将所谓的透视法则包含在其中而著名。这类透视就如同铁路或高速公路的平行线在水平线处连接成一个消失点。

B.视差透视

4.双眼透视。 双眼透视鲜为人知。由于两只不同的眼睛感知，每只眼睛投影一个不同的画面。在近距离处的差异远比远距离处的差异显而易见。睁开和闭上一只眼睛，然后另外一只眼睛所看到的明显不同。

5.运动透视。当一个物体在空间内向前移动时，越接近一个静止的物体，速度显得越快。而同样地，匀速运动的物体当相互间距离越大时，其速度看上去越慢。

C.独立于位置或观察者运动的透视

6.空中透视。西方的牧场主过去常常拿一些不熟悉空中透视的区域差异的纨绔子弟取乐。这些到牧场来度假的纨绔子弟清晨醒来时会感觉精神振奋，激情迸发。当他们透过窗户看到附近的小山是那么美丽，便宣布要步行到小山，并在早餐前赶回来。但他们走了半个小时后才发现，小山也只比刚出发时近了一点点。后来证明小山为一山脉，距离有5~10公里，并不是看起来那么小，那么近。因为对空中透视不熟悉就缩小了观察比例。干燥的高空非常透明，改变了空中透视，给人的印象为一切事物都比其实际要近。由此而知，由于中间的大气层，空中透视源于增加的朦胧性质和颜色的改变。它是距离的标志，但是随着透视的其他形式，这些也不稳定且不可靠。

7.模糊透视。摄影师和画家一般比非专业人员更能意识到模糊透视。当集中注意举在面前的物体时，视觉空间透视形状很明显，所有背景就变得模糊了。除了眼睛集中注意的物体外，视觉平面的物体就不会很清楚了。

8.视野相关向上位置。在船的甲板上或堪萨斯州和科罗拉多州东部的平原上，水平线在眼睛高度为一条线。人用眼平视地平线时，地球表面会升高从地平线到眼睛高度的距离。人站得越高这种效果越明显。在日常生活中，近处的物体要低头来看，而远处的物体则要抬头去看。

9.纹理线性间距的变化。 从悬崖边缘感知山谷更远，因为纹理密度终断或快速增加。尽管距离我第一次看瑞士某个峡谷已经好几年了，我仍然可以很清楚地记得当时的那种奇异的感觉。站在绿色的平台上，我向下看460米深处的村庄的街道和房屋。草边缘在视野中很明显，而每个边缘是一座小房屋的宽度。

10.双面画像的转换。 如果一个人看处于的某一点，在观察者和该点间所看到的一切事物都是双重的。越靠近该点，双重现象越明显；离该点越远，双重现象越少。转换的倾斜度可作为距离的开始；陡坡度为较近，平缓坡度为较远。

11.运动率转换。 感觉深度最可靠和一致的方法之一是视野中物体的不同移动。近处的物体比远处的物体移动更多，而且移动也比较快，正如第5点提到的。如果两个物体看起来重叠在一起，而且当观察者改变位置时它们不会相互变换位置，则它们应处于同一平面或者非常远以致觉察不到转换。电视观众已经习惯了此类透视，因为无论何时相机通过空间以和移动的观察者相似的方式移动。

12.轮廓的完整性或连续性。 在战争时期所发现的深度知觉的一个特点是轮廓的连续性。伪装会使人误解，因为它打破了连续性。即使没有纹理的不同，双重画像不会转换，运动率不会转换，一个物体遮盖另一个物体的方式决定了后面的物体能否被看到。例如，如果最近的物体轮廓是完整的，其后的物体轮廓在重叠的过程中被破坏了，此种情况会使得一个物体在另外一个后面出现。

13.光和阴影的转换。正如在视野中一个物体的纹理突然转换或改变的边缘，亮度的突然转换也被解释为边缘。亮度逐渐的转换是感知成型的主要方法。

因为表面、边缘和透视形成了我们空间感知的基础，它们在设计图纸中特别重要，设计图纸可以表现动觉空间。这点将在第3章中详细讨论。

知觉交互作用

对知觉的科学研究是心理学的研究范畴，我相信设计师们从来不会毫无批判地接受其他人的认知观点，即便是在人类行为和他们自身的经验相矛盾时，他们也不会接受科学家关于人类行为的认知观点。心理学家已经进行了大量的理论和调查研究，这些理论和研究可以为那些试图设计和刻画外界环境的人提供启示。

相互影响心理学家的工作对外界环境设计有着最直接的导向作用（他们不会为相互影响分析和心理疗法技术困惑）。相互影响心理学家这一名字源于John Dewey 和 A. F. Bentley 1949年出版的《认识与所知》，William H. Ittelson在他1973年出版的《环境和认知》中就引用了以下这段话：

“对该种一般性（相互影响的）了解源于活动中的人类，而不是与外围世界完全对立的事物，也不是仅仅活动在世界中的事物，而是源于世界以及世界中作为一个完整构成体的人类的行为。在这一规程下，我们把所有人类的行为，包括他们最先进的知识，看作不只是他们自己的行为，甚至也不是他最初的行为，而是生物环境整个形势造就的过程。”“从出生到死亡，每个人都是一个当事人，以至于当他被从广泛的相互影响中分离时，他或者是他做的或遭遇的任何事都不可能被理解——一个特定的人，只有通过参与和分担其他人的活动，才能做出贡献。”

沟通主义学派使我们认识到一些真正的更复杂的事物似乎是我们对这一由单独个体组成的简单世界的认知偏差。在第3章中，我将提到他们做的物体知觉和环境知觉之间的差别，但是在这里，我想谈一下它们在我们对环境的认知中所带给我们的丰富性和复杂性。我能做的最好的就是直接引用《环境和认知》中的话语：

物体和环境之间的差别是很关键的……

周围环境……

周围环境的质量——是首要的，也是最明显的，财产界定——使观察者变成一个参与者。一个人开发环境时，另一个人不会也不可能只是观察它。如果观察的是物体开发的环境，它的特性、功能、和它与每个个体更大目的之间的关系将成为环境知觉的研究重点。另外，开发的限度没有被界定，环境在空间和时间上没有特定的分界线，一个人必须研究开发者怎样对他遇到的各种环境设定边界的。因此，环境认知方面的探查可以延伸到一个很大的空间和时间里，经历空间和时间的共同的锻造，长期和短期的记忆存储都是绝对必要的。

另外，环境总是多模式的。人们可能设想过只通过一种感觉通道就能提供信息的环境，但是，建立一种这样的环境则是不可能的。不管怎样，那将是一种期待。感性尝试在多模式研究过程中是很缺乏的，但它们对于理解环境知觉却是很关键的。我们需要知道各种形态的相对重要性、环境概念的种类、建立每种形态相关的环境可预见性。但更重要的是，我们需要知道它们怎样一起发挥作用，当信息通过多种模式补充、冲突和转移时，有怎样的过程参与其中。

环境的第三个必要特性是外围的以及中心的信息总是被呈现。外围的信息是一种机械感应——后面部分不比前面部分少——外围的意义是相对环境中心来说的。两者意义都重要，并且提出关于注意过程中情况处理的问题。

第四，环境提供的信息总是比进程中遇到的信息多。信息容量和超负荷问题是环境研究中固有的。然而，仅仅是信息的数量并不能说明整个事情。环境总是能够同时呈现多余的、不适当的和模棱两可的信息，以及相冲突和矛盾对立的信息。心理学家即将把刚刚掌握的系统信息处理时所需的原理机制付诸于实践。

环境的四个特性（环境质量，多模式特性，外围刺激的呈现，多余、不适当和矛盾对立信息的同时出现）——物体不可能通常也不会拥有的——已经表明物体知觉中的发现只能很小心谨慎地被应用在环境知觉上。但是，这些特性在具有刺激特性的知觉研究中仍然是很传统的。然而，除了这些特性，还有另一组环境的特性，这些特性在每次环境知觉研究中都要被考虑到，这些特性对于物体知觉领域来说也是全然陌生的。

另外一点，或者说环境的第五个特性，是环境认知中总是牵涉到行为。正像我们所看到的一样，环境不会也不可能被动地被观察，它们提供活动的舞台。它们定义潜在行为发生的可能性，要求具有能唤起一些行为的质量特性，它们为环境自身控制和处理提供不同的机遇。

环境唤起行为，但并不是盲目的、毫无目的的行为。当然，我们期望一个个体的所作所为能够受到一些特定目的的影响；同时，环境拥有一些特性，第六个特征，即可以提供一些能够影响行动方向的象征含义和激发性信息。

含义和激发性信息是环境知觉概念的一个必要部分。

最后，也许是几点中最重要的，环境包含周围环境和大气环境，两者很难界定却极其重要。在这一点上，只能考虑一些对周围环境作出贡献的一些环境特性，并且将其作为环境认知研究的中心意义。首先，环境几乎毫无例外地成为社会行为的一部分，其他人也是形势环境的一部分，环境认知是社会现象的很大一部分。第二，环境总是有明确的感官质量。用于审美的自然物体可以被设计出来，但用于审美的自然环境却是无法想像的。最后，环境总是拥有一个审美的特性。各组成部分和事情以一种特定方式相互关联，或许超过其他任何一种事物，足以体现特殊环境的特征。这些系统关系的识别是环境认知过程的主要特征之一。

因此，在利用上面四个特征粗略地应付刺激特性时，还要附加其他三个特性：环境定义、界定和唤起行为的作用、目的；环境能带来有意义的和刺激的信息；环境的概念和审美观、社会以及环境的系统质量有关……

爱特莱森阐述的环境和对环境的认知比我们想像的要复杂得多。他对于环境特征及其相互之间关系的全面分析使我们明确了一点：环境认知和物体认知相比，对我们的经验来说是很普遍的，对研究来说，是很有前景的。

环境趣味

人类婴儿的大脑需要在环境中受到一定数量的视觉刺激才能充分地发育，如果感觉刺激缺乏，大脑实际上会虚构出一种视觉模式。这对于视觉的环境趣味来讲是个界限，在界限以下的内容是不值得我们意的。

超过最低界限会加大视觉环境趣味的差异，吸引感知者的注意力。吸引感知者注意力的线索会许诺并传输不同级别的视觉趣味或信息。

现在，我们将视觉环境中有用的信息进行分类，从基础感知数据开始，通过自然和建立环境的无知或有知的感知进行下去。

环境的无知相互作用取决于环境的内在相互影响，这证明了爱特莱森的观点，一个人不能观察环境，而是要探索环境。玩耍的小孩或许可以很好地证明这一点，即人与环境亲密地互动。

我在美国中西部一个小镇长大，从我家到小学的距离大概是800米。那些年，从小镇的一头到学校间的往返变成了最有趣的一段路程。这条路随着我们的身体和探险意识的增强而改变，它同时取决于有效的时间、季节、团队的情绪和组成。我们不只是被动地发现捷径，我们还把每天获得的经验收集起来，主动地寻找新路。

我们做出的选择几乎全部是建立在我们与环境互动的基础上，与我们成长过程中社会给予我们的爱清洁程度、效率或安全感没有关系。相反，我们会变脏，会花费大量的时间，并经历风险，将这些自然成长的方式作为与环境之间的互动。

如果我们和一个玩伴从小镇的另一头回家，我们走在通往他家的路上时，他会非常骄傲地向我表现。沉浸在这种环境中的孩子会形成一个积极的无拘束的团体，他们会在几分钟内找到特别的相互影响的机会。

摄影：Peggy Hamilton Lockard

对于大多数的环境设计者而言，空间趣味是最具动态的趣味类别，并且是趣味最丰富的来源。任何环境的空间趣味都是潜在的动觉趣味，即各种探索体验是可以预见的。

具体而言，空间趣味的来源是上文中所提到的边缘，该边缘隐藏了各种空间体积。有趣的空间环境布满了部分隐蔽的空间，并将空间向前、向侧面、向上、向下延伸。良好的空间趣味的最简单试验是看一群玩捉迷藏的孩子们是否来选择这样的环境。

摄影：Peggy Hamilton Lockard

纹理趣味的感受主要通过触觉，直接接触事物或潜在的接触。进化给予我们的眼睛和手一种特殊的紧密配合关系。我们可以通过看这些事物来感知它们的存在性，并回忆所感知的相似纹理。我们用自己的眼睛能够“触摸”或“感觉”到表面；通过看到表面的环境或纹理，我们能够感知站在羊毛毯上、靠在石墙上或抓着橡木扶手时是什么感觉。纹理在感知环境中是最贴切的。

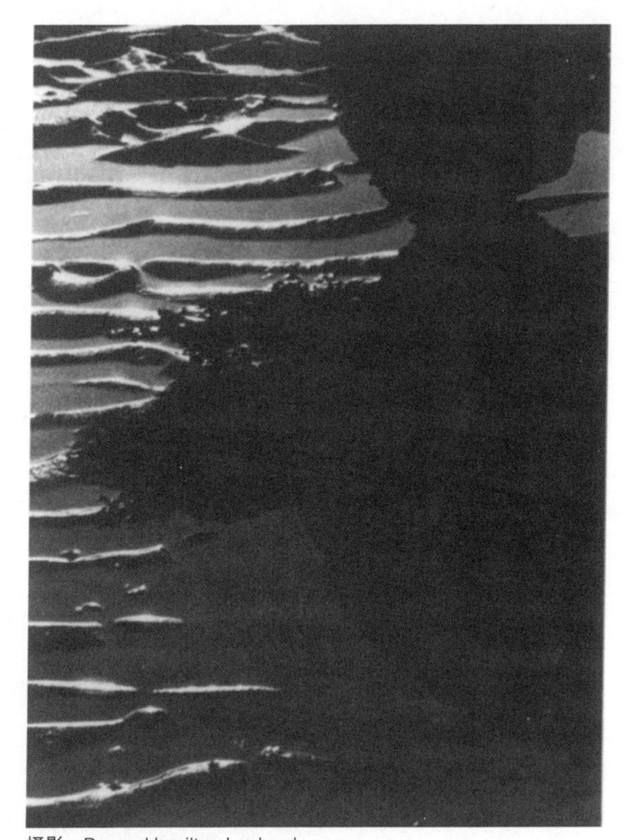

摄影：Peggy Hamilton Lockard

色调趣味是在较远距离的地方和在弱光照明下感知的；色调的信息是在我们看不见的时候消失的，这使得它成为环境/视觉趣味中最基本的类别。色调趣味来自于空间或物体的各个表面的相对明暗度。这种多样性可能由于阳光、树荫或阴影的投射或者是颜色、材料选择的结果。当你观察空间或物体时，通过眼睛的斜视，能够简单地辨别出色调趣味。如果当你在斜视时，所有的趣味和清晰度是斜向出去的，那你看到的空间或物体可能会很少或根本没有色调趣味。

来自阳光的色调趣味是最具动态的，因为它随着太阳的移动而变化，使得早晨和傍晚的体会完全不同。一个有力的例子：随着下午变长，阳光会在棒球场看台上形成投影。色调趣味的另外一个例子是：明亮的室外空间和昏暗的室内空间的不同。阳光所提供的不仅是色调趣味，还有动觉趣味，因为观察者能够感知到从阴影进入到阳光中或从阳光进入阴影中的变化。

材料和颜色为我们提供了色调趣味的辅助机会。材料和颜色被用于空间比例的增大或矫正，因为当深色表面加强时，浅色表面会减弱。另外一个方法是所有表面的颜色空间或物体具有相同的对比色调。所有天花为浅色，所有地板是深色的，所有的墙壁是介于这两者之间的。

颜色趣味在趣味类别中可能是最随意化、个人化、情绪化的。对服装的选择方式和流行装饰而言，这是显而易见的，我们的想法经常根据春天或秋天的到来、结束而变化。颜色是很随意的，在油漆物体表面时可以用任何一种颜色，油漆作为一种材料可以是任何颜色，不像其他材料，例如，石材或木材。我们总是轻视惯用色彩，这些现象无处不在并缺乏想像力。“眼睛疲劳用绿色”、“医院用米白色”是单调色彩设计的例子。通过对比，现代墨西哥建筑中的浓烈色彩的整面墙壁的强烈冲击力是不容忽视的。

从理查德·迈耶的整个白色建筑到路易斯·巴拉干饱和色的外观，颜色的多样性对设计师是很重要的。色彩设计也可能根据自然材料的固有颜色变化，例如，石头、砖块或木材适用于表面的处理，油漆在现今可以几乎可以表现出任何颜色。

颜色对我们实际中的速写有所帮助，正如在之前章节中所描述到的。蓝色的笔画变成了天空；一根树干和几枝树杈加上一些绿色的斑点变成了一棵树;红色的砖块表示地面或屋顶；速成的棕色线条表示木头。这种配色让我们没有设计主题和充分的利用大自然或传统颜色来表达现实。

类似的，颜色同样能够表现远距离人行道的层次细节、外观、汽车、标志和窗户，这些都需花费很长时间绘制。前景中的图画、汽车和标志可以通过写意图画与色彩的混合来拉伸距离。这点在第7章透视数码颜色中进行了证明。

我要在一本白纸黑字概括的书中说明或表达设计作品中颜色的运用是有很大的局限性的。关于更多的信息，我推荐迈克尔·多伊尔的《颜色绘图》这本书。

这四种趣味类别（视觉、色调、纹理和颜色）在任何设计环境中都是一个有机整体，并应该包含在设计图纸中，我们研究我们所设计

的环境。大所数的作品特别强调其中的一些趣味类别，你应该确保在四个类别中的任何不平衡是设计方案深思熟虑的结果，而不是你的设计概念或设计图纸能力方面的缺陷。

摄影：Peggy Hamilton Lockard

附加因素。与以上四种不同的是，这种因素不是必不可少的。它泛指那些用于空间装饰的物品：家具、书和风景画、汽车以及人物雕像，取代了过去的那些纯属为了装饰而显得过于做作的装饰品。但设计图纸上标出的此类装饰品不仅仅用于装饰。一张好的设计图纸可以体现出的信息在图纸上的比例、用途、空间装饰以及图纸视图角度，图纸中穿插了这些人性化的因素可以使图纸更加直观。额外的因素的效果也可以借助电脑完成，使图纸的质量更加优化。

目的和意义

我们知道，人的本性之一就是要探寻周围事物存在的意义和用途，这也适用于人类已有的环境，也解释了为什么设计师之所以为设计师了。我们设计的环境受到了其他人的欣赏——也就是说设计的目的被了解了。

尽管某些环境质量因素体现得不那么明显，但对于环境设计的目的性和意义性却加深了，认知自然界目的性和意义性的人群仅限于那些对于这一领域有所了解的人群。例如，一个紫檀木做成的桌子，上盖有一层大理石板，这样的家具就比较受人们认可，更能达到人们目的性和意义性的要求，而那种简约、优雅、经济实用的Hardoy蝶型帆布躺椅就不那样受人亲睐了。

自然环境

当我们观察自然界的时候我们就发现它或有趣，或枯燥，或美丽，或丑陋，但我们不得不接受自然界，因为这是我们无法控制的领域。我们可能发现一棵树长得奇形怪状，但是我们会认为这是树种本身存在的问题，而是需要人力才可以加以改正的问题；同理，我们会认为骆驼与很多动物不一样，很奇特，但是我们不会不承认它，因为我们知道这是人类所无法控制的自然界所决定的，我们无法决定它存在或灭亡。

人类建立的已有环境

当我们观察人类建立的已有环境的时候，我们就对这个环境做出了相应的设计了。我们的城市变得破烂不堪，人类的不当使用可能致使城市的设计变得支离破碎——这些城市设计主要是依据城市规划的相关规定而进行的，我们对这些规定了解不够清楚，以致我们认为已有的环境是不可改变的——像承认自然界的存在一样，认为它是自然存在的、固定的、无可置疑的。我们可能忘记了这些规定起初都是由人制定的，是与自然的环境极为不同的一种环境。

对于什么才是“自然的”这个词的判定我们应当谨慎，因为这个词可以告诉我们哪个是自然而成的，那么人类就可以绕开它，不会对它进行人为的设计了。如果我们认为自然的或人为建立的环境是不可撤销、难以避免的，那么我们就永远不会公正地了解这些环境或考虑改善这些环境了。

第一印象

对于人为建立的环境来说，第一眼瞬间产生的印象，也是最重要的印象。在人类的进化史中，第一印象帮助人们快速地判断出哪些是危险的，哪些是安全的，但是对于需要进一步深入研究和判断的情形，第一印象就不那么有效了。归根到底，这种瞬间产生的印象还是属于人的感知的一部分。

很难将人的第一印象精确地定义出来，但是如果要将这些对已有人为环境或物品瞬间产生的主要印象表达出来还需要创造者的技艺、能力、细心和智慧。

人的第一印象很重要，因为它可以感知各种作品所传达的设计意图。

设计意图

了解设计意图是对任何环境进一步感知的关键，也是感知人为制造的环境或作品的最佳方式之一。另外，人为营造的环境可以向你传达设计者的设计意图，即使这位设计者现在已不在世：一位考古学家可以通过观看古人的一部作品了解这位古人的设计意图；一位音乐家可以通过演奏贝多芬的一部作品而获悉贝多芬的创作意图。

1. 手工艺品可以体现其制造者的技能，但欣赏这种作品需要观赏者对这种技能事先已经很熟悉，或有过亲身体验，或曾经观看过，或以前看过相似的例子。获悉手工艺品制造者的设计意图要视其表达出的手工艺能高超与否。这个花腔女高音歌唱家唱的是否是咏叹调?这个房屋的砖体建造是否体现出了这个泥瓦匠的技能水平？设计是否能够将砖体入口和边角处生动地体现出来或仅仅是一层墙纸?

2.建筑工艺可以通过成品的记录来传达。金字塔的建造却是例外，它没有记录下当时的建造过程，反而是给人们留下了无限的猜测。尽管如此，还是有人为的出新设计像安装书架等奢侈品。陶艺工人操作时留在陶器上的印记、连接孔和暴露在外的顶部支架等细节可以让我们了解设计者和建造者的意图和工艺手法。

3.一个设计精良的地点或物品还可以体现出它的功用。一个物品的手握方式、开放方式、移动方式是可以通过所采用的形式、材料，特别是它部件的设计了解到的。例如，大部分立式放置的物体不适合倒置或侧放，同样地，一个把手如果设计得好，它的功用就能显而易见。设计质量的评估是通过观察物体的用途是否容易为人视觉所感知或察觉到而定的。

4.预算，即体现一个人为设计给出合理的经济范围，这种特性不仅仅可以通过材料和装饰物体现出来，而且还可以通过它的耐久性体现出来。但是一般的预算都会超出设计者的估计值，一个精明的人绝对不会认为只要付出的钱多就能够得到好的设计。例如，夏克式家具和农具就设计得很精良，但是它却有一个严格的预算限制。

5. 结构顺序（即内部构件间的关系）是通过传达其内部部件间的关系或设计的连续性体现出来的。体现这种关系可以使用几何学、比例学、材料相似性来比照、连接或布置。人体的循环系统和骨架以及书的目录都是结构顺序的典型例子。内部构件总是与整体设计息息相关，包括构件彼此间结构关系及构件与整个设计间的关系。

6.环境顺序（外部关系）可以体现出设计物体或环境与现实周围环境、气候、文化或地域传统间现有技术和当代审美之间的直接关系。设计者可以选择其中的几种作为设计指导原则或挑战这些已有的设计原则，但设计者通常力图展现的都是它们之间的关联性。

7.统一性可以将上述的结构顺序和环境顺序结合起来，它可以通过2种以上的方式来实现。传统观点认为统一性是封闭性的或专有式的。例如，一篇文章的各个组成部分之间以及上下文之间紧密连接，无法插入或修改。建筑上，有一个希腊的庙宇，它也是添一分则太多了。另一种实现统一性的方式是开放式或可兼顾式。这种方式对内部结构在空间或时间上的限制不严格，并易扩展添加。这两种方式的任何一种都可以应用于某一特定的设计中。设计者可以视设计要求的不同决定采用何种统一性方式。

8.反应也被视为传达设计意图的一个影响因素，与环境顺序密切相关。这种信息的传达完全依赖观察者的个人意见，正如一个设计品完全依赖其设计师的个人主观意见一样。

9. 古典的旧器光泽是很多设计师力求实现的，但是只有被人们应用多年之后这种特性才能体现出来。一些设计师只需回顾过去的设计风格就可以达到，但是只有真正长时间地努力才能有所改进。所有这些都是影响设计信息传达的重要因素，普遍存在于人们创造的一切事物里。如果我们试图实现它，那么我们就必然要使用其他的设计传达方式来辅助实现。

感知体验

文化教化

文化教化是对其成员的眼、脑、手的行动进行的教化。内容包括解读，环境及其体验类名词的分类和禁忌，通过这样的教化可以实现该文化流行范围内眼、脑、手间行动的系统化。

所有感知，甚至包括新生儿的感知都是由以往的感知经历和目的意图形成的。个人的感知经历是进化产生的，我们所生长的文化环境以及个人的经历都可以成为我们感知世界的经历。我们不断发展的态度也影响我们所有的感知。在我们所希望感知的东西里，我们的感知和观念可能产生混淆。对感知和观念的研究我们将在下一章涉及到，但我们任何的行为和思考都有所涉及。

人类学家明确指出不同的文化存在于不同的感知世界里。《隐藏维度》(1969年)，爱德华·T·豪尔曾在书中做这样的描述：

人们对空间的感知就完全不一样。在西方，人们感知的是物体而不是物体间的距离，而在日本，人们感知空间，命名空间位置。

不同世界观都对视觉世界做了解释，而对语言文化的进一步研究就进一步区分了它们之间的不同。在《思维研究》(1956年)中，布鲁纳、古德诺和奥斯汀认为：

人们对周围世界做出的区分和回应深深地反映了他所身处的地方文化。一个民族的语言、生活方式、宗教和科学，所有的这些构成了一个人的体验的历史……

视觉观察的主导性和精确性，是任何文化教化都无法判别的。然而，准确地说是由于它的主导性，我们经常使用视觉来感知，并借此获得个人的文化方面的见解。

我们的视觉教化是双重的，不仅仅学到如何看待世界 ，而且也向世界展示着，这种方式多半是表象的。对于某些视觉的暗示我们要给予回应，而对于一些要忽略。幸运的是，青少年经常由于个人外表与所处的文化环境严重冲突——视觉主导性作为文化教化的一种工具在青年叛逆一代与上一代间的冲突中尤为明显。

感知或来源于感知的所有文化教化机制加强。我们所观察到的世界是有差异的，但是文化教化观察到的世界是区分了阶层和两极的，更具体更适用。

在《宇宙的裂痕》(1971年)中约瑟芬·克林顿·皮耶斯是这样总结的：我们的世界观是在出生之初的头脑中形成的，以文化的形式存在，是注定会产生的。我们说一个孩子变得“更现实”，是因为它能够与社会融合。我们就是这个社会造就出来的，社会决定了我们的思维方式和观察方式。

多重个人感知

文化将我们与生俱来的视觉感知系统变得多元化。

感知的不与他人兼容倾向演变为一个团体的不与他人兼容倾向，可以使一种文化长期生存下来。

感知的集中倾向演变成优先考虑事情因果和敌对双方的研究。

感知的分散倾向有助于接受无数的兼容/排外类文化和文化层次，以此了解世界。

感知倾向于整体或完全形态，即我们认为最有力的，符合文化审美和道德观念的：团结。小到家庭大到国家，“团结则存，分裂则亡”。

感知的歧视倾向体现在对一种文化内部的所有的歧视和特权的滥用。

感知的鲜明判断特性可以体现在时兴的“如果不支持我，就是反对我”这样的一句话中。

感知的主导位置选择体现在一种文化内或几种文化间各种形式的竞争。

感知需要更新内容，这就体现在文化需要变化上，从时尚文化到深层次的转变或革新。

嗯，其实没什么区别，只是分类不同，比如不同的繁殖方式等。

对机会的寻找

经历的机会

因为感知者的文化教化、经历和认知所发生的背景并不一样，所以感知往往也不同，同样的感知是不可能重复出现的。即使是同一人看同一事物的第二眼也和第一眼有所不同，因为感知者已经受了影响，第一次感知已经不存在或改变了。这就解释出了为什么重复的经历与最初的经历是不一样的，也说明了为什么亲眼见证后，对见证内容的描述随之产生了变化。感知、知识和真理都是短暂的，而且对我们每个人来说都不同。

也许在感知态度方面的不同，这种经历与我们和环境间互相作用后成败与否有关。一段成功的历史将引导感知者将世界看成会继续取胜的机会之源，而一段失败的历史将致使他们花费大量的精力为之前的失败逃避责任或寻找借口。

期待成功和寻找机会是教育的关键。如果教育或社会都没能提供感知机会，他们都是失败的。在加速学习过程中领悟到的机会是促进感知增强的源泉。当一个机遇被发掘的时候，它会促使知觉变得敏锐，然后这个敏锐的知觉在将来的机会中又会自我提升。

另一方面，如果孩子在学校或社会没能感知到任何可以追求他们自己利益的机会，他们将经历一个乏味的感知过程，这将提前封锁住他们对其他机会的感知敏感度。在教育和生活中，感知机会的出现是令人高兴的，而感知机会的缺失会给人打击。教育和社会的基本目标应是创造丰富的感知机会，并使感知机会对每个人来说都平等。

多数设计师都是乐观主义者，而他们的乐观通常足够使他们承受住几年时间的激烈而繁重的设计教育。设计专业的传统乐观精神促使我对为什么越来越多地使用“问题的解决”这个词组来描述设计师的工作感到疑惑。俏皮地说“问题的解决”听起来更像根除一个公司而非任何一种创作活动。

与数学问题不同，所谓的设计问题从来不是固定的或绝对的。有经验的设计师对设计机会的解决办法更为复杂且有创造性，因为他们的经验提供给他们全面而灵活地感知责任和自由的能力。他们同时看到了一个更为复杂的“问题”，并能够以加倍的灵活性解决这个“问题”。

对于设计师而言，重要的是进行自我教育。在为他人设计时，设计师一定要尽可能多地学习感知是如何起作用的，并培养出体会其他人感知的敏感性。对于其他的感知者，主要应记住的事是：虽然他们共有一个相似的进化产物而且可能享有一个相似的文化教化，但他们的感知因他们的经历和自己的利益而有所偏倚，而他们的偏倚不会和你的一样。

来自于我们进化的眼脑手系统产物和世界观不是我们自己能选择的，但我们有选择感知经历的自由。我作为一名老师在控制学生的注意力时学到了人是可以行使感知的自由的。我们运用了这种自由，但并不明显。

约翰·洛克提出，思想是一个白板，在上面，感官决定了我们一生。似乎很明显，这个白板只能接受一定的信息，因为它受到我们进化的眼脑手系统和继承的文化产物的影响。同样，用粉笔书写时，通过选择我们感知的经历，主动地握住它，我们可以更多地依靠自己来掌握这支笔，但紧握粉笔也使得我们不舒服，因为我们一生都要对选择和从中学习的感知负责。

在寻找机会时积极的感知态度所带来的影响在很多设计师身上都有明显的体现。消极的感知者收集“问题”，而积极的感知者则主动收集“解决办法”，而且还自信他们将有机会使用这些办法。有创造力的人，包括成功的设计师，往往认真地选择他们的感知。他们更倾向于选择所展示给自己的是什么、去哪里旅游、读什么书和选择听取谁的建议。他们还想办法将更多感知的信息和自己的工作联系起来。

一生可能被认为是一个人的意识集合，今天在选择怎样填充我们的意识时有很大的自由。正如饮食学家或营养学家宣称“吃什么长什么”一样，许多设计师知道“看什么就有什么”。

感知经历的相对性

所有的感知都是相对的，内含无数的变量，我们在此只考虑三个更为明显的变量。

1.过去的经历影响后来的感知。我们过去的视觉经历和文化教化使得我们相信事情是有着固有性质的。然而，我们对质量和数量的感知都完全和过去的经历有关。

认为质量或数量是我们所感知内容的内在特征是没有意义的。但是，我们可以检查一下那些影响生活的易变的东西。

对一个特定环境的质量的感知完全取决于你在过去所经历的环境，同时可能取决于你所在时期的复杂性。由于使用了彩色摄影和复印技术，我们可以在没有直接经历的情况下了解很多环境，至少可以了解到表层上的东西。但是要想充分了解一个建筑或花园，你必须亲自走访现场。许多伟大的设计师都会亲自走访钻研他们欣赏的建筑。

2.感知者的作用是感知相对性的另外一个有力变量。斗牛士、屠夫和削皮匠对一头公牛的感知是很不一样的；承包商、房地产经纪人、业主或建筑师对一个建筑的感知也是很不一样的。我们的感知态度也随我们是主动或被动地去感知事物而不同。一个承包商对一个建筑的感知必然受其参与建筑施工而加强——他希望按他所感知的去做，而不只是在他空闲时想一想。

我们对感知的态度可能也受自己感知过程中形成的信心影响。这就是为什么许多人委托设计师的原因之一了——他们对自己的可估价的视觉感知或“品位”缺少自信。其他如对自己感知没有把握的人可能依赖朋友的看法，不敢做朋友不赞同的事，无论穿着、驾驶或占有任何东西。有时这种现象也可以在设计教育中看到，比如，新生就经常征询老师的意见。后来，如果他们努力分析自己的感知，就不用那么频繁地恳请得到赞同了。再后来，当他们培养出了对自己感知的自信，他们就会发现老师的赞同是完全不必要的。

3.背景。所有的感知都在特定的心理背景下发生，而且这个背景可能对这种感知影响很大。因为感知背景差异很大，有必要对其进行研究。

·对感知的准备是环境变量之一。通过准备，我的意思是说可能让你对某个特定感知有所准备或只对某一个特定的感知没有进行准备的情况。准备主要取决于这一特定感知。你是主动地去感知还是被动地感知，结果会截然不同（偶然性的感知没有机会准备因而不存在准备或不准备间的差异）。

主动的感知，如同准备去看画展，有一定的准备或期望。这个经历可能是经一个朋友的推荐或一个评论的推崇，或是你可能看过同一个画家的其他作品。主动感知，在大部分情况下，倾向于个人的意见。另一方面，无意识的感知，就像被迫去看一场你不喜欢的电影，是一个遭遇，同样观看着一部电影，这个感知者的感知能力就相对不灵敏。

准备在确保品质和排除他人观念的前提下会促生独特的知觉。在看电影之前读了一个批评性评论，可能会使你的感知集中到电影的缺点或难点，无法专注地了解到其他信息，截断了对其他信息的了解。专业运动员和教练深知这一点，所以他们告诉足球裁判“看看对方的拦截抢球，他抓我们的后卫了”，这样一来裁判就很有可能会忽略己方的犯规动作。

起初这样的认知偏倚，可能看起来是消极的，但是所有知识都是有倾向性的，教育的目的正是改变这种感知。没有完全纯粹的东西。重要的是要认真选择你允许哪些人和事影响你，以及尽可能地了解你的所有个人的感知意见。

·压力变化不同也大大影响感知。一种是我们能够从别人身上感觉到的压力，这种压力的感知也相应地产生变化。当一个负责安全的哨兵，在战时收到慰问的礼物时，他对安全的感知就产生了变化。无论如何感知是受感知者所处关系网和所承担的责任影响的。

间接感知要浪费大量的时间在官僚主义和管理方面，有些甚至为取悦上级而忽视亲身参与其中的下属的意见而进行主观猜测，这种靠猜测感知他人的举动也属不实之举。例如，感知者可能责怪上级：“你看，看起来是对我好，但实际上J.C.是绝对不会同意这样做的……”这种没有亲身参与经验或直接决策的间接感知是靠不住的。

另一种压力来自于传统或做事方式。这种压力对感知的影响不那么明显，因为这种压力抑制对感知的讨论。设计师提供的意见经常因为其视觉“品位”被人们认可为专家。

说服是另一种压力，它可以影响感知者。同广告一样，说服同样可以影响人的感知能力。

我们对作者的感知也会作用于我们自己的感知。时间和年龄对感知也产生影响。孩子们悠闲的感知世界很快就被忙碌的成人世界的感知所取代。尽管我们所感到的视觉信息是即时产生的，但是还需要对其进行深入的研究。心理学家夸大视觉幻觉与感知的错误方法之一就是减少视觉感知的时间。

其他人的观点可能也受到你的感知的影响。坚定的有信心的感知者可能受其影响较小。然而，还是有许多的人属于抛砖引玉型感知者，他们需要先感知其他人的观点然后才能够形成自己的观点。

结果是由感知（或错误感知）产生的，可能受环境的因素影响最深。走钢丝的人、攀岩者、射击手他们对职业的感知行为都需要承受极端的结果。设计者在设计出大众认可的精品的时候也需要采用这种方法。

感知经验的相对性赋予了“经验”二字以意义。了解一个砖体建造是否正确要靠它的建造结构的布局；了解一个特殊设计的外型空间，就需要精通于建筑与人体的相对比例或是依赖于相似的经验；确定一个图纸是否合格或符合专业的质量要求需要有相同的工作背景才能做出判断。

设计手绘理念

在对视觉感知有了一个大体的了解之后，设计者需要对设计手绘有个具体的概念。这其中包括了设计者自身的认识，他的同事、客户以及他需要与之交流的人们的认识，当然还有其他设计者的认识。

设计者的理解

绘画能力的关键是认识而不是笔下功夫。设计者对自己作品有一个成熟的认识对于他们设计能力的提高是至关重要的。

学设计的学生应该学会以批判的眼光来看待所有设计者的作品，尤其是他们自己的作品。你应该尊重同辈和老师的意见，试着去理解他们对某个作品的看法。但是永远不要被动地接受任何加诸于你作品之上的评价。

要想获得这种对自己作品持批判态度的能力，就要经受住耐力和理解力的考验，因为你的感知能力的形成远早于你的绘画能力。你会在你的作品中发现大量的缺点，但根本来不及修改，所以别对自己太苛刻了。特别要注意，不要轻易就认为自己的绘画能力比某个学生差，除非你对他的绘画背景有充分的了解。你会发现你的某个同学，平时并不是很努力，却比你这个勤奋的好学生画得要好，或是表现得比你更聪明。这种能力上的不同通常源于生活的经历和学习动机的差异。

透明度

设计手绘体现了为解决设计中遇到的问题而作的一系列努力。作品本身并不能体现这种问题与解决方法的一致性，而通过具有代表性的透明度，就可以判断其一致性。设计图中的透明度概念非常重要，也许将其作为一个艺术作品与普通绘画倾向作比较时能有更好的理解。

当我们在看东西时，对感觉内涵的完善要求我们将自己的期待和我们过去的视觉记忆的经验结合起来。综合的感知是由这张平面画布启发而来的，画布之上，别无他物。

与此相对，设计手绘必须是一个中立的映像，以反映问题和解决方法的一致性。与绘画不同的是，设计手绘打开了一扇窗户，透过窗户，我们能感受到真实的环境。设计手绘必须真实、直接并且不失真。感知的综合应该在绘画之外，也就是在其所代表的真实世界中达到完美。

不透明性

设计者面临的主要问题可能是他们画作的不透明性。当一幅设计手绘作品不够透明，设计者就无法透过作品看到设计的真实环境。通常，作品会因为两种情况而变得不透明。

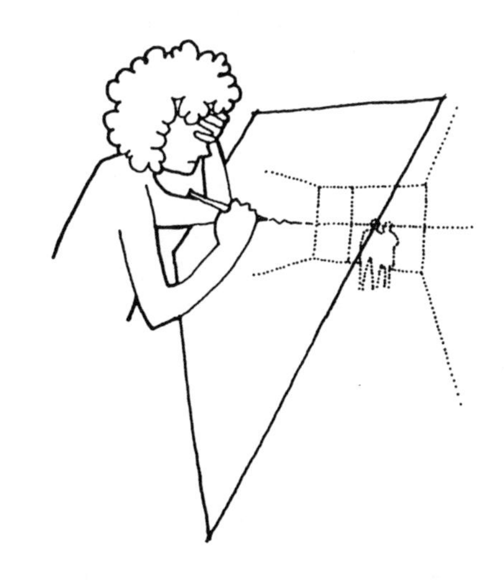

第一种情况常见于初学者身上，会在他们

非常讨厌自己的作品时产生。许多学生刚开始专业的设计学习时，感觉像是老练的评判员在评判“美”或是“佳作”，而他们自己的第一次尝试却又通常很冲动、很差劲，根本不能和其他同学相比，从而导致他们无法透过自己的作品看到真实的情况。对自己的绘画能力，你应该更有耐心，但是不要轻易满足。随着你感知能力的提升，你的绘画能力也会随之提升，到时候你甚至能透过最粗糙的草图看到其所代表的内容。

而与之相反的一种不透明性，尽管感觉上去不那么痛苦，却会对设计者造成更大的伤害。这种不透明性不是来自于对作品的厌恶，而是对作品的爱，对画作本身的爱，这一层面包括绘画技巧和一些用滥了的图解装饰。那些画画非常好的学生常常就是这种感知错误的主角。这些学生更多地会对一些名家的绘画技巧和表现形式感兴趣，而没有尽到他们的职责去与画作代表的真实世界进行交流。

这两种不透明性通常会在那些有设计要求的画作中得到改进，因为作业不会对学生有额外的要求。这两种不透明性都会将设计者的感知能力限制在画布上，阻止他们感知到他们应反映的真实世界。如果设计者仅仅认为他们的设计手绘是一些相对的、或笨拙或精美的线条堆置在一张纸上，那么他们就会对其产生误解，也会误用绘画。

二圈回路控制论

有一种方法可以将绘画技巧优先于反映真实的问题，即眼、脑、手的系统是两条反馈循环，一条用来让你的眼睛观察并一直控制着你的手来创作，这条回路，又被称作创作回路，可以帮助我们进行创作，但它仅止于绘画这个层面上，第二条回路则超越了作画的层面，使作品透明化，这条回路让你的眼睛观察，并在手进行创作的同时对设计不停地进行评估。

灵感

设计手绘中的设计灵感概念是这本书的中心思想之一。这个灵感概念取决于以下几点：

- 假设自己参与到创作的设计过程之中
- 在作画时对设计灵感的出现有一个预期
- 能用感性经验来辨认这些出现的灵感
- 有强烈的意愿和自信，一直作画直到灵感出现

如果你认为创作只是简单地将完整的概念直接打印输出，那你也不会想着要从设计图中有所斩获。而与此相反，如果你从经验中总结出创作绝不仅仅是概念的打印输出，而是概念的一个完整的部分，那你就会在创作中感受到设计的灵感。通常你不会一口气画完一幅画而不作任何修改，也不会仅靠绘画时出现的灵感就重新开始一幅新画。

设计灵感只在那些做好准备的人面前出现。你必须用设计方案、环境制造方法来充实你的感知经验，并且多读多看环境设计的佳作，以期能在自己创作时发现熟悉的点滴。灵感不会像嘹亮的喇叭和闪烁的霓虹那么明显，你只能靠可能的模式或关系去发现它们。这些只能靠学习和磨炼积累起来。

如果设计灵感真的出现在你创作的时候，你还得学会享受创作，也就是说绘画、创作本身应该是快乐的源泉。在设计过程中充满自信的设计者会沉浸在自己的作品中，用连续好几个小时去寻找设计灵感。绘画本身，尽管只是线条有点神秘、有点眼花缭乱地附在浅黄色的绘图纸上，但它也不可避免地有了生命，并且还会因为成了“作品”而流露出一丝骄傲。尽管我非常反对过度自我创作，用一些图示装饰去模糊设计的内容，但粗略的设计习作并不在

此列，因为这种作品往往是一挥而就且充满激情的，从而避免了自我陶醉的恶习。

手绘设计是纽厄尔和西蒙在《人类正在解决的问题》（1972年）中所称的EM,也就是“外部记忆”（相对于短期记忆和长期记忆）中一个特殊的例子。正如绘画或写作等创作形式，这种外部记忆是自动产生于意识和世界中的。一旦被具体化，它们就变成了卡尔·波普尔所说的第三界——思想世界的产物（与第一界物质世界和第二界意识世界区分开来）的组成部分。设计图有自己的生命，还会囊括进我们从未想过要赋予的内容。布莱恩·麦基在他的《卡尔·波普尔》（1973年）一书中说到：

“在人类身上，一些进化出来以适应环境的生理特征反过来改造了环境，非常引人注目，人的手就是其中的一个例子。而人的抽象环境一直以来都与其苦心经营的物质环境旗鼓相当，不论是在规模还是在程度上，这些物质环境包括语言、伦理、法律、宗教、哲学、科学、艺术和研究。像动物又远超过它们的则是人的创造力。人在所需适应的环境中处于极重要的地位，同时环境也造就了人。那些与他相关的客观存在说明他可以检查它们，评估、批判它们，探索、拓展、矫正它们，甚至使它们彻底改变，并且在其中发现完全未知的新境界。”

我们通过双手创造环境，用眼睛去观察环境，绘图时也将各种人类智慧的元素加入到其中去，当然也包括下意识中的各个层面上的生活经验。我们可能会画出并辨认出各种可能性，依据的是我们“所知的”——那些在我们学会说话之前就已形成、来自直觉的、毫无逻辑的——模式或关系。我们会发觉一系列的小空间，虽然在功能上相互邻近，但在现实中我们在作画时并不需要严格区别开来，相反可以相互联结成一个连贯的空间，比如弗兰克·劳埃德·赖特的居住空间。

探索性的设计图也会适当地提供某种无目的的刺激，爱德华·德·波诺在《横向思维》（1970年）中将其推荐为创造力的来源。

决心

绘图时想要最好地表现设计者理念的方法就是保持头脑清醒，精神集中。那些绘图时没头没脑的习惯会使我们的视觉迟钝，还会在关键时刻阻碍设计的进行。

我们感知设计图的顺序很重要，因为后来的看法是会受先前所收集到的信息限制的。开始之前定计划的习惯会因为与某些设计问题相关受到质疑。另一个错误是低估我们的视觉记忆处理信息的能力。设计图应该承载尽可能多的图形编码。颜色、线宽和材质相互关联，并且用来表现多种多样的功能或设计质量。如果我们不动手绘图而是试图去感受我们的潜力，那只是在浪费时间。

环境设计图

我们用以感知真实设计的图纸表现的应该是环境，而不是物体，就像心理学家总是花太多时间学习物体观点而不是环境观点。设计师，特别是建筑设计师，花太多时间去感受他们的作品，把它当作一个物体，与其内容分裂，不能融入也不能占据。

伊特尔森和一些环境心理学家指出更深层的感性经验模式是对环境的感知，而且，不同于物质感知的是，环境感知更复杂，并且更有意义。

设计的教育灌输

学设计的学生会经历非常严重的焦虑期，以适应设计规范的教育或是适应他们所选择的某所学校。大多数学校都会避免太过单一的教学，但即使是最开明的设计或绘图教育都难逃灌输的本质。学生会发现设计规范（建筑学、景观设计或是室内设计）和某所他们所选的学校与他们父母、朋友、以前的老师和他们自己关于如何创造佳作的理念是冲突的。

如果学生能经受住这种焦虑，他们会从中获益良多并获得一种全新的设计和绘图规范，更重要的是他们会发现其实学习设计和绘图有很多种方法，但他们必须找到适合自己的那一种。这种教导中的转变会十分累人，因为学生必须要掌握一整套的视觉线索。举个例子，建筑设计学中的难点是让学生具有空间感——物体的形状、结构、表面、开口以及与其他空间的联结——而不是把它们看作空间中或表面上的一些东西。

现在少数设计学校会就某一种风格对学生进行教育，老师和一些优等生更喜欢广义上的美学概念，即使与学生先前所学相比会显得有些陌生。但不幸的是，这种风格正是学生首先会掌握的，因为它更容易辨认。较高级别的设计需要花费更多的时间去理解，有的学生永远都无法超越在学校所学的树或是人物素描这个层面。

所见即所得

设计专业的正当性让人不由得推测经过设计的东西一定会更好，因为从某种方面而言，它们被“设计”过了，这种设计价值依赖于观察者和使用者就设计质量的交流。看一把椅子，我们可能觉得它结构优美、手工精良、材料上等、脉络清晰，坐上这把椅子，我们会觉得舒适合体，从而影响我们未来对其他椅子的视觉鉴赏标准。

这种沟通在好几个层面上都会产生，但很有限，尽管并不是那么唯一。重点在于观察者和使用者的视觉感受。其他感官对于一个物体或地点的直接经验往往会确认或修正视觉评价，但视觉感受在对相似物体或地点进行连续评价时还是占据主导地位的。

正是我们在进行环境评价时对视觉的巨大依赖决定了在设计环境时需要运用绘图。

在设计专业中学习和运用绘图来进行设计的价值并不在于将其作为一种构筑模式或是数量的调查。建筑文件的生产工作基本上已经由电脑接手了。设计者更不应该为了出售自己的环境设计去学绘图，这项工作也许转交给专业的绘图器会更好。相比之下，设计者更应该运用绘图技巧来预测、评价、提高设计质量。如果设计质量不通过绘图进行沟通，恐怕也不会通过环境沟通。

我听到过一些关于绘图和三维模型的争论，说它们具有误导性和欺骗性。这些争论是有点道理，绘图和模型具有误导性，但它们却是我们手中最好的工具。我认为语言的误导性更大，我们的语言，带有浓烈的个人价值色彩。在我看来，眼睛远比耳朵和嘴来得可信。

詹姆斯·L·亚当斯在《突破思维的障碍》（1974年）中为绘图胜于语言争辩道：

“通过绘图使其形象化，是做出一个好的实物设计的重要部分。其中的一个原因是当用文字化的思维来设计实体时，总有一种奇怪的倾向，仿佛自己已经知道问题的答案，其实不然。表达能力强的人通过文字思维会得出一个轻率的概括。但在设计中，只有用视觉模型来支持他，才能证明他到底是不是在自欺欺人。”

语言被广泛地运用和接受使其几乎成为智慧和理性专用的传媒。绘图和其他非文字的表达方式，比如音乐，被贬低为不可靠的、与时尚、情感和个人表达缠绕在一起的方式。尽管如此，环境设计普遍都来源于我们最精准的感觉——视觉。

我们不能读取一幢大楼、一个花园或一个房间。设计者无法给每个看客或是使用者做导游，又或是印发一些充满说服力文字的小册子来描述场景。环境的使用者会有直接的感受，不用依靠语言，所以设计者必须直接表露他们的意图，其中首选视觉。

在设计中使用绘图的正当性不容置疑。设计者必定是一个视觉/空间沟通的大师，又做绘图器，又做观察者，因为视觉质量一定会为他们的设计说话。想要预测设计环境的最佳方法是精准地作图，认真地感受设计图所表现的东西。

其他设计者的作品

当你在学习作图时，其他设计者的作品可能会给你带来巨大的挫败感。但如果你能超越将其视为威胁的境界，它们则会帮助你进步。

许多学设计的学生会因遭遇以下情况而遭受打击：你准时到达设计室，准备周全，全副武装，你事先已经仔细阅读了作业材料，于是便开始认真仔细地完成设计作业或是绘图项目；旁边桌的人不但迟到，不知道作业是什么，还到处借东西。他边唱歌边画，画画停停，大部分时间其实都是在欣赏自己的作品。这样过了一段时间，你出于好奇瞄了旁边一眼，想看看这个大大咧咧的邻桌到底画成了什么样。结果让你震惊：画板上的东西简直是个奇迹，比在Diligence高中和Sincerity Summer工作室做出的东西要好得多。那一刹那，世界的不公平仿佛击碎了你。

对绘图的天真想法就此结束，这是很重要的。你也许会想起关于天赋的传说，告诉自己当老天在分发这种天赋时，你被排除在外了；又或许你会开始编造另一个传说，关于为什么设计中的绘图会具有误导性，或者画画根本就不重要或只有一点点重要。你应该明白的是，你所看见的只是一个表象。你的这位邻桌是在表演——就像一个人在练习跳舞、打网球或是在讲故事一样，他们喜欢自己在表演而其他人在观看。你所没有看到的和你所看到的那些神奇的作品，可能是源于15年的不懈努力，在老师、父母、朋友的鼓励下不停地画呀画呀。这样的表演是你这位同学长久以来的自我奖励。

还有另外一种经历，对于勤奋却尚稚嫩的学生来说，一样震惊。通常事情是这样的：第一次的大设计或大作业该交上去了，在最后期限的前一周，你对面的同学突然消失了，直到截稿前半小时才出现，带着两倍数量的稿子，每一张都充满了让人惊艳的细节处理。而这个学生看上去衣着整齐，双眼有神，气定神闲。而你呢？和其他同学一样一直奋战到昨天晚上，每晚都熬通宵，废寝忘食，可还是没有完成。

你那高产的同学还说："我本来还可以再画一幅的，不过昨晚我休息了一下，去看了场电影。"就像上一个例子一样，你并没有看到所有的故事。你的第二个同学在过去的三个礼拜中每天一有空就扎在家里画画。那些看上去要好几个小时才能画得出来的作品实际上也确实花了好几个小时。他取消了上周所有的课回家做作业，因为他需要更大更安静的空间来创作，学校则不行。就像第一个例子一样，这里面并不存在什么神力，所谓的天赋只是安慰人的借口。如果你也想画出好图，你就得准备好要花很多时间去绘图——可能要好几年，可能要时刻充满激情，也可能两者都要。

如果你能熬过这样的经历，并且理解绘图能力是后天习得的，需要学习的，那么他人的画作就能成为你最好的老师。你应该把画作看成一项活动的时间记录，试着去寻找哪是第一步，哪是第二步、第三步，以及其中的规则是什么。等你成了一个老练的观察者，就可以在你自己的作品中用上你的观察所得，能将所见投入到实际运用中去是非常重要的，随意的欣赏做得再多也是没有用的，你要观察得像私家侦探那样细致入微，你得发现那些你能模仿的地方并且立即投入使用。我们常常需要互相学习。说到文艺复兴时期，当绘画、雕塑和建筑艺术都得到空前发展时，关于艺术家们如何明着暗着互相借鉴的故事数不胜数。如果你不相信，可以去学校的图书馆查查那些关于绘画或着色图书的借阅记录。你很可能会发现它们早已被你的那些画得很好的同学借阅过了。

其他人的感觉

交流性的责任主要归于设计者。交流失败是设计者感觉的失败，而不是那些我们需要与之交流的人的失败。设计者给他们的老师、老板和客户看的设计方案图是设计责任的一个完整部分。去责备别人没能发现你的设计意图只是在逃避你的责任，这是设计者所有责任中最难的部分。与其他人交流你的设计正是你工作的开始，设计者必须学会如何感觉他们的设计，而这些表现他们设计的图是要给别人看的。

这种交流任务意味着设计者的绘图能力对他们完成设计能力的影响要么是正面的，要么是负面的。也许有一天，你会有能力雇用一个人来为你画出你要表达的东西，但是年轻的设计师很少会这样做。这也就是说恐怕你要设计什么都得自己去画，并且要画得有人愿意照着去造。

勒·柯布西耶创立了一套建立在人物二维数据上的理论，他对这套理论的图示正好解释了我试图说明的论点。如果说纵轴代表我们的能力值，设计者的手应该位于头的高度，或者更高，因为正是手与头脑在进行沟通。事实上，它们被联结成一个整体。对设计者来说，他们的头要帮助手来绘图，而手要帮助头来设计。

头与手之间如果不能达到平衡，不管是哪种情况都会让人沮丧。灵巧的手画出内容空空的画和聪明的头脑画出的涂鸦的确有一拼。

第一印象

任何一件人类的产物，比如说绘图，是展现给我们去感受的，所以第一印象很重要。产生感觉的前几秒钟里，我们会接受一股信息流，而在那以后的感觉恐怕很难，甚至是不可能去改变的。

任何要被表现的东西会在一瞬间把所有人类需要的技巧调动联合起来然后去创作。如果受众认为一切都恰到好处，甚至非常恰当，依据以往的经验和所表现的内容，他/她会更加仔细地寻找设计意图。如果与此相反，受众在第一眼就被不恰当的事物所干扰，以后的感受都注定要是负面的了。

透明度

在设计手绘的第一印象中，绘图对手绘设计者和其他受众应有一样的“透明度”。受众应当立刻就接受图中画得完整的事实，并透过它看到设计内容。这点怎么强调都不为过，应该要更详细地解释。

如果画的手法很粗糙，扭曲变形，不够精准，受众会觉得绘图者不够称职，并会因此难以接受作品中展示的现实。

设计者用来与人交流的多数作品，尤其是

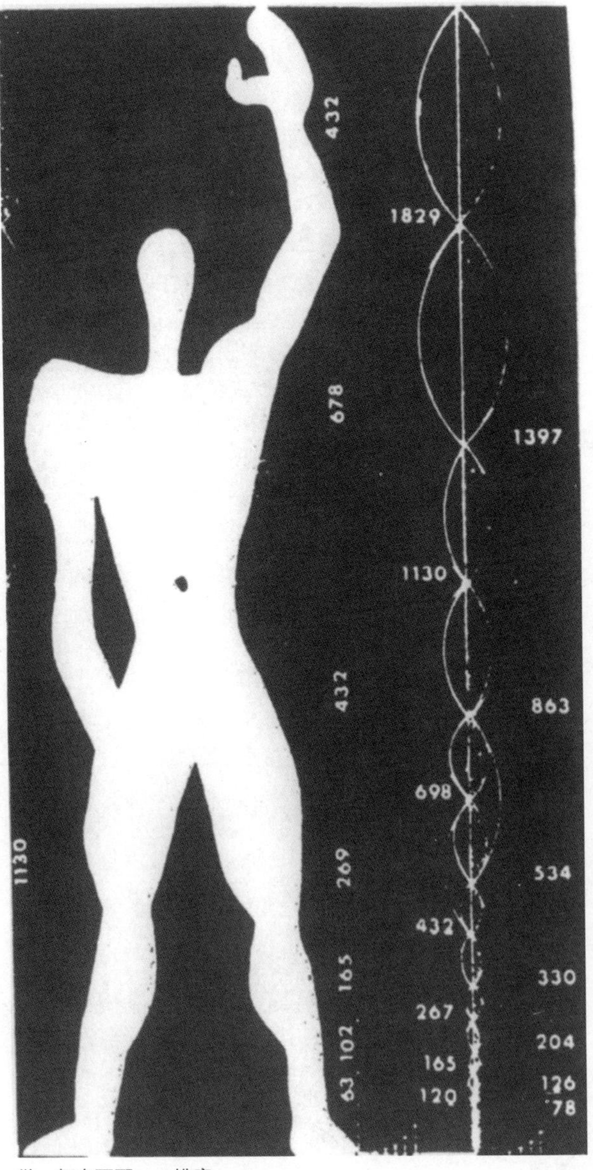

勒·柯布西耶——模度

与客户交流的作品，需要画得很清楚以便客户能看清设计图。设计图很容易被画过头，尽管如此，用过了气的艺术名家的手法或是一种负载了许多老手法的技巧，事实上会阻挠设计的交流。如果你是想用设计图来表现你画得有多好，你可能会让作品的透明性变差从而使设计的内容被推后反而成了背景。

画稿的形式

马歇尔·麦克卢汉有一本书叫做《媒介即讯息》（1967年），书名很好地总结了我的观点（手法即信息）。正如书、收音机、电视机的形式和内容透出的信息是一致的，画稿的形式——概念图表、草稿、工作图或是平面透视图——也与它们所画的东西一致。

选择一个图稿形式会在设计中的不同阶段鼓励或打击可参与性。而此时，老师、顾问、老板和顾客的参与是必要的。如果图稿是图解式或试探性的，尤其是出现了多种设计，设计的过程就变得开放且充满可参与性。如果图稿是一个工作图或是一幅平面的“终”稿，设计过程就是闭合的了，这意味着只要说同意还是反对就行了，不需要参与。

这种印象完全由图稿透露的信息决定。当然也与先前提到的措施的恰当程度有关，但草稿如果画得好的话，会引来关注和参与。我最成功的经历就是给客户看概念图的初稿，让设计者有机会了解他们的感受。经证明，这对后

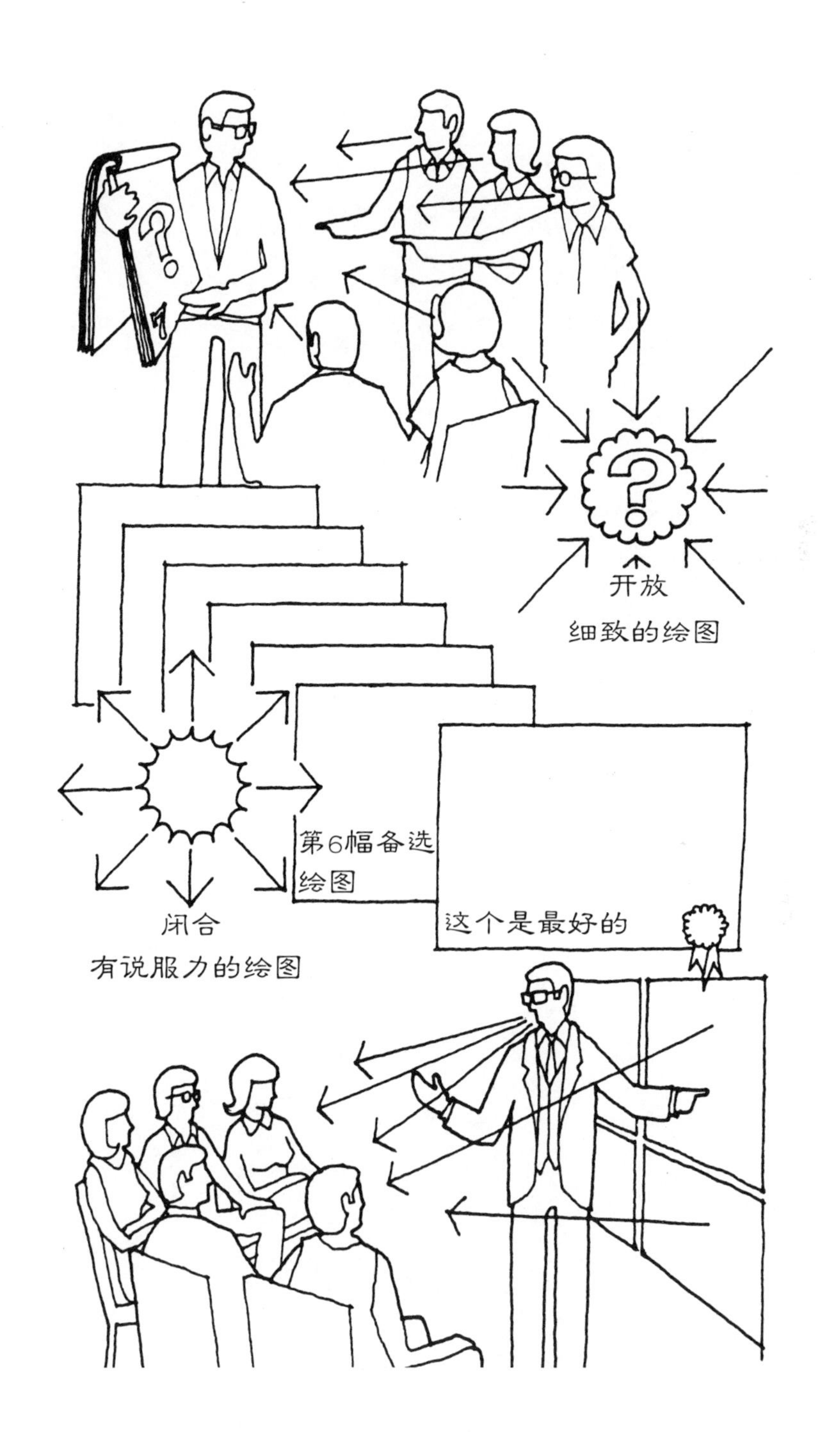

期的成功沟通来说是件无价之宝。

专业的观察者

设计者同时必须是个专业的观察者。他们必须学会综合地观察周围的环境，还要能预测别人对他们所设计的环境的看法。绘图是发展这种感知能力的重要途径。

在建筑学教育中，这项功能通常是由现场草图来承担的。学生和建筑师带着草稿本，记录下他们看过的建筑和城市空间。经过几年这样的训练，学生和建筑师就可以回顾这些建筑和空间，在数月之后，就算身在别处，仍可以精确地画出来。

摄影师、画家、考古学家和动物搜寻者都有这种感知能力。这给他们开辟了一条通往视觉世界的特殊通道。这种临摹能力赋予观察者一种特殊的框架式方法去看待世界：世界是未来的图稿，而自己是绘图器。

经Johnny Hart and Field公司的许可

第2章 构 想

我们通过整合将已知联系起来并加以应用，这个过程被赋予了不同的名称：认知、思维、解决问题等。我更愿意将它称为构想，因为这个名字可以使这个过程与感知联系得更紧密一些。

设计手绘有潜力成为构想最有价值的工具。手绘能力间接帮助感知，手绘直接推动感知，方法是通过图解形式将构想表现出来，这样，构想就可以通过眼、脑和手来加以评价和控制。

我们的构想能力最初的用途只是满足生存需要，后来逐渐有了计划未来的功用，我们能够思考一下自己的思维能力，这实在很难得。构想能力的发展并不是一帆风顺的。这些能力和模式保证了我们的生存，我们的头脑也依靠这些能力和模式形成了我们最深层次的概念组。

在人类进化史上，我们继承了整个人类的宝贵经验。生命之初，我们同样受制于偏见言语长期的教诲，被迫接受自己出身文化所尊崇的社会体验。我们将这些遗产与自己的生活经验融合在一起，当然这种融合是无意识的。如果我们往这个继承结构上增加有意识的经验，这似乎看起来没有什么价值，然而它却是非常值得理解和管理的，因为它毕竟是我们自己的东西。

个人观念

在我们思维的范围、方向和深度中，一生的意识经历中所涉及的一切，最重要的可能正是自我意识。不管是思考所得、意识所得还是无意识所得，自我模式要比其他因素更容易影响我们的人生观和设计环境的方法。自我模式认为怎样可行又恰当地使用我们继承环境的感知能力将决定它的作用是阻挠还是解放。

各种思维模式最大的不同在于人们的观念功能在什么程度上是有用的或是固定的——是否思维是以预定的、不可更改的方式运作；又或是自由的，能够自我控制的。多数人都了解我们的进化遗产和文化教育，并相信我们永远无法达到彻底的观念自由，但关于我们思想在何种程度上受到控制的争议却从未停止过。

宿命论有多种形式。那些关于各种思维模式的争议大多数其实正是关于这些相矛盾的宿命论形式的。关于未来的宿命论认为未来的一切都会随着某种计划或蓝图缓缓展开，你叫它命运、宿命、神意或是主愿都好。关于过去的宿命论则认为事件是由科学大爆炸设置在情绪中的各种自然法则所控制的。自然生长与人为培养之间的争论其实也是关于宿命论的形式之一。这些不同的宿命论思维模式要么是依据弗洛伊德和斯金纳所推崇的过去经历的情况，要么是建立在受宗教推崇的神定论之上的。但是这些模式都无一例外地支持古人的说法：自由、创新的思维是不可能的或是异端邪说。科技已经给了我们一个很好的宿命论思维模式的例子：机器人。

受文化影响的机器人，是最古老的宿命论的模型，为大多数动物和许多普通人的生存提供服务。它有一套潜在的文化政治系统，需要每个人记住这些规则和教义，过自己的日子，把这些传给自己的后代——不用提问、不用改变、不能打破。在动物和昆虫中，这种影响大多数是由本能继承而得来的，这正是大自然最完美的编程方法。人类可能会摆脱这种硬接线（译者注：用户无法轻易改变的设置）仅仅是因为他们相对而言的产前成熟和必要的长时间交流。蚂蚁、蜜蜂、旅鼠和其他的一些最古老或最新型的人类社会靠此严格控制其成员。

如今，我们在程序化的记忆方面有了无限灵活的选择和容量，远超过我们的祖先和其他动物。是否为孩子们编程根本不是问题，因为大规模的编程是生存的需要。问题在于到底应该如何去编程，各种文化对这份职责都分外小心，对于其中涉及的巨大职责是毫无争议的，因为文化的未来很明显取决于每个机器人是否经过了精心的编程。争论的焦点在于为每个个体准备什么样的、什么程度的编程才能适应变化着的世界。有些文化的程序尽可能包括各种细节、各种情形，其他的则靠大致的准则，试图使其放之四海皆准。

刺激—反应型机器人，是另一种由行为心理学校制造出来的自动机器。这套主张在20世纪初就由约翰·华生和斯金纳提出来了。行为主义者不承认或忽视那些所谓“思维”和“意识”的观念，坚持认为只有精神基础是可观察的人类行为。奇怪的是，他们大多数的理论都建立在观察老鼠、鸽子的行为基础上。他们认为人类复杂的功能只是各种简单的刺激—反应—补充模式的叠加，这些在动物身上都能观察到。

这种宿命论模式甚至将之前讨论的文化影响限制为一种行为修饰，在实验室里只要辅以惩罚或奖励就能显示出来。它还彻底排除了所有自我修正和自我决定的行为。刺激—反应型机器人的硬接线还被放在一块封闭的控制板里——这种机器人只能被“训练”。

霍华德·格鲁伯在他写的《达尔文人类说——科学创造心理学》（1974年）中命名并描述了这种宿命论：

“一种对人类生命的观点认为个体既受制于宿命论的规则又受制于或然论的规则，从而否定了自由和有目的创造的意义。如果考虑到生命是由宿命法则来统治的，那么想要影响未来是不可能的，因为一切都不是由人类本身来控制的。同时，如果或然论胜出，同样无法有意识地影响未来，因为一切都充满了机会性和不可预测性。

也许给这种观点起个名字能帮助理解。因为它将宿命论和彻底的机会主义合并在了一起，并且以此为依据去否认所有思维过程中可见的现实，我们也许该叫它‘极端物质主义’。”

受历史影响的机器人，也许是一种很古老的宿命论模式，但近来被弗洛伊德赋予了一种非常有说服力的形式。这种机器人可能因其过往的经历而进行了大量的编程设置。对此，它无能为力，尤其是当其发生在意识层面以下时。机器人在过去就被设定好了将来，这与受文化影响的机器人有细微的差别。因为这种机器人的历史并不是文化灌输的产物，而是一些随机的经历，发生在现有的家庭关系中。

遗传与环境，就我们的思维是否决定于遗传或环境的争论模糊了其中潜存的宿命论观点。不是遗传，不是环境，更不是两者妥协的产物就能解释一些人类中最富创造力的个体的。遗传宿命论和环境决定论都只是形式，一种文化需要为某个个体的创造力来做出声明。

天赋，是一种更加遥远的宿命论解释，它无法证明，甚至不是很有用，特别是在教育中，因为它早已变成了学生和老师用来逃避的借口。这种观点认为我们的思想大致上在出生时就已经被定下了，其否定了构成部分的文化灌输作用。

在这本书的其他部分我也反对天赋论，并把环境更具体地定义为经验是“天赋”或绘画能力的来源。我不同意对能力，包括绘画能力的环境解释，认为环境对个体是一种不可避免的“事件”，不给他们自由选择经历的空间也就自然与这种能力毫无关系。

科学，承诺了最终的也可能是最具威胁性的宿命论思维模式。当一些科学家努力去为各种宿命论模式争辩时，科学社团还没有认同任何一个思维与其功能的范例。几个分支忙于收集近几年甚至近几世纪的数据，这些数据和发现很引人注目，但其中冗长的细节和综合解释的缺失同样引人注目。

大多数科学家都承认他们离任何综合思维模式都还有距离，还有一些说法类似于相信或希望确实有一个“机器里的灵魂”来定义科学解释。但是大众对科学和信仰的理解或误解都认为科学总有一天会发现思维到底是怎样工作的。这种态度认为，就像治愈癌症这种难题，我们只要再等一段时间，就会取得胜利。这很难，但是宿命论认为这是不可避免的。也许我们活不到那一天，但是我们幸运的后代一定会看到。同时，我们只能带着期盼和尊敬向科学不断传递的信息致敬。

科学宿命式的自我模式当然是我们使用得最普遍的模式——机器人。机器人的思维模式是现代科技的胜利——电脑。电脑是完美的类比，可编程，忠诚、精准、记忆力惊人，只是创造力不够。

普遍看法是电脑与思维是可类比的，其信息处理过程和头脑的功能也一样，这很明显。但是很多传统的思维模式已经活过了有用的年代，尤其是那些认为人类思维模式应该是什么样的例子。档案柜，从不提问的信徒，从不出错的计算机，服从一切命令的仆人，狂热的爱国者还有客观分析家都在电脑身上找到了最理想的解释，唯独留下人类的意识去寻找更好的事情来做。

所有的宿命论模式都有些用处。它们并不完全是错的，但是它们没有给自由、责任或创造力留下多少空间，而这些正是设计师的标志。

自由的思维模式也不尽然都是对的，但是相反的是，对于我们这个物种的未来，它们看上去远比宿命论有用得多。如果我们相信思维是由命运或外界的影响来决定的，我们毫无控制权，那我们注定就只是些自动机器。选择去设想至少头脑的思维部分是自由的，可以构成自己的价值观和答案（并且接受与此观点相衬的责任），看来这才是自由思维的证据，是人类智慧未来唯一的希望。

人类智慧和自由的意志坚持认为，存在一些由进化继承下来的或是回应环境的文化模式，我们一直都在改变这些模式——在我们每个个体的生命中和整个物种漫长的进化过程中。尽管历史中的大部分模式都是由环境和外部因素引导的，但我们仍有机会为我们的未来不断地自我导航。

思维模式的选择可能比其他因素都更容易影响我们的思维方式。模式能放大或限制我们思考到底什么是被模式化的能力，这种能量是非常强大的。最适合我们的模式应该在提出观点时小心谨慎，独立自主，自由开放，有责任心，可以自主自奖。

自由思维模式的大敌是所有形式的宿命论。宿命论曾受宗教庇护，现在，绝大多数被科学继承了。尽管如此，科学也用许多文件证明我们所继承的思想的灵活性非常大。在不同文化中进化发展的意识世界的范围和种类说明了思维是个几乎无限灵活的DIY工具，潜力无穷。如果这是真的，或即使只有部分是真的。我们所适应的思维模式在推进或阻挠我们思维的方面比其他任何因素的作用都要大。

我们继续向后看，期待得到支持，或是在书的末尾找寻答案。我们在理解这些答案和支持时不需要自己动手去做，并且一直在自己的意识中进行整合，这是我们唯一需要去做的。

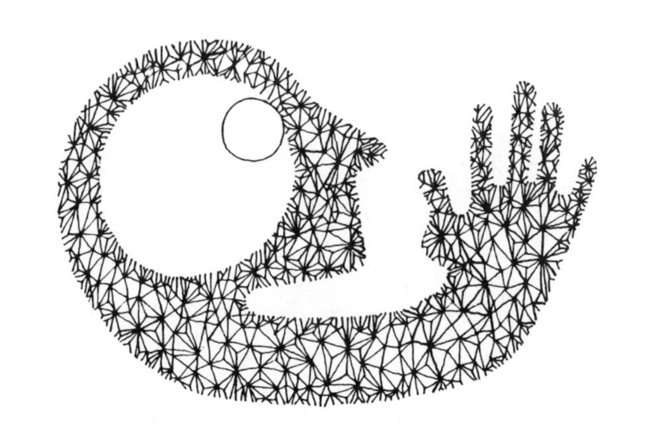

一个谦虚的思维模式建议

没有任何一种科学的描述能够最终说明思维的工作原理，在这种情况下，我推荐以下模式来理解并开始增强控制思维的意识。我把整个系统叫做“眼、脑、手”，说明其包括躯体，由视觉主导，一起合作才能起到最佳效果。

我的模式与其说是宿命论还不如说是自由论。系统的基本构架是遗传的进化结果，是我们种族与环境相互作用的结果。我们在用这个系统的同时还受到文化灌输的推动或阻挠。但遗传和环境都不能完全控制我们的思想或是为我们的思想开脱，因为我们的意识是自由的。

我推荐的模式包括了三个部分：

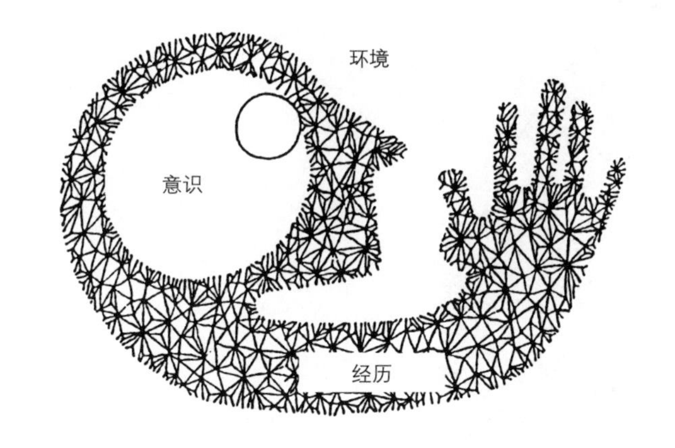

环境—内容

这个要素代表我们所有外部内容，包括人工和自然的环境，代表其他人和所有形式的交流——图书、对话和它们之间的画面。

经历—网络

这个要素是连通的网络，连接我们积累的所有经验和知识，在模式中，这种经历—网络环境形成了模式的第三部分——意识，意识代表了一个系统，将我们的环境遗产和文化灌输、人生的意识和下意识的经历以及意识和意志现象的综合。这套网络代表我们的一切，除了意识。

手在此模式中用来再现整套系统中的经历，因为手正是我们智慧的部分。弗兰克·威尔逊在《手的奥秘》（1998年）中说道：

“看得越多，手与脑的结合就越显得完美，是古人类学说、认知精神主义的发展和行为神经系统学中一个定义性的和综合性的主题。

我认为那些忽视手脑联合作用的，忽视这种关系的历史根源的，以及忽视那段历史对人类现代社会冲击的人类智慧学理论，都是误导的、无益的。”

意识—空间

与自然中其他生命形式相比，人类智慧和自由的印记是个体运用意识的自由和发展，尽管我们看上去离彻底了解如何充分利用它还有一段距离。荣格解释道：“意识是个非常新的自然获取物，而且还处在试验阶段。”

意识的这个元素代表了我们注意力的空间。意识是人类思维最独特的部分。它受到三方面的限制：某一时间能够承受的信息量；面对环境感情输入时它能够触及的开放和关闭的境界；以及在全开和全关状态下能够保持的时间。

人类智慧最富个性化的用途是在问题和解答、过去和未来以及现实和理想之间寻找最终和最一致的答案。我们所认为的现实、身份和我们每天的思维都是这种“一致”的产物。根据我的思维模式建议，设计手绘正是这些综合元素的最好体现。它与意识和经验的连接并存。我们在潜意识中会在经历—网络的表层自动描绘它们，在现实中就画在纸上。这种综合一致的形式是最高级也是最普遍的人类智慧用途，手绘图包括了一层合理化的经历—网络潜意识层。这个模式现在代表并使整个人类合为一体。这本书的核心内容是我们怎样才能达成一体，更加完善——用上人类智慧的工具。绘画是一个例子，也是整个功能的象征。

模式形式

模式的形式，除了区分并命名的三个部分：环境、经历和意识，还建立了两个连接：环境—经历、经历—意识。

对三个元素和两种连接的空间安排排除了意识和环境间的任何连接，除非透过经历。这表示我们的环境概念只有通过经历才有可能实现，也说明任何由我们意识发展得来的感觉观点都只有通过同一套网络才能进行沟通或是付诸行动。这套网络，全权负责传输并调控系统所有的输入和输出。

这套系统因此能正确地表达我们未经历过的观点，或说出我们的思维，或解决我们执行倾向时遇到的困难。

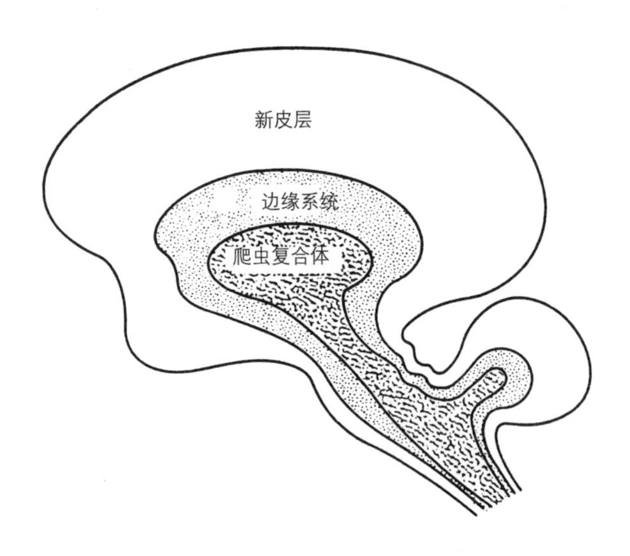

选自卡尔·萨根的《伊甸之龙》

进化的分层遗产

卡尔·萨根曾在他的《伊甸之龙》中提到保罗·麦克莱恩，保罗把人脑按照进化分成不同的部分。最原始、最里面的是爬虫类脑，跟攻击性、地盘性、宗教信仰和社会阶层有关。接下来是哺乳动物类脑，会产生出情绪活动、利他行为、亲代关爱。最后一个也是人脑中容量最大的，即大脑皮层，它决定了人的本质，支配着人的直觉、自我调节、视觉、直立行走和手的动作。

大脑产生直觉的部位能够对信息进行即时处理

灵感、合成、空间定向、知觉、音乐、艺术

大脑进行逻辑分析的部位对信息进行连续处理

分析、逻辑、语言、代数

标记体验的网络组织

三个进化层

爬虫类脑（最古老）

攻击性、地盘性、宗教信仰和社会阶层

哺乳动物类脑（中间）

意识情绪、亲代关爱、利他行为、合作

大脑皮层（最新）

直觉、自我调节、视觉、手的动作、学习的能力

继续合成线

意识

注意力的空间

环境

背景，自然的和人工的环境，其他人，各种交流方式

产生逻辑

产生直觉

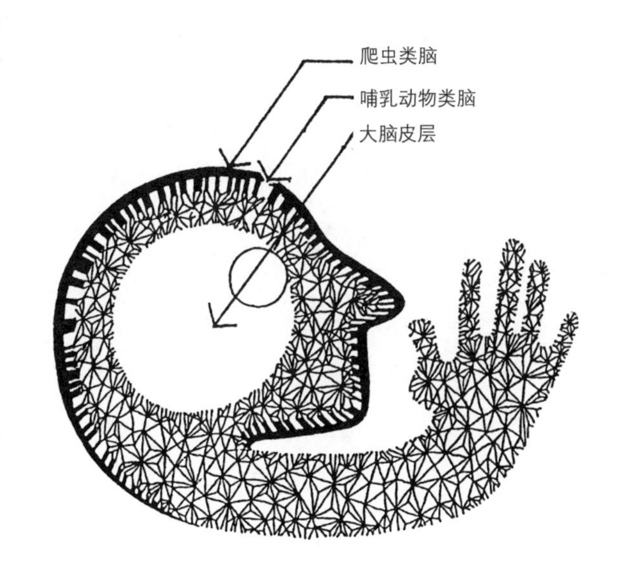

在提出的思维模式中，进化层次是反向的。爬虫类脑在最外面直接接触环境，也是受意识操控最少的。接下来是哺乳动物类脑，最后是大脑皮层，也叫新皮层，主要受意识的操纵。这种分层的反向是因为意识占据了模式的中心位置。

这种模式还试图展现另外一个事实，那就是大脑皮层的左右大脑半球有着各自不同的功能。右脑对信息进行瞬间、即时的加工，通常被认为主司想像力、创造力和综合能力，如模式认同、空间定向和瞬时整体判断——合成。左脑对信息进行连续性加工，通常被描述成是负责推理和逻辑的半球，具有推理、语言和数学能力——分析。有趣的是，右脑操纵身体的左侧和左眼；而左脑操纵身体的右侧和右眼。

左图把右脑描绘成一个内部互相联系在一起的错综复杂的网状组织——统一联系模式。另一方面，左脑由单一的种类和级别组成——分类的多样性。

这个模式指出了大脑一些真实的局限性，比如，大脑只能反映那些预先摄入的信息（包括环境设计），或者说，如果没有经过体验网络的三个进化层，就不会有任何东西进入或存在于我们的意识之中。这些真实存在的局限性不像那些确定的模式那样限定我们该想什么或必须想什么。

这种模式在生物学上不一定是正确的，也不一定能被科学证明。它的价值在于它可以作为大脑功能的类比，可以帮助我们分析大脑，更丰富、更清晰地了解大脑。

种类和级别

在《思维研究》（1956年）里，布鲁纳、古德诺和奥斯汀认为，“基本上所有的认知行为都涉及并依赖分类过程。”我们感知到的世界似乎是有区别的，或是由不同的事物组成的。看到世界的不同可能是因为知觉的偏见。视觉的焦点，试图形成格式塔或整体，通过手和眼的配合来看到和知觉到不同的事物，区分差别不大的模式，这些都促使我们看到一个不同的环境。

在《知觉的生态学方法》（1979年）中，吉伯森指出，这个迥异的世界部分和整体是由某些模式或者元素组成的：

现在说到的这些单元，必须要强调理论的要点。小的单元包藏在较大单元中，我称它为“嵌”。例如，峡谷嵌在山峰之间；树木嵌在峡谷中；树叶嵌在树木中；细胞嵌在树叶里。在大小、尺寸、上下几种模式中都是形式套形式。较大的单元包藏在更大的单元中，它们构成其他事物，它们将建立层级，只是这个层级不是带有类别的，而是充满了转换和交叠。因此，对于陆地环境来说，没有特别合适的单元可以永久地用来分析。世界上没有原子单元被认为可以代表环境，相反，那些从属的和上级的单元却得到人们的认可。选择什么样的单元来描述环境取决于你所描述环境的级别。

我们的视觉不仅把世界分成潜在的种类，而且还把这些种类分成不同的组成部分。

不同的要素构成不同的构想种类，这些

种类又被分成不同的等级，这应该是文化的使命，而更多的则是由文化的语言来实践的。我们的语言用来命名我们知觉到的不同元素，辨别它们的性质和特点，描述它们的活动及它们与其他元素的关系。这与生俱来的文化如实地诠释着我们所知觉到的不同元素，这种教化深深影响着我们看问题的方式和思考方式，我们永远不可能脱离它的影响。

布鲁纳、古德诺和奥斯汀（《思维研究》，1956年）解释说："分类可以减少环境的复杂性，使用这种方法，我们可以辨识这个世界的物体，减少持续研究的必要性，为器械活动指明方向，保证各种事物间的秩序和联系。"

在考虑分类的文化作用和语言的影响之前，让我们来看看分类的几种模式。

模式

所有的分类都把世界划分出无限/有限的疆界，在某一类别中包含某些事物，而不包含其他事物。这个看似很简单，但是当我们考虑该如何去划分这些界限的时候，就会了解到手绘这条分类线通常都会涉及它与其他类别的三种关系，它不是那么简单的。任何类别都存在这些关系，这不是类别的必然结果，却成为了类别的标准。

我们生来就存在于这种分类模式中，逐渐习惯了那些围绕我们的连续界限。当我们面对

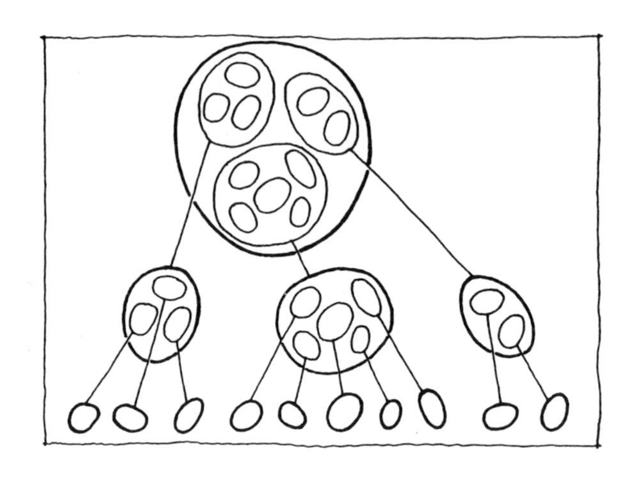

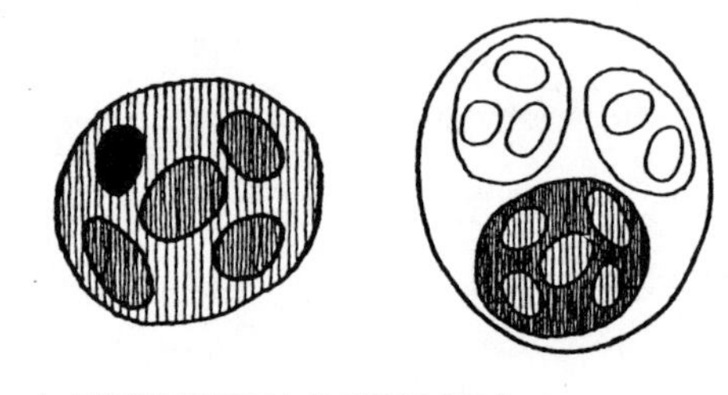

部分——大多数类别都是更大类别的组成部分

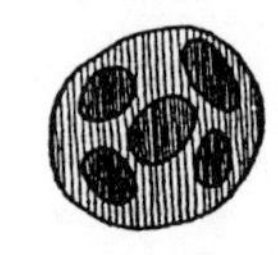

整体——大多数类别由部分构成，这些部分本身就可以进行分类

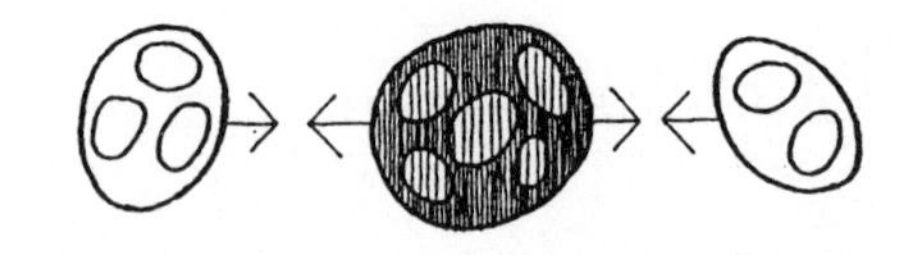

并列——大多数类别与非常具有竞争力的同胞类别级别平等

它们时，这些分类界限就扩展我们在前面提到的思维同心层次。它们带有保护性地把我们的环境描述成一个连续的友好群体，在这个群体里，我们有伙伴陪伴，他们跟我们有相同的趣味和价值观，最重要的是，我们对这个世界有着相似的分类标准。家庭、性别、年龄、职业、宗教、政治倾向、民族和种族都是我们划出的保护性的同心环，但好多已经过时了。

尽管有多种方法来图解这个模式，但所有的分类都发生在同一个巨大的模式中。我一直用图解方法，目的是强调我们在分类疆界中的体验，并且暗示各阶层间的关系。对同一模式更传统的图解是"树式"模式，从一个方向来看，像是生物细胞分裂，从另一个方向来看，像是族谱图。有趣的是，这个单一的构想模式作为进化的产物同细胞的再分和高级器官的形成一样古老。这个模式在达尔文的著述中也被反复图解。

关于等级组织的渗透性和在构想上的价值，最活跃的代言人就是亚瑟·柯斯勒（《雅努斯：总结》，1978年）：

不论是银河系、生物体及其活动，还是社会组织，一个相对稳定的性质中所有的复杂结构和过程都展现出层级组织结构。我们可以使用带有系列层次的树状图来展现物种进化的分支及其成长为"生命之树"的过程；或者展现在胚胎的发育中，其组织的台阶式分化和功能组合的渐进变化。

树的分支说明了知识在图书馆的书目主题索引下的层级排列次序——我们的个人记忆可以存在于我们头脑内。

柯斯勒的图示并没有在我提出的同心层级边界内展现生存的体验，但它很清楚地展现了线性组织模式，这是分类的基础：大的整体基于小的部分，同级别各项平起平坐。垂直来看，它展示了设计中经常使用的两个美学构想：统一性和多样性。

统一性收集多样性，多样性体现统一性。朝着统一的方向行动，意味着朝向某种庞大的收集者攀升，不管它是宇宙、自然还是上帝。在多样性的方向上行动，意味着对环境进行纷繁的解读。在极端统一和极端多样之间有很多点，这些点构成了我们的构想类别。

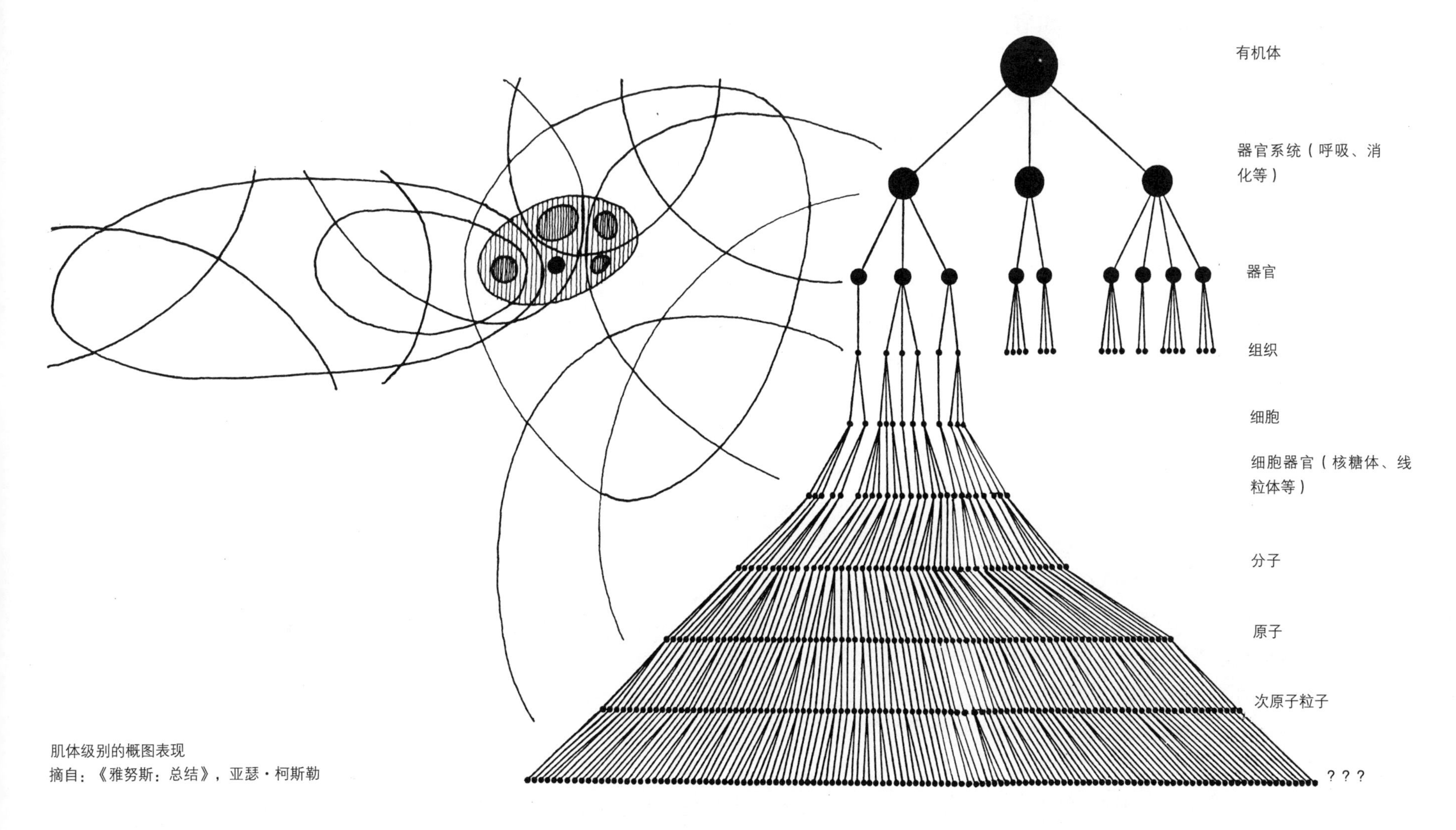

肌体级别的概图表现
摘自：《雅努斯：总结》，亚瑟·柯斯勒

在这些补充构想间推测出相互依赖的关系，必然引导我们去找寻层级的两端，这可以解释为什么我们会有一种冲动，要去调查和区分多样性，并设想把统一奉为神明。

柯斯勒也曾写过，从人类行为角度讲，社会阶层的垂直尺度意味着什么（《机器中的幽灵》，1967年）。他解释说，人类表现出两种互相冲突的趋向，因为人既是个别的“整体”，也是生物和社会阶层的完整“部分”。他们作为个体的“完整性”导致他们超自信的行为，而他们的“部分性”又导致了他们的综合行为。

正是这种综合的趋向（很显然，我们需要认同超越我们的目标和信仰）使得我们接受文化教导，放弃构想自由和责任。

传统图形的水平尺度代表另一种线性关系——在平等的分类中潜在的竞争关系。

以其最简单的形式，在同胞分类间有着“同胞竞争”的关系，这可以看作是互为唯一的二元性，如同思想/肉体、遗传/环境、自由的/保守的。稍微平衡一点的观点是后面的尺度代表一个连续统一体，用来调节两极对立，并为相反的两端提供一系列中间位置。

有趣的是，这个模式看起来是唯一组织起我们构想世界的模式。关于我们身体轴线的高低、左右，它都是明确的人神同形同性论，很容易用我们的语言来描述。很难为构想范围设想出另外一个模式，这证明了等级组织的普遍性，也证明了模式在构想上比我们写下的名字更强大。

文化类别

文化灌输开始于世界的分类。分类或者拆分从来都不是简单进行的。当我们分类或者拆分时，我们赋予差异以含义和价值。我们知觉到不同世界被归结成不同类别，按照等级和价值来进行命名和安排。克洛德·列维·斯特劳斯（《原始思维》，1962年）指明，即使最古老的文化也有一个给世界命名、分类的系统，而且那些系统往往比我们自己的系统还要复杂。这些“古老”的分类和我们自己的“科学”分类之间的差别是令人惊愕的。它们都遵循同样的等级模式，这些模式我们之前已经讨论过，它们依赖相似的“参数轴线”，并且形成互为唯一的组合。

各种世界观的不同证明了我们的构想世界从来不客观，而且也不是由环境赐予的。这里再次引用布鲁纳、古德诺和奥斯汀的说法（《思维研究》，1956年）：

我们对世界的事物进行分类是一种历程或创造。那些质数、物种、巨大范围的颜色都归结到“蓝色”的方形和圆形这个类别——这些都是创造，而不是“发现”。它们并不存在于环境中。

科学和常识探索一样，并不是用来发现事物是如何在世界上组织起来的，而是用来发明组织的方法。发明的检验就是使用发明的类别之后可以预料的益处。

人类使用类别对世界的总结和反应深刻地反映了他与生俱有的文化。一个人的语言、生活方式、宗教和科学都塑造了一个人物体验各种事件的方式，这些事件就构成了他自己的历史。

大多数文化灌输都推崇一套固定的权威答案：挑战原则就是离经叛道。这些文化构想限定从一般到具体，提出各种事物，从穿、吃、喝、个人和集体行为到关于世界本原和生活目的的构想。

任何文化构想分类的危险性在于它们会阻止思维的自由，暗示这里已经有正确答案，唯一需要的就是记住这些答案，所有人类问题的答案都是关于“知道”正确答案的问题。如今，这些确定的答案并没有很好地为我们服务。我们需要的是创造新答案的能力、试验新答案的灵活性和取得一种认同感，需要认同创造和试验的努力是在充分发挥人类的智慧。

任何文化的构想范围都会延伸到道德价值和知觉价值系统。

这个系统由文化制度构成，由文化约束来执行。如果你是搞设计的学生，你目前正在体验被灌输到亚文化群的过程，那么你应该意识到你的课程是按照什么类别进行分类的，并需要知道它们的级别安排。

语言

文化灌输的载体是语言。语言给构想分级命名，就形成了世界的分类。语法限定了说话的内容，甚至有的语言学家认为语法也限定了构想的内容。语言和文字在任何文化中都享有特权，即使是今天也不例外。那些在历史上发展并运用了语言的人，无疑站在了文化等级的最高峰。语言如同分类一样，不能被简单地使用，它保留了一些偏见，这些偏见来自于历史上利用语言来满足私人利益的人们。

开放类别

设计问题就像一个开放的类别，设计方案会在几个等级中大行其道。就像你的客户在他们生活的层面中为你敞开门户，这样你可以为他们设计其所需的环境；又像山坡在太阳、风和景观等级中找到了自己的位置；还像社区在已经建设很好的环境里安家落户；或者你作为一个成熟的设计师，已经在你的作品中为下一个设计做好了准备。还有其他几种等级，敏感的设计师会在其中放进一些设计，你的设计总是被知觉为这些等级的一部分，永远不会被看作是独立的行为或物体。

就像任何构想类别一样，每个设计方案都由三种关系来定义：

1．部分——任何建筑。外延或内延空间都从属于一个更大的整体、自然环境。一条街道、一个社区、一个城市和一个地理区域都是如此。任何设计环境都是人们生活的一部分，它属于你和你的职业。

2．整体——建好的环境也是由部分组成的。大多数环境包括一个空间循环系统、一个或多个环境操作系统、一个照明系统和物质系统，如果是建筑，则有机构系统和外围系统。新的类别必需尽力把这些分类结成一个强大的整体。

3．并列——每个环境设计都与周围的环境有着相似的时间、功能、预算、地址、技术，通过几种变迁，成为可论证的连续统一体：现代/后现代，自然的/高科技的，地点一体化/地点优势化。

与所有的分类一样，表现设计问题的开放类别也由这三种关系来定义。设计师有机会建立起所有的关系，也可以选择是否让它们更清晰明显，或让它们保持有趣的模糊状态。

分类的危险

我们必须有分类。没有分类，我们的思想是不能想像的，但是分类应该经过质疑和熟虑后才能被接受、被打破或者被改善。罗伯特·H·麦基姆（《视觉思维体验》，1980年）在关于分类危险的章节里，引用了萨哈特的叙述，然后给出了一个重贴标签的例子：

然而萨哈特注意到标签固有的危害：名字让我们以为自己熟知它所指的事物，这使我们变得很迟钝，不愿意从不同的角度重新看待已经很熟悉的事物。

由于知觉是以物体为导向的，那么使知觉回到核心地位的办法就是扔掉物体的标签，根据另一种分类方法来重新标记周围物体。不按照通常的物体分类来标记你的知觉，而是根据不同的特性，如颜色，来标记知觉。在一间屋子里，不要先看到一组家具，而是要把红色的物体先分到一组，然后是所有黄色的物体。换句话说，人们在寻找“红色”而非单纯地在寻找家具。用其他标记方法重新分类：先找立方体，之后是圆柱体，然后是光滑体，等等。现在看一下原本熟悉的房间是如何变成新的了：颜色更明亮、更丰富了；模式、形状、纹理突然从熟悉的影子里跳出来了。同时，你也应该意识到你经常被“言语的面纱”模糊你的视觉，让你的视觉一成不变。

如果完全采用我们已有的读写能力、表达方式和生活经历进行分类，我们将严重限制知觉的潜能。

有限的合成

加以分类的危险在于它限制了新的合成。如何将事物区别开来决定了这些事物将来可能以何种方式重新组合在一起，合成往往受到分类的影响。在设计房屋的过程中，如果你只在地产速记分类的基础上想像这座房屋，这就是在限制设计合成了。接受任何分类就等于向设计这些分类的人屈服，牺牲自己的智慧和能力。如同任何节食者所熟知的，每天都使用同一种材料，根本不能做出花样繁多的饭菜。

过分简单化和权威性

不同的文化和价值观让我们的归纳包含了诸多偏见，但这种归纳使我们在世上得以生存，这些归纳很少是单纯和公平的。分类最大的危险不在于它的模式或形式，当然这是不可避免的；分类的危险也不在于它的内容，因为这些内容根据文化的不同而有所差异；其最大的危险在于它在总体结构上的权威性。一种文化之下各种类别的完美结合如同全无缝合线的织品，是很杰出的。想要寻找、挖掘，甚至用力拖拉任何类别中的松动线头，都是需要很大勇气的。比较容易的做法是退回到理性的散漫中去，因为那里接受最传统的类别。

另一种模式

虽然似乎只有一种总体等级形式可以将所有的类别联系起来，但至少有两种补充方式可以用来说明它。传统模式关注对类别边界的分析，把世界分隔成封闭的、唯一的类别。另一种模式是对第一种模式的补充，专门将第一种模式的各种类别加以连接、关联或架构的网络。第二种模式更加关注相似性，而不是差异性。

第一种模式像一幅绘有国家疆界的世界政治地图，而第二种模式更像是标明首都间连线的航路图。第一种模式把世界分隔成一个又一个小块，量出大小，给它们命名——这种模式可以称作绝对定量。

第二种模式把这个世界重新缝合到一起，由此产生可被命名和评价的关系和形式——这种模式可以称作相对定量。

我们构想上的世界似乎在这两个相互依赖的模式间摇摆不定。如同视觉知觉的数字/场逆转示范所展现的那样，我们通常在一个时间内只关注一种模式。但是，我们还是应当摇摆力图达到一种平衡，而且这也是可以做到的。西方文化和它科学统领的知识世界都是建立在排他的、语言、数学、直线的、逻辑的、可以计量的左脑模式定形边界。我们必须寻求另一种模式来弥补文化教育中的不平衡性。另一种模式则与东方文化关联更大，更多地涉及包含的、直觉的、可测的、相对的、右脑的统一结合。

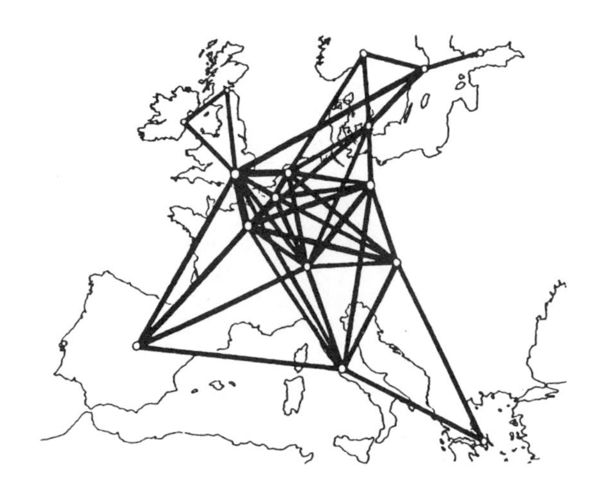

两种模式之间的互补关系在63页图的清单中清晰可见。这个单子是由罗伯特·奥恩斯坦在1972年出版的《意识心理学》一书集成的，用来展现左、右脑在意识上的不同。

质疑类别

我们刚刚开始理解类别无所不在的影响力，正开始对其中一些类别是否有用提出质疑。这种分类使我们的心智和语言得到了发展，当然也使我们对竞争、歧视、特权和权力的滥用产生了具有破坏性的欲望。很显然，我们很多传统的类别即便曾经作用非凡，现在来看也都已经过时了。继续重造更有用的模式和构想框架，借以构造我们的世界，这才是我们作为设计者和人类所面临的最重要的任务。

意识的两种模式

出处	试验（性）的两部分	
很多出处	白天	黑夜
布莱克本	过渡的	感官的
奥本海默	时间、历史	永久、永恒
戴曼	主动的	感受的
波兰尼	明确的	不言而喻的
列维，斯佩里	分析的	格式塔
多姆霍夫	右（身体一侧）	左（身体一侧）
很多出处	左半球	右半球
博根	命题的	同位格的
李	线性的	非线性的
卢利亚	连续的	同时的
西门斯	聚焦的	扩散的
易经	乾：天	坤：地
易经	男性的：阳	女性的：阴
易经	光	暗
易经	时间	空间
很多出处	言语的	空间的
很多出处	过渡的	直观的
吠檀多	释迦牟尼	玛纳斯
荣格	因果的	非因果的
培根	争论	体验

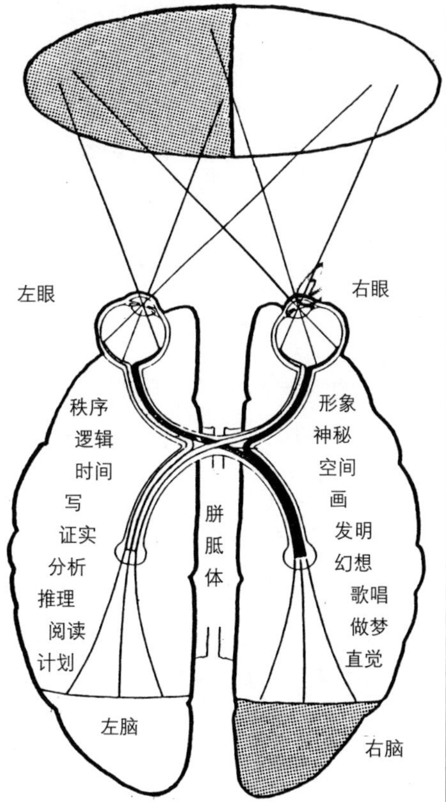

二者合一 造就完整的人
重绘自《科学美国》，“人的分脑”
迈克尔·加扎尼加（1967年8月）

构想功能

使用语言辩论来攻击语言观念似乎不太合适。作为设计者，你可能十分坚信文字是创造性思维的首要媒介。然而，任何一本探讨手绘与思维之间关系的图书一定会讨论非语言构想。以下的摘录可以说明我的观点：

在《视觉思维》（1969年）中，鲁道夫·阿恩海姆指出：

视觉的最大优点在于它不仅是非常具有表达能力的媒介，同时它的范围也拥有关于物体和事件之外大量无穷的丰富信息。因此，视觉是传递思想的首要媒介。

爱德华·德·波诺在《横向思维》（1970年）中指出，视觉或图画的构想具有优越性：

与语言解释比起来，图画的优势在于它更准确。语言可以很概括，但是概括必须属于某一特定的范畴。

视觉形式的优势有很多。

1. 必须对事物承担具体的责任，而不是仅仅提供非常模糊、概括的描述。

2.设计必须对所有人来说都是能引起注意的。

3.针对复杂结构，视觉表达比语言表达简单得多。如果因为没有能力描述设计进而限制设计的话，那就太可惜了。

这些构想和材料摘自爱德华·德·波诺的《横向思维》（1970年），他在创造性思维领域是权威人士，也是“横向思维”的发明者。

迈克尔·波兰尼（《默会维度》，1966年）非常具有说服力地提出了另外一种认知方式：

我会重新考虑人类的知识，首要的事实就是我们所能获知的比所能说出的要多。这个事实看起来显而易见，但究其真谛，我们并不大容易说得清楚。举例来说，我们认得一个人的面孔，并且可以在上千人甚至上百万人中认出这个面孔，但是我们通常说不清楚为什么可以认出一个人的面孔。也就是说，这种知识不可言传。

现代科学的目标就是建立一个完全独立的客观知识体系。暂时没有实现的这个理想，只是被看作是暂时的美中不足，我们应该以消除这个不足为目标。但是，假设默会思维形式是所有知识不可或缺的一部分，那么以消除知识中的个人因素为目标本身也就是在破坏所有的知识。精确科学的理想实际上是一种误导，还有可能成为破坏性谬论的源头。

在精美的著作《心灵的眼睛看世界》（1975年）中，迈克和南希·塞缪尔提出：

人类的头脑就是幻灯片放映机，在它的图书馆里，储存着数量极大的幻灯片，拥有瞬时查询系统和无限参照主题目录。

在某种意义上，人类一直处于一种冲突之中，介于视觉形象给予自己的力量和自己能够通过语言对环境实施的影响之间。视觉和语言这两种能力都是基本的心理过程。人类看得见，也说得出。当他与人交谈时，这个过程被称做交流；当他与自己交流时，这个过程被称做思考。当他审视周围世界时，叫做实境；当他用心灵的眼睛审视世界时，又是什么呢？

最近，这个强大又可怕的问题开始被人们解决了。我们用心灵的眼睛看世界时，到底发生了什么呢？我们疯掉了吗？被鬼神操纵了吗？被压制的恐惧、对黑夜的恐惧和对过去的恐惧正在纠缠我们吗？这些问题激起我们的忧虑，过去两千年的文明史读起来如同想象的社会压抑史。因此，这是在否定我们最根本的一个心理过程，因为想像是我们的思维方式，但在语言出现之前，形象是我们的思维方式。想像也是生物计算机的心脏，人脑通过形象编制步骤然后自我实现。骑自行车、开汽车、学习阅读、烤制蛋糕、打高尔夫，这些技巧都是在获得形象的过程中学到的。想像是终极意识工具。

用最后一个例子来证明语言前直觉构想的存在就足够了。亚瑟·柯斯勒（《创造的行动》，1964年）提供了阿尔伯特·爱因斯坦对自己大脑工作方式的描述：

1945年，在美国著名数学家中进行了一场调查，目的是找出这些数学家的工作方法。爱因斯坦在调查问卷中写道：

“不论是书写的还是言语上的，似乎在我的思维结构中都不起什么作用。看起来好像是思维元素的物理实体，实际上是一些符号和或多或少清晰的形象，它们可以自主地进行复制和组合……

……从心理的角度来看，这个组合游戏看起来像是创造性思维的根本特点——当然，在与言语逻辑或其他可以用来交流的各种符号之间建立联系之后，情况就有所改变了。

以上提及的元素基本上都是视觉或力量类型的。只有在第二阶段才需要费力寻找传统的言语或其他符号，那时，以上提及的联系已经建成，可以随意进行复制。

根据前文所说，带有以上元素的游戏目的是要模仿我们所追求的某些逻辑联系。

在言语参与的阶段，对我来说，它们仅仅是用来听的，但是它们却在第二阶段才参与进来，像上文中提到的一样。”

构想的模式

文化灌输一般采用以下两种方式解释构想的形成：（1）创造性想法是神意在有天赋或是遗传了那些有天赋的父母的个人身上的体现。(2)这些构想是通过使用最先进的科学方法辛苦寻找所得的。令人遗憾的是，这两种选择似乎非常明显，但却掩盖了这样一个事实，就是它们都认为构想早就已经存在并发挥过作用，正等待着被表现或发现。

表现的构想

这个解释是构想天赋说法的延伸。这些构想“天赋”的给予者很多：神、祖先、下意识或环境。不论何种情况，构想赋予的接受者往往都是被动的。接受者可能通过某种行为和做法来讨好这些给予者，但是通常都是间接的，因为它们需要一个“中间人”——教士、心理学家等等。设想一下，新的、已经发挥作用的构想存在于某个领域，这个领域远离常人的头脑，这些构想在某些个人身上有所表现，然而表现方式是任意的、事先决定的（但是不为人知）。这个表现的构想本身并不威胁任何文化现状，因为，从它的定义来看，创造性不能直接通过置疑传统构想来传授或得到。

发现的构想

这个解释也设想发挥作用的构想已经存在——或终极真理——但同时也指出，可以通过科学的分析方法发现它们。与表现的构想不同，发现的构想可以直接获得。但是许多关于那个找寻的假说都是值得商榷的：早已存在的正确构想等待被发现，我们在寻找科学定论的过程中，正接近一些目标（比如真理），正确地找寻方法可以确保成功。

托马斯·S·库恩（《科学变革的结构》，1962年）提出：

我们或许……应该放弃一个观念，不论是比较明确的还是比较含蓄的，就是惯例的变化使得科学家和他们的追随者距离真理越来越近了。

……这篇文章中所说的发展过程是一个进化过程，从原始的起源开始——这个过程中，各个连续的阶段都具有一个共同的特点，就是对自然有了逐步详细和精练的理解。但是，这并不意味着只要说了什么或者将要说什么，就可以成为发展的过程。不可避免地，那个空缺一定会干扰许多读者。我们都非常习惯地认为科学就是一种计划，可以一直将我们拉向目标，那个由自然预先设定的目标。

但是需要有这样的目标吗？说到全社会知识状态的发展，我们可以在任何时候摆脱科学的存在和成就吗？如果确实存在一个完整、客观、真实的关于自然的描述，对科学成就的恰当测量使得我们距离终极目标越来越近，仅仅对此加以想像，会有任何帮助吗？如果我们可以学习如何摒弃“朝我们希望知道的方向发展”，而去追求“从我们已然知道的方向出发”，那么这些恼人的问题就会迎刃而解了……

《物种起源》已经指出，没有任何目标是由上帝或自然设定的。相反，由于逐渐出现的真实有机体在特定环境中进行了自然选择，更加精细的、复杂的高级有机体才会逐渐稳定地出现。人类的眼睛和手是进化得非常高级的器官，它们的设计早已强有力地证明了至高无上的设计者和预先计划的存在，即便是这样，它们的进化过程开始于原始起源，但实际却没有任何发展目标……

同样，发现的构想对文化现状也不构成任何威胁，当然，在构想进化的过程中，这个观点另当别论。不同物种之间的进化正常状态下通常延续较长时间，在这段时间中，寻找的方法、方向和目标都比较局限。

创造构想

还有另外一个更加有用的模式，它设想有自由思想的存在，并认为人类应对它们创造的构想负责。这个创造性的构想形成的解释否定了已经发挥作用或已经存在的构想，不管是赋予某些接受者也好，还是由勤奋的找寻者发现的。同时，这个解释也认为我们不可能通过任何方法或步骤来实现构想。

构想能够、应该并且必须被创造出来，而不是被赋予或寻找。这种观念认为，大多数创造性构想是应用现有的观点，再利用新的方法对这些观点进行理解、联系或结合。在旧的、熟悉的观点基础上创造新的、有创意的综合，人类在这方面的潜能是无限的。

构想的这个模式还认为许多技巧都鼓励创造性，如同构想领域本身一样，这些技巧应该永久保持开放，不应设定预期目标。

卡尔·波普尔关于科学构想起源的想法在布莱恩·麦基的著作《卡尔·波普尔》（1973

年）中得到了解释：

如果牛顿的理论不是世界固有的真理体系，不是由人类在观察显示的过程中得来的，那么它是从哪里得来的呢？答案就是它来自于牛顿。

事实上，这些理论并不是关于世界的客观事实，它们是人类脑力工作产生的惊人成果，是个人的成就……

构想方式

我们的大脑至少有三个明显不同的用处：回忆、构想获得和构想形成。

前两个用处在我们的教育体制、智力测试和认知研究中都已经被加以强调了。我们只能认为第三种大脑功能方式是自由的、有创造性的，设计教育的特点之一就是它需要学生在第三种方式下自由、有创意地工作。对某些学生来说，与他们在传统教育中的角色相比，这个新变化令他们摸不着头脑。但另外一些学生却非常乐于接受这样的机会，这是关于教育的一个孤立的例子。

回忆

回忆是简单的机械记忆，它的标准就是逐字保留及重复信息的能力。不可否认，人们对这种能力的需求是不断的。科学家告诉我们，这种能力在我们的长时记忆中所占的储存空间是微乎其微的。在当今时代，录音机和快速复印机大行其道，想要劝说学子们学习拼写、乘法，或发展注意力以获得语言或视觉信息，是很困难的。

概念获得

概念获得是大多数机器难以企及的，因此，与记忆回忆相比，前者可能更值得我们使用脑力。一个构想的获得需要理解一系列的原则或标准，这些原则或标准应该可以“通过你自己的语言”加以表达，可以应用于变化的新环境中。例如，识别新的动物种类为哺乳动物，或识别建筑的风格是哥特式或仿罗马式，都需要更为廉价但更为灵活的智力水平，即理解。

虽然概念获得比回忆更加复杂，但前者仍然基于一系列已有的“正确”答案。这个关于观点、行为和人的“正确”归类是一种灌输的工具，用来确保一个团队中的成员都能够分辨敌友，能够在所有的情境中保证行为的正确性。

托马斯·S·库恩（《科学变革的结构》，1962年）提出常规科学发展必须的环境，这里所说的构想的获得和范例的接受就是这个环境。

改变通常都是渐进的，而且几乎都是不可逆转的，却总是与科学培训如影随形。看一幅等高线地图，学生看到的是线条，而地图绘制者看到的却是地形的图片。看一幅等高线图，对学生来说是令人费解的、断开的线条，对物理学家来说是熟悉的亚核事件的记录。只有在体验过几次这样的视觉改变之后，学生才能成为科学家世界中的一员，看到科学家能看到的东西，作出科学家应有的反应。然而，学生进入的这个世界并不是由环境的特性或科学本身来决定的，它不是一成不变的。相反，它由环境和学生应该追求的某种常规科学传统二者共同决定……

回忆和概念获得都非常适合传统教育，因为通过测试，它们根据信息体系和行为标准体系来“塑造”年轻人。新型机器人可以通过测试检测其一致性，并根据测试结果加以分类。概念获得使容易操作的可测试性和量化成为可能，这也解释了为什么大多数教育、智力测试和心理研究都在概念获得的范围内进行。

构想形成

构想形成与回忆和概念获得不同，因为在构想形成中，人们不能够获知或发现固定的答案。这种构想模式与制造构想模式相互作用，必须由自由意志综合形成构想并对它们加以评价。这样的构想可能会引发激烈的讨论或批评，因为在这方面有很多不同的观点，却没有完全的权威。这是人脑最高级的功能，但它一定会威胁到文化灌输所力图保持的现状和传统智慧。

除非我们设想人类只是“恰巧”拥有生

命的完全被动的生物，或只是被预设了步骤的机器人，只能对生命的刺激做出机械的反应，否则我们必须设想在某种范围内应该操作自己的行为，并对这些行为负责。因为生命非常复杂，文化灌输的回忆和构想获得无法涵盖生命的全部。在每天的体验中，我们最主要的心智模式就是构想形成。我们想像并做出一天的工作，在城里度过一个晚上，休假两个星期，相对自由自在，远离许多的固定答案。实际上，这种看待体验的心境使得设计建筑与计划周末并无二致。它们都包含构想形成，都具有创造性的潜力。

这三种构想功能与我父亲讲过的一个故事很相似：一个体育运动专栏作家采访三个主要的联盟裁判，问他们如何判定好球和出局。第一个裁判回答："我照实判决。"（回忆）第二个裁判回答："我根据我看到的判决。"（概念获得）轮到比尔·克莱姆，当时的总裁判，他说："直到我做出判决，它们才能成立。"（构想形成）

体验的机会

体验的机会给我们提供了唯一的机会去获取构想自由或责任。进化好像非常青睐自由，通常来讲，文化都不大喜欢构想自由，确信一个人的责任仅限于学习、保持并传播某种文化看待世界的独特构想。

在《机器中的幽灵》（1967年）一书中，亚瑟·柯斯勒解释说：

考格希尔已经证明过，在胚胎中，运动神经束首先发挥作用，进而产生运动，之后知觉神经才发挥作用。从孵化或诞生的那一刻开始，生物体就采用纤毛、鞭毛或收缩肌肉纤维等方式感受周围的世界，不论是在水中世界还是陆地世界。生物体爬行、游动、滑翔、跳跃；它还可以踢、叫、呼吸、寻找食物，充分利用各种条件。它不仅适应环境，同时也不断使环境适应自己——它在环境中吃、喝，与之争斗，与之结伴，在环境中耕耘和建造；它不仅仅努力适应环境，同时也充满好奇地去探索环境。年轻一代的动物心理学家们已经认识到了这种"实验性探索"是存在的，并认为它与饥饿和性一样，是首要的生物本能。有时候，这种本能可以变得异常强大。

这种实验性探索很显然是进化遗产的一部分，有助于我们对文化灌输进行质疑或修正。青春的不安与骚动使我们发现，许多被文化禁止的体验并无害处，甚至非常美好。

自信的构想者已经体验过成功的构想可能带来的益处。如果他们的父母、教师或朋友非常重视他们进行"原创"构想的第一次努力的话，那么到他们开始学习专业设计的时候，"构想"就已经成为可以创造快乐的东西，因为他们知道自己很擅长"构想"。

"构想"的第一次努力可以是开玩笑或说俏皮话，为朋友起绰号，或建议一下周六下午与一帮朋友去找乐子。孩子们第一次尝试开玩笑，第一次绘画或对于事情发表观点等都是试探性的。比起其他事情来说，对这种第一次构想的接受程度决定着孩子们对自己构想能力的自信度，也决定着他们真实的构想能力。当然，如果父母们无休无止地重复或炫耀孩子的创造性努力，以至于到了让孩子感觉尴尬的程度，那么这种接受就做过头了。关键是要接受孩子们第一次尝试的创造，教给他们如何在这些努力的基础上继续，当然，最重要的是要让他们知道你认为这种行为是非常有价值的，你更可以和孩子们一起讲笑话、讲故事、画画或只是思考，而不要将任何教条强加给他们，磨灭了他们的构想。

无论构想者被灌输的思想或从别处接受来的思想有多么精妙，他们都丝毫无益于构想的形成。

个人可能具有较高传统意义上的智力，但其所具有的设计所需的构想能力可能仅仅相当于一个档案柜或一部百科全书的容量。

这也就是为什么在专业设计学校中，一些最好的设计师在高中时学习成绩并不是很突出。要想获得好的学习成绩，学生们需要变成复印机或录音机，而这些优秀的设计师通过正确判断得出结论，对他们来说，更具挑战性和创造性的是如何约会最漂亮的女孩或最帅气的男孩，如何成为最搞笑的学生，如何在不计其数的各种活动中脱颖而出。

我们应该事先设想头脑是自由的，构想是创造出来的，而非给予或发现的，只有这样，体验才提供构想的机会。因为知觉影响构想，所以，自由的头脑可以使得构想影响知觉，因为它引领我们批判地知觉这个世界和其中传统的构想，这样才可能取得进步。相反，如果我们仅仅以为体验是用一生的时间来证实传统的文化灌输，那么我们很可能就失望。

吉伯森将知觉研究深入化，批评了这样一个假说，即三角架上的一个固定镜头就可以代表我们的视野。同样，伊特尔森也批评了针对随意分散的物体而不针对环境所进行的知觉实验。两个理论家都指出，为了科学测量的方便进而降低知觉的复杂度，那么实验条件就丧失了与真实知觉条件之间的相似度。

大多数研究构想的心理学家也并没有更大建树，他们正好符合亚伯拉罕·马斯洛（《科学心理学之探索》，1969年）对行动主义者的评论：“如果你仅有的工具是一把锤子，你把每样东西都当成钉子。”大多数智力或构想研究都局限于记忆测试（回忆）或应用已知的分类和构想解决问题（概念获得）。

为什么一再回避头脑最常见的功能模式呢？因为没有固定可考证的答案，也就意味着没有量化测试的标准，而“科学”调查恰恰依靠这种测试。这使得构想形成漂浮在相对价值海洋之中，而令人尊敬的学术或科学研究都更青睐可测量的确定性。

布鲁纳、古德诺和奥斯汀（《思维研究》，1956年）承认：“首要的是构想或类别已形成的行为——具有独创性的行为，这种行为可以创立种类。在这个过程中，我们几乎没有什么可说的。”

通过测试一个人的回忆和概念获得来测量人类智力是有欺骗性的，同样，关于知觉的传统实验也是骗人的。在每天体验的意识流中，我们通常并不使用头脑来解决拥有固定答案的问题，我们也几乎不花费任何时间来回忆细节信息。我们的头脑是用来应对未来的，这种面对未来的准备当然包括回想和应用过去学到的知识，这里的关系是一个联系，而不是一个链条。

除非我们的知觉非常独特，不然，正常的构想模式就是构想形成，是将我想做什么和应该或能够做什么加以不断合成或叠合。与回忆或概念获得不同，构想形成不依从由科学或社会设定的固定标准。我必须对这个叠合的两方面都负责任——一方面是我应该做什么和能够做什么；另一方面是我想要做什么。

设计教育的最大益处和许多设计学生痛苦转折的催化剂是一种挑战，即如何有创造性地分析问题并解决问题。他们在叠合的两个方面都受到批评——不仅仅关于他们如何解决设计问题，更涉及他们对需要解决的问题是如何感受和构想的。

人类知识的许多重要的构想进步之所以能够达成，就是因为思想家们重新定义了叠合的问题，换句话说，他们发现了新的需要解决的问题。

在自由构想方面，还有另一个具有约束力的习惯，那就是叠合方面的“问题”总是早于“解决”方面，一旦建立，就需要保持固定。在每天正常的构想形成过程中，事情往往不是这样的。在叠合的解决方面取得成功之后，可以提升我在问题方面的目标或渴望。或许我会有意从我想要做的事情开始，改变我应该做的事情来迎合前者。只有在这种倒序的叠合中，我才有机会提升或重新定义我能够做什么。

这种构想形成模式中的叠合很容易理解，只要看一下我们生活中普通的一天就可以了。

周三

在我们每周的生活中都有一天叫“周三”，除非我们满足于每周三早上像新生小鹅一样起床，随随便便度过这一天，不然的话，我们就要积极感受/构想/完成每个周三。周四早上醒来后，我们不会说我们“正确地”度过了周三。我们可以数钱、记录我们的睡眠、检查我们的身体机能，但是周三并不具有任何客观测量的能力。

周三只能根据我们个人计划在那一天完成什么而加以测量。没有其他人可以告诉我们是否已经成功地感受/构想/完成了周三，除非在非常狭小的类别框架下，如“法律上”、“财

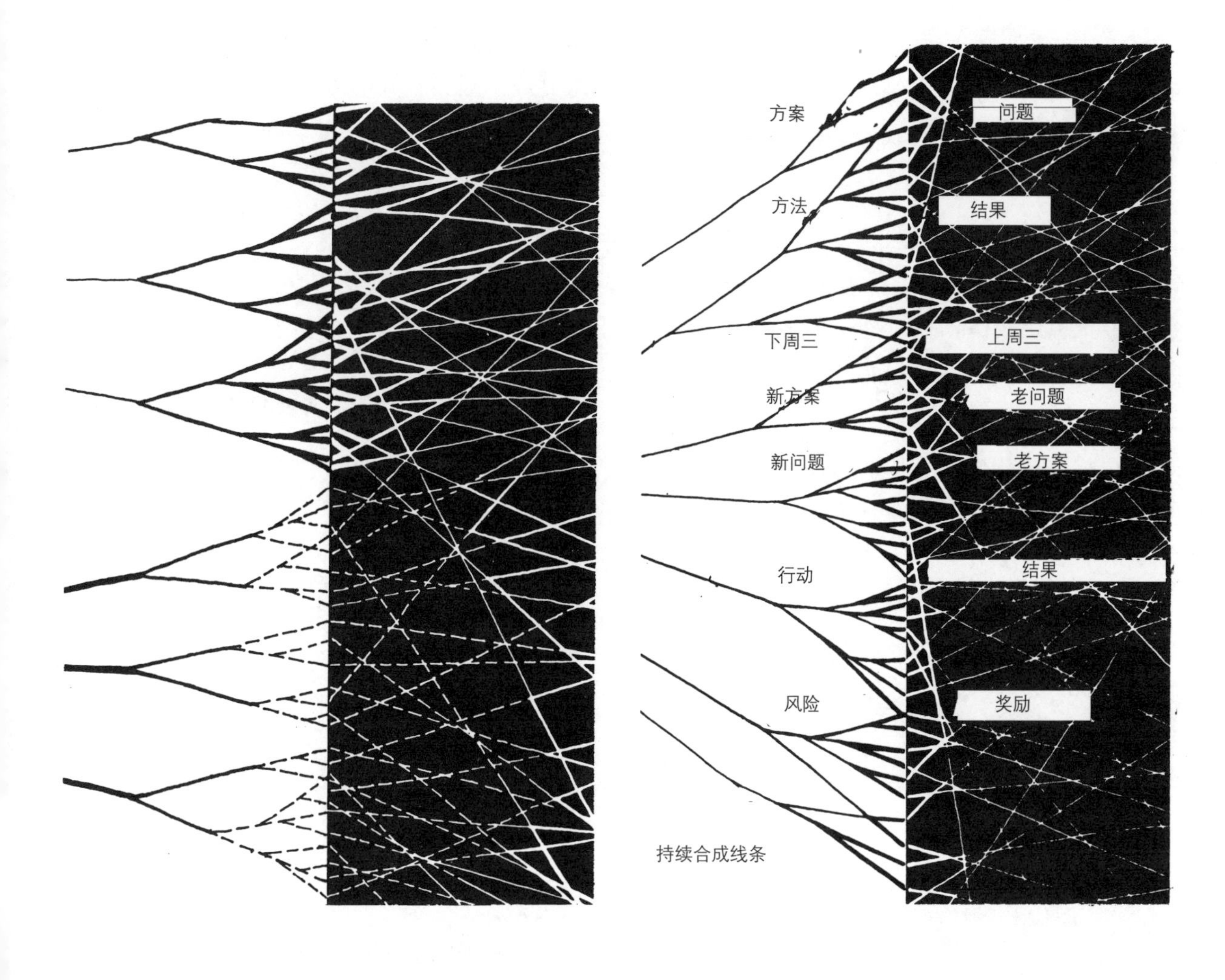

政上”、“身体上”或“精神上”，由其他人决定以上内容，一般来说，大家是颇有异议的。我们无法测量周三，这个事实不能成为借口，它不能解释我们为什么不了解感受/构想/完成周三需要的构想种类。

任何一个周三就如同任何设计问题的开放类别。周三的成立离不开若干关系，大到它与整个星期、年或一生之间的关系，小到它与组成周三24小时的各个时刻之间的关系，在横向关系上，它还与周二和周四或其他周三息息相关。

周三包含一些常数（起床、洗澡、早饭）、一些周期性的变量（设计委员会的午餐会）和一些具体的变量（下午4点与客户会面）等等，但是除非处于非常严格管理的环境中，否则周三多半是由我们自己加以构想的。并且，即便在比较定期或具体的任务中，还是会有各种机会可以让我们自由地构想（早餐吃什么；午餐会讨论什么；在只需要出席即可的场合，我们可以想些什么）。

基于我们不同的资源、能力、体验和环境，我们期待在周三达成或体验什么也会有所不同。

根据我的经验，如果在没有资源、精力或对可能发生的事情一无所知的情况下，一个乡村男孩是很难构想周三在纽约、伦敦或巴黎能够发生一系列什么事情。与一些心理学家和设计方法论者倡导的迷宫般的方法、战略和策略比起来，这些简单、日常的常识变量给构想提供了更多变化的空间。

构想只是人类智力——眼脑手三位一体的一个功能，它与知觉和行为相互依赖。有体验的构想者，如果很有自信拥有资源、能力和环境，就可以对任意一个周三进行更为丰富的构想；如果他们很习惯将想要做什么和应该或能够做什么相匹配的话，他们就可以预见到周三是一个好机会，可以达成令人满意的效果。他们形成关于周三的构想，在根本上，这个周三与普通人构想的另一个无聊甚至危险的周三是截然不同的。

大多数设计“问题”都像大多数周三一样，它们需要的是同样的构想形成。当然，根据构想者或设计师的体验、资源和能力以及问题的背景不同，构想的形成也会大大不同。心理学家们将头脑功能过度简单化，不考虑实境中构想需要的复杂变量，这是错误的做法。如果我们将这些设计计划称为“问题”，将机会的活动称为“解决问题”的话，就犯了同样的错误。

构想手绘

下一章讲解表现手法，将会比较详细地讨论手绘与设计过程的关系，包括构想阶段。在这里，我想比较概括地讨论一下手绘在构想中的作用，会涉及手绘筹划的补足合成种类和手绘促成的室外序列。

手绘在构想中的作用因人而异，根据设计师对手绘的信心和体验而有所区别。在设计过程中，手绘的作用至少有六个：

· 出售产品

· 客观地记录单独、独立和以前发生的头脑过程的结果

· 与过程对话

· 参与过程

· 引领过程

· 成为过程本身

· 设计过程中有些指示并不相信手绘的作用，即便是这样，它们也承认手绘在通过图表和矩阵来表现解析关系的时候，是非常有用的。在过程的后半部分，手绘可以客观记录平面图、剖面图和立面图中的最后设计结果，这种客观的记录可以用来估测成本、完成设计。

这些关于手绘的观点是很基本的，如同行政长官看待打字或打孔一样——它是一种机械活动，要求准确率和能力，但最好还是由下属来完成，因为它并不需要太多的创造力。

关于手绘与设计过程的关系，还有另外一个观点，手绘最主要的作用就是出售过程的产品。在这种观点看来，手绘被决策过程分离出来，或可以随便交由另外一种下属——一个职业手绘者来完成，就像一个公司的公关工作可以交由广告公司代理一样。

如果手绘的角色被贬低至客观记录机制或出售设计产品的工具，那么它在设计过程中就不具备任何重要的作用了。另一方面，如果我们认为，在设计任何需要视觉运用及评价的产品过程中，手绘的活动都是不可分割的一部分，手绘至少参与了这个过程，那么手绘就会拥有一系列更加重要的角色。

通过扩展手绘在设计过程中的作用增加了我们对手绘过程的期待，这种预期可以使我们找到经常被忽略的构想机会。

双合成

当我们开始设计手绘的时候，一个非常独特的现象出现了：好像手绘是由伸缩手绘器来完成的（这种仪器有两个头，当其中一个在手绘或写字时，通过一个连接的电枢，就会出现一个不同大小的远像，与原图或原文字一模一样）。原图在纸上，大家都可以看到非常明显的图像。

但是同时又产生了第二幅图——绘制在我

们意识中的公开图像，它位于我们的体验网络或记忆的表面。

在这种双手绘中，发生了两种合成。每一个都在寻找一种叠合，这种双合成和它在寻找的叠合都值得我们仔细研究。

公开的合成发生在世界中、纸张上，我们每个人都接触得到。当我们开始绘制有代表性的设计手绘时，我们必须将这些分散的、有关于一个设计问题的方案、构想、概念和预感聚合起来，形成一个统一的整体。没有手绘，我们只能无休止地用语言推测设计应该是什么样的，但是这些第一手绘所能表现的真理瞬间是不需要太多空话的。设计方案第一次必须要经历物理合成，也是第一次，设计方案得到了设计者和其他人的关注和评价。

这种合成本身是很有价值的，因为它需要全面的投入，同时它还允许设计过程中的其他参与者——客户、顾问、设计团队中的其他人员——进行评价，可以测试物理方案与其辅助原理之间的叠合。

手绘一旦完成，表现出了设计，那么它就成为了卡尔·波普尔的第三世界中的一员，是脑力的产品，可以进行逻辑评价和测试。波普尔指出使想法形象化是非常重要的，这样，这些想法就可以得到公开的批评。这方面的观点由布莱恩·麦基（《卡尔·波普尔》，1973年）进行了总结：

在波普尔关于生命进化、人类出现和文明发展的描述中，他使用了一个概念，不仅包括物质客观世界（他称为第一世界）和思维主观世界（第二世界），同时还包括一个第三世界，一个结构客观的世界，这些结构不仅是大脑或生物有意识的产物，而且，一旦产生，这些结构就独立于其他结构……

第三世界是思想、艺术、科学、语言、道德和惯例的世界——是整个文化的遗产。简言之，在这个范围内，它们与第一世界中的物体——大脑、图书、机器、电影、计算机、图画和各种记录——一样，被编码和保护。

……这就强调了将我们在语言、行为或艺术作品中的想法形象化是非常重要的。当这些想法仅处于我们的头脑中时，它们几乎容不得半点批评，它们的公式化本身通常就意味着进步。关于它们的任何争论是否有效也是一个客观的事情：并不是由多少个人可以接受它来决定的……

秘密的合成发生在设计师的意识中，深深烙印在体验网络上，是一个非常独立和个人的事情。我们开始绘制想法的时候，就将人类智力的第三个组成部分——手（代表身体）与眼睛和头脑结合在一起了。手绘完成了这个眼脑手三位一体，于是我们成为了知觉/构想/真实的整体。我们不再像只会谈论设计的观察家或评论家那样，人为地游离于事外了。我们已经展示了自己的想法，使用双手将想法绘制成图，这个简单的行为为我们整个自我找到了身份，这是只在语言上描述设计的方案所不可企及的。

这第二种合成也寻找一种叠合，但并不像公开合成那样使用逻辑的、可传达的原理。这种秘密合成所寻找的个人叠合存在于我们的意识中，可以立刻被感受到，但不能被加以推理。但是，正是这种个人内部合成和它的叠合承载了我们对方案的希望、愿望和知觉，因而更加重要。如果将问题步骤的语言或数学标准加以匹配，或能够应用并不合理的原理来支持设计的公开合成，那么这种合成可能变成灾难。然而，在我们的内脏里、心脏中，或在身体任何部分中，只要是你想表现那种内在合成，而这种合成包含我们所有的东西，那么我们或许知觉或知道自己有最好的方案。反过来也是如此，或许更加痛苦罢了。我们的方案或许可以分毫不差地将问题步骤的语言和数字对应起来，而且支持设计的原理也非显而易见，客户可以立刻理解它，但是在我们内心深处，内在叠合是错误的，因为我们知道设计很差劲。

双合成的脱离是很关键的。一个设计师必须开发二者的不同，一个满足客户或大众的需求，另一个满足设计师的需求，如何区分二者的维度，恰恰在很多方面测试了设计师是否有能力、是否正直。

如果我们听任内部合成的分离观点，只要别人满意，自己就满意，那么就失去了设计师的价值。

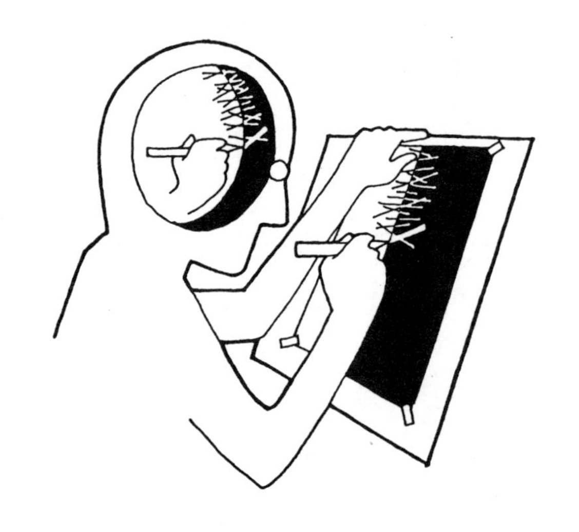

两个手绘的共时性可以由构想手绘的过程来加以体现。许多情况下，我们在手绘过程中很清楚自己绘制的线条是否与设计意图相叠合，这是因为设计意图总是在我们的体验网络（参见前文中的头脑模式图）中存在。当我们试图绘制设计时，我们实际上是在网络的平面上进行设计，这个网络承载着我们对方案持有的模糊的意图、愿望和知觉。

罗伯特・H・麦基姆在《视觉思维体验》（1972年）中对这种共时性和反馈回路作了解释：

手绘和思考通常都是共时的，图像形象几乎就是头脑过程的有机延伸……

手绘构思过程应用视觉、想像和手绘，整个过程是循环反复的，从根本上说是重复的。我为这个“反馈回路”想出了一个缩写词ETC，这样就可以说明重复性循环对视觉想法的绘制是非常重要的。

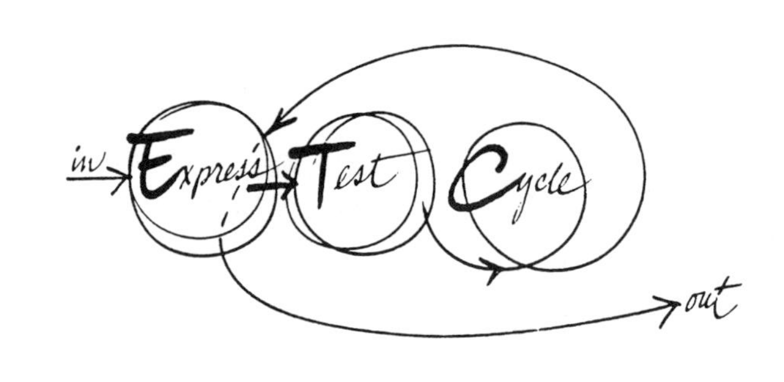

选自罗伯特・H・麦基姆的《视觉思维体验》

开启桎梏想法的大门有三种方法：流畅、灵活的构思；拖延判断；敏捷地将想法转化成草图。然而，我们也不应忽略手绘技巧在表现视觉想法中的重要性。手绘能力不足在ETC的表现阶段可以产生三个消极影响：（1）蹩脚的草图通常会影响判断过程，进而限制或阻止意识流；（2）没有被草图有效记录的想法通常就会流失；（3）手绘问题的实质就是将想法转移到纸上。

叠合也在相反的方向发挥作用。手绘通常会使我们改变意图的形式，以便更好地适应手绘的需要。在我们绘制试行方案的时候，可能会发现机会，借以提升或延展自己对于设计任务的理解。手绘行为展现了我们进行语言手绘时无法发现的关系和机会。这种对叠合的共时合成和探索也可以解释为什么在手绘成为设计的那一刻，我们会感受到动力。

这在威廉姆・D・马丁的硕士毕业论文中有所描述，他是麻省理工学院的毕业生，这篇论文并未发表，论文的名字是《建筑师在参与式规划步骤中的角色：案例研究——波士顿交通规划》：

模式关系的草图设计为建筑师提供了灵感和信息，这些灵感和信息可以刺激他们回忆起其他模式，也可以用来改变目前使用模式的内容。进行目标转换、采用恰当的方法和形式要求，进而建议采用新的、更适合的模式和步骤，这些做法都可能改变建筑师对于问题本身的知觉。

设计任务的知觉改变了以后，发生在此过程中的叠合也可能被推迟。在观察分析手绘一周或一个月之后，我们可能突然发现一个叠合，以前似乎并不存在，因为在这一个星期或一个月内，我们对需要解决的问题的知觉/构想改变了，因为我们参与了手绘——恰恰就是因为这一点。

形象化

形象化不是试图在构想的内部和外部阶段划分清晰的界限，它实际上是个转折点。

在这个转折点上，设计手绘直接参与设计过程。实际上，它也是形象化的一个标准。当设计可以由手绘形式、模式或图表展示出来的时候，我们说这个设计已经被形象化了。

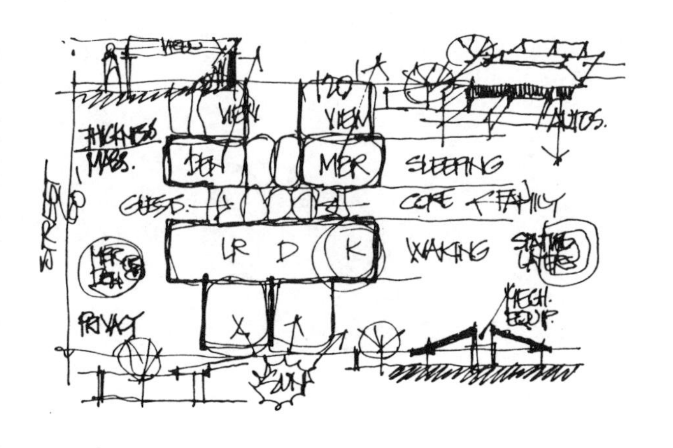

正如爱德华·T·怀特在其著作中所说明的那样，严格地说，形象化在室内阶段就开始了，其形式是图画式的笔记。这是一种非常自然的方式，可以打破桎梏，将自己的想法在手绘中加以体现。这种能力可以提高，方法是尽量将符号以自己的方式转换成图画式的。

类比式手绘是将构想形象化的另外一种方式，它需要手的参与，也蕴含着非常丰富的构想关系。类比式手绘一般都包括寻求“问题”或其部分和已经解决的相似（甚至不相似的）问题之间的关系。W·J·J·戈登（《提喻法》，1968年）已经识别了具体的类比式类别（直接的、个人的、奇异的、象征的），这将在第6章中加以讨论。

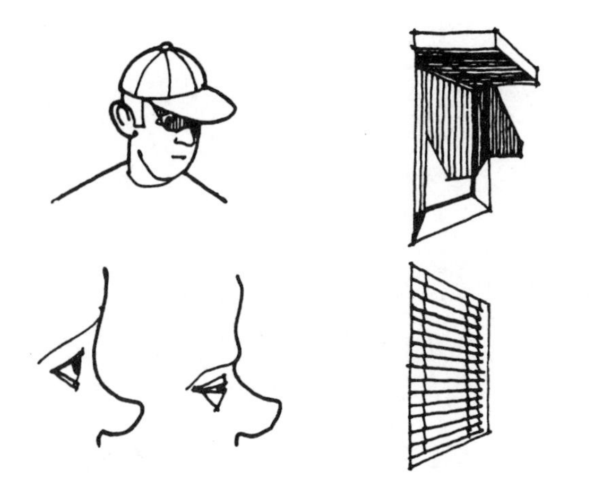

绘制类比的行为通常会加深我们对手头工作的理解。如果该类比非常适合，那么它会与问题有难以预料的契合，这在手绘过程中还会得到延伸。惊人的是，任何设计问题的许多方面都能以类比的方式加以绘制。场地、功能、气候环境、建筑过程，甚至全部问题（不仅仅是解决方案）都可以提供类比的机会，可以加深设计师的理解，提供意外的构想机会。

最后一个绘制类比的原因就是类比是非常有效的方法，可以用来与客户和顾问交流设计理念。有创造性的类比综合设计是构想的首要特点，因此很容易被人理解，这一点对于需要理解并批准它们的人来说非常重要。

用我自己的一个比喻来说，形象化就如同计算机的“打印输出”。这个形象化的打印输出可能是图画式的，也可能是语言式的。我确信其最纯粹、最真实的形式是图画式的，语言打印输出仅仅是在存在偏见的二级符号系统中曲解的翻译。

罗伯特·H·麦基姆（《视觉思维体验》，1972年）指出：

二分法错误地将语言思维与抽象联系在一起，又错误地将视觉思维与实境联系在一起。毫无疑问，这样的构想方法来源于用明信片实境主义来看待视觉意象的人，他们没有认识到视觉抽象在现代艺术和抽象的图片语言形式中的表现形式。抽象的图片语言编码是抽象的概念，而不是具体的事物……

眼脑手之轮

一个设计构想的形象化可以被看作是一个滚动的眼脑手之轮。保持垂直的姿势、强壮的构想开启形象化之门，并将其变成现实，而软

经Johnny Hart and Field公司的许可

经Johnny Hart and Field公司的许可

弱的构想就在瘪胎时被淘汰出局。轮子的滚动象征着循环反应，在这个循环中，眼、脑、手进行构想、表现、知觉、评价、再次构想、再次表现、再次知觉和再次评价，就像麦基姆提出的ETC一样。在这个循环反应中，设计师使用三个只有人类才具有的进化工具——如果我们的眼睛、头脑和手可以锻炼得很好，知道如何自信地使用它们，那么这个过程就充满欣喜了。

威廉姆·D·马丁（《建筑师在参与式规划步骤中的角色：案例研究——波士顿交通规划》）证明：

在此，草图设计可能会持续一小会儿，或许几个小时，不断知觉现有模式之间的形式关系，不断提供反馈、刺激长时记忆对额外模式和模式联结步骤的回忆。建筑师在设计发展过程中达到预期目标后；或他已经提出问题，需要来自问题空间以外的信息输入时；或许当他发现在长时记忆中找不到现有问题所要求的形式关系的时候，这个过程就停止了。

阿代尔·芙兹是另外一名麻省理工学院的毕业生，他在其硕士毕业论文《关于设计师行为的分析》（1972年）中指出：

他持续努力提议将想法和形式形象化为外部记忆工具，借此使得短时记忆保持清晰。因为不要求短时记忆可以同时记忆物体及其重要性测试，短时记忆能力就被空闲出来进行发明和测试活动。

他使用外部记忆工具即设计手绘来自动展示信息及各种信息之间的关系，这样又可以使短时记忆空闲出来，完成任务并保留任务结果。他使用与最终的实体产品非常相像的具像媒体，这些实体产品包括透视手绘和模式。

眼脑手之轮的三个组成部分，每一个都可以触发设计过程，有时候很难区分，三个部分也可能组合在一起触发设计过程。教师鼓励使用这三个组成部分，但教师更愿意与真正可以滚动这个轮子的学生一起工作，这样教师才能和学生们讨论轮子运动的方向，而不是轮子是否恰好竖直。

对这种推动构想之轮的做法，学生们以不同的方式应对，大多因他们在使用轮子的三个组成部分时的体验和自信而不同。一些学生很快就开始手绘，但是不能够解释或证明他们所绘制的东西；另外一些学生首先开始做语言笔记或提纲，或谈论他们的想法；还有的学生到图书馆查阅图书，到现场去。

大多数关于设计过程或设计方法的图书都认为设计手绘是在有了“绘制的东西”之后才开始的，这些可以绘制的东西就是室内语言或视觉图像，而且这种情况不但是事实，也正应该如此。这种观点是设计手绘根本不能启动眼脑手之轮的循环。还有一些作家主张使用随机语言刺激来一种创造性技巧——打开字典，随意选择一个词，然后产生该词与需要解决问题之间的构想联系。随机图形刺激更有价值，因为其并不需要人为转换任何词语。

手绘使得我们可以使用下意识或潜意识，尽管对于可以使用的方式我们还不是十分了解。如果我们仔细并满怀期待地审视设计手绘，期待发现非计划中的模式和关系，那么我们可能学会如何发现它们。我们的下意识是否参与了这种非逻辑性的、语言前的认识，是否这种认识就说明我们的下意识参与了手绘，这一切都不得而知。

但是为什么这样的模式认同不能由随机手绘首先并直接刺激，仍然无法解释。

克服构想之轮的惯性是很困难的，这可能意味着某一处会瘪胎，也就是学生最不自信的地方。教师的责任就是帮助学生改善轮子的瘪胎部分，这样学生就可以自信并顺利地转动轮子了。他们也可以在转动轮子的过程中，用更多的时间考虑如何选择更有希望的方向。

设计教学依赖构想过程的形象化打印输出，其形式是外部记忆或设计手绘。在构想的内部阶段，几乎没有任何交流——只有在手绘完成之后，教学才开始，因为直到那时，才有了可以讨论的指示物。形象化有两个主要的阻碍因素抑制手绘的正常进行。

最常见的阻碍形象化的因素是试图找寻完美的、发展很好的构想。关于创造性的神话促使内部阶段延长，并抑制更加开放、善于沟通的过程，而这种过程是非常必要的，它可以促进客户的参与程度，并鼓励学生们与同学或教师在讨论中多学习。就我的体验来说，它是劣势的体现，因为自信的设计师可以很快地将构想形象化，并通过延展的外部构想阶段积极地对形象化过程加以操作。在整个外部阶段，他们绘制构想，讨论构想，并非常有信心地操作任何变化并得到提高。

形象化的第二个阻碍就是能力的缺乏，或者说对能力没有信心，不相信自己可以应用可接受的语言或图像形式将构想打印输出。学习设计的学生可能会觉得，使用语言或图像这种沟通方式，自己的第一次尝试不足以表现他们眼、脑所见的特质。即便他们觉得自己的构想与其他同学的不相上下，但看到同学们将构想形象化且可以自如地使用语言或图像表现形式时，自己会更加不自信。

詹姆斯·L·亚当斯（《突破思维的障碍》，1974年）描述了自己在促使学生应用手绘作为构想工具的过程中遭遇的困难：

正如我曾经讲过的，在斯坦福大学，与我们共事的是非常偏好语言方式的学生。在他们的正式教育中，太多的精力都用来提高语言（和数学）能力，很少关注视觉能力。当他们来到斯坦福，用罗伯特·H·麦基姆的话来讲，许多人都是“视觉文盲”。他们不习惯手绘或使用视觉形象作为一种思维模式。尽管他们的手绘总体来说不怎么样，但作为思维辅助还是绰绰有余的（尤其个别的也是颇有建树）。然而，他们通常非常不愿意手绘，因为他们的手绘与职业设计师的（手绘理念是与人交流）比起来，相差很多。但我们还是尽量鼓励这些学生创造简约而不简单的手绘，同时也鼓励学生提高手绘技巧，因为我们发现高超的手绘技巧可以非常有力地辅助构想。

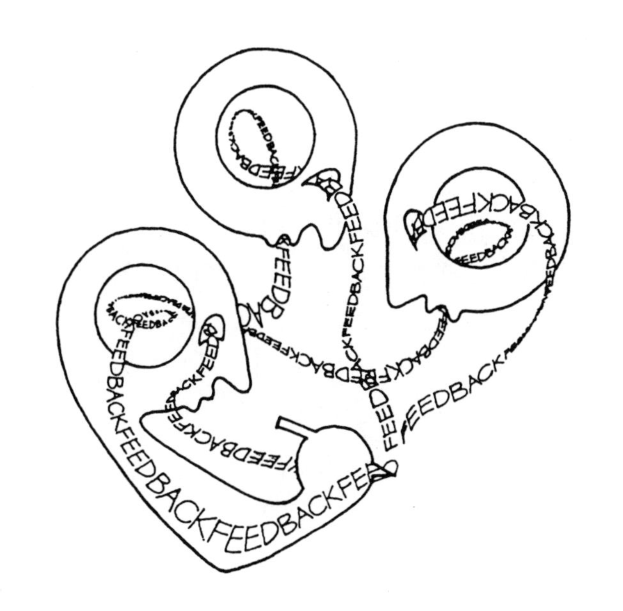

以上两个阻碍从根本上说明了设计者惧怕失败和嘲笑，这种恐惧就是设计教育中的一大障碍。不幸的是，由于存在最后期限的压力，并且在通常的设计教育中，学生们不得不面对强制性的评分或分类，所以这种障碍往往被扩大化。学生们必须应对形象化，不然他们就会失去自己需要的教育机会。可以更早实施形象化的学生自然会获得教师和同学们更多的关注，因为他们有了观察和谈论的东西。

设计手绘对于形象化来说是最有帮助的催化剂。知觉/构想网络的内部搜寻实际上是在搜寻形象和模式，但是，如果我们没有外部图形的辅助，就只能在眼脑中寻找或把握比较有限的模式。在这种内部搜寻的过程中，很自然、正常的情况就是设计师运用的形象和模式开始逐渐形象化，变成了构想涂鸦和图形。

形象化在这么早的阶段就开始，其优势在于构想涂鸦和图形可以经过评价参与设计回放，被加以展现，或与候选的图形加以比较，并被操作、修改，在构想过程中留作记录。

有经验的设计师会在过程的初期就习惯并自信地使用构想图形，学习从这些简单的图形中表现并观察出很多东西。如果可以很聪明地运用这些形象，它们就成为了一种速记方法，比口头语言更具优势。

图形优势的基础在于它们包含眼、脑、手——所有的智力进化工具。与单独用脑比起来，眼、脑的综合运用可以更好地感受和评价，当手已经完成视觉形象之后，眼脑手组合就有了构想模式的印记。将构想图形绘制出来也可以使我们更好地理解这个构想，因为我们的眼脑手彼此是互动作用的。

构想过程接受设计手绘的领导，并通过设计手绘加以展现。眼脑手之轮转动，每一个循环都使我们对构想的关系与其形式的改进有了更好的了解。这个过程使构想摆脱了附加的细节，留取构想的精华，使其成为最有意义、最有效的形式。对于自信的设计师来说，构想图形就成为构想，设计师的眼、脑学会了在形象化的图形中发现其特质和相关的可能性，这在构想的内部形式上是不可能发现的。

设计师经历了所谓的“模拟接管”，也就达到了外部阶段。被问到设计的时候，他们让手绘本身来说话；他们并不是在没有任何图形指示物的情况下仅仅设想设计，他们积极地绘制设计，并花费大量的时间仔细检查这些手绘。不论我们使用什么方法启动形象化，这种

形象化了的构想图像都可以被操作、评价，也可以与他人进行交流。这些手绘已经成为了设计方案的类比。

罗伯特·H·麦基姆（《视觉思维体验》，1972年）解释了将想法形象化成为手绘这种做法的优点：

手绘不仅帮助模糊的内部形象成为焦点，也可以记录前进的意识流。此外，手绘还具有一个记忆并不具备的功能：最出色的成像器也不能在记忆中同时对比多个图像，而人却可以对比一系列的概念构想图。

亚当斯（《突破思维的障碍》，1974年）认为图形形象化是非常必要的：

为了充分利用视觉思考能力，手绘是非常必要的。手绘可以进行图像的记录、储存、操作和交流，可以增大设计师想像力中的图片。在设计分工中，我们发现将手绘分成两个种类是非常有用的：用来与他人交流的；用来与自己交流的。

在手绘由构想图形变成实境的透视再现过程中，这些手绘应该包括各种图像语言。在其著作《视觉思维体验》（1972年）中，罗伯特·H·麦基姆对几个设计原则进行了大量的示范，他提出：

确实，与从抽象到具体的维度一样，从一种图像语言转向另一种的能力是非常有用的，它体现了图像语言的灵活性。

在“走出语言指数”这一章节中，作者示范了一系列构想图像语言，给出了不同设计师的经典例证。

通过这些设计手绘的操作，眼脑手之轮的滚动将最终留下语言的痕迹。有了语言的痕迹，我们就可以用言语解释设计。教师、老板和客户都不免会提出问题，而你的个人构想过程并没有涉及这些问题，但你又不得不回答。

当设计师滚动这个轮子的时候，他们在试图完成更加实境、具象的设计手绘，他们回过头来找寻辅助的原理。如果他们知觉到语言原理的轨道，轮子就会停下来，延长那条轨道。如果没有知觉到原理的轨道，设计师必须改变轮子滚动的方向，寻找更合适停泊之地。一些设计方法意味着设计过程需在语言或数学逻辑

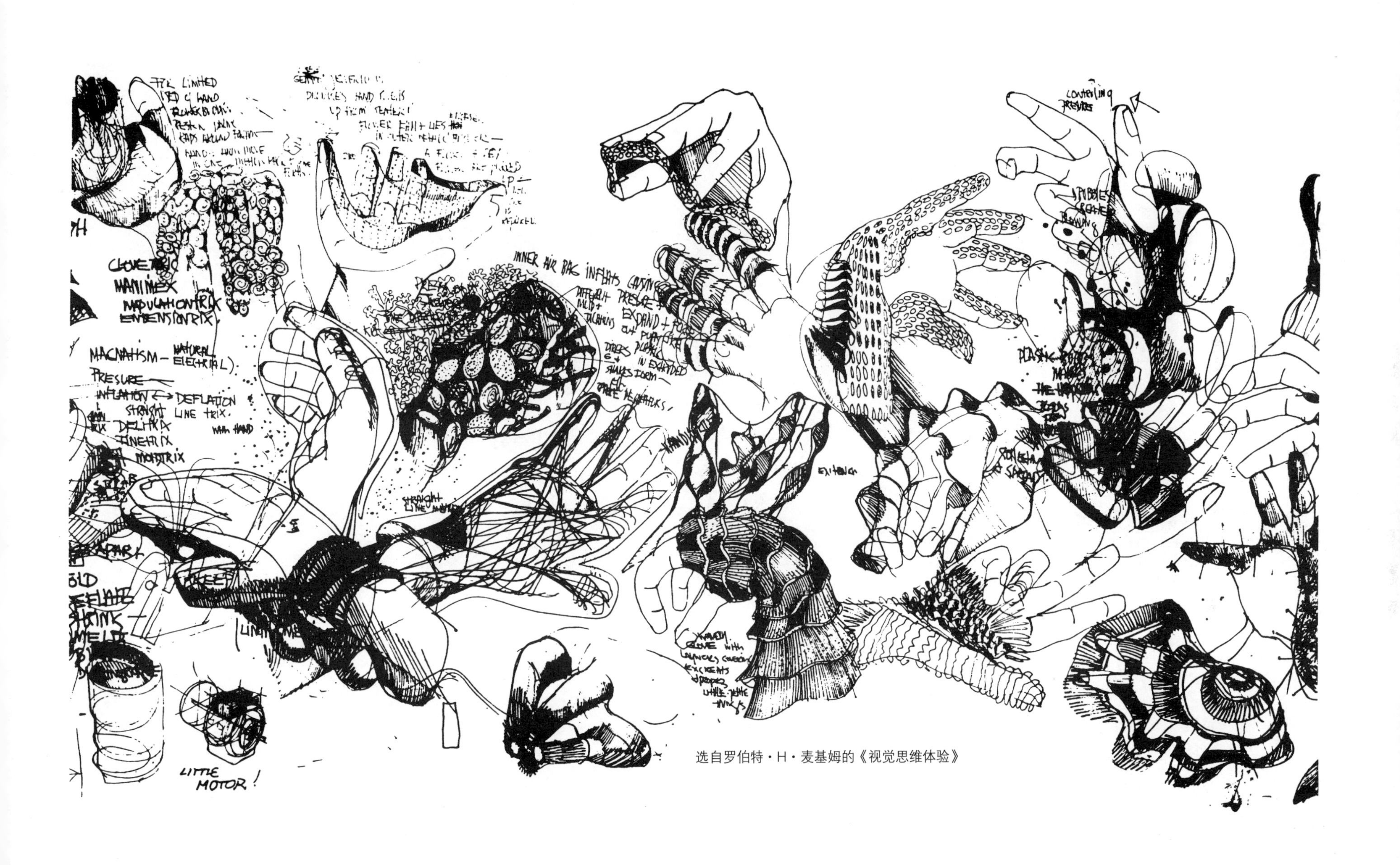

选自罗伯特·H·麦基姆的《视觉思维体验》

的基础上进行，但是没有人可以解释从语言到三维形式的“神奇跳跃”。我们应该承认，语言毕竟就是事后产生的想法。语言可以描述构想设计任务，在构想设计方案已经建立之后，语言还可以构架它的原理。但是，在构想合成的白热化核心中，语言仅仅是阻碍，完全由呻吟、口哨、叹息、谩骂和钢笔或铅笔的刮擦声所代替。语言还可能误导我们的行为，尤其是那些热情似火、充满敬意的形容词，它们寄托

了我们对设计方案的希望，但眼睛不会被语言的雄辩所征服，然而，眼睛可能看不到手绘的特质。语言描述还可能在空间上无法实现——你可能会说你想建一间房，但是直到你开始制图，你才会了解是否房间足够、预算足够。当设计构想仍然保留在设计师的头脑或语言中的时候，这些构想或许是不可能实现的或不合理的。只有将这些构想综合在手绘中之后，它们才能成为开放、客观和比较合理的主题。

手绘对于形象化的构想序列贡献良多，至少可以表现在六个方面：

· 它使用图形笔记有效地记录空间或时间关系，并将我们的短时记忆空闲出来去完成更重要的任务。

· 它可以记录并设计任务不同方面的模拟，这些模拟加深我们的理解，并有助于产生意想不到的创造性关系。

· 它可以激发、引起、象征和记录格式化的形象，有一些形象还可能改变设计师对构想任务的理解。

· 它完成人类智力的眼脑手三位一体的结合。

· 它使得下意识能够参与到形式和模式中，这些形式和模式被包含在设计合成中并得到认可。

· 它结合设计任务中具体有形形式的不同规则、概念、意愿和知觉。这样，在设计过程的外部阶段，这些因素就可以自由地由设计师和他人进行评价并操作。

看，多糟糕的科技。

经Johnny Hart and Field公司的许可

第3章　表　现

本书的这个部分涉及各种手绘，设计师使用这些手绘表现设计，从构想到成品都是如此。这些手绘都很重要，因为它们代表我们的眼、脑所感受的设计，所以我们必须十分谨慎地了解它们的局限性以及它们可能带来的损害。在所有设计教育的教条中，如果真的曾经有人看到了它们的弊端的话，传统手绘及其实施顺序是最容易受到攻击的。是时候该用批判的眼光评价传统的具象手绘，以及它与体验和设计过程之间的关系，还有完成这些手绘所使用的技巧了。这里主张的手绘思考以及制作方法在技术上并不是最精确的，艺术上也不为人称赞。但是，我之所以使用它们，是因为我发现它们对于几乎没有手绘背景的设计学生来说很容易理解和应用——它们很适用。目的是帮助学设计的学生学会使用手绘这种设计工具，而不是教授已经学习过绘图的学生如何创造杰作，当然更不是要展示我自己可以画得多么好。

为了从更实用的角度看待手绘，我们有必要回顾一下传统的类别，应用这些类别描述并思考手绘。传统上，我们根据手绘的媒介和形式将其分类。我们确信，只有使用铅墨平面图或铅笔透视法，才能真正地表现绘图。这两种传统的类别，即媒介和形式，就是艺术和草图的混合遗传。从艺术层面上，我们达成了一种认识，即手绘的化学组成（墨、石墨、炭等等）是非常重要的。艺术学校的课程通常全部或部分按照使用的媒介加以分类，课程的名称可能是“初级水彩”和“高级油画”。从草图层面上，我们的认识是手绘的正式名称（平面图、剖面图、立面图等）与媒介一样非常重要。这种传统的分类对设计手绘来说没有多大用处。设计手绘依赖的媒介无论如何都是无足轻重的，除非设计师能够意识到某种手绘与体验或问题及方案之间的关系，并有意选择这种手绘，否则，手绘的形式毫无意义。

我认为设计手绘比较合理的分类标准如下：

· 手绘与体验的关系

· 手绘与设计过程的关系

在这两种关系中（本章讨论第一种，第二种将在第6章中加以讨论），传统的、以形式和媒介作为分类的思考设计手绘的方式看起来并无价值。

我发现这些关系对设计师来说是最好的，它们可以帮助设计师思考具象手绘。当然，更为重要的是，作为一个设计师，你应该持续创造自己最好的思考方式，这样才可以做出明智的选择。不要盲目地接受并使用任何一种手绘，一定要考虑它是否有价值；不要轻易设想你的手绘与体验或设计过程有任何必要的关系。作为设计师，你有责任做出选择：如何进行手绘，如何使用手绘。选择什么样的方法是我们的自由，也是最有效的工具，而如果总是使用一种方式、按照一种顺序进行同样的手绘，就可以不加怀疑地持续使用同样的方法。

手绘与体验的关系

“设计”或“设计进程”都指同一种活动，都与“制作”不同。雕刻家、画家或诗人与他们的作品直接互动，媒介是黏土、颜料或他们用来表达的语言。与制作作品的投入比起来，艺术家并不是在设计自己的雕塑、绘画或诗歌。与这种直接的制作体验不同，设计师通常都与我们所设计的实境相分离。设计的制作在时间和空间上都与设计过程相分离，因为这个制作过程通常都由他人来完成，现在则更多地由机器来完成。

这种分离就要求我们运用实境的表现，提出、看到、评价、改变我们的设计并与之进行交流。我们必须清晰地认识到这些图形表现与外界环境之间的关系。我们需要记得，设计手绘总是具有代表性的。设计手绘代表一种想法或几种想法的合成，这些都是可用的选择，需要在设计过程中加以评价。设计手绘必须诚实、公开并非常准确地进行交流。这也就意味着设计手绘应该与你的思维过程一样迅速、自由。如同一种想法的语言化一样，一种设计手绘是一种声明，它的真实和雄辩只能在视觉上加以评价。

卓越

所有代表性手绘的目标都应该使得设计环境在设计师的眼脑中保持真实。代表性手绘不仅是线条和色调在纸张上的集合，更要表现不同的实境，在空间层面上或者本身作为空间时，在背景和用户之间的关系上亦应如此。它们必须超越技巧和自身客观形式的局限，成为设计师意识中真实的存在。

透明度

想要达到预想的卓越程度，最好的方式就是学习接受你的手绘能力，不论这种能力现在处于何种层次；审查你的手绘，使它更适合你所设计的实境。手绘可以很可靠地提高这种透明度。此外，还要很简捷地进行手绘，甚至根本不必重视手绘本身，这样，表现的准确性就毋庸置疑了。

这种中性的透明度可以用其类比——我们的书写语言来说明。在阅读这些文字时，你可能根本就不注意字体的形式或风格。字母作为字母来说是透明的，你透过字母，直接去理解它们的意思。当然，我们也可以进行一系列的改变，使得版式更加引人注意，使其失去透明度，变得只剩下排版的风格，几乎失去所有其余的含义。设计手绘必须保留它们的透明度，这样设计师的注意力才能放在手绘之外的设计实境身上，而不是手绘本身。我们已经在时间和空间上与所设计的东西相分离了，因此不能再允许具有代表性的手绘形式或技巧将我们与实境越分越远。

相对实境主义

在设计专业中，正手绘的顺序通常是“平面图、剖面图、立面图”，如同基督教中“圣父、圣子、圣灵”的教条祈祷顺序一样。这个顺序的地位稳固，不论在文学中还是在学校里，或者是在其他任何地方，这三个词语以其他顺序出现几乎是不可能的。这种传统的顺序是由设计进行的顺序以及手绘进行的顺序决定的。我们未加思考就接受了这种安排，认定它是最好的也是唯一思考手绘的方法。透视法总是处于最后的地位，更像是一种追思：平面图、剖面图、立面图和透视法。

然而，根据手绘与体验的关系将手绘按照递减层次加以安排之后，这种讨论、教授甚至命名手绘的传统顺序就被打破了。

我们对实境的体验与我们对环境的知觉紧密联系，但是，建筑师和其他设计师长久以来都将建筑视为物体，从室外加以审视，并在表现建筑的同时，更加注重将他们的设计看做建成的物体。这对我来说是非常奇怪的设计和评价建筑的方法，因为创造建筑的原因就是将空间围绕起来。这个被围绕起来的空间的质量看起来应该比其室外更加重要。

将我们设计的东西看做物体是设计过程不可缺少的部分，我在这里所担心的是对以建筑室内或室外空间作为环境的知觉和表现。环境知觉在根本上不同于物体知觉。我们每天体验的实境被我们当作环境加以知觉，我们也积极参加到环境之中。在表现建成环境的过程中，人为地将感受者与建筑分割开来，感受者仅仅作为单独物体的观察者，这样做就是否定实境。

透视图

我们在考虑手绘与体验之间的关系时，透视法立刻成为了最实境的手绘。体验它们距离远近主要依靠手绘的技巧，但是，比起精美的平面图、剖面图或立面图，即便最粗糙的透视图也能更多地展示环境的体验特质。在任何设计过程的代表性阶段，透视图都可以最准确地预测环境，原因如下：

1．透视图更加定性，而不是定量。一个环境的体验特质可以通过透视图直接地加以知觉。光和纹理是表面最主要的特点，在透视图中能够得到更好的表现，这些空间/时间/光的统一体的特点在透视图中也能得到更好的表现。

2．透视图更逼真地表现第三维度。与其他特质相比，物体或空间的深度和厚度更能够抓住设计师的眼、脑。这个三维特点有助于手绘的环境超越线条构造的小房屋，一跃成为真实的实境。

这个第三维度使得人们能够知觉和研究室内和室外顶点，这种知觉和研究可以垂直进行（墙—墙顶点），也可以平行进行（墙—地面顶点或墙—天花板顶点）。这些三维顶点是创造环境的关键，我们只有在透视图中才能看见它们，并对它们加以研究。

3．透视图比任何手绘都能够展现一个环境的人性运动体验。正确绘制的透视图可以预测到穿过一个空间或环绕一个物体的意义。

如果需要展现延长的空间序列，我们使用多帧透视。单帧透视可以清晰地展示在一个空间内移动的体验。这种可以预见的运动体验使得环境拥有了体验意义，而这种意义只需要透视的单独视角就可以感受得到。

4．透视图通过从某个视角展现环境来将观者考虑进来。透视的视角是特别为观者选定的，这样观者就可以参与到制图当中，这在其他制图中是实现不了的。这种邀请观者参加的效果就如同真实的体验一般。在其他制图中，实境与我们所看到的是分离开来的物体，但在透视图中，我们通常都可以感受实境。

5．透视图不需要虚假的宣传来说明其与体验的关系。透视图所展现的环境特点一眼即明，这样就减少了错误理解的机会，因为不论这些特点是否存在，我们就如同知觉实境一样，可以直接感受到它们存在与否。这种直接的交流使得我们可以使用高度发达的感觉，而不是为了克服表面抽象的晦涩交流而使其更加晦涩。

人们是在文艺复兴时代精通透视绘图法的。根据布罗诺夫斯基的说法，摩尔数学家阿尔哈曾具有远见卓识，发展了这种绘图法。布鲁内莱斯基、阿尔伯提、吉伯堤、达·芬奇和米开朗基罗都知道这种方法，并积极使用透视图表现他们的设计。阿尔布莱希特·杜勒到意大利学习这种方法，回到德国后写了一篇相关的论文。布罗诺夫斯基指出，透视法原则的发展是关于实境之基本结构最伟大的发现之一。在《观察理性化》（1938年）中，小威廉姆·M·伊文斯提出，透视建构说明了世界外观的改变，所以物体应尽可能保持其内在的完整性，这对科学发展非常重要，使得相继的科学发现成为可能。

选自乔瓦尼·柏拉尼西，哥伦比亚大学制图和版画

选自G·W·康斯特布尔（1697 年~1768年）的《卡纳莱托：乔瓦尼·安东尼运河》

列昂纳多·达·芬奇绘制的艺术家可用的形式

透视图具有卓越的能力，可以表现现有环境的体验。然而，随着摄影的发明和发展，透视的这种能力已经被逐渐忘却了。似乎没有理由去绘制现有的环境了，因为摄影可以很轻松地表现环境，这使我们忘却了，历史上非常短暂的时间里，比拉内西笔下的卡纳莱托都市风景和众多的室内设计曾经带给人们多少兴奋，当时他用透视绘图法再现了环境的视觉体验。

虽然我们不再需要绘制现有的世界了，但是唯一可以计划未来环境（并不是制造大型的精细模型）的方法就是绘制透视。

轴测法或轴测图

实体主义的下一个层次就是另外一种三维手绘：轴测法或轴测图。它们比透视法更加容易操作，因为建筑的平行线条在绘图中仍然保持平行，并且所有的直角线都是可以直接测量的。然而，这些优势消除了我们实境中感受到的叠合和透视缩短。

如果将轴测法手绘放在实体手绘的层次中加以考虑的话，这种手绘方法实际上是从体验到量化的衰退。这种方法缺少叠合和透视缩短，这样就歪曲了实境。并且，这种方法中的空中视角是强制性的，并没有充分考虑观者的视角，这些都是与透视法所能提供的体验特质无法比拟的。轴测法手绘目前重新流行起来，这是因为这种方法并不要求过多的绘图技巧，而且，在与正交平面图和剖面图一起印刷出版的时候，轴测法手绘可以创造出一系列的手绘成品。它们会与正投影在视觉上保持一致，因为它们与体验的距离相似。与平面图、剖面图和立面图一样，轴测法手绘描绘的也是物体，而非环境。

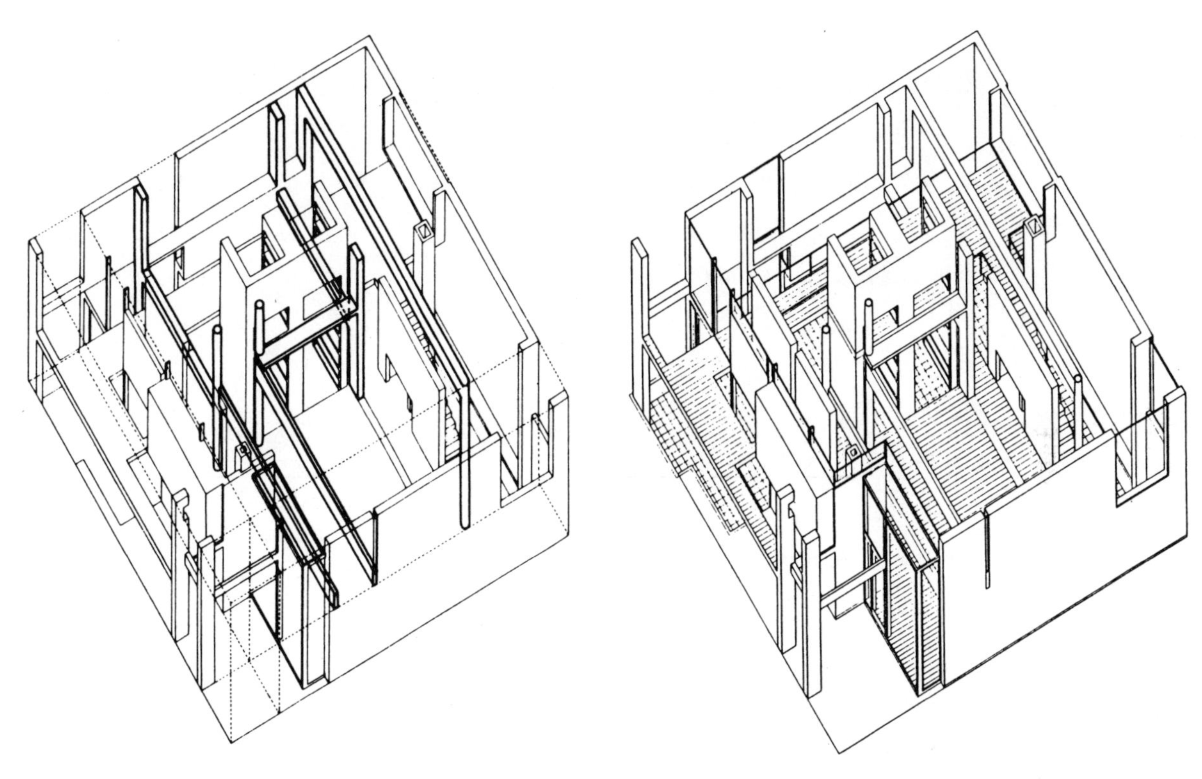

选自彼得・艾森曼、迈克尔・格雷夫斯、查尔斯・格瓦德梅、约翰・赫迪尤克和理查德・迈耶的著作《五位建筑师》（1974年）；经牛津大学出版社许可

平面图、剖面图和立面图

在设计过程中，我们一般会采用传统的正交抽象手绘。在手绘与体验的关系层次中，这种手绘方法并不奏效。这些手绘可以用来调查材料的数量，安排一些结构和机械系统，也可以研究一些功能关系。发展它们的目的就是要通过这些模式建构空间或物体，并与体验保持较远的距离。作为代表性设计手绘，它们并不适合，也容易使人误解，原因如下：

1. 平面图、剖面图和立面图都是定量的，而非定性的。一个设计环境的特质并不能直接从这些传统手绘中加以解读。我们无休止地谈论这些特质，将它们看得比什么都重要，但在我们通常采用的设计手绘中，它们却是完全无形的。正交抽象并不直接展现功能模式，也不展现私密、光、声音或触感等特质。平面图只展现物体或空间的本来形状——方向、宽度、长度、开口、位置等。剖面图展现的是该体积的物体厚度、高度、与地面的关系等。立面图展现物体或空间的长度、高度、开口。这些都是建筑过程中非常清晰的指导。

有人说减少定量手绘特质的能力是能够获得的，但我非常质疑到底能够发现多少特质。同样，有意使用晦涩的交流形式对我来说也是不当的。

2. 平面图、剖面图和立面图并不展现第三维度，它们可以被比喻成一个折叠式盒子，这样解释手绘及其作为设计手绘的局限性是很好的方式。

它们很直截了当，擅长抽象，因为真实的空间或物体不能用相同的方式加以审视。正是因为这种二维的直接性，它们只能存在于图纸上，在设计师的眼、脑中不能成为真实的三维存在。另外，对这些二维图形的评价通常也只剩下页边界、线条粗细、指北针和与这类手绘的抽象形式相关的许多细节——与纸张相关的细节、石墨或油墨，以及绘制这样的手绘需要遵循的正式规则。

3．我们在现实中体验的三维整体在平面图、剖面图和立面图中都只能表现出一部分，这种晦涩性可以得到解决。在普通制图作业中，我们可以只提供一个物体三个正交视图中的两个，要求学生“发现”物体的正确形式，并将没有给出的正交视图的草图画出。我个人认为，这样的练习更适合译解密码者，反而不大适合环境设计者。

4．在透视图中，空间包围并包含观者。与此不同，平面图、剖面图和立面图排除观者，并通常都被认为在空间上是单独的物体。我们在看待整体以及在隐性底面上知觉重点方面存在构想偏见，这就导致我们只将这些手绘看成单独的、正式的视觉形象。这种对传统手绘的认识致使手绘出现了不同的配置，在现实中几乎没有任何意义。大家都更注重平面图抽象中的整体形式，由此，T形、H形和I形建筑和所有对称设计的设备应运而生。

5．平面图、剖面图和立面图与人类体验关系不大，或许它们最大的不足就在于体验上对它们加以评价，尤其对于外行人来说，几乎是不可能的。然而，我们设计环境，首要的目的就是为了大众，我们希望他们能够参与设计

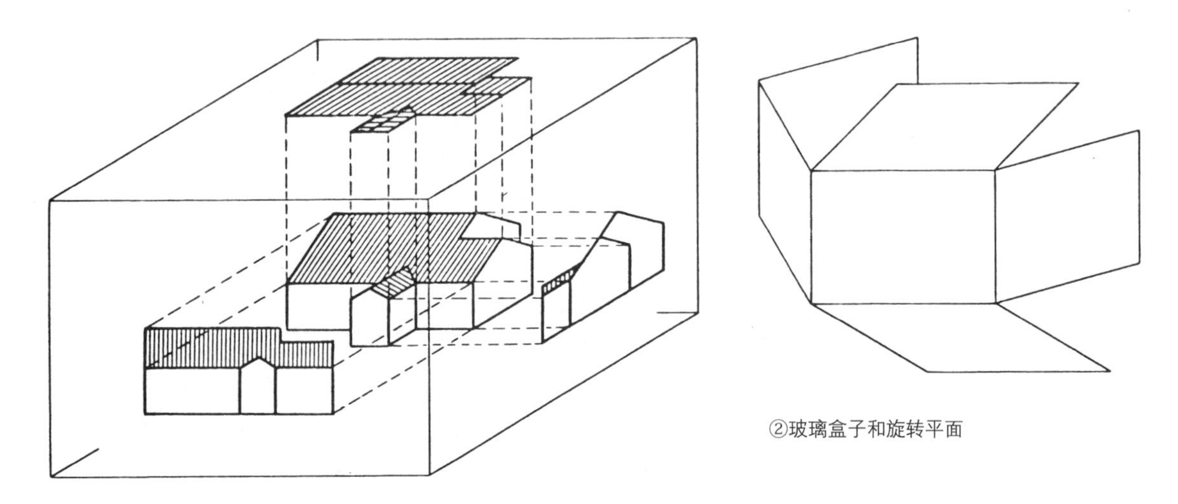

②玻璃盒子和旋转平面

①投射到玻璃盒子表面

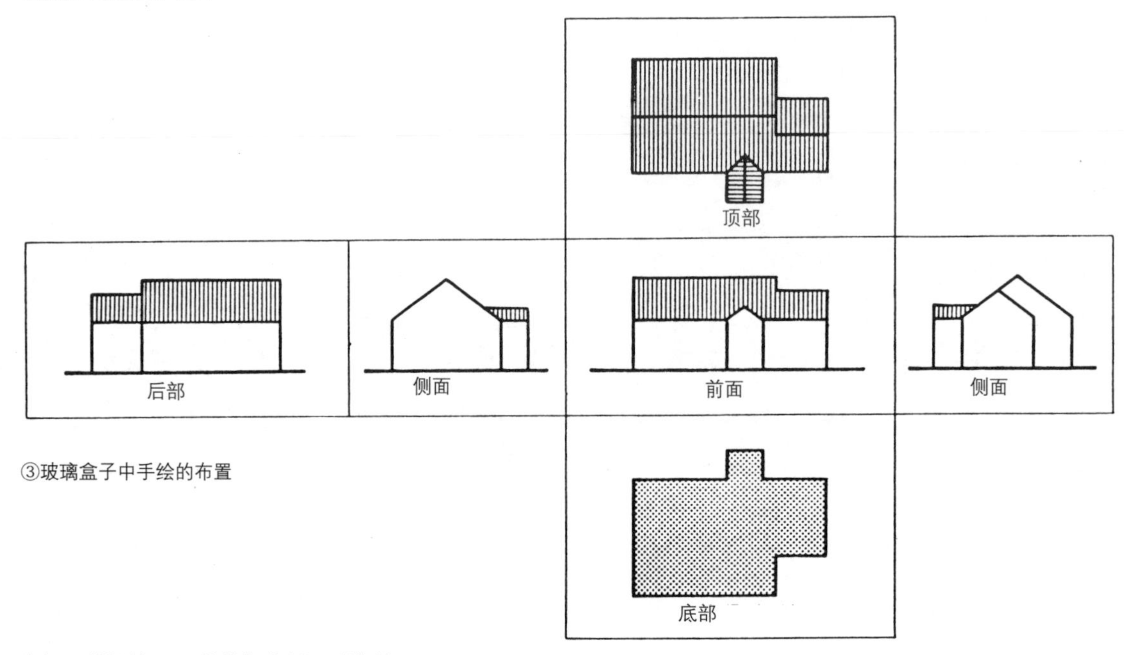

③玻璃盒子中手绘的布置

选自C·莱斯利·马丁的著作《建筑图学》第二版

过程，也需要知道他们为什么不能够完全理解我们的设计。

通过在正视图中手绘人形，你可以告诉观者一个窗台有多高，但如果窗台太深，足可以坐进去的话，那么无论怎样也不可能表现出窗台的高度了。在平面图中，一条高线可能代表天花板材料的改变、一个台阶或一个90 cm高台，但并不能表现出一个人是否可以跨越或倚靠在物体上。想要感受环境就只能依靠想像，因为从手绘中几乎得不到定性帮助。

6. 平面图、剖面图和立面图在传达时间或运动感觉上尤其无力，这些感觉就是空间或物体的运动知觉体验。在看平面图的时候，我们可以感受到这种运动体验的概念，但是剖面图或立面图却不能告诉我们任何关于运动的体验，不论是朝向、通过还是围绕所描述空间的任何方式的运动。

如果对设计空间和物体的最终评价成为人类感觉的体验，那么就不适合将有语言性的代表性手绘仅仅限制在正面图的水准上。

7. 几个世纪以来，平面图、剖面图和立面图都被未经质疑的教条支配，这种教条是非常具有误导性的。这种教条意味着，正视图是最好、最合适、最简单的，而且经常替代设计环境的代表性手绘。我承认它们是最简单的方法，但是这些未经质疑的传统和惯例并不能令我信服它们就是最好的。

为什么我们不绘制透视图

我们一直将平面图、剖面图和立面图视为基本且唯一的设计手绘形式，主要因为三个原因，而所有这些原因都是站不住脚的借口。第一个原因来自历史传统；第二个是错误教学的结果；第三个是我们对正视图的期望过高，已经超出了它的能力所及。

1. 建筑手绘历史上被用做设计手绘。最初，设计这门职业与建筑和手工业并不分家。空间或产品在设计时所被赋予的功能并不复杂，创造环境的形式和方法并不传统，创新的范围也是非常有限的。另外，越来越少的人愿意加入到决策过程中——它们包括所有人或赞助人及他选定的建筑者或工匠。在这种背景下，似乎并不需要进行大范围的调查来寻求可用的选择。并且，传统的制图在创造空间或物体的时候可以有效地预测和交流，不论需要进行多么微小的改变也好。

最重要的是，在文艺复兴时期，透视手绘得以发展。而在这之前几个世纪，采用正面建筑视图来表现设计空间或物体的技术就已经很成熟了。

2. 我们绘制透视图的能力不够，如果这一点没有借口可言，至少也是可以理解的。透视手绘在教学中都是作为一项复杂的过程来看待的，而且通常认为，只有在平面图、剖面图和立面图中设立好设计结构之后，才能使用透视手绘，手绘课程一般并不特殊关注透视手绘。之后，设计教师逐渐忽视透视手绘，一般并不涉及手绘作业，即便涉及，也不多于一项有关的作业，进而使得这种方法越发退化。所有这些都等同于默认的共识，即透视手绘教授起来困难太大，费时又多，何况也没有几个学生有能力掌握这种方法。这种态度导致了错误观念的形成，认为要求学生展现透视作品是不公平的，因为这样做无疑有利于一些恰巧已经掌握了透视技巧的学生。我们精心设计借口系统，用来说服自己不合格的教学在道义上是具有强制性的，现在我们已经完成了其中一个。

在学生设计作品的展览中，我们经常可以发现我们在态度上对透视图的这种矛盾心理。

通常，参加展览的作品都展现出一套平衡的示意图。然而，即便在最好的作品中，单独的透视图通常都是最弱势的手绘，受到的关注最少，当然也是最后一个绘制的。

一些作品只获得中等或低等分数，也从来没有展示的机会，其中透视图更是很少涉猎，进而没有很好地体现设计。我认为这说明了设计教师和学生的一些表现，它说明设计出最好作品的学生是真正懂得透视的学生，可以在设计过程中应用透视。它也说明虽然设计教师只花费很少的时间讲授透视技巧，在每项设计中只要求一到两个透视图，但教师们非常重视透视图，就像重视其他手绘形式一样。

3．我们润色正视图是错误的。我们通常对平面图、剖面图和立面图进行过分的描绘，用来延长或提高它们的实验特质。这种润色具有两种形式：对材料和阴影进行精细繁冗的描绘；应用定性的符号系统。

这种对平面图、剖面图和立面图的繁冗、虚假的描绘是浪费时间的。这些手绘从根本上讲都是抽象的，具有一定价值。但是，如果你能够手绘透视，那么在表现真实的手绘中采用这些手法就是毫无意义的。

应用在平面图、剖面图和立面图中的符号系统在构想水平上也是很有价值的，可以代表设计师的意图。但是，在正面抽象的图像表现阶段，它们并不意味着其所代表的设计意图可以在建筑空间或产品中真正被体会到。我已经在建筑设计回顾中浪费了很多时间，倾听学生们热情地描绘他们的平面图如何存在实验性特质，实际上，不论他们还是我自己都不确定这些特质是否真的在那里。

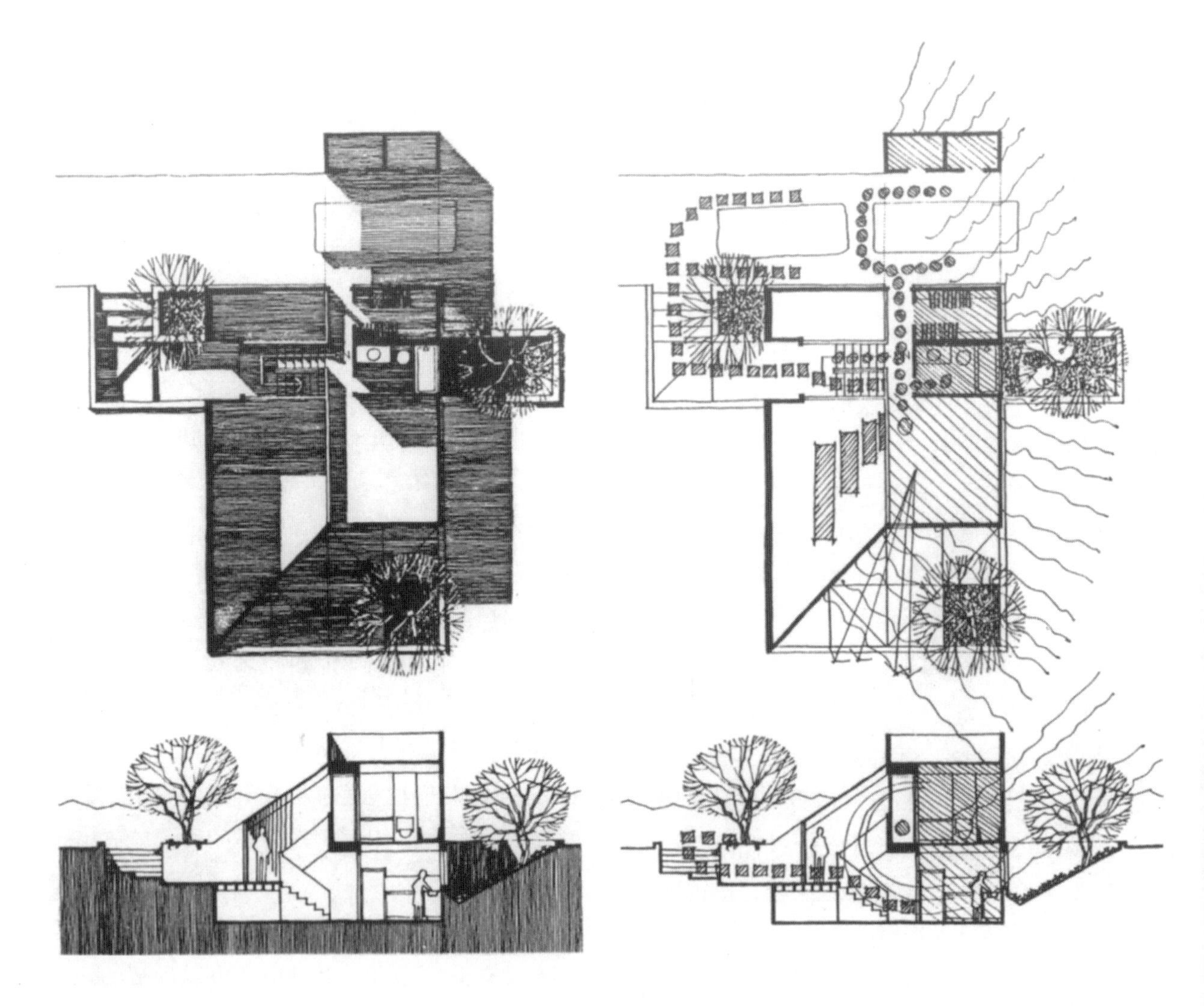

手绘技巧

探究了各种手绘形式（平面图、剖面图、立面图、轴测图、透视图）和体验之间的关系之后，我们现在来看技巧，即各种不同的技巧及其与体验之间的关系以及如何选择合适的技巧。

关于周围场景的大部分信息，我们都是通过视觉来知觉的。因此，似乎应该根据我们知觉空间的方式来将手绘技巧加以分类才是最恰当的方法。正如吉伯森指出，通过知觉连接表面和表面与边界之间的断面，我们有了对空间的知觉。因此，最基础的区分方法就是将手绘技巧划分成互相补充的两大类别：

1. 边界绘制法，即沿每个表面的边界画一条线。这是最简单且最高效的展现场景的方法。

2. 表面绘制法，即采用连续的色调处理每个表面，根据表面与阳光或光源之间的关系来进行略暗或略明的处理。这种方法是展现场景最现实的方法。

这些方法结合起来，就产生了描绘场景的第三种方法：

3. 边界—表面绘制法，即勾画表面和边界，将我们知觉空间的知觉线索联合起来，而不是在它们中间进行选择。这种方法在展现场景时更加可控，因为它使得手绘显现出层次。

虽然各种技巧都可以采用不同的媒介，我绘制手绘所采用的是最纯粹、最简单的形式。所有的线条都由机械笔绘制，采用了两到三种粗细不同的线条，每条线都在一点与另一点之间保持同等宽度。所有色调都采用黑色马克铅笔绘制。

空间造型

使用粗大的线条来表现空间边界有两个目的：首先，强调流动的边界，可以体现空间的动感场景，从而帮助观者了解图像的空间。第二个原因或许更加重要，尤其对于新手来说。在空间上描绘出一个图像，确保手绘者将图像看成一个空间的形象。完成分级空间造型要求，将图像视为一个真正的场景，并按照这种思路思考问题。这样一来，一个图像就不再是二维表面上平淡无奇的线条组合体了。这种图像的绘制方法是透明的、卓越的，可以看清楚一个真实的场景，也是设计素描的首要目的。

色调运用

描绘的原则是要顺着表面的取向，这样做除了增添图像的连续性之外，还有几个目的。描绘平行表面到远处的消失点，这样可以避免两个错误：一个知觉上的，一个技术上的。如果平行表面的描绘朝向近处的消失点，那么那个点所受关注太多，从技术上讲，在交界处就会积聚过多的炭精或墨水。这个描绘原则同样对初学手绘的学生来说更加重要。如同空间造型一样，训练有素的色调运用迫使手绘者在空间上与图像结合起来，因为要想了解各种表面的取向，必须将图像视为一个真实的场景。

可以用铅笔沿其取向进行着色，还有一种替代方法就是涂满所有色调，不论是垂直的还是水平的，沿着45° 的方向，从右上角至左下角（对于使用右手写字的人来说）。这种替代方法可以增强整个图像的连续性，但这仅限于图像本身，对图像描绘的场景则没有任何影响。

时间和技术

在不同的手绘技巧中，最显著的区别之一就在于它们有不同的时间和技术要求。这可能已经看起来很明显了，但只有自己亲自使用各种技巧，你才能体会这些不同。因为手绘与设计联系紧密，在很多方面协助或体现设计，设计者应该尽量使用所有的技巧。只有这样，他们才能够做出聪明的决定，判断出哪些技巧能更好地适应所给时间、主题和他们的手绘能力。

复制手绘

在理解手绘技巧的过程中，一个最后的变数就是在复制过程中体现出来的相对简单性或相对复杂性。总体上说，线条手绘（包括线条色调手绘）复制起来比较简单，费用也不高。墨线手绘可以在较好的复印机上经过几次扩印或缩印仍然保持原有的质量。色调手绘的复制质量一直在提高，最新的是彩色复印（黑白复印也是如此），但是一般来说色调手绘的复制比较不可靠，也较昂贵。

例子

以下六个例子说明了最基本的技巧，形式也是最单一的，还给出了每种技巧应该遵循的规则，并根据相对时间和技术对它们进行了分级，从1级到10级，越低的数字说明其使用速度越快、操作越简便，越高的数字说明其耗时越多、操作越难。

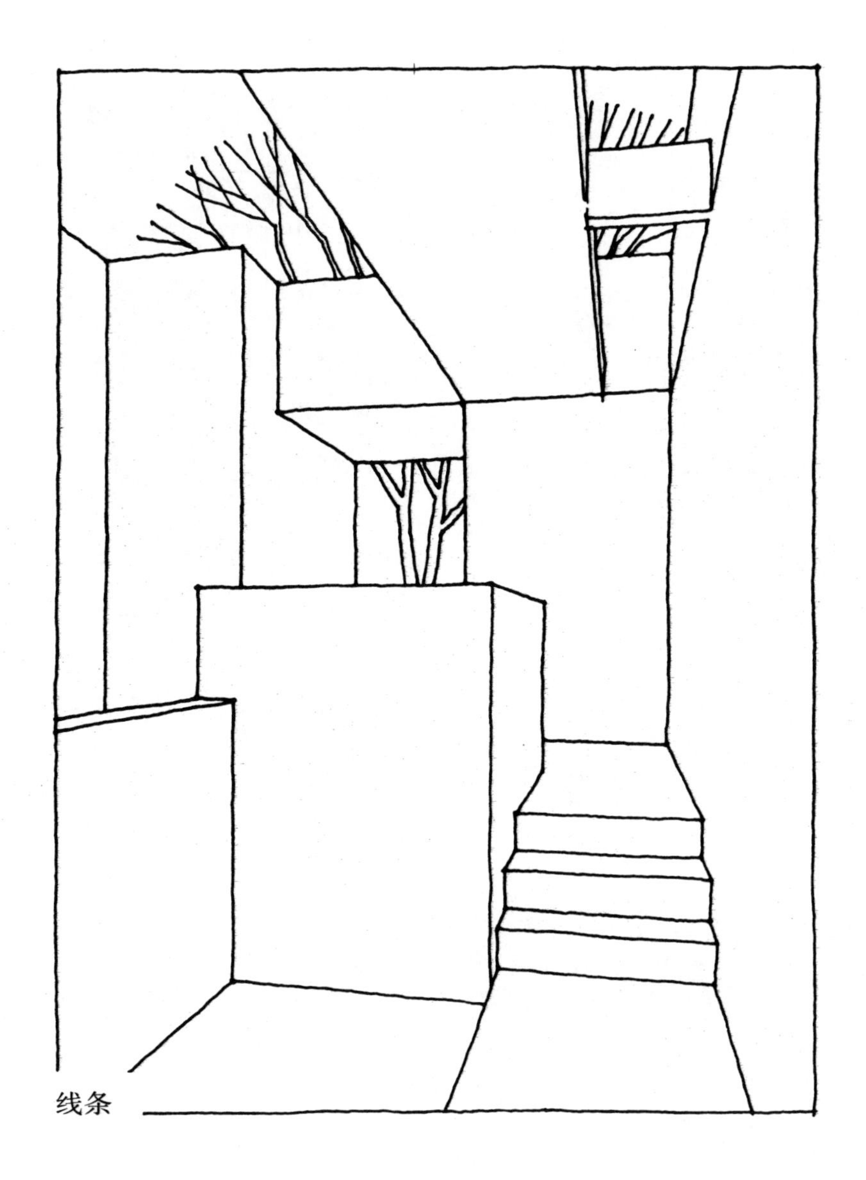

线条

· 由线条显现的空间边界和平面角
· 未显现表面
时间系数：1
技术系数：1

线条—空间轮廓

· 由线条显现的空间边界和平面角
· 空间边界轮廓——边界距离背景越远，线条应该越粗，线条的粗细应该根据其距离观者的远近不同加以调节
· 未显现表面
时间系数：1 1/2
技术系数：1

色调

- 根据光的差分反射，将表面均匀着色
- 由色调（无线条）变化显现空间边界和平面角
- 着色方向应与表面垂直或水平的倾向相一致，如为水平倾向，则着色应总是朝向最远的消失点
- 表面色调可以在表面范围内渐变，这样可以与表面边界处的其他色调加强对比

时间系数：9

技术系数：9

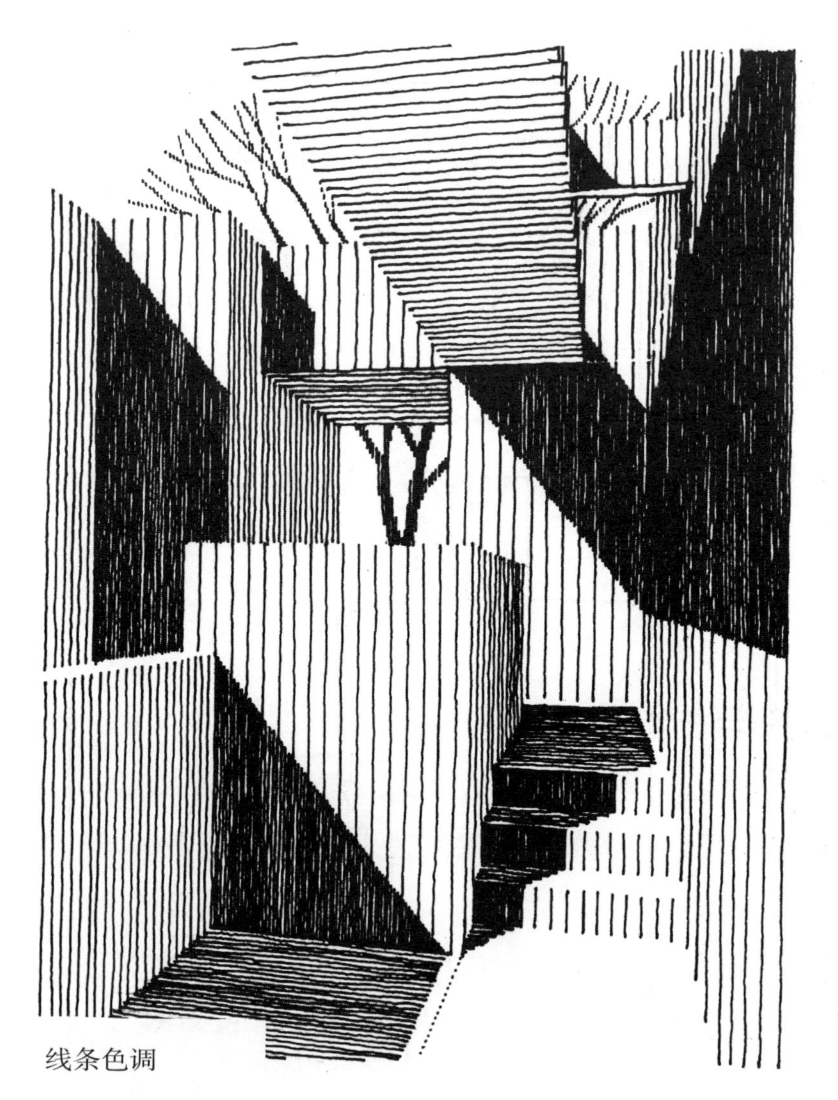

线条色调

- 根据光的差分反射，将表面着色
- 由均匀空间分布的线条构成色调
- 由线条空间分布的变化（无空间边界线条）显现空间边界和平面角
- 线条的方向应与表面垂直或水平的倾向相一致，如为水平倾向，则线条应总是朝向最远的消失点

时间系数：10

技术系数：7

线条和色调

- 由线条显示出的空间边界和平面角
- 空间边界轮廓——边界距离背景越远，线条应该越粗，线条的粗细应该根据其距观者的远近不同加以调节
- 根据光的差分反射，将表面均匀着色
- 着色方向应与表面垂直或水平的倾向相一致，如为水平倾向，则着色应总是朝向最远的消失点

时间系数：7

技术系数：4

线条与中间色调

- 由线条显示出的空间边界和平面角
- 黑色表示影子。白色表示阳光，未着色的线本身的中间色调表示阴影
- 空间边界轮廓——边界距离背景越远，线条应该越粗，线条的粗细应该根据其距观者的远近不同加以调节
- 根据光的差分反射，将表面均匀着色——黑色表示影子，白色表示阳光，未着色的线本身的中间色调表示阴影
- 着色方向应与表面垂直或水平的倾向相一致，如为水平倾向，则着色应总是朝向最远的消失点

时间系数：7

技术系数：4

比较例证

相似建筑类型的不同技巧的透视图可以帮助展现这些技巧是如何应用的，也可以展示不同建筑手绘者之间的差异。

这些例证还可以清楚地展示技巧的选择是如何与建筑和环境特点相结合的。理查德·惠灵为熨斗大厦进行的线条手绘就独特清晰地展示出了砖石的层次，也展示出了这些层次在由低及高水平板层面上的变化。为了细致描绘砖石的层次，只能舍弃展现阴影和窗户上的映像。

惠灵的线条手绘不及保罗·斯蒂夫森·奥雷的色调手绘更能漂亮地展示现代、平面区分、反射的/透明的整块巨石。建筑本身强烈的渐变在天空的衬托下更显现出色调技巧的功能：它更加适合应用在强调整体光滑表面的建筑上，而不适合着重描绘建筑的独立组成部分。

下面几页展现了其余三种技巧，虽然它们不像前两种一样可以产生鲜明的对比，但每一种技巧也都极大地展示出建筑不同的特质。

选自理查德·惠灵的著作《建筑手绘技巧》

线条手绘描绘边界，而不是表面。所有环境中的边界都直接由线条绘制而成，边界的不同深度由不同的线条宽度来展现。不直接描绘表面，而是由边界线来展现整体。

选自保罗·斯蒂夫森·奥雷的著作《建筑图解：价值手绘过程》

色调手绘描绘表面，而不是边界。表现不同表面的纹理和相对亮度，并不直接以线条描绘边界，而由两个表面的间断来表现边界。

由马克·迪纳罗威–罗茨瓦多夫斯基手绘，选自欧内斯特·伯登《建筑手绘》（1971年由麦格劳–希尔公司出版），经麦格劳–希尔公司许可后使用

线条的色调手绘是色调手绘的一种替代方法。光滑平坦的色调被各个线条展现出来的色调所取代。线条的色重保持不变，根据线条之间的空间来显现色调的轻重。

由赫尔穆特·雅各比手绘，选自《新建筑手绘》

线条和色调手绘结合了两种基本的技巧，借鉴了两种方法的优势，并比任何一种单一方法都更具灵活性和可控性。这种方法将在96~104页进行详述。

由威廉·科比·洛克德手绘

中间色调上的线条色调是一种衍生技巧，可以应用在三种色调的所有技巧中：色调、线条的色调、线条和色调。这种方法应用中间色调的纸张，逐渐向黑、白两种色调过渡。这种技巧的效果通常非常好，中间色调可以使并没有完成的作品看上去有成品的感觉。正因为这个原因，在时间并不充裕的时候，可以首选这种技巧。

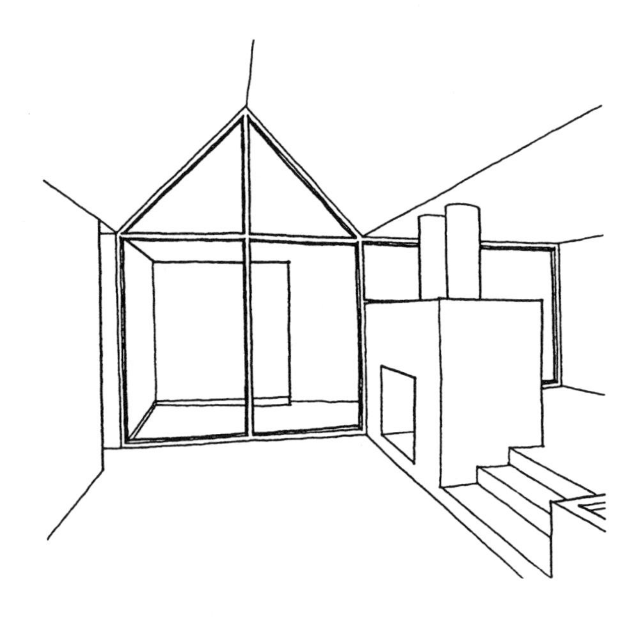

趣味类别

在第1章中我们提到了视觉趣味类别，使得手绘有趣起来的各种品质都是与视觉趣味类别直接对应的。如果你将手绘趣味视为这些单独类别的综合体，那么它就可以帮助你将任何手绘的总体绘图趣味打破，形成各种独立的、可操作的类别。这将可以帮助你：

- 平衡任何手绘的趣味；
- 评价并提高你的手绘技巧；
- 在层次中应用趣味类别，更好地胜任各种手绘任务。

空间趣味是所有类别中最基础的，因为它决定了所有其他趣味类别的结构和框架。之后的三个类别都是在空间趣味之上或之内发生的，受到这个首要的趣味类别的影响，其他类别的效果可能会大大受限或大大提升。

空间趣味预示着动觉趣味——预示物体、空间和远景的运动，虽然只能看到它们的一部分，但是随着我们在环境中移动，就可以看到它们的全部。当一个物体位于另一物体之前或表面时，就会产生被遮盖的空间，而被遮盖的空间就是空间趣味的源头了。这些部分显露的空间总和就显示了空间趣味的程度。

色调趣味是光在环境中各种表面上的不同反射造成的。从视觉上看，色调趣味是趣味类别中最强大的——最不容易被视觉忽略，最不容易被距离弱化，最不容易被盲点覆盖。在环境中，色调趣味首要取决于丰富的表面，这些表面需要具有不同的光源取向。其次，它还取决于材料的选择和颜色方案。各种不同取向的表面组合在一起，可以产生强大的色调趣味，这种组合也直接依赖先前的空间趣味类别。

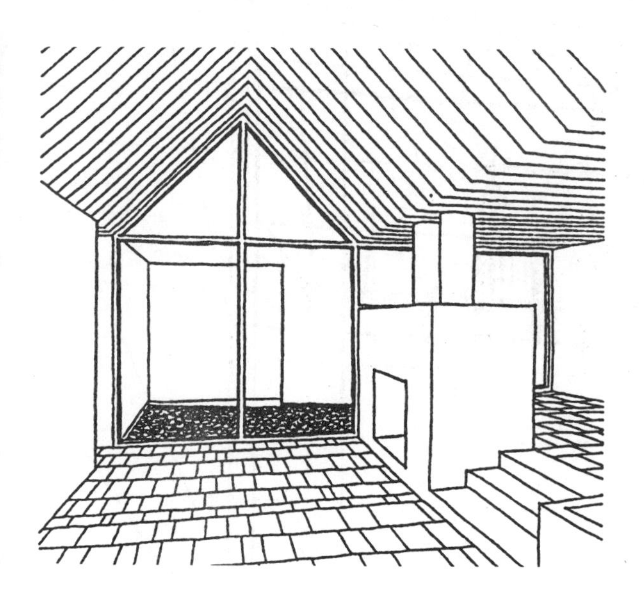

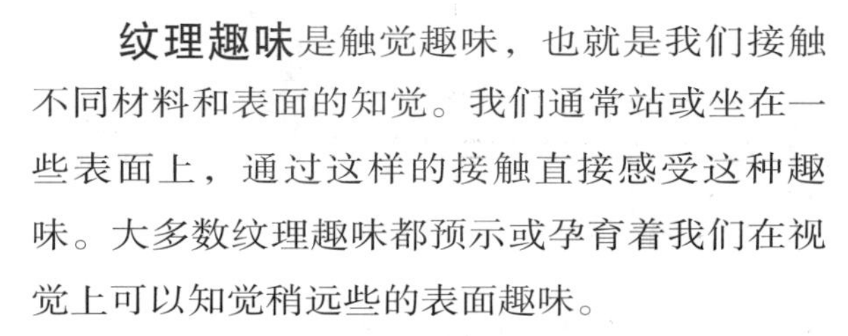

纹理趣味是触觉趣味，也就是我们接触不同材料和表面的知觉。我们通常站或坐在一些表面上，通过这样的接触直接感受这种趣味。大多数纹理趣味都预示或孕育着我们在视觉上可以知觉稍远些的表面趣味。

附加趣味是我们在人类或自然为建筑物环境增添的附加物上感受到的。空间、色调、纹理趣味都是环境的组成部分。与它们不同，附加趣味是单独的“附加”类别，它由我们附加在环境中的东西组成。这些附加可能包括树木、植物、室内摆设、汽车或人物等等。

线条和色调手绘技巧比较独特，因为它可以将四个趣味类别在一系列并不连续的层次上加以应用，这一点其他技巧难以企及。以下部分展示如何在有限的手绘时间内更高效地应用线条和色调技巧。

分级投入手绘法

在前文中，我曾建议设计者想像一下手绘任务，当然不能把它当作单一的手绘来加以想像，而是要想像一叠手绘，从底部简单的图描到顶端熟练、细致的图。这是一种将手绘想像成分级投入的方式。

另外一种将手绘想像成分级投入的方式是基于制作任何手绘的整个过程。这里的观点就是将你的努力首先集中在更加重要的手绘部分。记者在接受训练时，被告知应该使用直截了当的方式进行报道，与这种观点如出一辙。记者当然不知道他们的报道可以被分给多大版面的专栏，所以他们在第一段就将所有重要的事情都写出来，接下来的段落里按照重要程度不同排出等级，依次填充细节。如果你可以学习按照这种方式手绘，那么即便完不成作品，每一步的努力也都是很坚实的投入。正如之前学习过的，“线条和色调”技巧的灵活性使它更适合这种分段作业。

从手绘趣味类别的方面理解这种分级投入手绘法是最好不过的了：空间、色调、纹理和附加。设计初稿需要加以润色成为定稿，因此应该指定一个准确的设计模式，如右图所示。这种准确的潜在空间结构就是第一步投入，在这基础上，其他步骤才会得以发展。这个模式还应该包括可能出现的阴影形式和人物、室内摆设、树木等的位置，这样在绘制其他部分的时候，这些附加物也可以被精细地描绘出来。

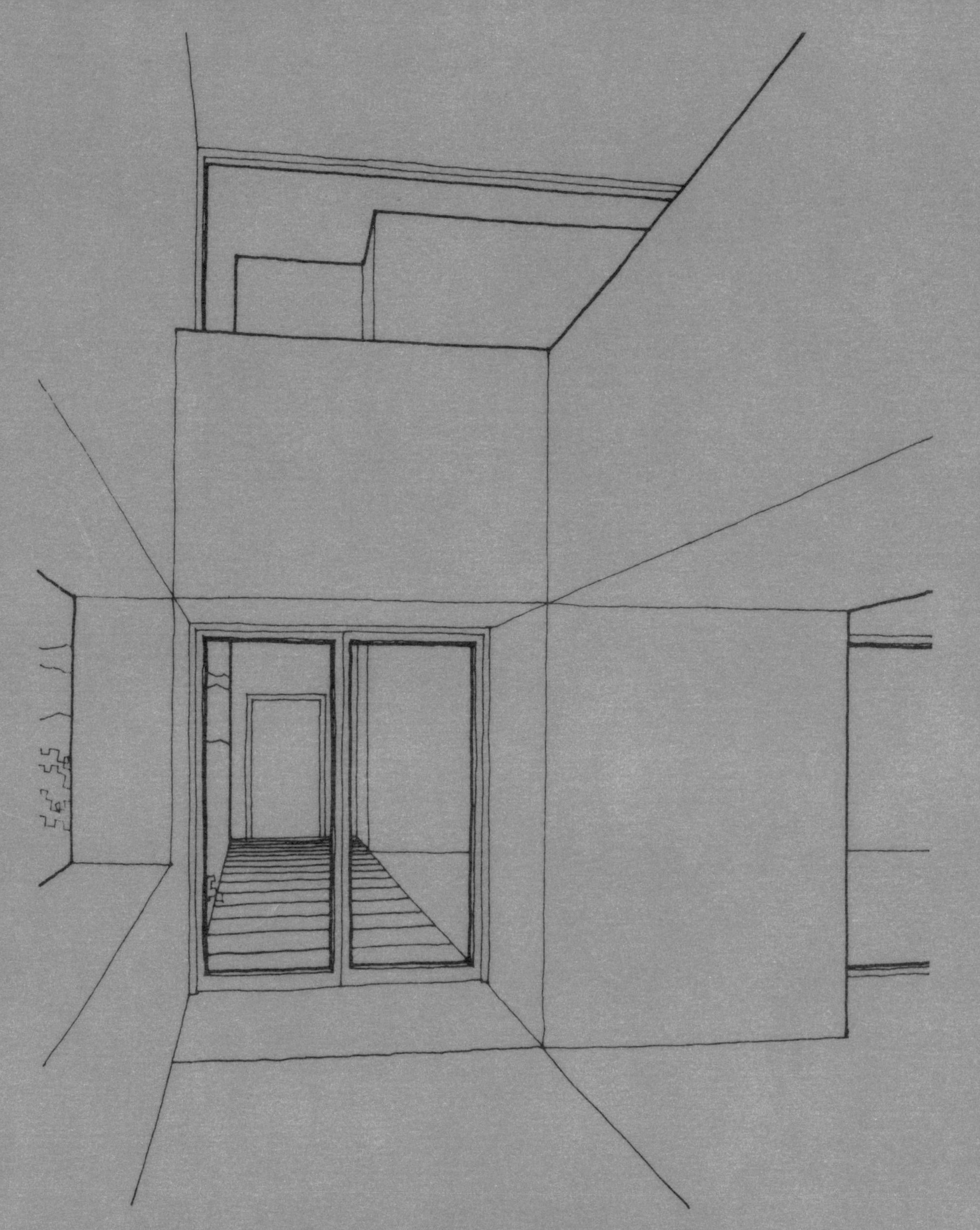

空间趣味

对设计者来说，最基本的环境趣味类别就是描绘空间环境带来的趣味。在手绘中，构成空间趣味的遮盖部分都是由剖面空间边界遮盖或显露的，这些边界的总和就是空间趣味的总和。空间趣味手绘可能由10层到12层这样的高空间重叠而成。

在准备好的空间底层上选择最具空间趣味的透视角度是非常有价值的。但更重要的是，应该根据设计所展现的任何透视角度提高一项设计的空间趣味。空间趣味永远不会成为视角选择方面的问题，它的缺陷也不能通过过分强调其他趣味类别而得到弥补。如果空间在手绘中看起来很无趣，那么它可能真的是很无趣。

一个透视的空间趣味可以通过改变视角得到加强，这样它就展现了最大数量的空间重合和平面交集。环境应该能够表现出运动在其中起到的展现作用，但选择的视角不应该被人为弄得玄虚、混乱。转角、交集、边缘、楼梯、地板和天花板水平上的改变都应该是可见的。

空间趣味

对设计者来说，最基本的环境趣味类别就是描绘空间环境带来的趣味。在手绘中，构成空间趣味的遮盖部分都是由剖面空间边界遮盖或显露的，这些边界的总和就是空间趣味的总和。空间趣味手绘可能由10层到12层这样的高空间重叠而成。

在准备好的空间底层上选择最具空间趣味的透视角度是非常有价值的。但更重要的是，应该根据设计所展现的任何透视角度提高一项设计的空间趣味。空间趣味永远不会成为视角选择方面的问题，它的缺陷也不能通过过分强调其他趣味类别而得到弥补。如果空间在手绘中看起来很无趣，那么它可能真的是很无趣。

一个透视的空间趣味可以通过改变视角得到加强，这样它就展现了最大数量的空间重合和平面交集。环境应该能够表现出运动在其中起到的展现作用，但选择的视角不应该被人为弄得玄虚、混乱。转角、交集、边缘、楼梯、地板和天花板水平上的改变都应该是可见的。

空间和附加趣味

附加趣味不是环境设计的一个组成部分，但是，在连续添加的趣味层次中，它处于第二位，因为我们需要树木，植物和家具来使设计变得生动，并且使其看起来真实。这些附加趣味如果被很聪明地加入到手绘中，那么它们就可以规定尺寸，阐明用途，展示设计空间。这种"助长"可以通过增加附加空间的层次来提高手绘的空间趣味。

附加趣味成为第二个阶段，有两个实际的原因。首先，它可以将色调和纹理随后加入到其中，因为如果它出现在色调和纹理之后，可能需要擦除，但如果将其提前就可以避免擦除。第二个更为重要的原因就是其余两个趣味类别，即色调和纹理，费时较多。

坦率地讲，许多环境的附加物都是装饰性的，但是我们必须很仔细，不要使它们在手绘中只发挥装饰的作用。一定要仔细放置提供附加趣味的物体，这样它们就不会遮挡住平面交集，而平面交集可以帮助我们知觉空间容积。一般来讲，它们同样应该是没有纹理的，这样就可以与背景表面产生反差。

这种空间剖面明线手绘在所有线条的色调手绘中是第一个"稳定状态"——对以前的透视框架进行了完整的覆盖，透视框架结合空间和附加趣味，如同孩子的涂色书上的简单线条手绘一样。但是每样东西都是在空间中加以定义的，是非常坚定，明确的手绘，可以与客户清晰地交流。它需要大量投入时间和努力，如果你本来想添加色调和纹理而已经没有足够的时间，它也不会对你造成影响。

空间和附加趣味

附加趣味不是环境设计的一个组成部分，但是，在连续添加的趣味层次中，它处于第二位，因为我们需要树木、植物和家具来使设计变得生动，并且使其看起来真实。这些附加趣味如果被很聪明地加入到手绘中，那么它们就可以规定尺寸、阐明用途、展示设计空间。这种“助长”可以通过增加附加空间的层次来提高手绘的空间趣味。

附加趣味成为第二个阶段，有两个实际的原因。首先，它可以将色调和纹理随后加入到其中，因为如果它出现在色调和纹理之后，可能需要擦涂，但如果将其提前就可以避免擦涂。第二个更为重要的原因就是其余两个趣味类别，即色调和纹理，费时较多。

坦率地讲，许多环境的附加物都是装饰性的，但是我们必须很仔细，不要使它们在手绘中只发挥装饰的作用。一定要仔细放置提供附加趣味的物体，这样它们就不会遮挡住平面交集，而平面交集可以帮助我们知觉空间容积。一般来讲，它们同样应该是没有纹理的，这样就可以与背景表面产生反差。

这种空间剖面明线手绘在所有线条的色调手绘中是第一个“稳定状态”——对以前的透视框架进行了完整的覆盖，透视框架结合空间和附加趣味，如同孩子的涂色书上的简单线条手绘一样。但是每样东西都是在空间中加以定义的，是非常坚定、明确的手绘，可以与客户清晰地交流。它需要大量投入时间和努力，如果你本来想添加色调和纹理而已经没有足够的时间，它也不会对你造成影响。

色调趣味

在手绘中，色调趣味依靠使用整个灰色色域——从纯白到纯黑来覆盖手绘的广大面积。这种色调主要来源于不同表面的光线条件：阳光，阴影和影子。颜色和材料的差异并不那么重要，因为许多手绘都需要保持黑白颜色，材料的纹理趣味一般来讲比其阴影更重要。

色调和纹理趣味都非常耗时，但是色调趣味应该在纹理趣味后面加以应用，因为色调趣味的重要来源是光线，纹理趣味的主要来源是材料，前者较后者更加变化无常。此外，色调趣味在多种快捷技术中都可以应用，包括氨熏晒图，中间色调手绘，裱好的描图纸。在黑色背景下，用白色铅笔或白色纸张剪切块涂色。

在这种技巧中，色调和颜色都应该是柔和，平滑和平凡的。不要使用会产生色调的工具进行绘图；所有的描绘都应该用钢笔完成，这样就可以保留用钢笔绘制的边缘线和用铅笔或标记笔绘制的表面色调之间的区别。

色调趣味的模式——阴影和影子——是选择的过程，需要仔细研究。这个过程影响一个空间被解读的方式，应该仔细地将其与数字和附加趣味的其他因素相结合。

色调趣味

在手绘中，色调趣味依靠使用整个灰色色域——从纯白到纯黑来覆盖手绘的广大面积。这种色调主要来源于不同表面的光线条件：阳光、阴影和影子。颜色和材料的差异并不那么重要，因为许多手绘都需要保持黑白颜色，材料的纹理趣味一般来讲比其阴影更重要。

色调和纹理趣味都非常耗时，但是色调趣味应该在纹理趣味后面加以应用，因为色调趣味的重要来源是光线，纹理趣味的主要来源是材料，前者较后者更加变化无常。此外，色调趣味在多种快捷技术中都可以应用，包括氨熏晒图、中间色调手绘、裱好的描图纸。在黑色背景下，用白色铅笔或白色纸张剪切块涂色。

在这种技巧中，色调和颜色都应该是柔和、平滑和平凡的。不要使用会产生色调的工具进行绘图；所有的描绘都应该用钢笔完成，这样就可以保留用钢笔绘制的边缘线和用铅笔或标记笔绘制的表面色调之间的区别。

色调趣味的模式——阴影和影子——是选择的过程，需要仔细研究。这个过程影响一个空间被解读的方式，应该仔细地将其与数字和附加趣味的其他因素相结合。

纹理趣味

纹理趣味中涉及的接触使得它成为趣味类别中最紧密的一种类型，触摸某种物体的感觉可以在视觉上被触发，即便在远处也是如此，而且还可以在手绘中加以体现。在设计手绘及各种环境中，纹理趣味的主要来源（在视觉上也是唯一的来源）就是所需材料的集合。纹理趣味总是应该开始于形成空间的表面，最主要的就是地面。这些表面构成了我们对空间的知觉，在任何环境中，也是非常重要和持久的材料选择。

这里所说的这个层次中，纹理趣味是最后一个加入的类别。这是因为，加入纹理趣味非常费时。并且，与色调趣味不同的是，它必须由手来完成，没有任何技术捷径可走。它是最容易改变的趣味类别，因为在设计决策过程中，材料总是最后才被考虑进来，但通常材料的选择都需要满足建筑预算。

在线条的色调手绘中，纹理趣味应该用钢笔来完成，并应该首先应用在划分空间的表面上。这些表面应该被连续描绘，因为间歇的纹理会破坏连续背景表面的知觉。在这些纹理前面的物体不应该被加上纹理，相反，它们应该保持开放的轮廓，这样观者的知觉就可以越过它们，看到后面的纹理表面。

纹理趣味

纹理趣味中涉及的接触使得它成为趣味类别中最紧密的一种类型，触摸某种物体的感觉可以在视觉上被触发，即便在远处也是如此，而且还可以在手绘中加以体现。在设计手绘及各种环境中，纹理趣味的主要来源（在视觉上也是唯一的来源）就是所需材料的集合。纹理趣味总是应该开始于形成空间的表面，最主要的就是地面。这些表面构成了我们对空间的知觉，在任何环境中，也是非常重要和持久的材料选择。

这里所说的这个层次中，纹理趣味是最后一个加入的类别。这是因为，加入纹理趣味非常费时。并且，与色调趣味不同的是，它必须由手来完成，没有任何技术捷径可走。它是最容易改变的趣味类别，因为在设计决策过程中，材料总是最后才被考虑进来，但通常材料的选择都需要满足建筑预算。

在线条的色调手绘中，纹理趣味应该用钢笔来完成，并应该首先应用在划分空间的表面上。这些表面应该被连续描绘，因为间歇的纹理会破坏连续背景表面的知觉。在这些纹理前面的物体不应该被加上纹理，相反，它们应该保持开放的轮廓，这样观者的知觉就可以越过它们，看到后面的纹理表面。

选择正确的技巧

手绘技巧的分类可能是很有趣的事情，它在持续表现环境方面也是必须的。掌握几种不同手绘方法的主要原因是你可以有多种选择，在绘制某种手绘的过程中选择不同的方法。在技巧的选择方面，至少有五个变量可以影响这个过程：问题、方案、可用时间、所需技巧、表现和复制选择。

问题或方案的类型可能意味着需要有最适合的手绘技巧。比如在博物馆或美术馆设计中，如果光线对设计来说是一个重要的标准，那么你必须使用色调技巧，因为它可以表现光线。线条手绘与问题或方案则关系不大。

然而，在设计街道或机场时，不同视角持续加入进来，你可能选择绘制一系列线条，以便更快地展现视觉的多样性和活力。

可用时间一般是最不容易动摇的标准。最后期限或有限的费用经常需要采用最快捷的技巧。在这些情况下，很重要的一点就是要尽量灵活地构想手绘任务，这样，你可以增加或减少手绘的数量或细节，当然这要根据手绘进程来做调整。

理想状态下，我们应该准备B计划、C计划和D计划。这就是说，计划一个手绘或手绘任务的层次，你可以首先完成最重要的手绘方面，接着你可以考虑剩余时间内各个连续阶段内所要做的事情。如果还有多余的时间，你就可以延展手绘，或者多绘制一些，但是首先建立这种灵活度才是关键。

所需技巧在某种程度上也是不容易动摇的。你很少能够针对一个手绘或一组手绘测试一个新的技巧，但是你通常应该坚持己见。即便是这样，如果你对技巧并不了解，也不能很好地应用这些技巧，事情还是有可能出错的。

很明智的做法是对你的手绘能力有一个宽大的态度，但是，当你一定要在有限的时间内完成工作的时候，你一定要对自己的手绘能力有较现实的认识，不要试图完成明知自己不能够完成的任务。在成功地绘图之后，你的能力和信心会得到增强。但是，如果因为对于使用某种技巧过分自信而导致失败，那么你的能力和信心都不能从中受益。

你可能会认为线条的色调手绘可以最生动地表现材料纹理丰富的设计，在这样的手绘中，石头、树木和织物都可以很清楚地被描绘。但是你忘记了一点，绘制这样的手绘需要好几个小时的时间。更重要的是，你从未试图在线条的色调中绘制那样的材料。只可惜，即便是有原因的，失败依然是失败。

手绘被表现或复制的方式会影响技巧的选择。不论手绘是以原作的方式展现，还是仅仅作为多媒体展示的一部分，抑或是被复制成黑白手册，都会影响技巧的选择。例如，手绘要展示在黑白折叠的小册子上，那么在上面加上颜色甚至色调都是毫无意义的。线条或线条的色调手绘可能是最佳选择，因为一般来说，色调手绘复制起来更困难，也更昂贵。

根据复制来选择手绘技巧要求你熟悉复制过程，就像熟悉手绘技巧一样。当今，最灵活的表现技巧是由计算机完成的。一旦经过数字加工，手绘可以通过多种方式“输出”，从印刷品、幻灯片，到录像带。

事实上，在每种技巧下，手绘都是唯一体验时间和技巧的方式。手绘是设计不可或缺的一部分，设计师应该体验所有的技巧。只有通过这样的经历，你才能在采用哪种技巧方面做出明智的选择，以便适应你的时间、主题和手绘能力。

赞美线条和色调手绘

我强烈认为，对设计师来说，尤其是新手，线条和色调是最有用的手绘技巧。我个人提倡使用线条和色调技巧，原因有几个：

线条和色调手绘技巧与其他色调技巧之间最大的区别就在于它具有一种潜力，可以将整个手绘任务分成若干层次，又可以添加级别（之前提及的分级投入与此相似），同时，这种方法还有以下几个优点：

灵活性：线条和色调手绘是色调技巧中最灵活的，因为它们的基本线条框架本身就可以很好地表现空间，使得加入的色调变成了额外的优势。

线条和色调手绘一旦变成了线条手绘，看

起来就如同一个完整的个体，因为色调的完成并没有特别的要求，因此在这一点上这个方法非常灵活。另一方面，在色调或线条色调技巧中，没有完成的手绘总是可以很明显地看出来是不完整的作品。

线条和色调技巧采用独特的分层方法，这就意味着使用者可以在手绘的各个点打断过程或转向其他媒介，这样做可以节省时间，增强手绘效果。例如，你可以将一个明线手绘复制到中色调纸张上，并将阳光照射的表面涂上白色。

可操作性：能够将手绘任务分割成细小的阶段，可以对手绘过程进行更加有效的管理。在过程当中，可用时间会变得更加清晰，我们也就可以随时作出决定，添加阴面或阴影、纹理或颜色。这一点非常重要，因为，即便是有经验的制图者也可能低估手绘耗费的时间，如果可以在过程中通过调整细节来更加有效地管理过程，岂不是一件乐事？

可学习性：在学习手绘和设计过程中使用手绘的时候，最有用的技巧并不要求太多的技术。因为，第一个障碍就是教会新手设计者接受自己的手绘，不论他们在设计什么，都应该看透自己的手绘。

将手绘任务分成至少四个层次，可以使得学生更清楚地看到自己手绘能力的长处和短处。比如，可能只是在加入树木、阴影或人物之后，手绘才看起来不错，这就可以非常清晰地展现出在哪些点上学生需要提高技术。这好比在钢琴学习的初级阶段需要进行手指练习一样，这种次优化的做法可以使学生单独掌握每个步骤，还可以提高手绘的结构知觉。这样，技巧的各个组成部分可以达到一种平衡。

在其他比较整体的色调技巧中，手绘的不足不能够清晰地展现出来，结果就导致学生们对手绘不大满意，却说不清楚问题到底出现在哪里，是在空间、色调、纹理，还是在附加趣味上？

可组合性：当线条和色调手绘与计算机软件的绘图能力相结合之后，上文提到的灵活性就更加明显地体现出来了。明线手绘就是空间和附加趣味的结合体，而且可以扫描进计算机（参见第7章）。这样，色调、颜色和纹理就可以以数字形式添加进手绘，并作为单独的层次加以处理。这样，将简单的线条和色调手绘分割开来，就可以有效预见分层，进而管理最复杂的计算机辅助手绘。

谦逊性：线条和色调手绘的谦逊性是所有优势中最重要的，也是所有设计手绘的目标。它们应该力争成为设计交流中最诚实的中间人——准确、可信、信赖度高，但总是顺从它们所表现的设计。

因为它是混合媒介的技巧，线条最好由钢笔绘制，而色调最好由铅笔来完成。因此，很多时候它会被艺术家们忽视，因为后者更想绘制要求更高的纯媒介技巧：铅笔或碳色调，或钢笔墨水线条和色调。这些技巧是艺术品鉴赏家的工具。

如果你的客户对手绘的质量颇有微词，你就应该清楚是你的手绘技巧影响了设计交流。客户应该透过手绘看到设计真实的一面，进而能够对设计感到满意。当问及手绘的质量时，他可能承认它是个像样的手绘，但回过头会对设计提出质疑。这就说明客户已经接受手绘是对设计环境的准确表现，而不是将手绘看成是用来装裱的杰作。

在所有这些分类技巧中，唯独线条和色调符合标准，可以称得上是最有用的手绘技巧。

第4章　透视图

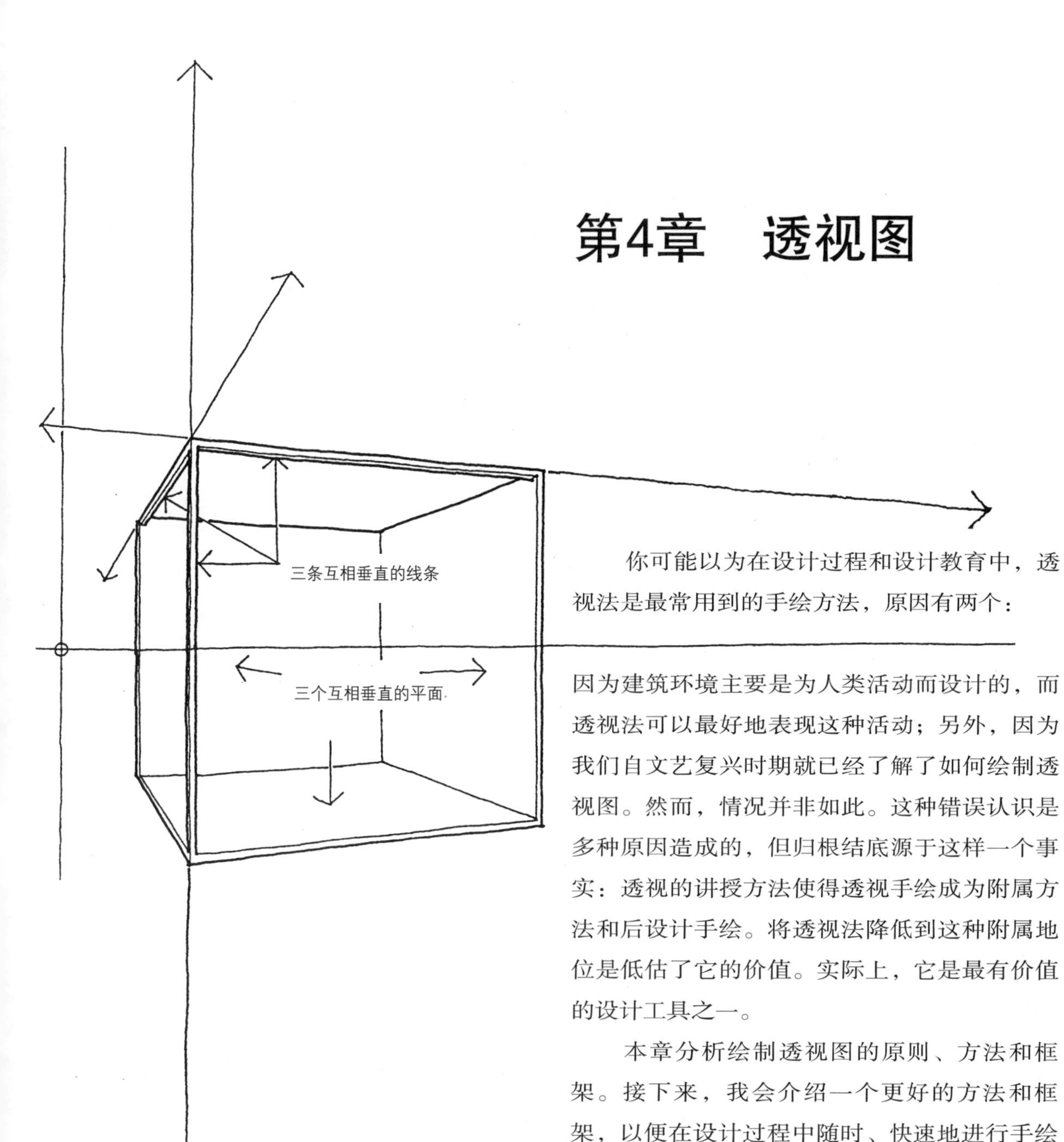

你可能以为在设计过程和设计教育中，透视法是最常用到的手绘方法，原因有两个：

因为建筑环境主要是为人类活动而设计的，而透视法可以最好地表现这种活动；另外，因为我们自文艺复兴时期就已经了解了如何绘制透视图。然而，情况并非如此。这种错误认识是多种原因造成的，但归根结底源于这样一个事实：透视的讲授方法使得透视手绘成为附属方法和后设计手绘。将透视法降低到这种附属地位是低估了它的价值。实际上，它是最有价值的设计工具之一。

本章分析绘制透视图的原则、方法和框架。接下来，我会介绍一个更好的方法和框架，以便在设计过程中随时、快速地进行手绘透视图。我相信这可以使得透视发挥其应有的作用，使其真正成为主要的设计手绘方法。

体验空间的构架及照明

所有手绘透视图的目标都是使平面的二维手绘看起来具有三维手绘的深度。西方文明存在于一个直角的世界里，我们说一个物体或空间具有宽度、高度和深度都说明我们将空间视为是直角的。我们的语言（顶、底、前、后、右、左），身体（头、脚、前、后、右、左），方位（上、下、北、南、东、西），笛卡尔坐标（X、Y、Z），街道网格中使用的尺寸和土地的细分方法，空间和物体的直线性等促使我们将环境及透视图置于直角空间的三轴上，并随时加强我们对此的理解。

一个立方体展开图可以展示直角空间中的这些关系，这个展开图需要有三个相邻并互相垂直的平面和三个相邻并互相垂直的线条。这三条线代表任何直角环境的三个轴。学习透视图的初期，你应该制作这样一个立方体展示图，并在三个平面上绘制线条坐标。我会在下一章节使用同样的立方体分析、解释阴影投射。

色调趣味与空间趣味比起来，前者与透视图之间的关系更加明显。在培训中，色调趣味通常被称为“阴影”或“阴影投射”。传统上，在绘制平面图和立面图的时候会在片段上使用色调趣味。然而，我认为环境照明是透视图的自然延长，在三维层面上可以得到更好的理解。有了更加全面的认识之后，才能够更加容易地在平面图和立面图上产生阴影效果。

原则、方法和框架

在学习透视手绘的过程中，人们经常混淆三类事物：透视原则、方法和框架。

透视原则适用于所有透视手绘的方法和框架。透视方法和框架提供的是基本的选择，决定透视在设计过程中的使用方法。针对设计手绘，我个人提倡传统以外的一种更好的方法和框架。

在传统教学中，透视手绘的方法通常遵循编制步骤，包括确定具体位置，或观者的“视点”，视线从该点出发放射出来，创建一个“显像面”，一个“实际高度线”，还有其他复杂的内容（参看111页），这样做的目的是绝对准确地手绘透视图。这些传统透视方法比较复杂，并且一般需要事先完成平面图和立面图，这样就将透视图的使用局限于设计手绘的过程中。做出这些设计决定之后，透视图的“花招”也就不值一提了。

透视图传统画法的框架（消失点和消失线的组合）对设计手绘来说也是颇有争议的，因为它们不能为一个物体或空间提供最生动、最典型的图像。透视框架的不同来自于观者与空间之间的关系。传统框架中的消失点通常位于画板上，其局限性在于它们提供的图像并不是基于不可及的消失点。

之后我会讲到方法和框架，但在此之前，我们应该首要理解透视原则，这些原则可以应用于所有的方法和框架中。

透视原则

第一个最基本、最容易被人忽略的透视原则是：

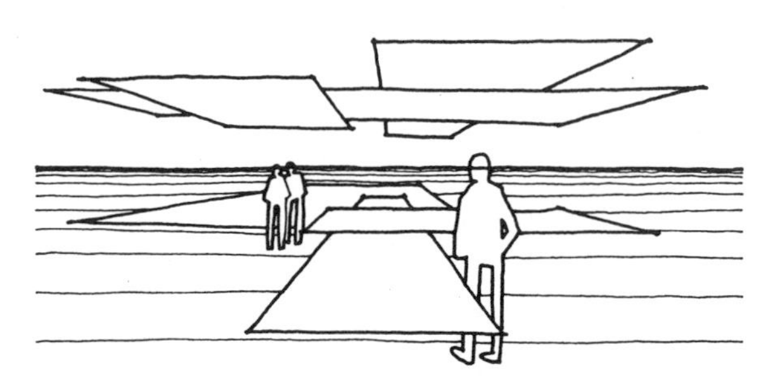

1．若干平行平面汇聚为一条线，我们将这条线称为消失线或VL。

这个原则最典型的例证就是海洋的表面向地平线汇聚，在第一部《星球大战》电影序幕中，这个影像由动画非常漂亮地展现出来。在透视法中，海平面向遥远的地平线延伸，这就是地平消失线，我们也称它为视平线。

另一个平行平面汇聚既而消失于视平线的例证是我们将信放入邮箱口的瞬间。

经Johnny Hart and Field公司许可

若干平行的垂直平面也可以汇聚成一条垂直线，我们称这条线为垂直消失线或VVL。

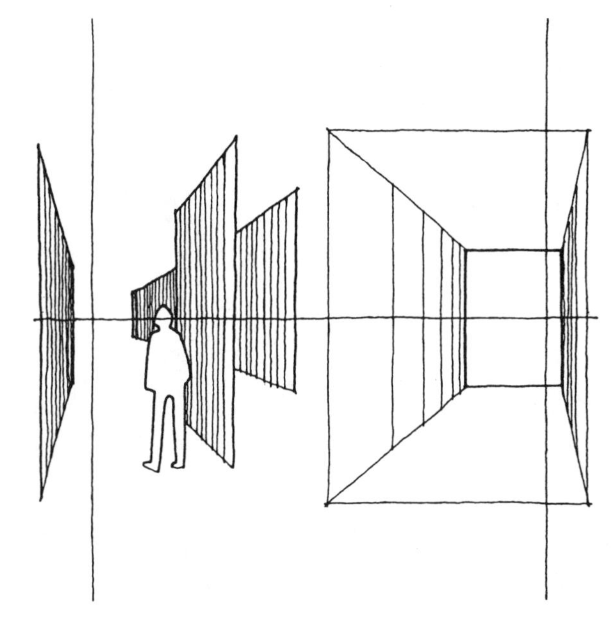

垂直平面汇聚成垂直线的例证比较少见。我们可以想像非常长的木板栅栏，或者地下隧道的侧墙。

第二个更熟悉的透视原则：

2. 若干平行线汇聚成消失线上的一点，组成平面，我们称之为消失点或VP。

这条原则很少提及最后一句话，即“在消失线上组成平面”。

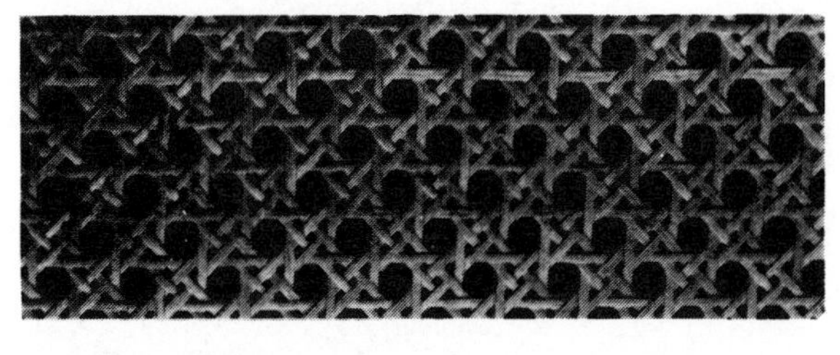

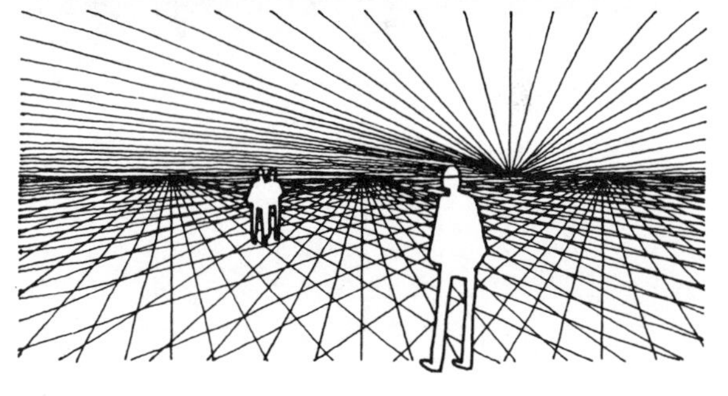

这种认识是至关重要的，因为每个平面都应被视为包括无限数量的平行线，就像上图中显示的藤椅底部一样，并且每个面都向自己消失线上的消失点汇聚，组成平面。

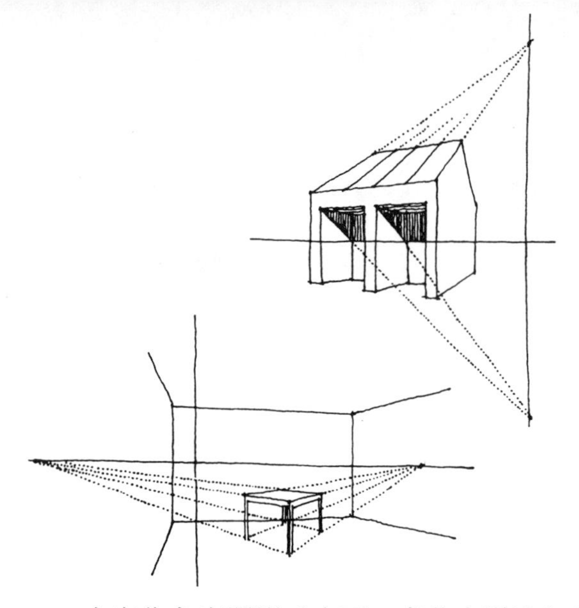

在定位角度阴影（在下一章节中详述）的消失点时，在定位家具的有角度摆放时，在定位斜坡立边咬合式屋面的接合处时，这种认识都是非常必要的。

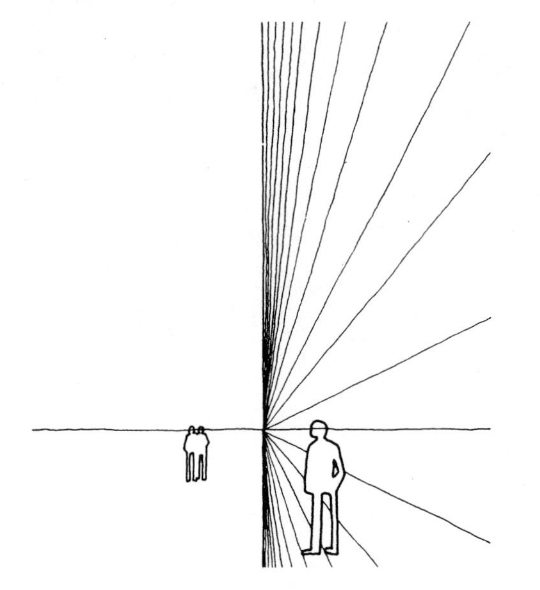

与透视的第一个原则一样，第二个原则也应用于垂直平面的平行线上，如一面砌石墙上的水平接缝。

透视方法

在传统透视手绘中有一种错误认识，那就是混淆方法和框架。

可惜的是，透视方法通常都是在框架中加以体现的（一点、两点或三点）。但是透视图的框架（在117~120页加以说明）仅仅就是手绘中的消失线和消失点的组合。

框架与方法关系不大，也就是为完成某个目标的步骤、过程或技巧而已。这种错误认识模糊了透视手绘中最根本的方法选择，界于以传统的平面图为主的方法和我所提倡的直接方法之间。传统方法要求空间具有可测性，使得透视图依赖于其他手绘，设计人员也就不能直接、独立地进行透视手绘，后者基于相对按比例的可测性。

限制探讨基于框架的透视方法会发生错误认识，认为以平面图为主的方法是比较好的，它确实是唯一的手绘透视图的方法。这种持续的错误认识和偏见极大地破坏了环境设计人员的透视手绘培训。

原有的投射透视方法的优越性在于这些方法在视觉及空间上具有较高的精确性。手绘教师对这些方法的态度也巩固了它们的优势。在专业设计教育第一年或相似的社区大学或高中课程中，透视通常都出现在“技术”手绘课程中。这些课程通常由“技术”手绘教师授课，大多主要涉及传统的手绘步骤。这种课程培养的是合格的技术手绘人员，它们能够精确地制作建筑或设计完成的环境，但是这些课程中讲授的透视方法对于环境设计来说并不足够，也不适合。

人们非常关注视觉和空间的精确，我们一直以来并不重视透视的教学，这些都影响了透视法在设计过程中的重要程度。环境设计学生学习了传统的投射步骤后，便很容易将透视与手绘投射和技术精确性结合起来，因为学生们很少学习透视框架的基本原则和结构，也很少接触绘制精确透视图的直接方法。学生们只有两个选择：它们模仿或者“仿制”透视（这样就导致手绘不精确甚至失真），或者学生们等到完成计划或部分手绘之后才开始使用传统方法策划透视图（作为事后表现图集）。透视的传统教学方法使得环境设计的学生（或者毕业生）通常在这两个极端之间并没有什么选择。情况可以完全不同：有一种方法可以直接创作手绘透视，也可以做到与设计手绘一样，结构上正确，并且相对可测可用。

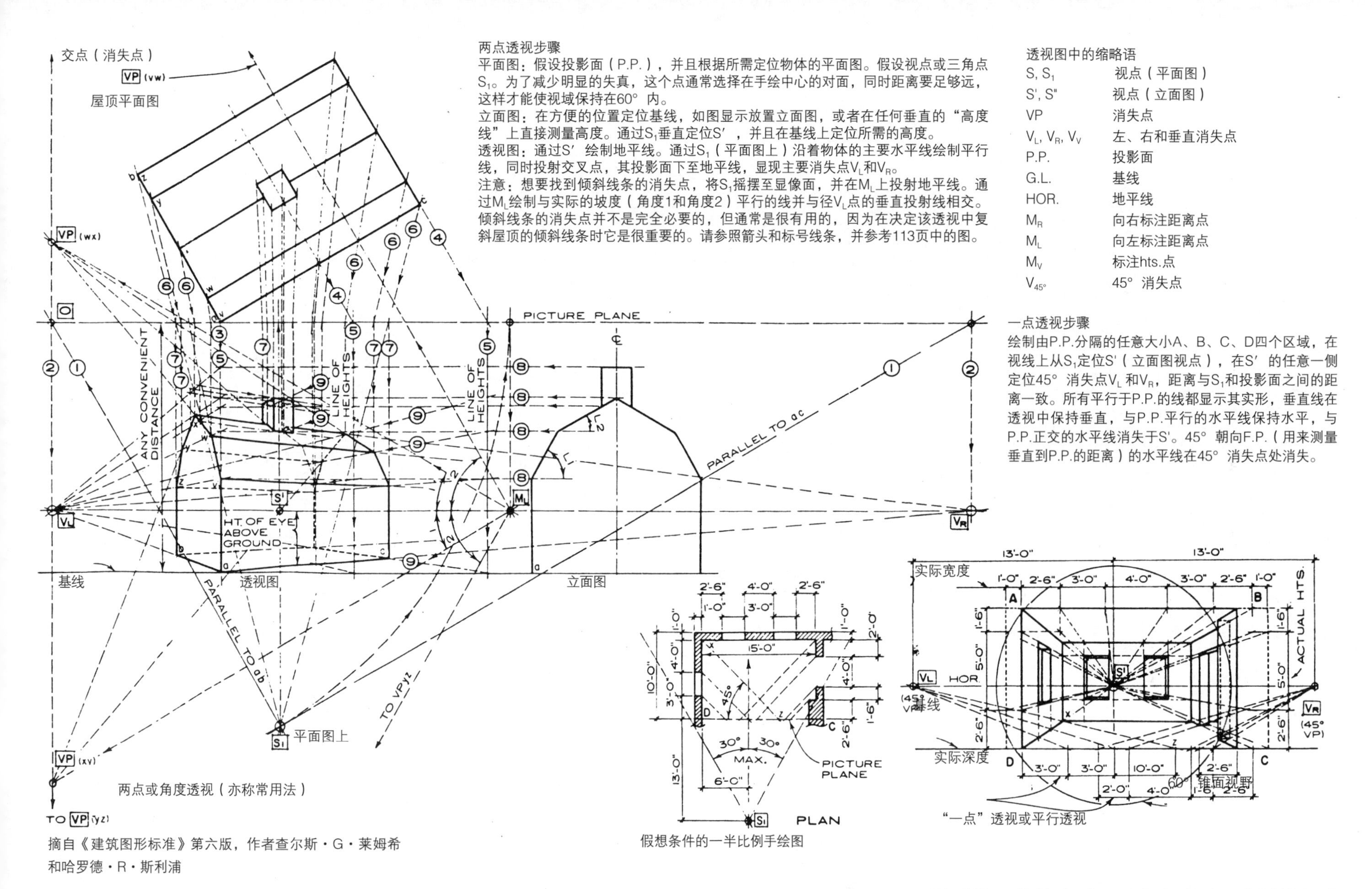

两点或角度透视（亦称常用法）

假想条件的一半比例手绘图

“一点”透视或平行透视

摘自《建筑图形标准》第六版，作者查尔斯·G·莱姆希和哈罗德·R·斯利浦

投射透视方法

基于投射空间可测度

这里用来说明投射透视的例子是最常见的“一点”和“两点”透视方法。我在这里不详细解释这些方法，因为它们太常见了，在许多手绘专著中都有所涉及，当然只是略有不同而已，但实际上都已将步骤绘制出来了，如同上文对手绘过程加以描述的一样。

这些投射透视方法在绘制高精确度透视图时曾经非常重要，现在出现了一些计算机步骤，也应用同样种类的正投射透视手绘方式。输入空间数据之后，计算机“建立”环境模式（数据输入需要大量的时间投入，但通常是值得的，因为这些数据总归是要输入的，在生成

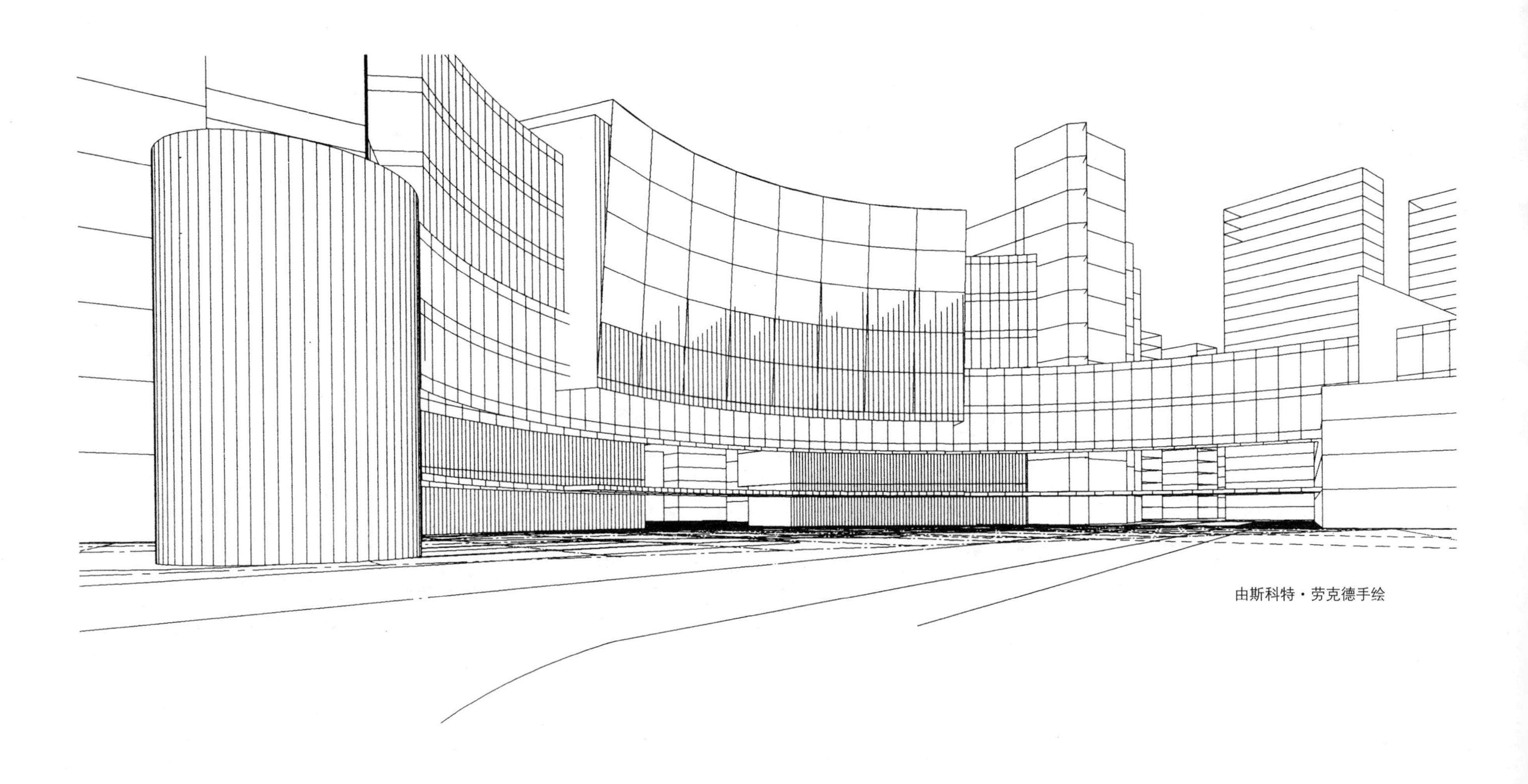

由斯科特·劳克德手绘

建筑文件的时候需要这些数据）。计算机可以从任何一点绘制无限数量的透视图。甚至还有一些步骤可以让设计者在环境中漫游，或者让设计者与环境互动，在设计好的环境中自由行走，选择自己的路径或方向。

我反对传统的投影方法，同时也反对较新的计算机设计方法，因为它们作为构想设计手绘方法来说，都过于复杂，耗时过多，而且局限于构想和操作初期设计。由于这些方法既耗时又耗力，人们一般只有在所有主要设计决策已经做出的情况下才使用这些方法，这就使得它们的角色大大不同了。作为设计手绘方法，它们不再是活生生、随时可能用来改善设计的；它们是一成不变的说教，在所有主要设计决策早已做出的情况下才得以采用。

要想使透视手绘在实际环境设计中发挥任何作用的话，那么透视图必须独立，不应在步骤上排到平面图、剖面图、立面图或计算机模型之后，不应仅仅作为手绘的第三步或第四步出现。

更好的方法：
直接透视

基于相对比例可测度

下面所说的透视手绘的直接方法主要是使用对角线，按比例细分并延长矩形空间。利用二维几何可以更好地理解这种方法的原则。

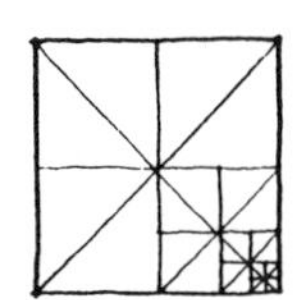 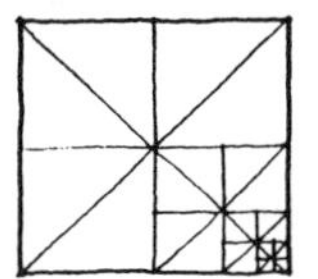 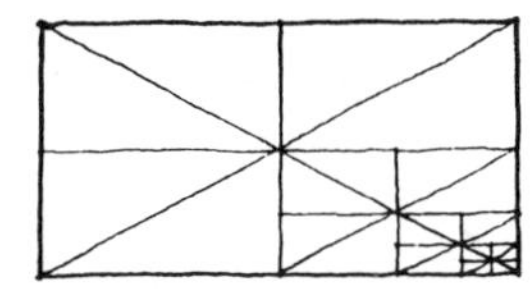

按比例细分

任何矩形的对角线都将矩形细分成四份，既而再分成四份，再四份，无限地分下去——可以限制这种趋势的只有手绘工具的细微程度和视线。

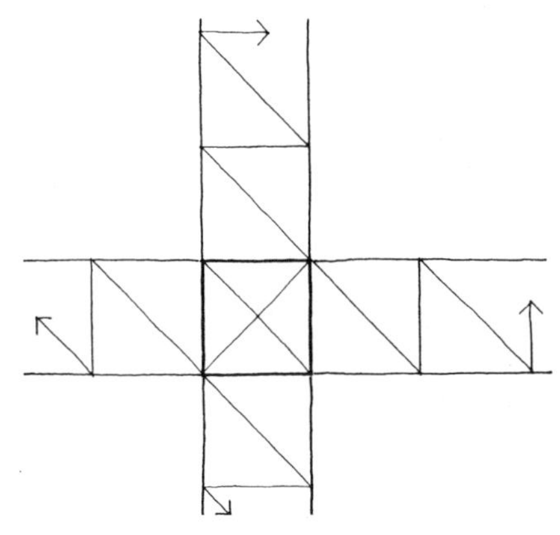

按比例延长

沿着初始矩形的任意一对边界线，连续对角线可以形成连续相同的矩形。

初始空间单元

对角线将矩形空间的细分和延长，可以直接应用于任何透视框架。右侧的三个传统框架展示了空间延伸，我将在后面的几页彩页中利用传统的两线/两点框架对空间的延伸加以说明。

首先，我们必须学习绘制一个初始空间单元，这个过程需要一定的练习。不论是从绘制还是从延伸的角度来讲，立方体都是最简单的空间单元，可即便是这么简单的空间单元，在透视图中也不是很容易绘制的。

杰伊·多布林（《透视图：设计师的新系统》，1956年）首先提出在隔阂总透视视角下绘制效果较好的立方体是绘制透视图的基本点。想要有能力绘制精确的立方体，必须能够在三个互相垂直的投影平面上绘制正方形，了解正方形消失于哪条消失线，如何为正方形的对角线设立消失点等等。

绘制这样的正方形，指明正方形在哪条消失线上会消失，并为正方形的对角线设定消失点，这些能力可以使我们延伸三维空间，并确保其结构精确。

这里需要注意，如左面的二维例图所示，透视中任何正方形都可以在其两轴方向上沿任意一条对角线延展。任何平面上连续平行的对角线上的消失点都位于延长的对角线上，直至其与平面上的消失线相交（参看右上图）。这个步骤应用透视的第二个一般原则：所有平行线条都在其所在平面上消失线的消失点上汇聚。

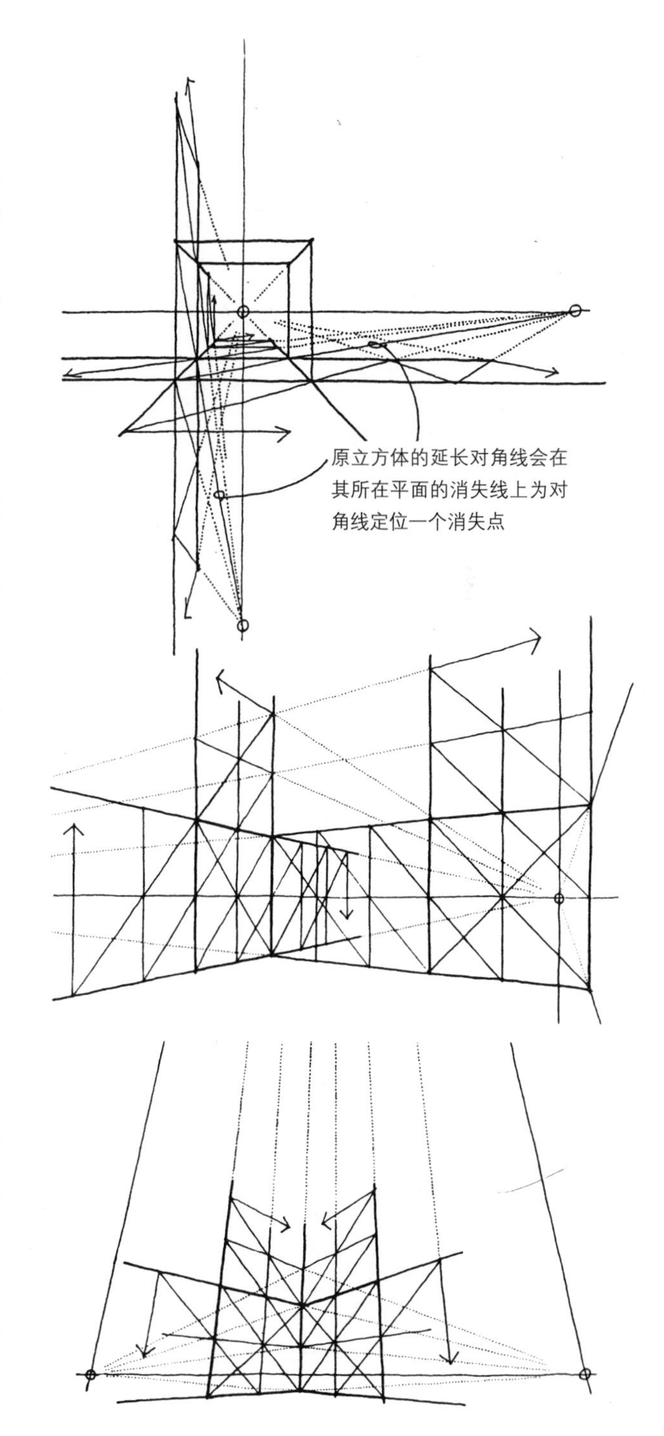

任何正方形的任一组边线在透视中都可以延长，可以朝向一个消失点，也可以远离一个消失点。原正方形连续的复制品可以在任何一个方向划分出来，只需要从消失点处延长连续的对角线。这种对角线延长原则适用于任何正方形，可以在三组互相垂直的平面中的任意一组上面进行，也可以在任意一个透视框架下进行（例如：在两线/一点透视的横向垂直平面上，其鲜明的二维特点使得对角线可以用45°三角形来进行草图绘制）。这种延长具有一定局限性，将空间延伸出多于一至两个正方形到前景的位置，通常会出现令人难以接受的图形变形。

捷径

我们在消失线所在平面上为对角线定位消失点，需要了解这样做的原则。因为当你开始投影操作的时候，你需要从相似的消失点开始描绘阴影。这里有一个捷径，当距对角线消失点很远、难以达到的时候，这个捷径可以缩短对角线延长的步骤。

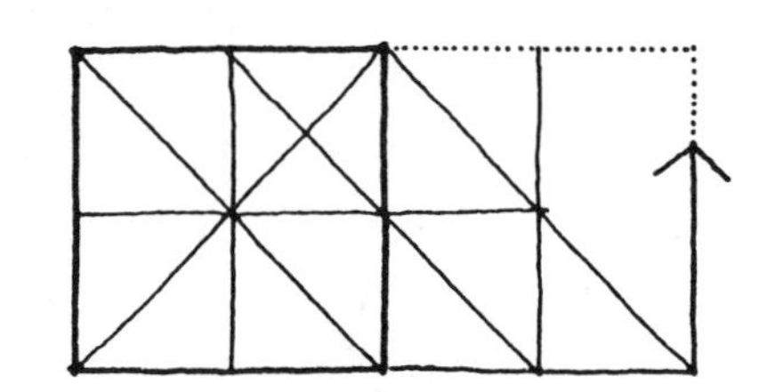

这个原则在二维几何中得到了很好的诠释，被称作平分线对角线。上图的手绘展现了一个原始空间单元如何使用这种捷径加以延伸。如果该手绘是精确的，结果应该与从消失点投射到对角线一致。

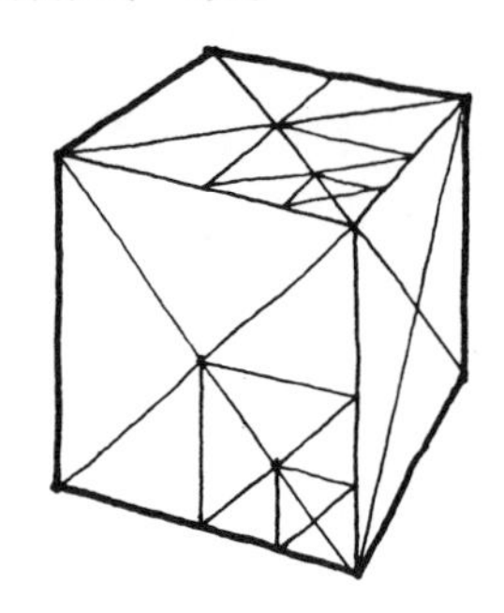

将正方形借助对角线细分成四等份，依次细分，这种方法比延长更简单，因为不需要任何消失点。手绘对角线很简单，只要连接透视图中任意正方形的对角即可。

一旦掌握了在透视图中绘制合格正方形的能力之后就可知手绘立方体与手绘正方形相似。

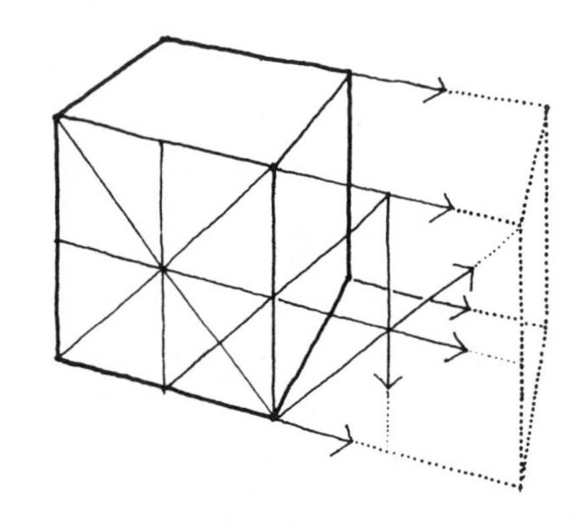

我们很容易看出，通过延展原始立方体的任意一个平面，该立方体整体都会被延展，形成了另外一个相同的立方体。

我们现在可以通过所有的步骤在直接透视图中手绘、延伸并细分矩形空间，并不需要依靠平面图或剖面图。我们不再需要屈就于平面规划，而可以直接手绘立体的三维空间，也可以采用只有人类才具备的知觉能力。

在直接透视方法中，唯一变化无常的步骤就是预测原始正方形的深度和定位多个消失点以及在正方形组合成立方体的过程中预测90°平面角。但是，这些判断不需要辩护和辩解，它们在直接透视方法中是最有价值的步骤。这些判断能够确保制图者的知觉（而不是规则或步骤）和透视图的精确度，在手绘透视图的过程中，制图者的知觉能力可以得到提高。

在直接透视方法中，需要猜想、预测或判断原始深度单元，有一些学生，尤其是已经接触过平面图透视方法的维度确定性的学生，认为这样做使他们感觉很不舒服，难以接受。我试图劝说这些学生，他们应该对自己的知觉更有信心——在建筑-监督阶段，他们不能指望手持水平尺或铅锤就可以完成工作，他们需要信任自己的眼睛，眼睛可以告诉他们什么是直的、水平的、垂直的。另外，如果他们希望赢得客户的信任，让客户愿意花费上百万美元为环境添加建筑，他们就应该学会相信自己的判断，判断在透视图中一个正方形应该是什么样子的。

相对可测性

我们需要注意，刚刚解释的空间的细分和延伸是不分维度的，只是针对原始空间单元成比例地变化。直接透视可测量化通常是这个过程的第一步，但是我特别在这里将它分离出来，这样，我们就可以对这种方法的组成部分进行单独考量了。

任何有意义的测量都是有关人物测量的。莱昂纳多指出“人类就是尺度”，的确如此。在环境设计中的关键尺度就是人的尺度，不是公制尺度，也不是其他维度尺度。

有一些专门讲解投影透视方法的图书，通过查阅这些图书，你会得到一些很有趣的发现，这些书使用的透视例图中很少包含人物。这可能是因为这些书将侧重点放在维度的精确性上，而不是放在人类尺度上。

我们在空间中进行定位，并参照我们自己的身体给出方向，我们的身体就是测量空间最自然、最直接的方法。使透视具有测量性最好的方式就是在人眼的视平线上将它们手绘出来。直接垂直的可测量性在视平线的透视空间中随处可见，只需要在任何需要测量的地方记下数字就可以了。你也可以设想人眼的高度为5′ 6″ (1.68m),1.5m, 5′ (1.52m), 或者（坐高）大约4′ (1.22m)。我更多使用5′ (1.52m)，虽然这个数字实际上低于我个人的视平线，但我还是经常使用它，因为使用5′ (1.52m)的尺寸更加方便一些。

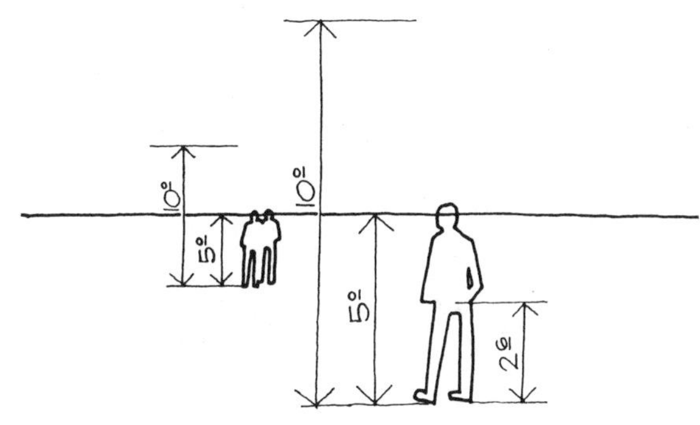

5′ (1.52m)的2倍是10′ (3.04m)，正好与我们的10进位数学一致。5′ (1.52m)的一半是2′ 6″ (0.76m), 或者30″ (0.76m)，也是家具比较合适的尺寸：30″ (0.76m)是书桌和餐桌的高度；一个30″ (0.76m)立方体可以放下一个吧台椅或打牌用的小桌；两个30″ (0.76m)立方体是一个标准书桌或双人沙发的尺寸；30″ (0.76m)的一半是一个休闲椅或咖啡桌的高度。

假定使用5′ (1.52m)表示视平线到脚底的距离，你可以直接复制或细分这个距离，达到任何需要的维度。

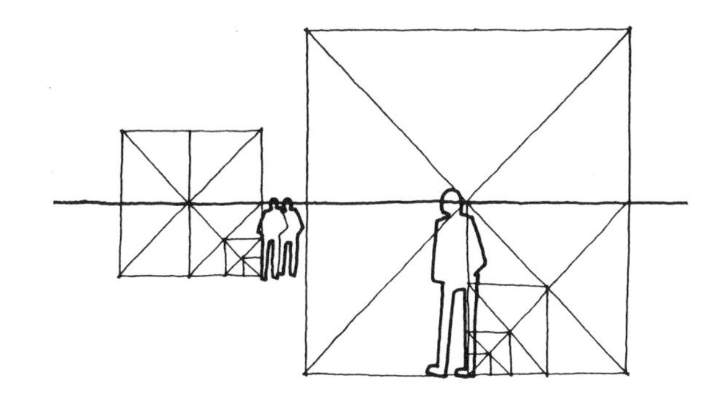

横向的直接水平可测度在透视图中同样可行，只需使用一个45° 角（在两线/一点透视图中）或绘制一个5′ (1.52m)正方形，之后朝向较远消失线（在三线/两点透视图中）后退，并用其对角线将该正方形延展或细分。

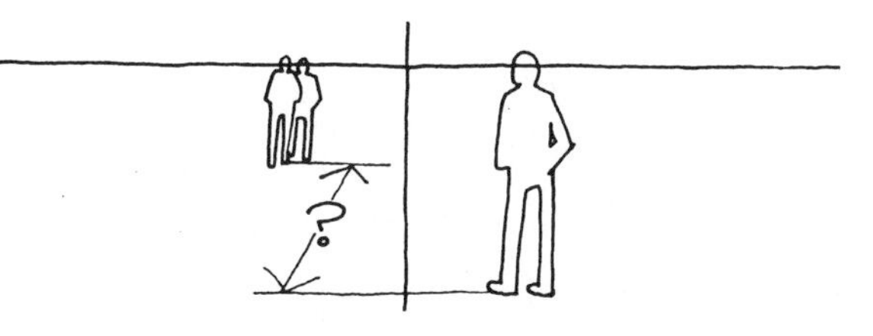

汇聚方向（朝向唯一的或较近的消失点）上的平行尺寸更难把握，各种投影透视方法是很复杂的，我们试图在这些深度尺寸中获得一

种确定性，但其间出现了很多难以处理的情况。

这里提倡的直接透视方法当然需要你真正愿意来预测—猜想—判断一个原始深度尺寸。

所有的技巧都值得学习，这种技巧也不例外，它需要大量的练习方可令使用者树立起自信，但是一旦掌握了这种技巧，就可以自由、直接地手绘透视了。

如果原始深度判断在垂直平面上进行，并且距离较近的消失线比较远，那么就更能够保证其正确性。你可以预测在这样一个汇聚平面上，5′ (1.52m)正方形看起来应该是什么样子。

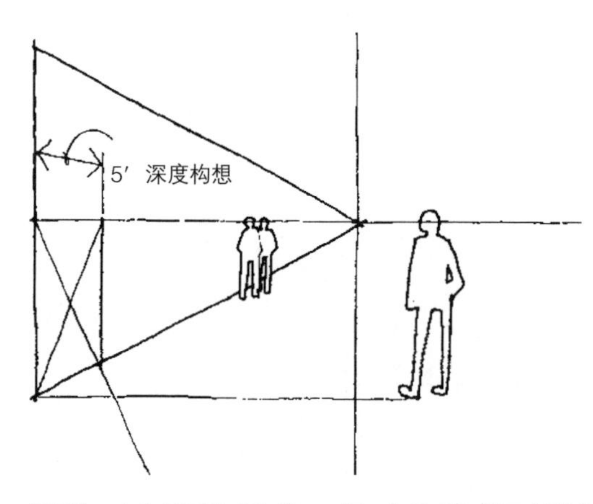

原始正方形的任意一条对角线都可以被延长，用来发现垂直消失线上平行于对角线的消失点。之前我们提到过按照对角线将空间延伸的步骤，实际上这个过程就是在遵循那个步骤。唯一的不同在于，现在我们已经设想了原始单元和它延伸的相对大小。

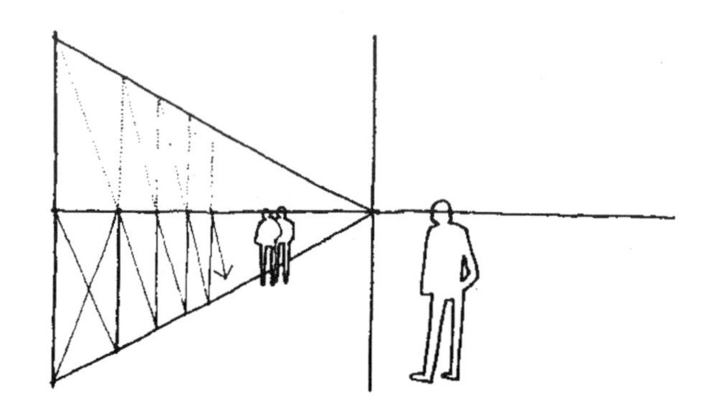

之前我们提到过使用平分线对角线的捷径，如果垂直对角线的消失点距离较远，并难以企及，那么我们也可以使用这个捷径。

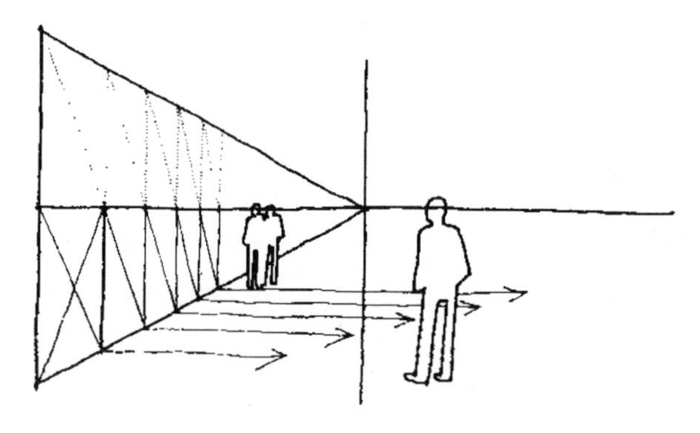

这样确定的深度尺寸可以在地板上加以投射，进而投射到任何需要它们的地方。在两线/一点透视中，或从两线/两点透视中较远的消失点开始，这种水平投射是绝对水平的。

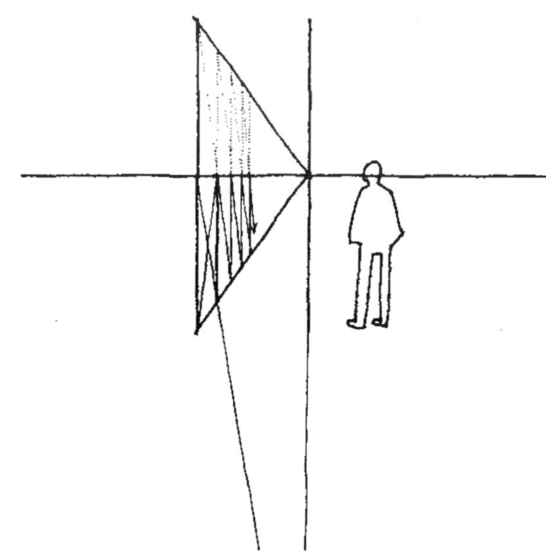

在小型透视草图中，深度判断可以在距离消失线较近的垂直平面上进行，这样并没有图像走形的危险。

此外，还可以在平行的平面上进行，这时，对角线的消失点就处在了视平线消失线上。

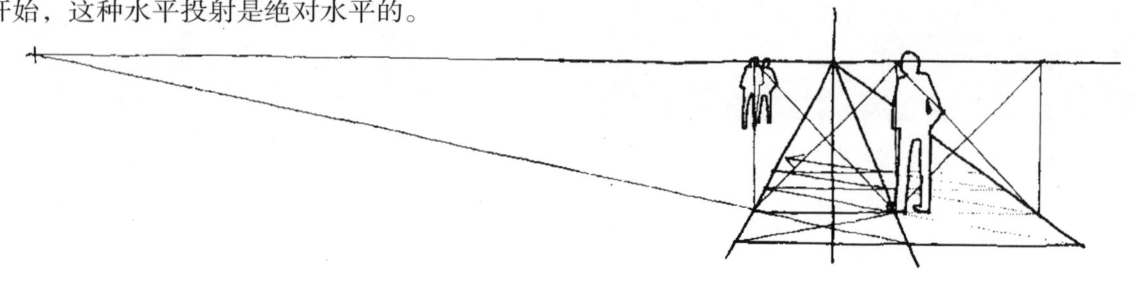

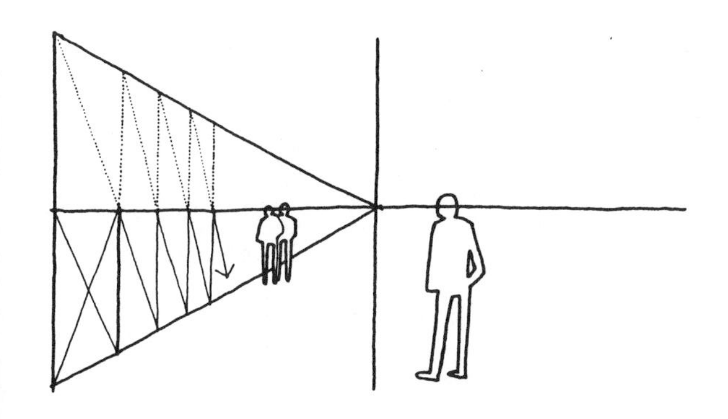

但是，对于更深、更宽的透视来说，原始深度判断和延长应该在平面上完成，当然应该距离最近消失线越远越好。

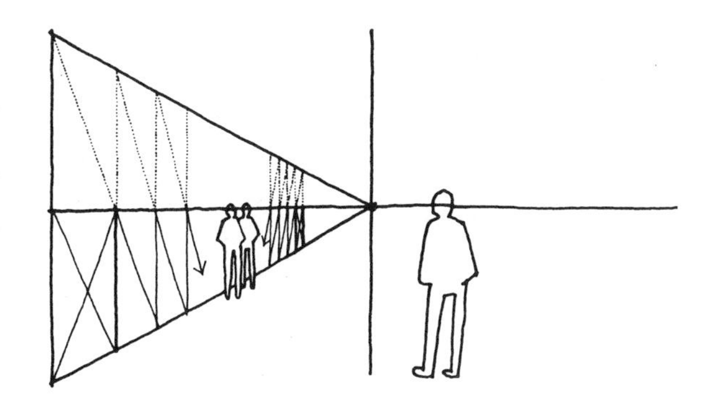

原始深度判断应该尽量向远前方进行，延长对角线朝向最近的消失线，而不是使原始深度判断在空间上保持深度，且只向前延长对角线。将对角线在原始深度判断前延长10'(3.05m)到15'(4.57m)，通常这样做就会造成图像走形。

透视框架

所有透视框架都需要排列消失线和消失点。矩形环境中的所有三个互相垂直的平面都有对应的消失线。

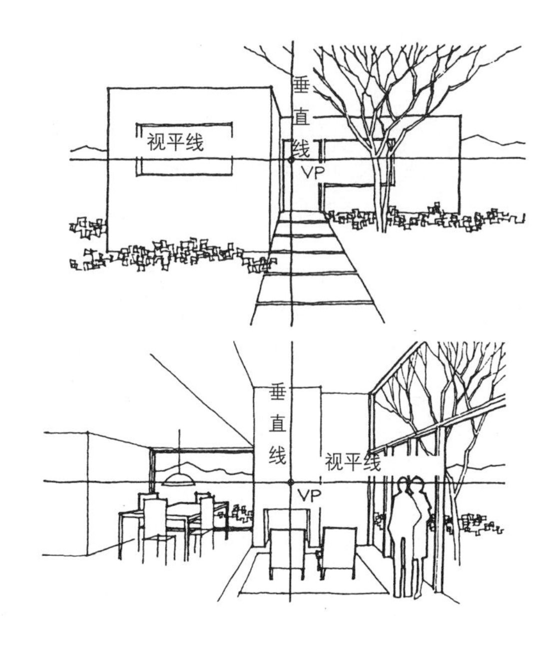

两线/两点透视

对后墙来说，图像是垂直的；

观者的头部保持竖直；

横向平面并不汇聚。

优点：

手绘起来更加容易；

可以应用在室内设计上。

缺点：

针对空间的静态、一致的图像；

对室外设计来说，缺少生机。

不同透视框架的变化都基于观者和环境之间不同的关系。作为环境体验的表现，这些变化都有优点和缺点。

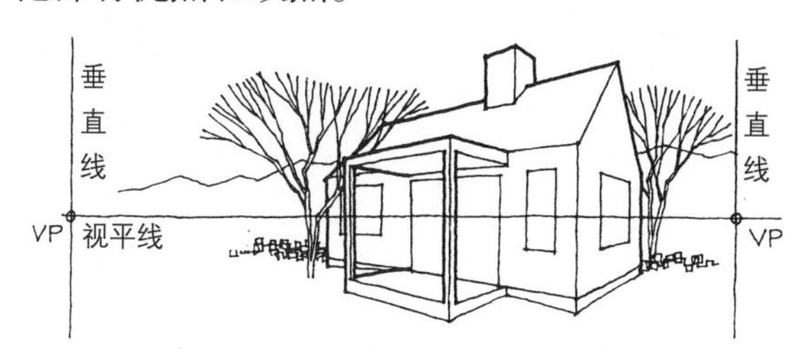

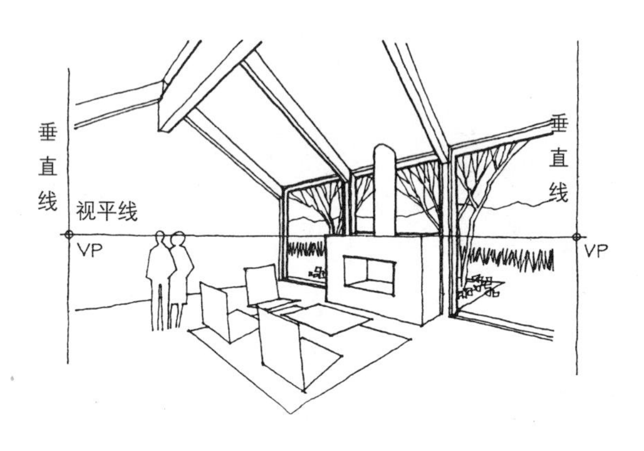

三线/两点透视

观者可以自由转向任何角度；

观者的头部保持竖直。

优点：

可以在不同的角度观察空间；

与人类生理学保持一致；

非常适合室外设计。

缺点：

手绘起来更具难度；

传统的室内设计力图到达两个消失点，因此展现不出空间的完整水平区域。

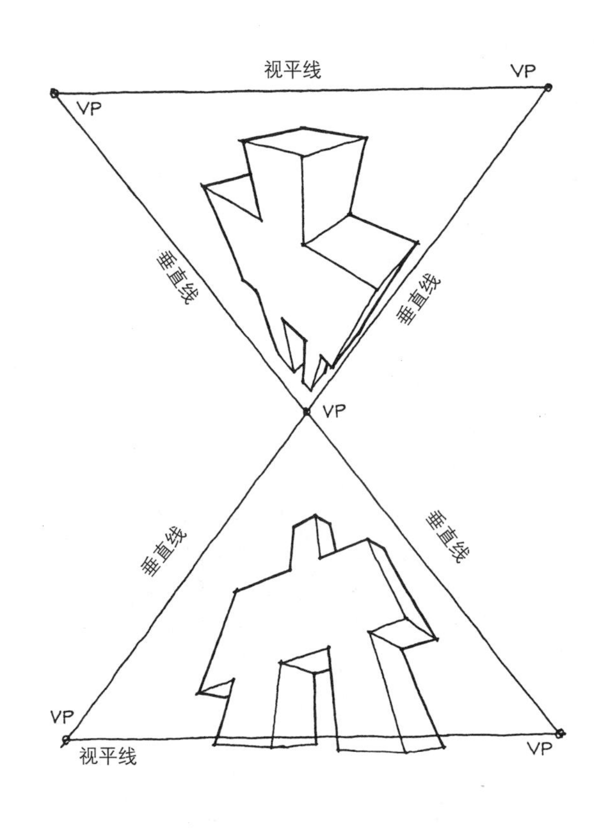

三线/三点透视

观者可以自由转向任何角度；

观者的头部保持竖直。

优点：

可以正确展示翻转观者头部的戏剧性效果。

缺点：

手绘起来难度最大；

作为人类体验的展示，比较具有误导性；

对于室内设计来说，其用处相对不大。

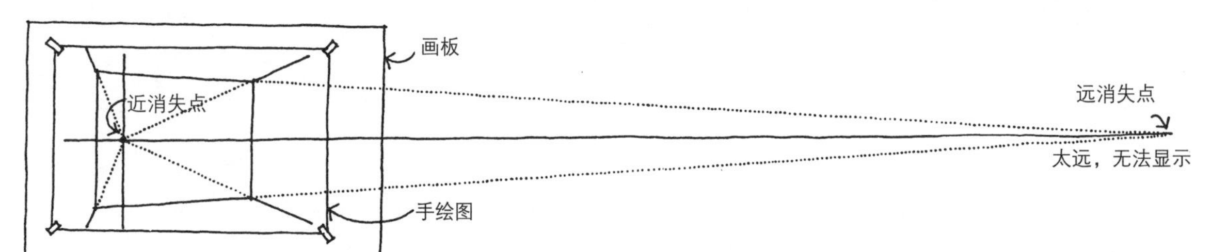

更好的框架：

两线/两点透视

基于对空间更加有效和典型的视角

我强烈认为设计手绘中的透视框架在描述空间方面比传统的透视法更加典型、有效。这种框架填补了传统一点和两点式平面图投影方法之间的空白，只能在定位了消失点的画板上提供空间视角。

这个框架被称为两线/两点，因为横向水平线汇聚于第二个“远”消失点，虽然在物理上达不到那一点，这个框架并不认为远消失线就是横向垂直平面上几组平行线条上消失点的位置，因为那些消失点可能根本无法定位或达到。

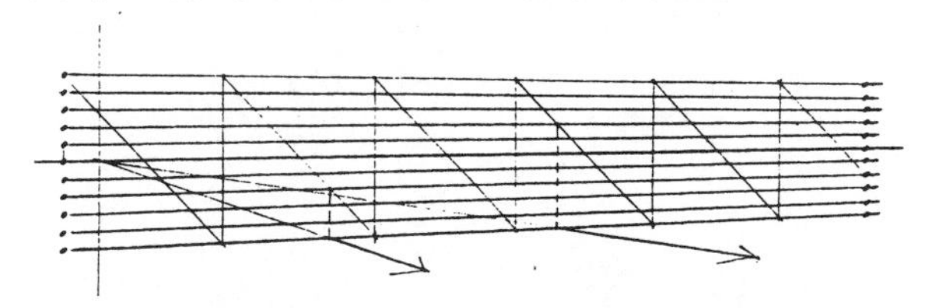

直接透视用来加强手绘信心，但是它们可以形成草图。我们可以将一条带有刻度的垂直线条放置在一个尺寸范围内，比如将1/4″(6mm)放置在较宽的部分，或将比较细小的带有刻度的线条，比如3/16″(5mm)放置在较窄的一头，这样就形成了倾斜宽度平面。你甚至还可以通过那些刻度标志草绘一个水平线条的垂直网格，然后用对角线将其切割，这样就将垂直尺寸转移到了横向平行尺寸上。

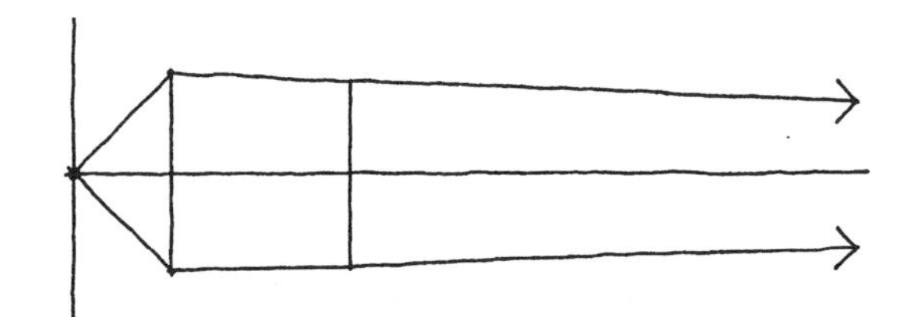

室外透视的原始两线/两点框架包括一条视平线和一个高度为10′(3.05m)的横向垂直平面，该平面些微地与以下点或线汇聚：一个不可及的远消失点、一个近消失点、建筑较宽部分以外的消失线和横向平面较宽部分边长约为10′(3.05m)的正方形。

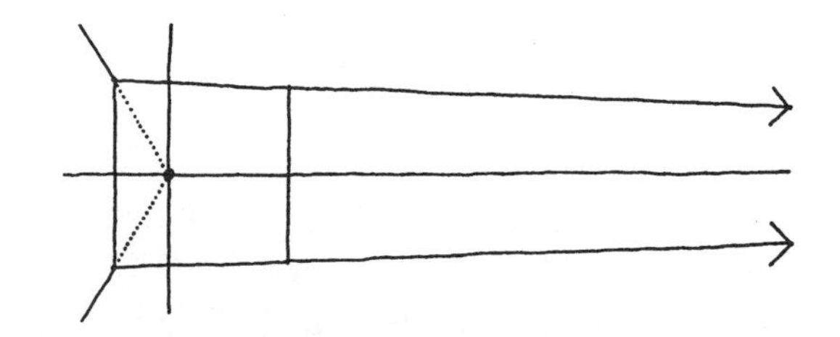

对于室内透视来说，这个框架也同样简单易行：一个视平线、一个高度为10′(3.05m)的横向垂直平面，该平面些微地与以下点或线汇聚：一个不可及的远消失点、横向平面较宽部分的消失线、横向平面较宽部分边长约为10′(3.05m)的正方形、一个近消失点以及从这个消

失点出发、延长出去的线条，这些线条代表着地板和天花板的交集，还有手绘空间的边墙。

这些框架可以在大约10秒钟内完成——比起设计平面规划或打开计算机来说，这些框架操作起来相当省时。在这种框架下，只需要额外多花几秒钟，我们就可以手绘出建筑的草图。而且，当前你就是在三维维度下直接进行设计，所处环境也是所要设计的真实世界。这些简单的手绘框架如果与使用对角线细分和延展空间的方法相结合，那么，只需几秒钟的考虑时间，你就可以手绘出自己的空间构想。

在两线/两点透视框架中应用直接透视方法

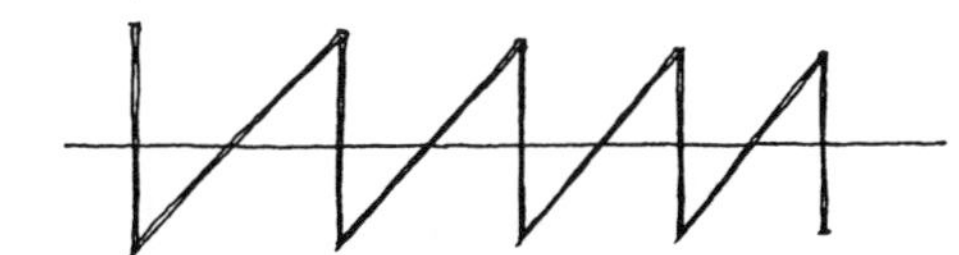

借助对角线延展空间的能力，你能够创造两个非常有用的测量工具——如同折叠门一样，可以将宠物限制在某些房间内，或者防止初学走路的孩子掉下楼梯——你也可以将它们放在任何透视中，作为测量空间的方法。

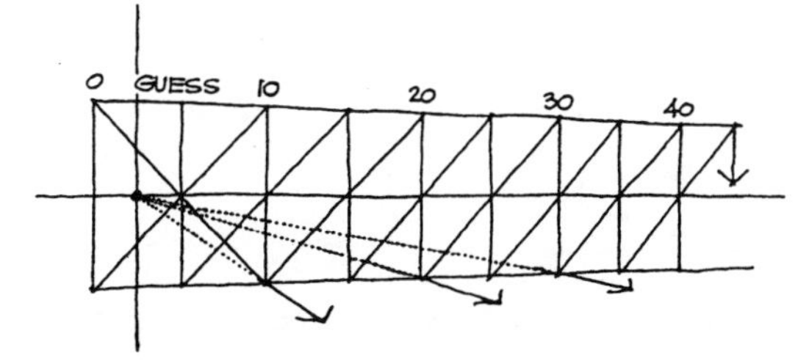

你应该横向在你的透视图中设定这种“测量门”——从一边到另一边——作为透视框架中主要的横向垂直平面，就像你所手绘的室内空间中的后墙一样。这个平面叫做宽度平面。你可以在这个平面上进行测量，并去掉大小为5′ (1.52m)的增量，然后将尺寸从较近消失点处转移到空间中你所需要的地方。

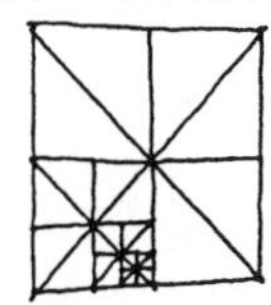

二等分对角线的方法已经在宽度平面和深度平面上将10′ (3.05m)正方形进行了细分。继续使用对角线细分的话，图形大小可以精确到30″ (0.76m)、15″ (0.38m)甚至7 $^1/_2$″ (0.19m)和3 $^3/_4$″ (0.10m)——当然这足够完成比较粗略的构想草图了。

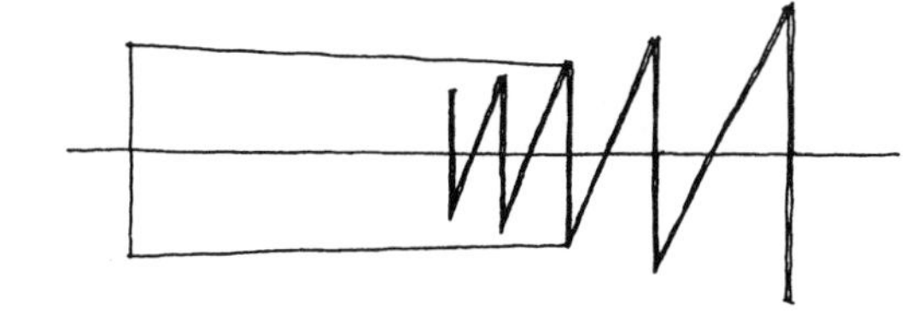

将另一个折叠测量门放置在最佳角度，这样它就可以朝向较近消失点汇聚，还可以在比较合适的地点保持与消失点之间的距离尽量远，比如，沿着房间最远的墙，或在手绘建筑的尽头。这第二个折叠测量门叫做深度平面。

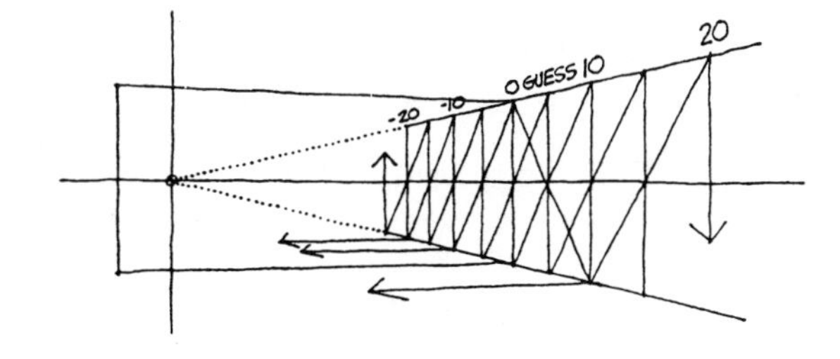

在深度平面上猜想出一个10′ (3.05m)大小的原始正方形之后，你可以使用对角线进行测量，并去掉大小为5′ (1.52m)的深度增量，然后回到原位，也可以在深度平面上朝前走，最后将这些增量转移到你需要的地方。

传统的一点透视框架的局限面

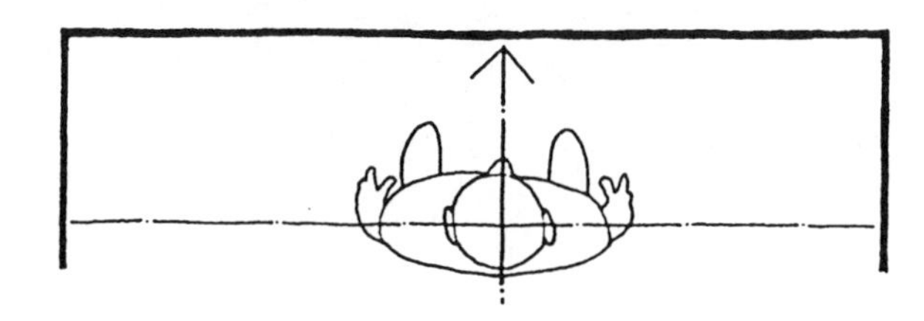

传统的一点透视法采用与空间一致的视角。“巧合”是指在观者观看物体或空间的所有角度中，站在空间的中心，而你的视角恰好与端墙垂直。这样的情况是非常难得的巧合，而这正是传统的一点透视框架所设想的。

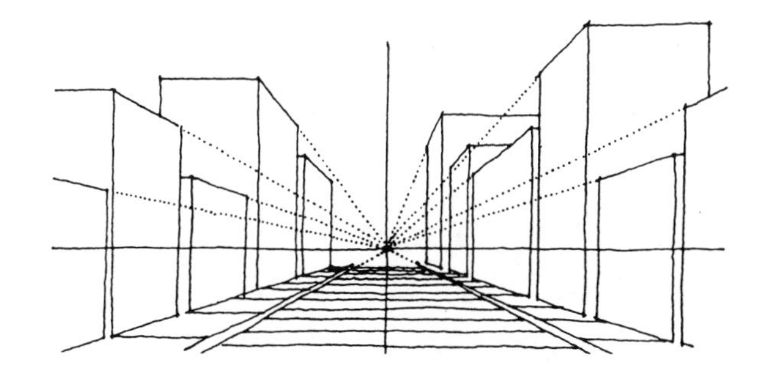

一点透视法确实可以展现空间中一个平行维度的范围，但结果是对于最生动的空间往往也只能产生毫无生趣、静态对称的视角。

两线/两点透视框架可以提供从城市人行道处产生的一个典型视角，使用任何一种传统框架都不可能手绘出来。直接从建筑正面朝下看去，沿着人行道，穿过街道，一直看到道路另一面的建筑上去，它立刻就成了生动的透视角度和城市环境体验最典型的视角。

如果应用传统的一点透视法来手绘街景，则需要在街道中间加入站立的元素。这个视角我们很少看到，在静态对称性上也是致命的（参见119页）。

传统两点透视框架更糟糕，因为在这个框架下，根本不可能看到街道的两旁，也不可能了解我们所站的街道或广场有多宽。

这种室内透视想要展示出室内透视在两线/两点框架下也可以很生动。它展现了空间的完全宽度，可以很快地传达出空间的特质，而不需要借助平面图、剖面图或任何种类的投影。

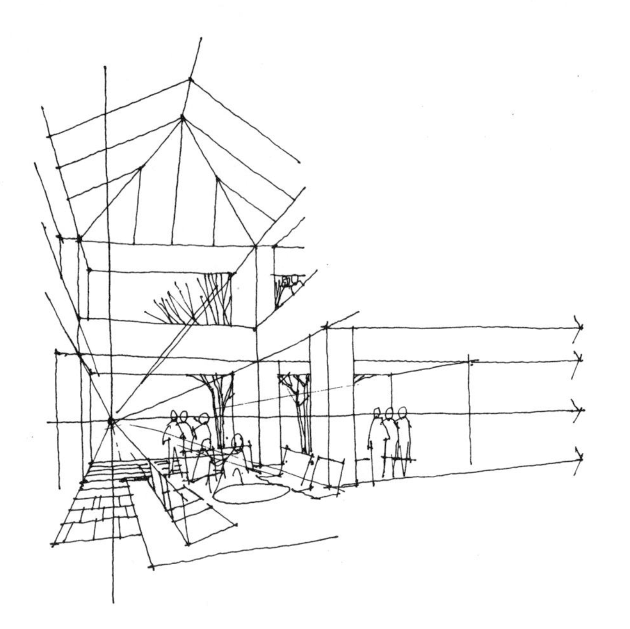

传统两点透视框架的局限面

传统两点室内透视和城市街道或空间的透视都一样毫无生气，因为它们不能展现空间任意平行维度的范围，通常看起来如同观者受到了限制，只能站在转角里。

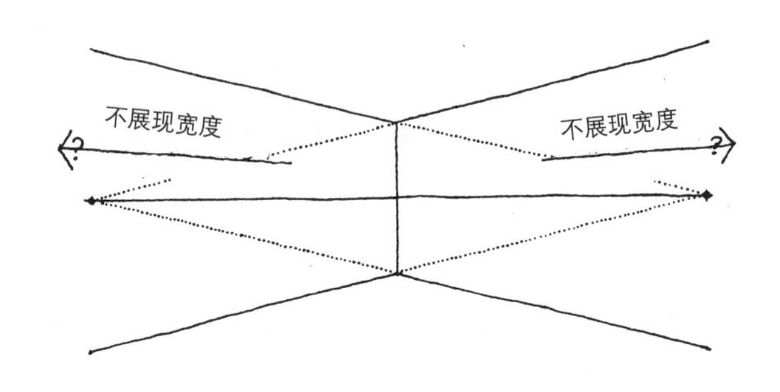

因为传统的两点透视法要求两个消失点都要处在手绘板上，室外透视出来的建筑视角一般都毫无生气、模棱两可，这种情况下，视线角度太接近45°，以至于建筑的两个表面看起来角度太相近。

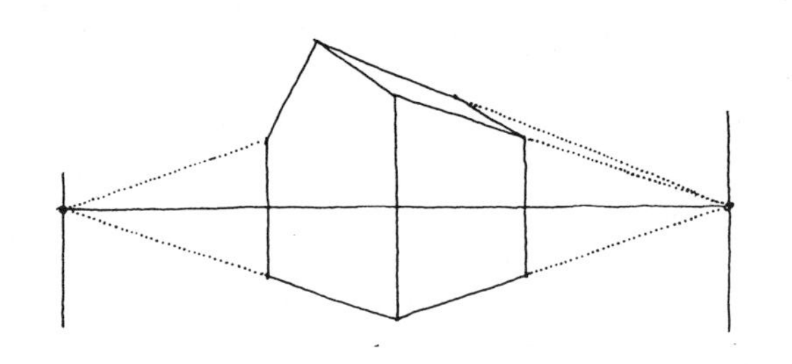

两线/两点透视框架结合了直接透视法，可以借助对角线来延展和细分空间，这个方法比传统方法更为实用，因为它可以使我们直接手绘三维空间，并从人直立的姿势观看，不必因为平面图投影的毫无生气而低下头去，这一特点是独一无二的。

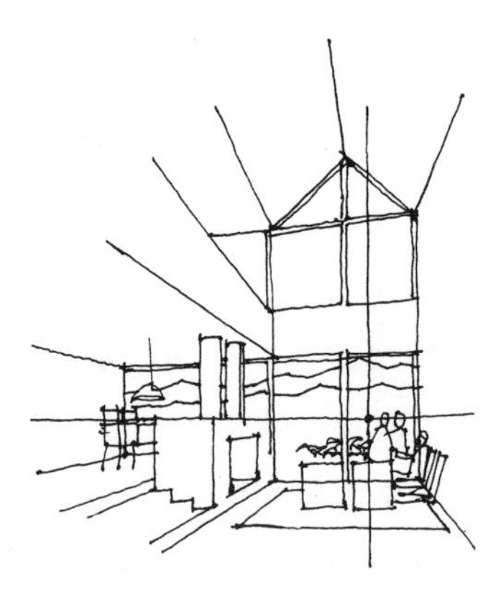

直接透视法的真正优势在于它们可以非常迅速地进行手绘，进而研究三维中的原始概念。如果再辅以叠加，这些手绘透视便可以令人非常满意，当然，非常正式的展示作品除外。我希望后面几页的手绘可以说明这一点。

请牢记，这些非常迅速、粗略的透视法在绘制中并没有直线，也没有任何尺寸。我希望你也同意这一点，即它们可以交流基本的空间布局和尺寸，而不需要借助传统的平面图投影方法或传统局限性的框架。

这部分的颜色编码提醒了我们透视的第一个原则：组成任何透视图的三组平行平面分别在三条消失线上汇聚。

- 平行平面及其消失进去的水平消失线被涂为红色。
- 近消失的垂直平面和其消失进去的近垂直的消失线被涂为绿色。
- 远消失的垂直平面和其消失进去的远垂直消失线被涂为蓝色。

这种认识很必要，有助于在多组对角线中寻找消失点。

直接透视布局

有意的重复仍然是非常有效的教学技巧，尤其在学习一项像手绘这样的技能时。同样，我们也有必要解释步骤或技巧。当然，需要采用不同的方式，使用不同的语言和不同的图像，只要这些解释中有一种可以帮助学生更好地理解构想就好。所以，本部分内容主要是重复透视手绘的原则、框架和方法。在使用直接透视方法的过程中，在两线/两点框架下布局室外和室内透视的时候，我希望大家可以按照以下给出的建议，清晰地使用颜色并遵循一定的步骤。颜色的使用是为了区分组成矩形空间的三组互相垂直的平行平面和线条。大家非常有必要了解这些平行平面、线条、消失线和与之汇聚的消失点之间的关系。你需要很自信地了解哪些线与哪几个消失点汇聚在一起。更重要的是，哪些平面与哪些消失线汇聚在一起。我希望在这一点上，颜色编码可以有所帮助。

如果环境设计师想要知道他们设计的环境体验可能成为什么样子，就有必要掌握如何手绘整体的空间结构，这样他们才可能在光线中表现三维空间。

原则

透视只有三个原则，它们应用于所有的透视框架和方法中。

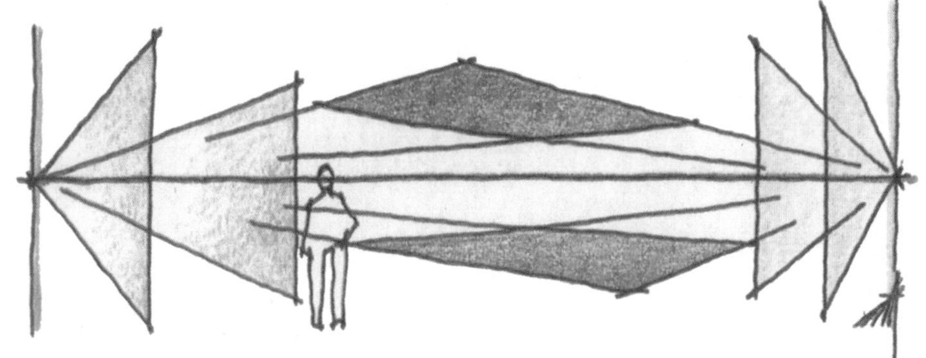

1．成组的平行平面在视觉无限处与消失线汇聚。

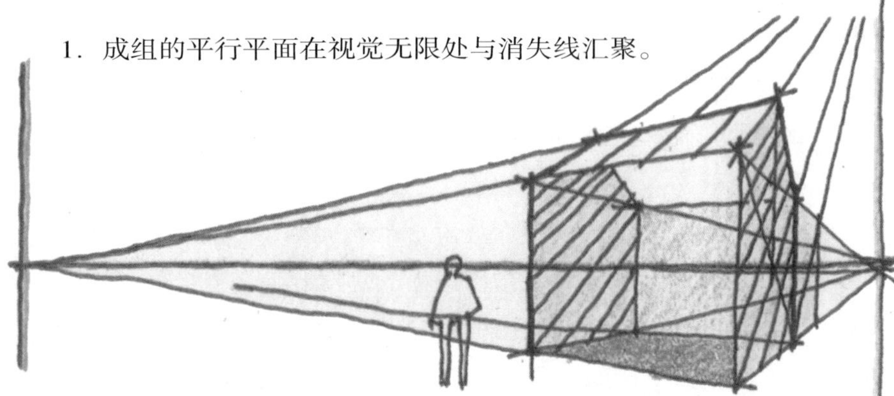

2．成组的平行线在平面的消失线处与消失点汇聚。

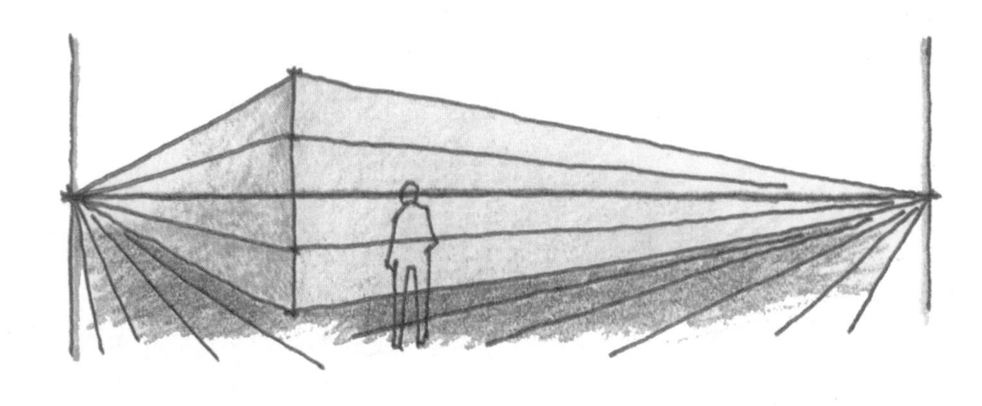

3．一个矩形物体或空间的透视消失点是水平平面的消失线和垂直平面的消失线的交点。

框架

透视框架是用来布局消失线和消失点的，这种布局是根据观者与所绘制物体或空间之间关系的不同假设而达成的。

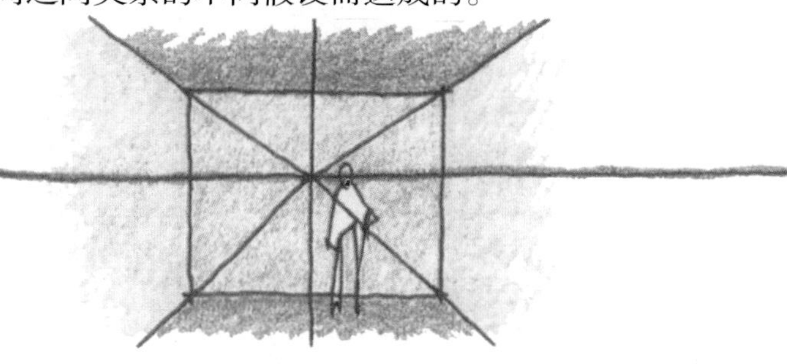

两线/两点透视框架假设观者的视线是水平的，并将轴向与所绘制空间或物体协调一致。

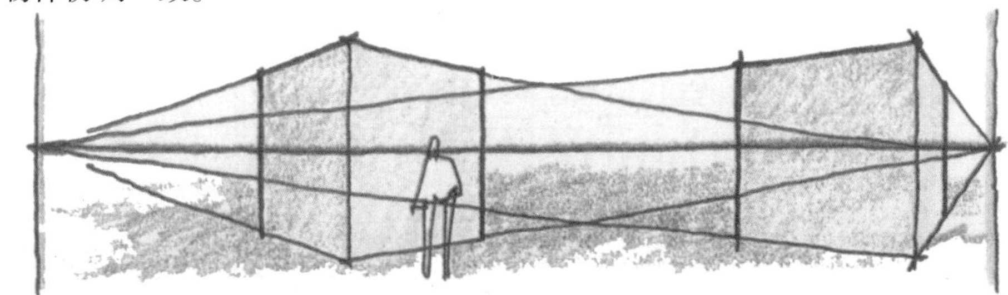

三线/两点透视框架假设观者的视线是水平的，但是可以自由转向，与所绘制的空间或物体达成任意的角度关系。

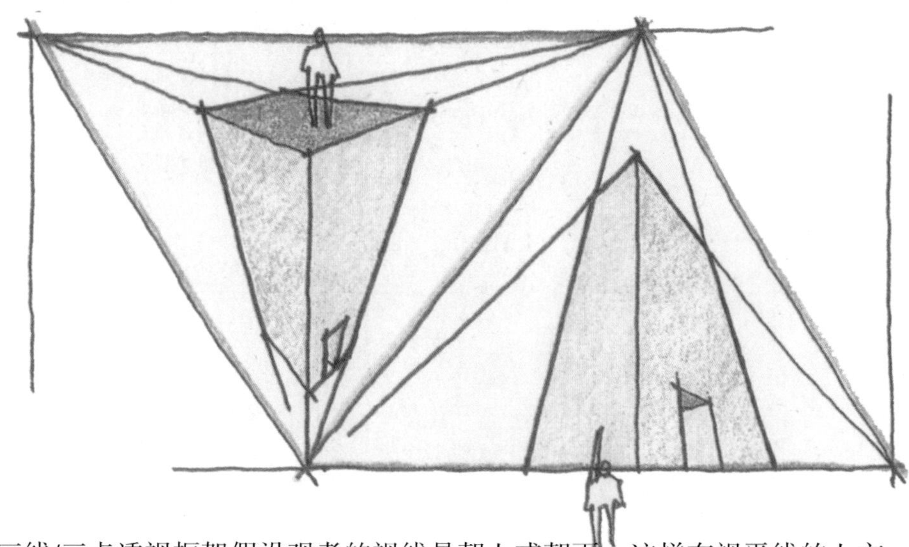

三线/三点透视框架假设观者的视线是朝上或朝下，这样在视平线的上方或下方就出现了第三个消失点。

方法

各种透视方法制作可测透视三维空间的方式不同，而这些方法首要都是在深度维度上完成的。

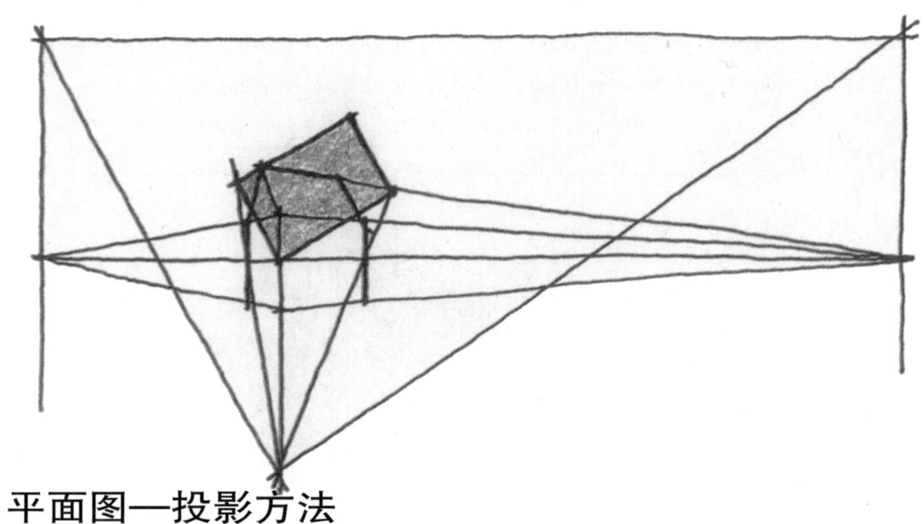

平面图—投影方法

传统的透视方法希望达到绝对可测性，在底平面图和剖面图上进行费力的草图投影。投影方法比较费时，并且不可预知。但是，它们最严重的缺点是必须有完成的平面图和剖面图才能够绘制成形。这样，它们就成了第三位手绘，已然很少有成品，即便有成品，也是在所有设计决定做出之后。

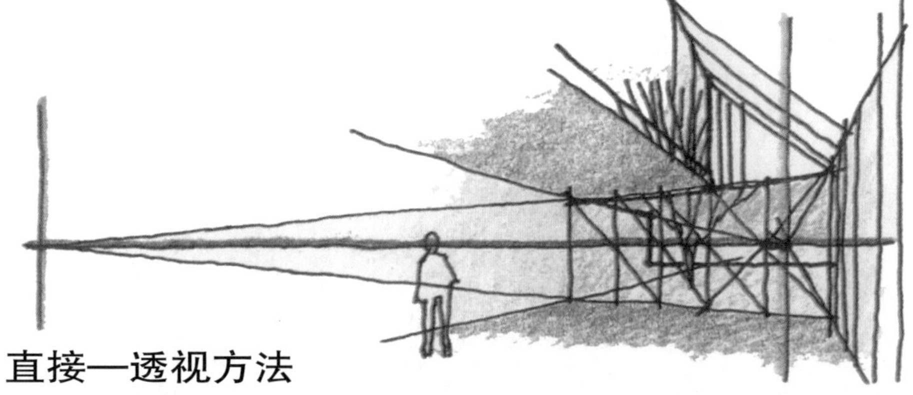

直接—透视方法

直接—透视方法下，我们可以直接绘制透视图，使用两个垂直的平面来测量所绘制的空间或物体的宽度和深度，只需要大概的尺寸和自信心就可以构想出一个原始10′ (3.05m)正方形。但在这里，只能放弃绝对可测性，寻求相对可测性，并根据人类身体的尺寸来进行测量。这种方法使得透视成为设计过程中平等的参与者，便于研究设计的实验性特质。

对角线

对角线可以在几何层面上延展或细分一个矩形单元。在平坦的二维平面上，我们可以更好地理解对角线及其作用。

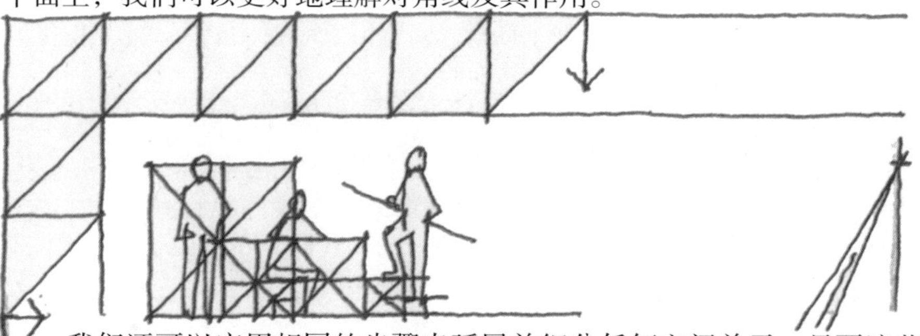

我们还可以应用相同的步骤来延展并细分任何空间单元，只要这些空间单元位于透视图中所需绘制的空间或物体表面。借助对角线细分很容易理解，下面有两种借助对角线延长的方法：

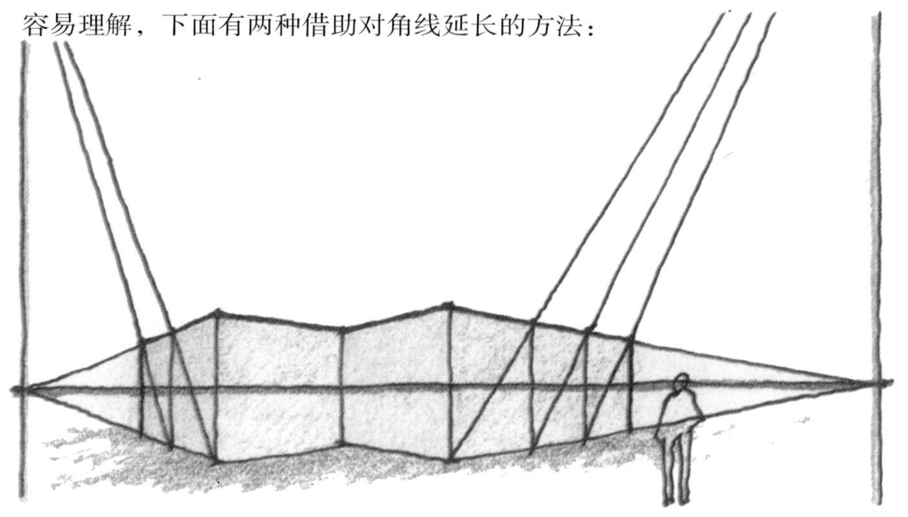

1.为对角线寻找一个消失点。使用透视的第二个原则，在所在平面的消失线上为每组平行的对角线建立一个消失点。

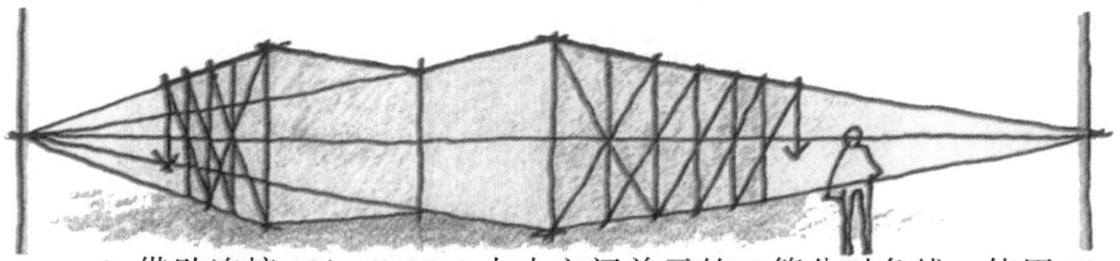

2. 借助连接 10′ (3.05m) 大小空间单元的二等分对角线，使用 5′ (1.52m) 大小的增量，这样所有的空间单元都保持一致，所有的对角线都呈 45°。

宽度平面

宽度平面是放置在所绘制物体或空间上的垂直平面。用这种方法测量绘制透视图的宽度和高度是非常方便的。平面应该被放置在最方便测量的位置——通常穿过室内空间最有趣味的墙，或建筑物中最有趣味的正面。

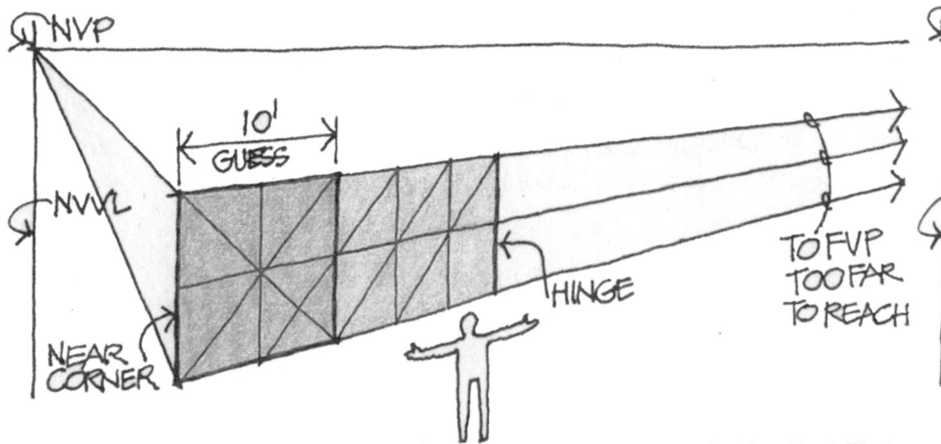

测量的第一步是构想平面上存在一个10′（3.05m)正方形，然后借助对角线沿着宽度平面将空间延展和细分，可以从位于较远垂直（蓝色）消失线上对角线的消失点开始延长，或者通过穿过正方形二等分线的连续对角线进行延长。

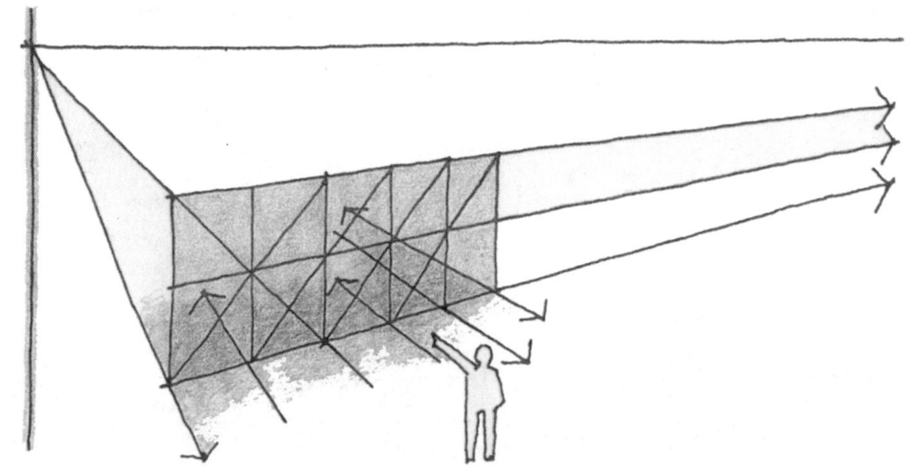

一定要从宽度平面上将宽度平面前或后所需的宽度去掉，这样，宽度增量才可能从较近消失点的地方（箭头处）被拉到前面来或被推到后面去。

深度平面

深度平面是沿着所绘制的建筑或空间放置的垂直平面。用这种方法测量绘制透视图需要的深度和高度是非常方便的。平面应该被放置在最远的边墙处，因为，如果使用了最远边墙的话，其原始深度预测就会更加准确，所有连续的空间延展都是基于这种原始深度的预测。

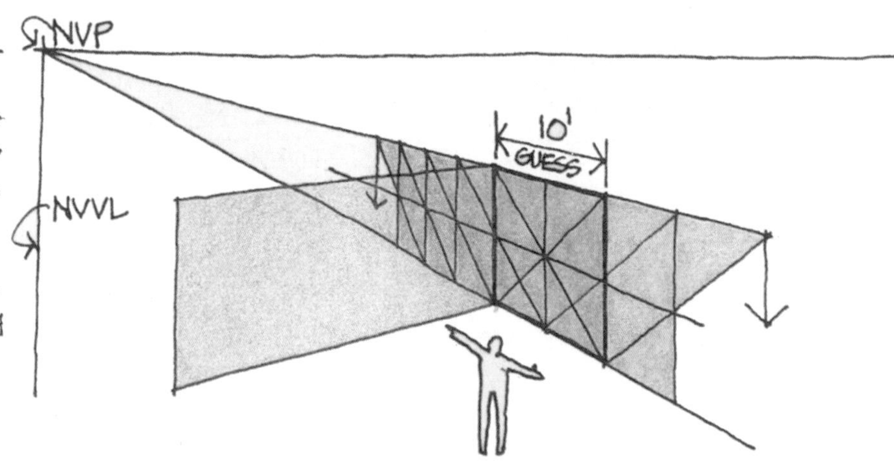

测量的第一步是构想平面上存在一个10′（3.05m)正方形，然后借助对角线沿着深度平面将空间延展和细分，可以从位于较近垂直（绿色）消失线上对角线的消失点开始延长，或者通过使用穿过正方形二等分线的连续对角线进行延长。

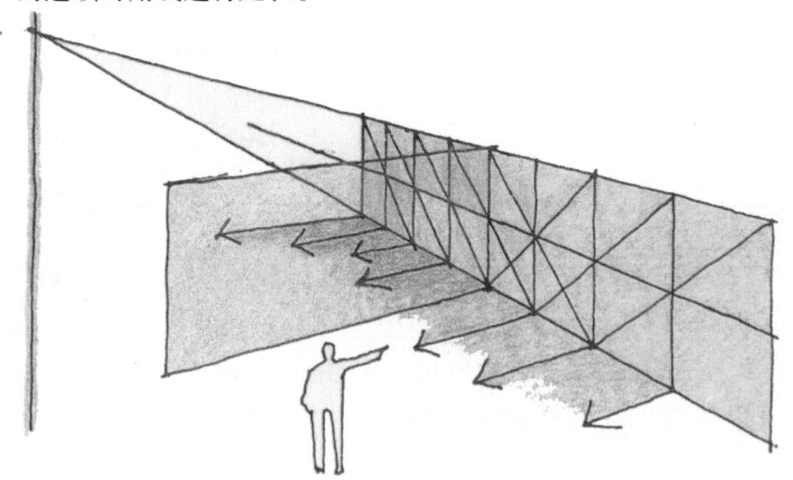

一定要沿着深度平面将透视图其他地方所需的深度去掉，这样，深度增量才可能从较远消失点的地方（箭头处）被拉入空间或物体中。

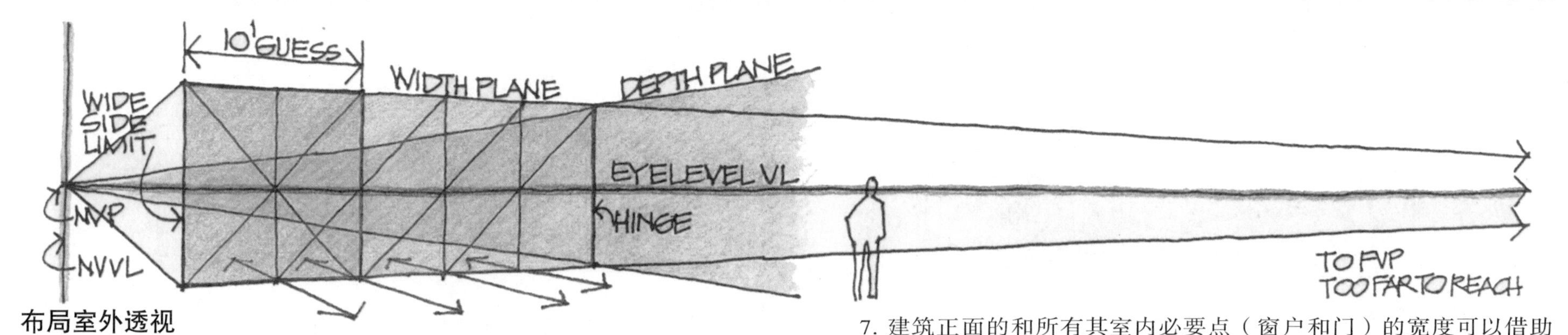

布局室外透视

1. 绘制一条视平线。2. 将消失点放置在视平线的两端，尽量将二者的距离拉开。3. 选择建筑最有趣味的正面或侧面，将它们的交集定位在转角（较近转角），这样建筑的正面就朝着较远消失点横向穿过手绘。4. 将较近转角分别向视平线的上方和下方等距离延长（如果视平线约为5′(1.52m)，那么我们刚刚绘制的较近转角大约有10′ (3.05m)高）。5. 从较近转角的顶部和底部朝两个消失点绘制线条，形成两个交叉的垂直平面，大约有10′ (3.05m)高（两个平面中较长的一个从较近转角朝向较远消失点延长，并且横向穿过手绘，这个较长的平面叫作宽度平面，它被涂成了蓝色，因为它汇聚进了蓝色的较远垂直消失线）。6. 构想一个10'（3.05m）正方形竖立在宽度平面上，这个正方形开始于较近转角，向较远消失点延长。

7. 建筑正面的和所有其室内必要点（窗户和门）的宽度可以借助对角线测量之后去掉。透视图其他地方需要的其他宽度、维度也应该在此测量，然后向较近消失点转移，或者从较近消失点转移到透视图中其他任何需要它们的地方（箭头）。8. 继续沿着宽度平面进行测量，朝向建筑正面的较远转角。这条垂直线条叫作铰链，因为正是在这里，绿色深度平面（它之所以是绿色的是因为它消失于垂直消失线附近的绿色区域）以90° 与蓝色宽度平面被铰链连接在一起，它们之间的连接是通过从铰链的顶部和底部向较近消失点画线来完成的（下转126页）。

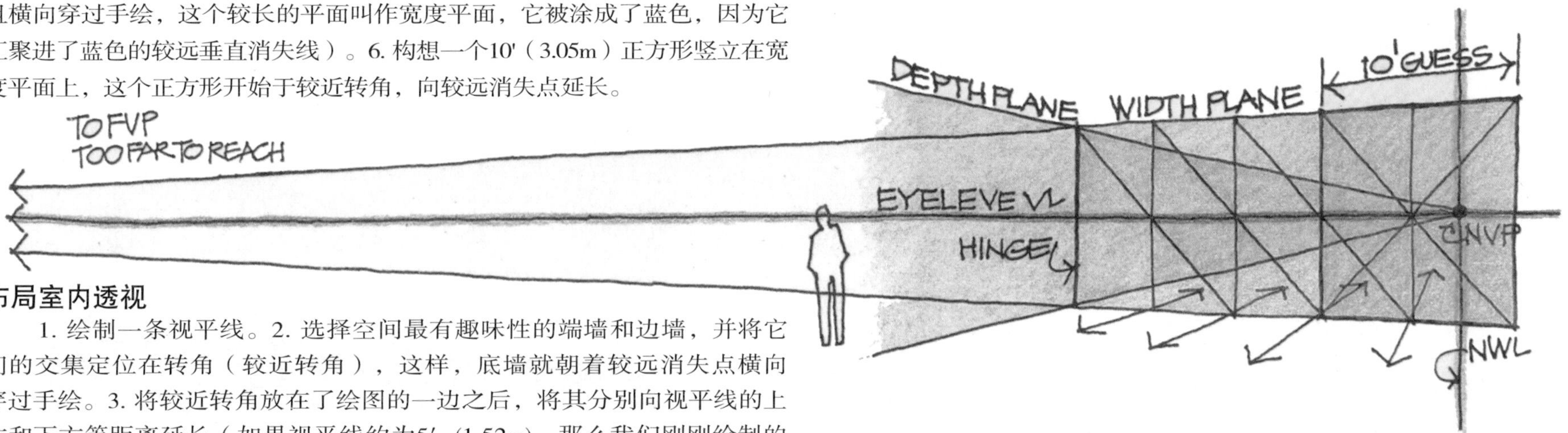

布局室内透视

1. 绘制一条视平线。2. 选择空间最有趣味性的端墙和边墙，并将它们的交集定位在转角（较近转角），这样，底墙就朝着较远消失点横向穿过手绘。3. 将较近转角放在了绘图的一边之后，将其分别向视平线的上方和下方等距离延长（如果视平线约为5′ (1.52m)，那么我们刚刚绘制的较近转角大约有10′ (3.05m)高）。4. 从较近转角的顶部和底部朝两个消失点绘制线条，朝一个较远消失点同时慢慢汇聚（可能距离太远，很难达到），形成两个交叉的垂直平面，大约有10′ (3.05m)高（两个平面中较长的一个从较近转角朝向较远消失点延长，并且横向穿过手绘，这个较长的平面叫作宽度平面，它被涂成了蓝色，因为它汇聚了蓝色的较远垂直消失线）。5. 构想一个10′ (3.05m)正方形竖立在宽度平面上，这个正方形开始于较近转角，向较远消失点延长。6. 在第一个10′ (3.05m)正方形中选择一个较近消失点，距离较近转角不超过5′ (1.52m)。

7. 底墙和所有其室内必要点（窗户和门）的宽度可以借助对角线测量之后去掉。透视其他地方需要的其他宽度、维度也应该在此测量，然后向较近消失点转移，或者从较近消失点转移到透视中其他任何需要它们的地方（箭头）。8. 继续沿着宽度平面进行测量，朝向距离空间底墙较远的狭窄部分。这个垂直转角叫作铰链，因为正是在这里，绿色深度平面（它之所以是绿色的是因为它消失于垂直消失线附近的绿色区域）以90° 与蓝色宽度平面被铰链连接在一起，它们之间的连接是通过从铰链的顶部和底部向较近消失点画线来完成的（下转126页）。

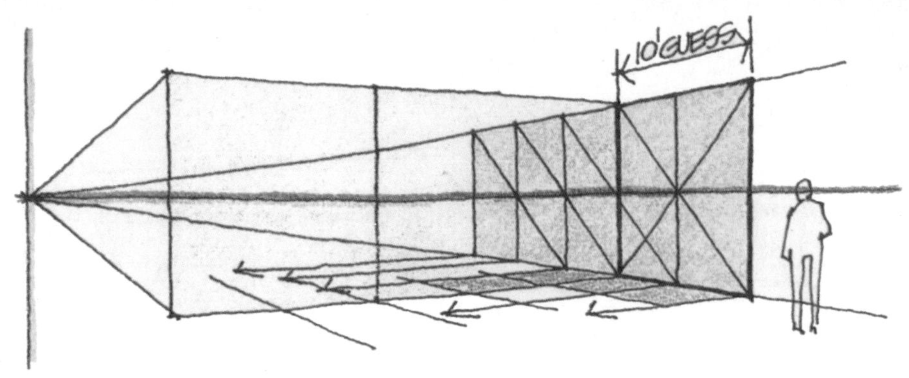

9. 接下来，构想一个10′ (3.05m)正方形竖立在绿色深度平面上，由铰链前面延长开来。10. 一旦猜想出了这个正方形，所有绘制透视需要的深度都沿着深度平面被测量后去掉，方法是将10′ (3.05m)正方形的一条对角线延长，与较近垂直消失线交叉，为对角线建立一个消失点。现在，可以从该消失点开始借助对角线将连续的空间单元测量并去掉。如果该对角线的消失点不方便达到，还可以进行相同的测量，方法是使用穿过连续正方形二分线的对角线。11. 这样，测量过的深度只得穿过透视，从较远消失点转移到任何需要它们的地方（箭头）。

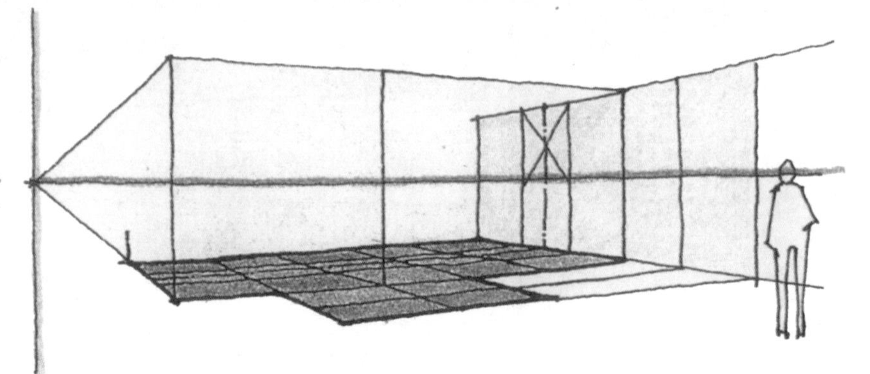

12. 达到物体的较远后转角之后，该物体的深度就可以穿过透视的地面，并结束物体的足迹。13. 下一步是在透视的红色地平面上完成这种交叉闭合（之所以是红色是因为它消失于红色的水平消失线），当然，这种闭合的地点选择要根据实际需要进行，在透视的空间内建立分区、家具等其他元素或回旋的足迹（下转127页）。

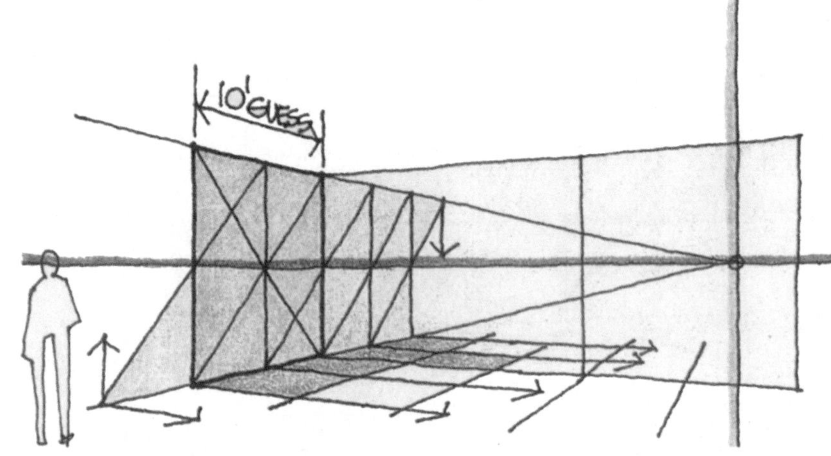

9. 接下来，构想一个10′ (3.05m)正方形竖立在绿色深度平面上，由铰链前面延长开来。10. 一旦构想出了这个正方形，所有绘制透视图需要的深度都沿着深度平面被测量后去掉，方法是将10′ (3.05m)正方形的一条对角线延长，与较近垂直消失线交叉，为对角线建立一个消失点。现在，可以从该消失点开始借助对角线将连续的空间单元测量并去掉。如果该对角线的消失点不方便达到，还可以进行相同的测量，方法是使用穿过连续正方形二分线的对角线。11. 这样，测量过的深度会穿过透视图，从较远消失点转移到任何需要它们的地方（箭头）。

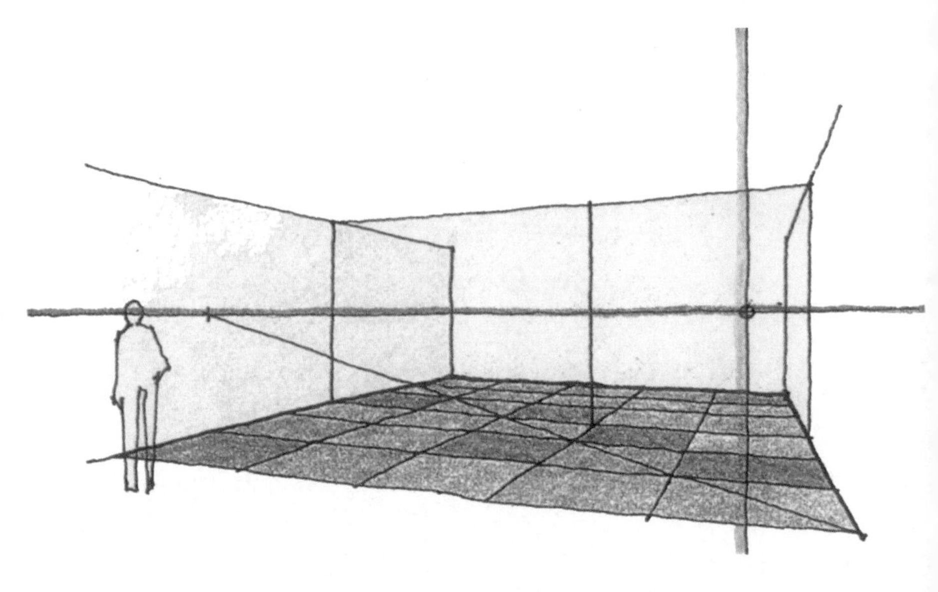

12. 达到透视的较远后转角之后（在这种情况下，一个天井延长出了玻璃后墙），该空间的深度就可以穿过透视的地面，并结束空间的足迹。13. 下一步是在透视的红色的平面上完成这种交叉闭合（之所以是红色是因为它消失于红色的水平消失线），当然，这种闭合的地点选择要根据实际需要进行，在透视的空间内建立分区、家具等其他元素或回旋的足迹（下转127页）。

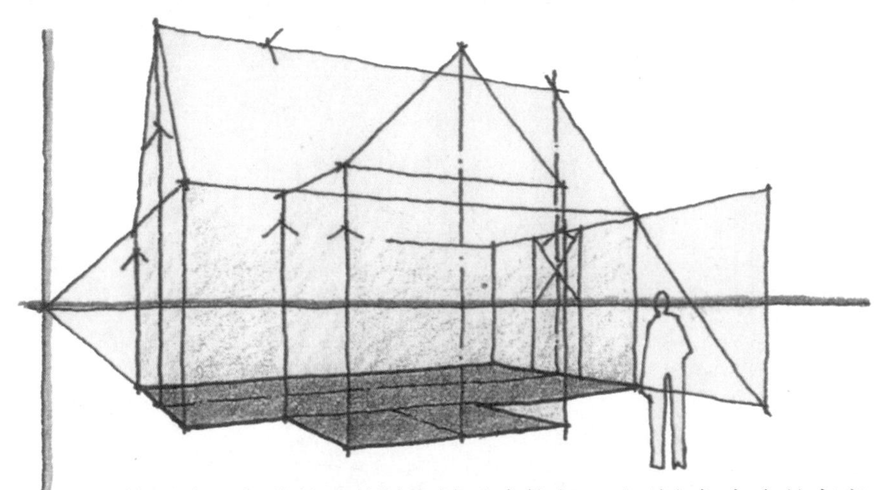

14. 接下来，各种足迹的转角被垂直拉起，达到它们完全的高度，这样我们就可以在透视的任何位置完成垂直维度了，因为地面的任何一点到水平消失线的距离都是5′（1.52m）。我们可以很容易地细分那个距离，并延长到需要的高度。

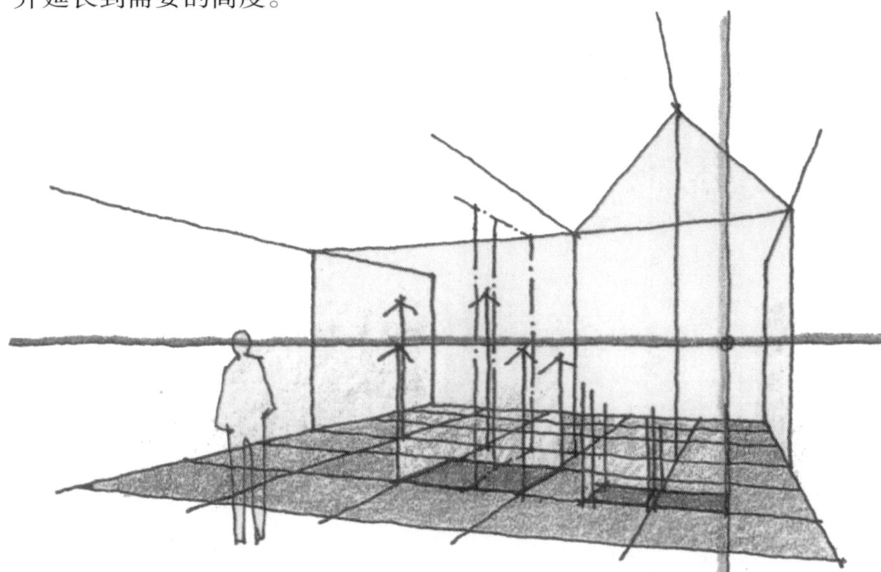

14. 接下来，各种足迹的转角被垂直拉起，达到它们完全的高度，这样我们就可以在透视的任何位置完成垂直维度了，因为地面的任何一点到水平消失线的距离都是5′（1.52m）。我们可以很容易地细分那个距离，并延长到需要的高度。

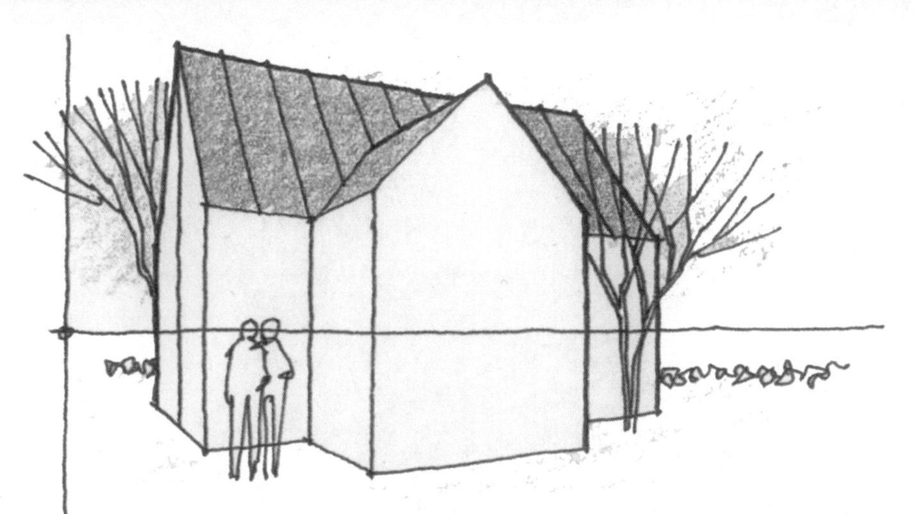

很重要的一点是我们需要意识到透视图是直接绘制出来的，并不需要平面图、立面图或剖面图的草图，而且也不具有建筑尺寸。我们完全依靠视平线的5′（1.52m)高度作为所有测量的基础。

如果完成的透视并不是预期的视角，如下页所示，那我们就要很快地绘制另外一个视角，或改变观者的视平线或手绘的大小。最重要的是，我们已经看到过三个维度下的空间，就如同可以正式体验一样，这种视觉化更有可能激发设计改良。在设计过程的早期，直接手绘透视图可以帮助你发现改良的需求，并提供给你这样的机会。

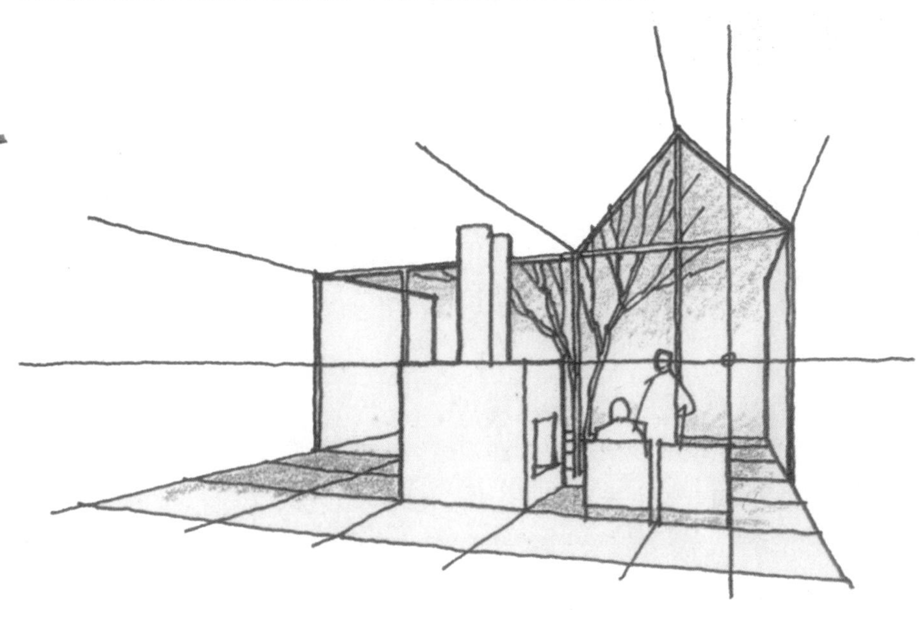

改变视平线和尺寸

直接透视法的优点之一就是，在手绘过程中，与观者之间的垂直和水平关系都是可以直接进行调整的，并不需要重新摆放、重新投影，只需要平面投影方法即可。这种灵活性使得我们可以轻松调整手绘的垂直状态和尺寸。

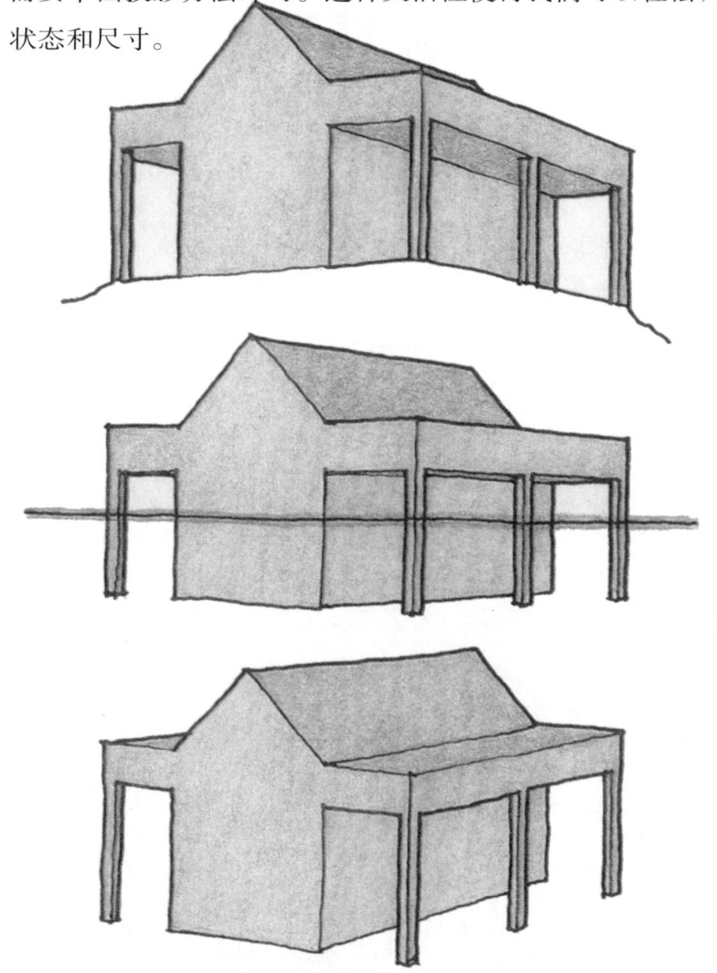

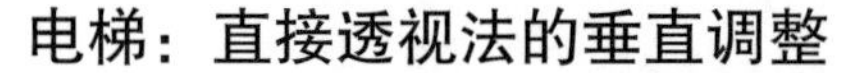

电梯：直接透视法的垂直调整

物体或环境可以根据观者和视平线的要求加以提升或降低，如同电梯桥厢沿着垂直竖井上下移动一样。你可以选择希望达到的水平，确定底平面处在你的视平线以上或者以下的某个维度。需要牢记，视平线要通过观者的眼睛保持在水平的平面上。

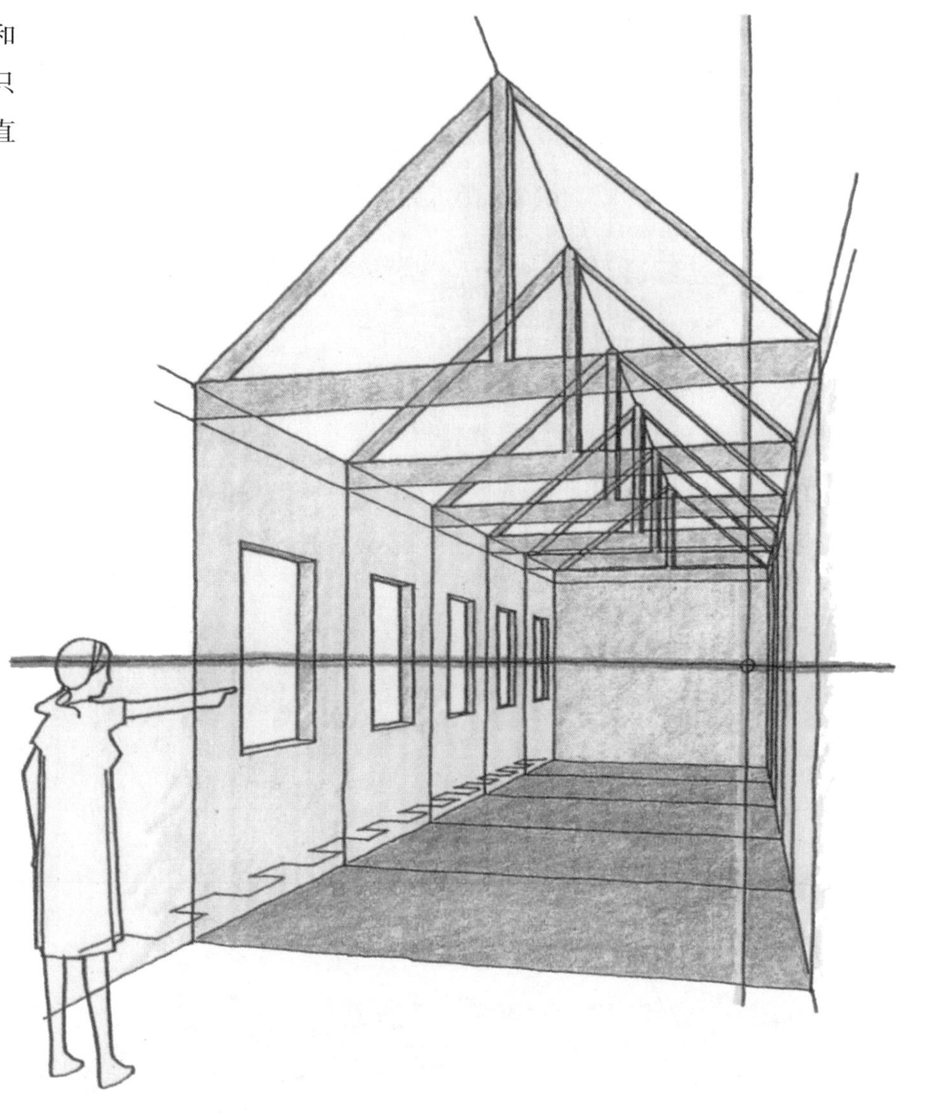

隧道：直接透视的尺寸或深度调整

我们可以调整直接透视的尺寸，方法是沿着透视框架的隧道，将宽度平面或一个物体或空间的主要表面移后或移前，接近或远离较近消失点。

变量

在手绘直接透视图的过程中，会出现几个变量，具体选择哪个变量应该根据透视图的大小或范围来决定。

对于室外透视或物体来说，通常最好使用三维立方体作为原始空间单元。

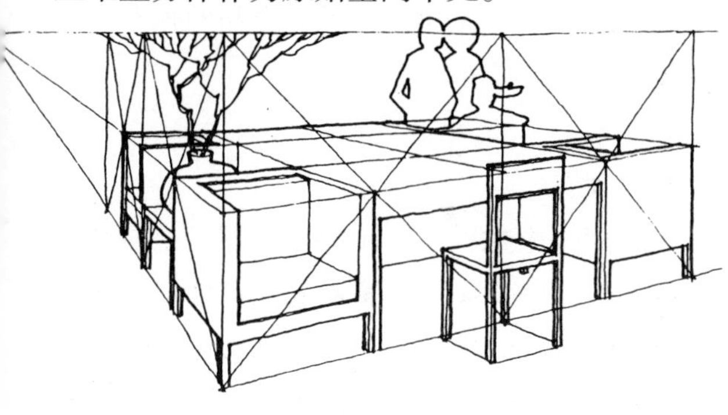

对于一件家具或家具组合来说，原始空间单元可以是一个边长为30″ (0.76m)立方体。如果需要，这样一个立方体可以借助对角线加以延长或细分。

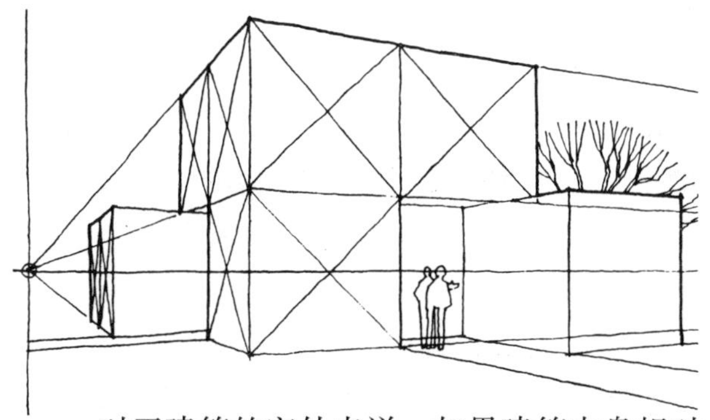

对于建筑的室外来说，如果建筑本身相对较小，并且只有一层的话，最好的原始空间单元可能是10′ (3.05m)立方体。

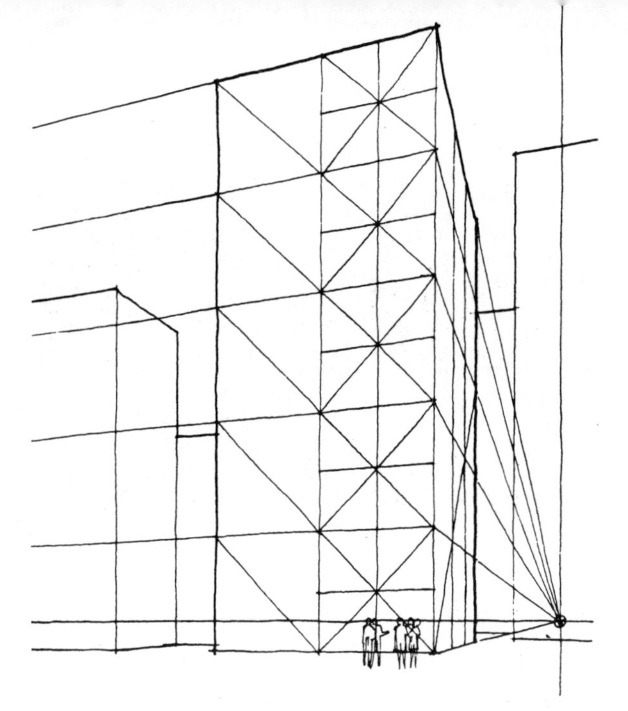

如果建筑很大并为多层建筑，那么最好从一个20′ (6.10m)、30′ (9.14m)、50′ (15.24m)，甚至100′ (30.48m)立方体开始。

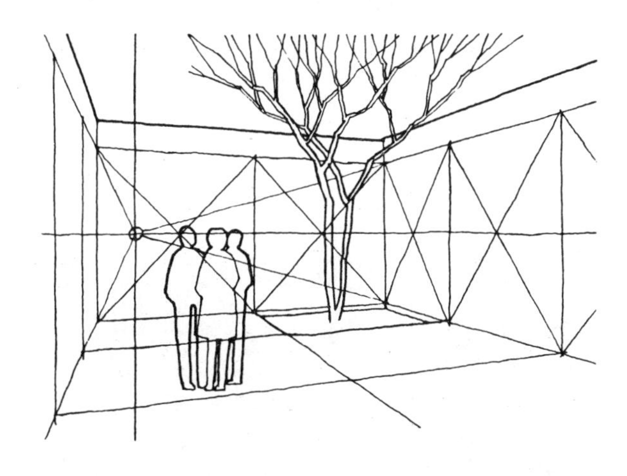

对于具有建筑边界的室内透视或室外空间来说，最好仅仅应用两个直立的垂直平面，一个横向接近或远离较远消失线，一个汇聚或远离较近消失线。

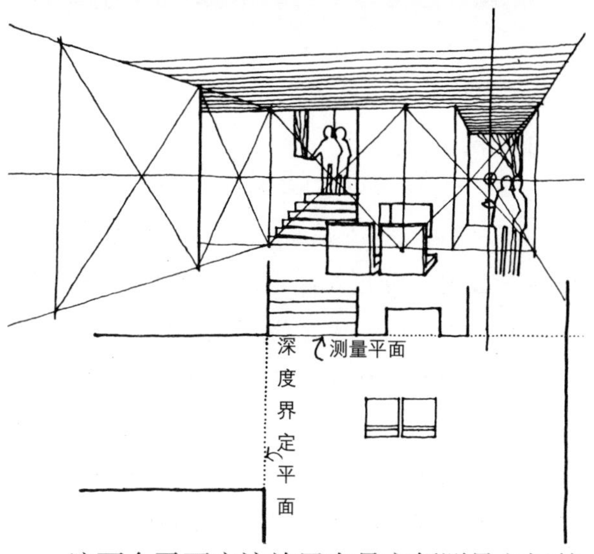

这两个平面应该放置在最方便测量空间的地方，平面的高度可以是任意的，按照方便的原则来决定。

对于小型或中型空间来说，最合适的测量单元就是5′ (1.52m)或10′ (3.05m)高度的平面和5′ (1.52m)或10′ (3.05m)大小的正方形。

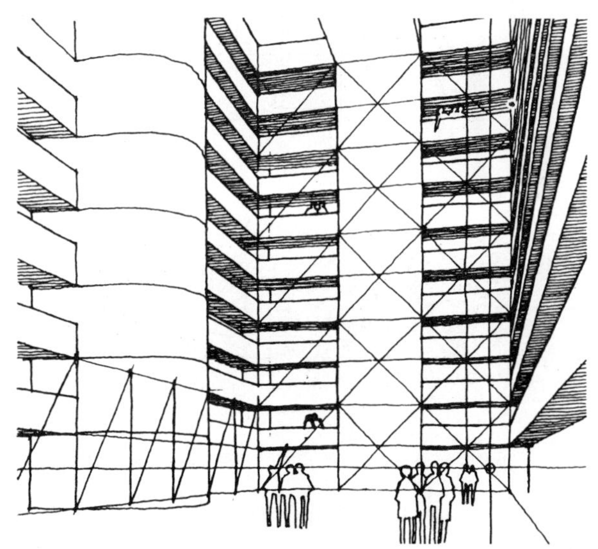

在较大或较高的空间中，最好使用20'(6.10m)、30'(9.14m)或50'(15.24m)高的平面和正方形。

选择和机会

选择视角

虽然选择最好的透视视角的能力大部分来源于体验，但还是有一些最初的建议值得借鉴。首先，有些人认为，针对一个空间或物体，我们只能有一个透视视角，这样的认识是很值得推敲的。在任何单一视角下尽力展现设计环境所有的方面和特质很显然是徒劳的。想要展现任何矩形空间或物体，我们至少需要两个透视图，复杂的环境则需要更多的透视图。

视角的方向

选择透视的方向如同选择最好的剖面，它应该努力绘制空间最有趣味或最有特点的侧面图。

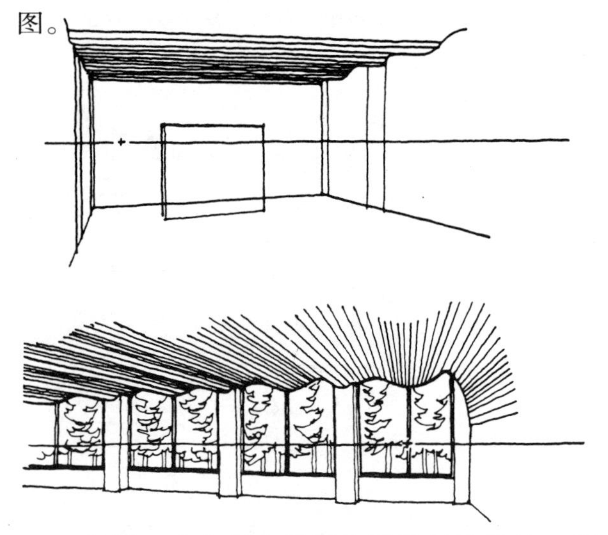

如果一个空间中的天花板是起伏状的，例如阿尔瓦·阿尔托的维堡图书馆，就不应该只有正面的展示。一直向前的视角遮掩一半的起伏侧面，是不能展示空间的真正形状的。

视角的高度

选择视角高度为多层次空间提供更多的机会或缺陷。通常，比较明智的做法是从最低处进行多层环境的所有透视。从最低位置绘制，楼梯和高度变化更为简单，因为楼梯踏步竖板的正面或高度变化都可以直接显现。另一方面，在水平透视中，不大可能展现出下降楼梯的所有部位。

当需要从顶部或从阳台中部展示多层环境的时候，我有一些看法。我们通常很容易将阳台的视角定为正面，俯瞰栏杆。实际上，经过几次这样的痛苦实践后，你就会发现，如果采用站在栏杆上的视角，在手绘中是展示不出栏杆的，进而也就体现不出观者到底站在哪里。如果将阳台的迎面视角移走，阳台的栏杆就显现出来了，可是会遮挡下面空间的视角。更好的方法是沿着阳台采用一个侧面视角，这样观者在阳台上的位置和阳台下面空间的视角都可以展现出来。

空间延展

最后一个建议是一定要选择展示最有趣味空间延展的透视视角。这看起来可能是显而易见的，但是我们经常忘记，在透视图中，最强大的趣味就是空间趣味，而那个空间趣味就是具有潜力的动觉趣味。这就是说，我们一定不能把透视仅仅看作扁平的二维墙壁装饰，仅供观者驻足和观看。你应该使用自己的眼、脑、身体，来审视透视图，走进透视图。不要错过在透视图中展示空间连续层次的机会。一定要牢记，视角如果选择不成功，即便进行最仔细的描绘，也会极大限制动觉体验的可能性。

动觉空间

透视展现动觉体验，因为我们一般都使用视角来预测在空间中的体验。进入一间房间之后，从门口我们就可以感觉到继续体验是否有意义。在手绘透视图的时候，如果我们希望自己绘制的透视可以更好地展示动觉空间的潜力，就必须考虑一些细节。

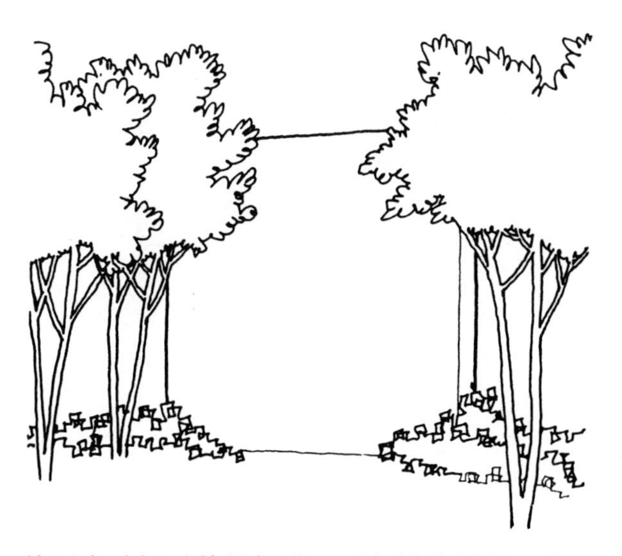

表面

吉伯森曾经指出，我们的视觉、知觉系统在其进化过程中总是包含对地球表面的知觉，也包含对地球构造在其渐变过程从粗糙到精细的知觉。对这种表面和所有相似的连续表面的知觉是我们知觉三维空间的要素。对于设计手绘来说，这意味着空间的边界表面应该经由渐变的纹理来加以表现，这样就可以展示出它们与我们之间的距离。如果连续表面的绘制良莠不齐，那么它就会破坏手绘空间的真实感。这同时也意味着你需要在连续表面（路面、地毯、砌石、镶板、草坪或砂砾）上加纹理，在表面的上面或前面可能会有物体（家具、人物等），而你并不需要在物体上加纹理。在表面纹理消失的空间边缘，你需要确保纹理能够接触到边缘。刚刚开始学习设计的学生通常将纹理截断，这样位于纹理表面上面或前面的物体周围就会产生“光环效应”。这种光环效应彻底破坏了手绘的空间特质，并降低了手绘的层次，使它仅仅成为了纸张上的线条组合。

体积

对空间体积的知觉依靠对边界表面——转角交集的知觉。将物体（人物、家具或植物）放置在透视图中，尤其是将它们放置在带有纹理且通过空间来加以界定的表面上面或前面的时候，一定要格外仔细，不要遮挡住边缘或转角，因为它们是界定空间的因素。例如，遮挡住转角或地毯、地砖的边缘就破坏了清晰度，而对空间体积的知觉非常依赖这种清晰度。

我们可以通过以下的方式来对此加以说明。一个立方体可以在转角之间任意移动，依然不会破坏对其的知觉；而如果将同样一个立方体的转角遮盖起来，那么这个立方体马上就被破坏了。

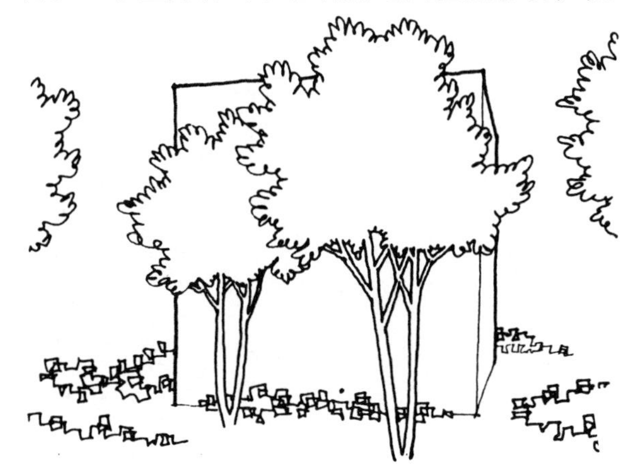

边缘

当我们通过线条手绘来表现空间的时候，我们绘制的线条代表的是环境的两个截然不同的组成部分：平面转角和空间边缘。平面转角是平面的交集，可以有两个到三个交叉平面。这些转角定义了空间体积，对于知觉手绘中的空间是很重要的。仔细描绘两个空间和体积对于表现动觉空间是很重要的，因为它们形成了动觉、知觉行动的背景。那个行动总是集中在环境的空间边缘。空间边缘是一个知觉现象，根据知觉人的位置而变化，而平面转角仅仅是一个物理事实。一个室外平面转角也可以是知觉空间边缘，但条件是知觉人看不到其中一个组成平面。

这种区别很重要，因为线条手绘唯一的表

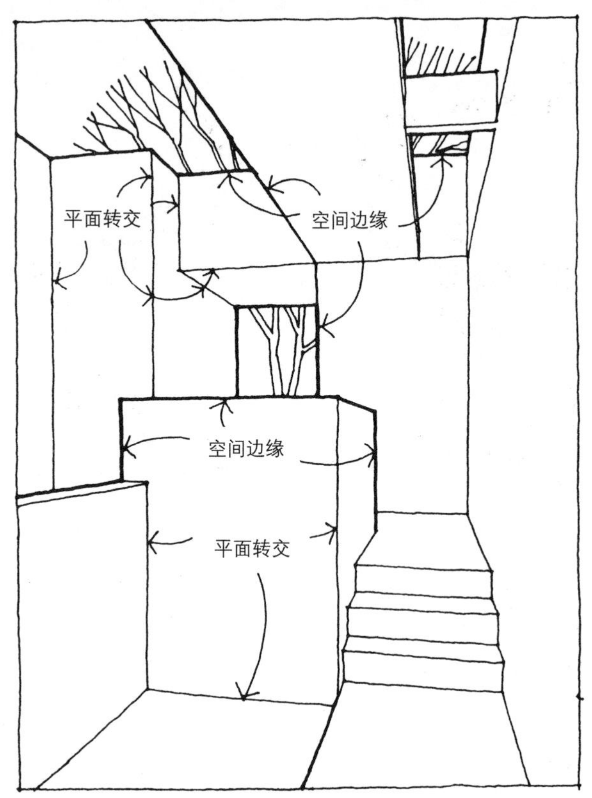

达方式就是线条粗细。如果我们使用同样粗细的线条，我们就丧失了使用线条表现两个类别上相异事物的机会。这一点很重要，因为这两种边缘截然不同：当我们体验环境时，平面转角被动地躺在那里，而空间边缘则可以在背景上随意滑动，进而展现或遮盖它们后面的表面。

现在，我们很清楚什么东西可以组成空间边缘了，让我更详细地说明一下它的定义。我所说的边缘是指任何形状或表面的轮廓，使得形状或表面与背景分离开来。这个边缘的几何形状总是形状的平面转角之一，但其形状是弯曲的或者不规则的，如同人体或一棵树的形状，这种形状侧影的轮廓可以根据知觉者的位置自由地变化。

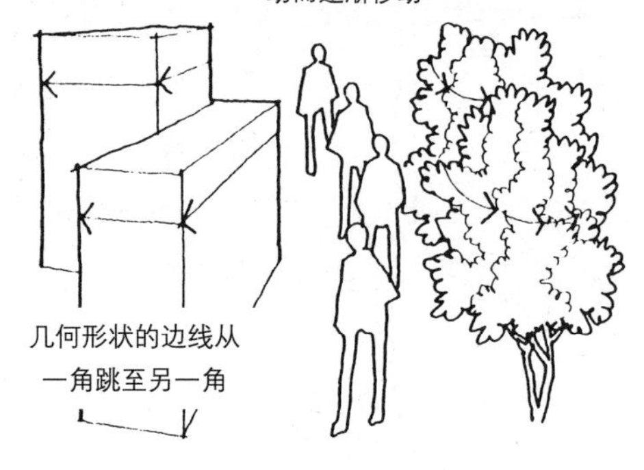

我们一直不断地转移知觉系统，表现更多环境信息的边缘恰恰是空间边缘。它们是动觉、知觉的边缘线。空间边缘沿着它们的背景以三种不同的方式运动，这三种方式代表或证实了三种空间信息：

- 边缘与运动线条之间的关系；
- 边缘与部分被其遮掩的表面之间的间隔；
- 边缘与我们之间的间隔。

我们旋转头部和眼睛，在我们的空间视角和走进空间的方向之间没有可以预测的关系，但是如果我们将以上两个变量结合起来，可以得到线条粗细的等级，这个等级是非常有效的，它可以表现环境的动觉体验，也可以确保学生们能够真正把他们的透视手绘当作空间来知觉。

想要表现环境的动觉体验，我建议使用最细的线条来绘制平面转角，所有的空间边缘都使用较粗的线条来描绘。这是最基本的方法，可以表现这两种不同的空间信息。如果想要采用更加精细的方式来表现动觉空间，可以建立一个线条粗细的等级。在这个等级中，粗线条表现间距或边缘与其背景间隔的相对深度。这个等级与另一个等级结合进而变得比较复杂，在第二个等级中，线条粗细可以表现边缘与我们之间的距离。与我们距离较远的边缘应该用较细的线条描绘，而距离较近的边缘应该使用较粗的线条。有时，这两个等级是矛盾的。比如，根据深度等级的规定，远山的边缘应该采用较粗的线条，因为间距和背景都是无限的。然而，根据距离等级，这个边缘应该采用较细的线条，因为它距离我们很遥远。将这种线条粗细等级应用于手绘中的时候，当逐减效应点达到之后，体验和可用时间也会起到一定的作用。然而，即便是一个粗略的等级，也可以表现空间的动觉体验。

情境

环绕设计环境的外围空间提供的设计和手绘空间不容忽视。设计空间或物体可以对情境做出反应，这些反应包含了许多设计师需要的决定因素。集合环境的质量依靠敏感的情境反应。

情境使得手绘成为更加真实可信的三维空间，我们可以通过以下方式提高手绘的真实度：

- 建立地平面；
- 将情境分层；
- 表现前景空间。

建立地平面

吉伯森曾经指出，我们对空间的知觉来自于一个连续的“地面”，它开始于我们的脚下，一直延长到地平线。在《视觉世界的知觉》（1950年）中，他解释说：

有一个地面在世界下面——表面和边缘的视觉世界——就是……我们生活的世界的原型……。

在户外世界中，视野（与每个视网膜像的较高部分对应）常常充满了大地的投影。视野的较高部分通常充满了天空的投影。在较高与较低部分之间就是地平线，观者向下或向上看去，都可以改变地平线的高低。但是，地平线通常在水平剖面上将正常的视野分割开来。这是我们的祖先曾经生活的世界，它也是视觉、知觉的祖先进化自己的环境。在几百万年的历史中，一些不为人知的物种进化成了人类，土地和天空是不变的视觉促进因素，我们的眼睛和大脑都做出了反应……

我们在地球的表面进化，并将其知觉为一系列水平、退后的空间轮廓，每个轮廓在它们的背后封闭了空间。较近的水平轮廓线仅仅是地球表面上的微小涟漪，比如，城市环境中的路边、台阶和行人道。依靠着大地，这些涟漪在退后到远方的过程中往往会显得更近。水平线条的简单堆积逐渐聚积在一起，达到顶端，

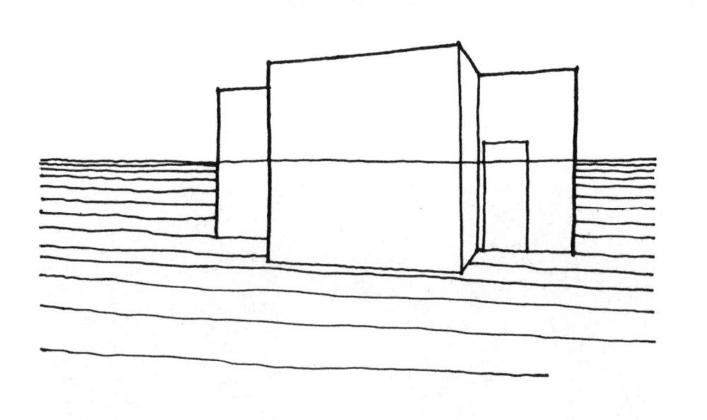

就会被知觉为水平平面，因为它很抽象地表现了我们视觉进化的背景。

这意味着表现三维空间应该首先建立地平面。我们可以绘制退后的纹理，这些纹理强调或仅仅包括穿越我们视野的水平线条，这样我们就建立了地平面。这些水平线条可以是路面纹理、人行道的连接处、低矮的树篱或草叶的边缘，我们可以将它们造型，用来描绘地平线的坡度和变形。

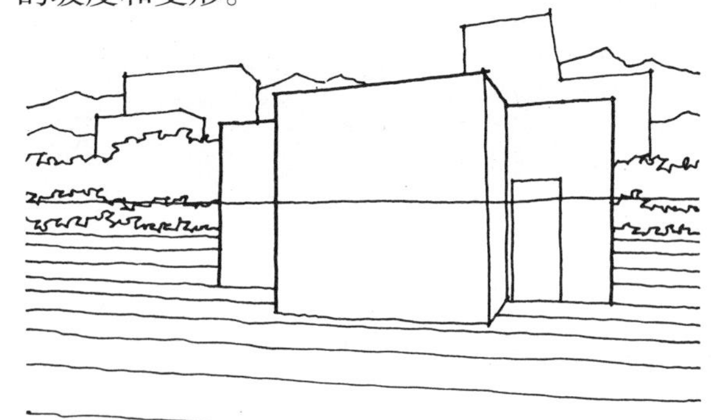

将背景分层

在传统图像关系中，我们都认为情境空间包括前景和背景，它们为主要的中间情境提供环境。将物体，比如建筑，放置在地平面上，就立刻将剩余的空间分割成前景和背景。请注意，我们在水平轮廓上建立了地平线之后，这些轮廓是怎样消失于建筑之后的。

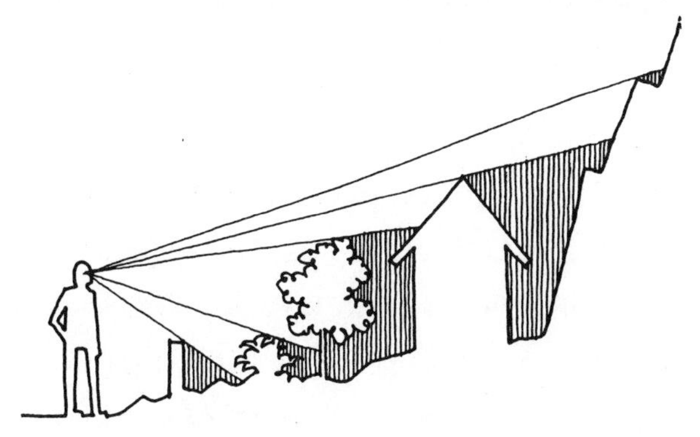

这种被打断的连续性就是将任何透视的背景分层的关键。

除非这个建筑位于澳大利亚内陆或者美国中西部的无垠平原上，否则在建筑的后面一定会有些东西。在城市情境中，这个背景可能包括一层又一层其他建筑。在其他情境中，这个背景可能包含一层又一层灌木篱墙、树木或山峦。不论背景是什么，最好都采用逐渐退后的空间层次来描绘，只需要使用简单的重叠轮廓即可。然而，你需要确保建筑两侧的背景是一致的。如果在建筑的一侧一行树木逐渐消失了，而在另一侧，一辆运货列车从背景后面显露出来，这会令人感到很不舒服。

描绘前景空间

还有最后一种方法可以使手绘看起来更

像三维空间，那就是将其他物体放置在地平面上，尤其在前景的位置，这样可以将距离描绘成不同的空间单元。前文提到过将建筑放置在地平面上可以将连续的空间分割为前景和背景。同样，放置额外的垂直物体也可以将空间继续加以细分，使得手绘看起来更像是三维的。

树木、人物、高高的灌木丛、灯柱以及各种结构都具有描绘空间的潜能。虽然将它们放置在一侧有助于形成建筑的构架，但放置这些物品最理想的位置是建筑的正前方。然而，这样的位置安排一定不能遮盖建筑本身，尤其不能遮盖可以界定其体积的转角。我们可以通过延长垂直物体和建筑之间的水平带（灌木、轮廓、矮墙等等）来达到更好的效果。

室内透视

室内透视情境的指标也很必要，这样透视就可以准确地表现设计的环境。如同在室外透视中一样，封闭的空间是中间位置，透过门和窗户所看到的远处的户外空间是背景，人物和陈设品用来描述前景。

很重要的一点是，背景的树木、山峦或建筑带通过各种门和窗户消失和重现，因为这样可以使得室外空间知觉起来是连续的、环绕的。人物和陈设品组成了室内空间的附加趣味，在安排它们位置的时候，我们应该格外仔细，尽量避免它们遮盖住转角和界定空间的交

叉平面。垂直因素，比如灯柱、人物和植物，都可以帮助描绘空间，因为它们可以间歇打断墙壁—地面和墙壁—天花板之间的水平交叉。人物和陈设品应该成组或分层次出现，这样可以避免它们的个性太过突出。

室外空间和室内的人物组、陈设品组都是连续的层次，应该加以简单描绘，这样手绘的重点仍然保持在空间的内墙上。

使用很简单却非常具有表现力的轮廓作为情境指标，因为：

- 它们可以将重点保持在中间位置；
- 它们与我们的视觉焦点相对应；
- 它们手绘起来用时较少。

它们还可以使得环境的三维背景更加真实。

幻灯片情境

我们可以使用摄影幻灯片，这样可以快速、准确地绘制情境。使用下面展示的反投影反光镜箱，你可以将幻灯片投影到一张描图纸上，并对图像加以描绘。几年前我制作过这样一个箱子，它已经成为我最有用的一件工具了。

它是一个开着的胶合板箱子，上面有一个镜子，呈45° 角。镜子向上反射出投射的图像，将其投射到透明玻璃上的描图纸上。幻灯上的变焦透镜可以帮你缩小和扩大图像，后投射可以避免你的身体或手在投射图像上留下阴影。这个工具用起来很方便，可以将玻璃的尺寸定为11″ (0.28m) × 17″ (0.43m)，这与幻灯片投射有所不同，但它是普通复印机可以接受的最大尺寸。

经Johnny Hart and Field公司许可

色调趣味和光线

环境中的色调趣味——视觉阵列从白色以及各种深浅的灰色一直到黑色——这是光线反射环境中不同表面的结果。色调趣味是环境中最强大的趣味类别，也是我们进入盲点之前最后一个消失的类别。

描绘不同深浅模式的反射光有以下两种方式：

- 反射表面的相对白度；
- 不论是否有阻拦物遮挡光线，反射表面对于光源的相对方位。

我们特别关注第二种反射光线，因为表面相对白度是表面的物理特性之一——其固有的颜色和纹理——也是表面与光线之间关系的必要附加。

光线可以是会形成阴影的直射太阳光，也可以是阴天时候的间接光线、朝北的房间或建筑室内最深处。

从阴影模式了解复杂的三维环境是一种能力，我们很久以前就发现了这种能力，它位于我们的意识水平以下。如果我们想要学习在设计环境中绘制光线，我们必须有意识地努力学习这种能力。虽然迟了些，我们还是必须学习书写或绘制这种语言，一种我们可以毫不费力阅读的语言。

关于手绘的图书传统上都将表现光线的剖面图称为“阴面/阴影”或“阴影投射”。我认为这种说法有些本末倒置，因为光线才是行动者，而阴面/阴影只是在没有光线情况下的特殊条件而已。为了帮助大家更加正确地看待光线，本章特别印刷在灰色背景上，这样光线就被突显出来了。

通常，传统设想太阳位于观者左肩上方45°的地方，任意固定太阳的走向，并将阴影投射作为另外一个绘图惯例，如同指北箭头一样。这种严格的惯例抑制了对自由的理解，而这种理解非常必要，因为它可以帮助我们明智地进行太阳定位。

阴影投射几乎仅仅局限于物体，很少在空间内进行，因此大多数室内透视都没有任何指标显示它们是如何采光的。

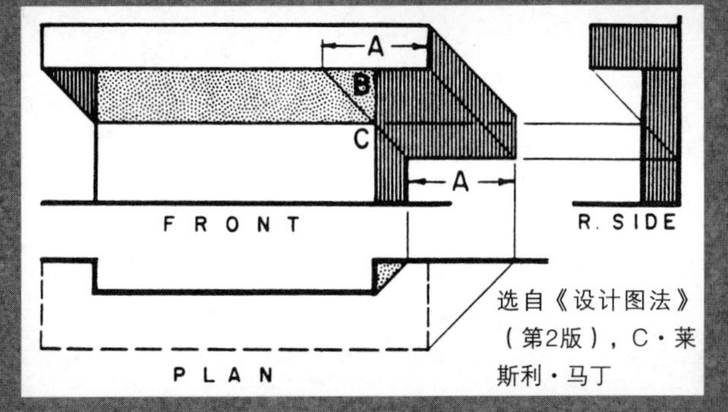

选自《设计图法》（第2版），C·莱斯利·马丁

更有用的方法是在透视图中进行三维阴影投射，这样我们就会立刻看到整个阴面/阴影系统。另外，我们还应该练习在可选的太阳角度下移动太阳及绘制几个可选的阴影模式。我们也应该学习在物体内部进行阴影投射，不应将阴影投射仅仅局限在外部。

阳面和阴面

环境中最生动和富有表现力的光线就是阳光的直射了。

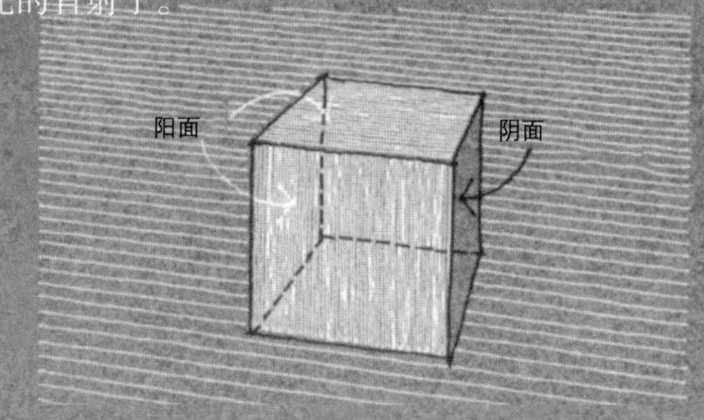

室外透视

一个立方体的六个面代表任何矩形环境的表面（顶部、底部、前面、后面、左侧、右侧）。使用直射的太阳光照射物体，相邻的三边被光照亮——以上图的情况为例，顶部、前面和左侧被照亮。其余的三个面（底部、后面和右侧）得不到阳光的照射，因为它们的方向不合适。它们在阳光的背面，我们把这种背面上的光照条件称为“阴面”。

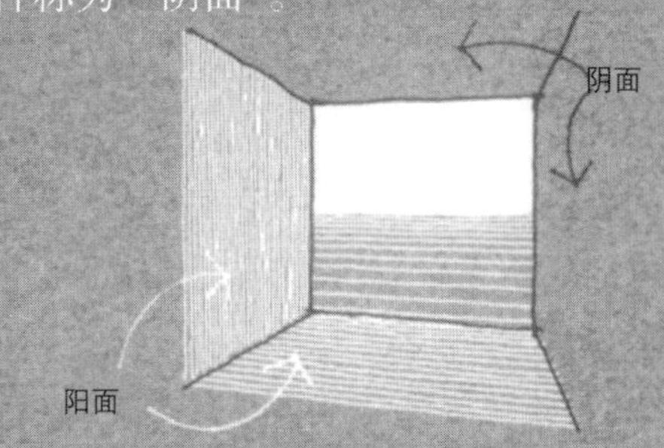

室内透视

如果我们把一个立方体的底墙去掉，让阳光照射进去，阳光就会照亮地面和一面侧墙，而天花板和另外一面侧墙得不到阳光的直射，因而处在阴影中。

阴影和投影边缘

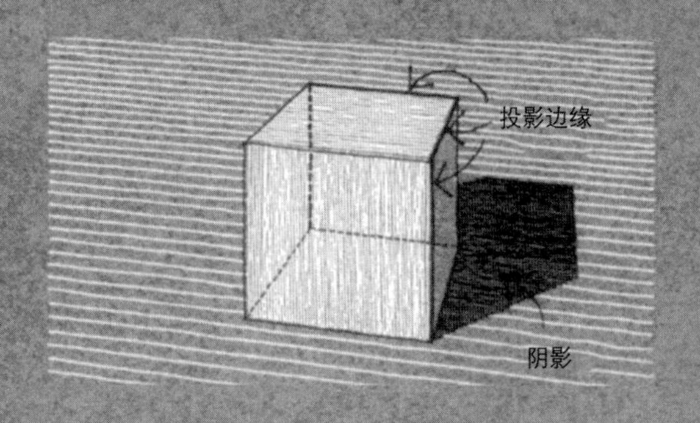

室外透视

立方体的体量会遮挡住阳光，进而在地面上形成阴影。阴影的边界由立方体的“投影边缘”投影形成。投影边缘是将光照面和阴影面分割开来的线条。

室内透视

虽然从这个视角我们看不到光照的室外与室内阴影面相遇形成阴影边缘的转角，但从室内来看，投影边缘就是天花板与右侧侧墙之间的边缘。

在矩形环境中，阴影边缘是直线。理解阴影投影要从线条在平面上的阴影开始。在线条和其阴影所处的平面之间只有两种可能的关系。线条与平面之间可以是垂直的，也可以是平行的，根据以上两种不同的关系，我们称这两种阴影为垂直阴影或平行阴影。

平面上的线条阴影

要理解垂直阴影和平行阴影的特点，我们可以使用旧式橄榄球门的阴影来举例说明，球门的两个垂直门柱与场地垂直，水平的球门横木与场地平行。

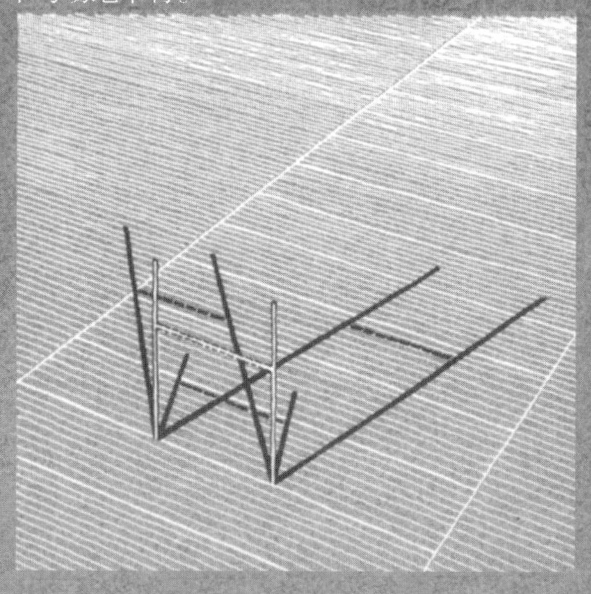

垂直阴影

垂直阴影定位在每个门柱的底部，伴随着地球的自转，阴影会旋转出一个很大的弧形，所以阴影可以做到：

- 极大改变其水平和垂直角度和长度；
- 在一个角度穿过任何矩形环境；
- 彼此平行，并在所处平面上的消失线上汇聚到它们自己特定的消失点上；
- 它们开始并结束阴面或阴影系统。

平行阴影

平行阴影更加被动。平行阴影：

- 总是平行于形成阴影的线条，并在长度上与线条相等；
- 与矩形环境的边缘、转角和连接处保持平行；
- 不需要它们自己的消失点，甘愿汇聚于透视的某个消失点。

想要找到三个垂直阴影的消失点，我们需要使用之前学习过的透视原则：

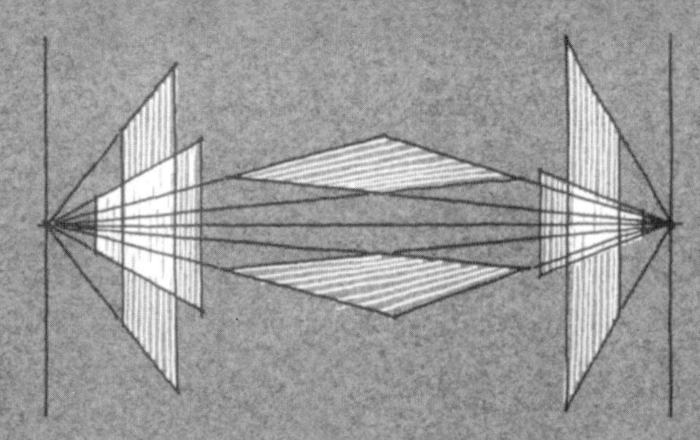

- 所有组平行平面都在视觉无限内汇聚并消失在消失线上。
- 多组平行线汇聚于所在平面消失线上的单一消失点。

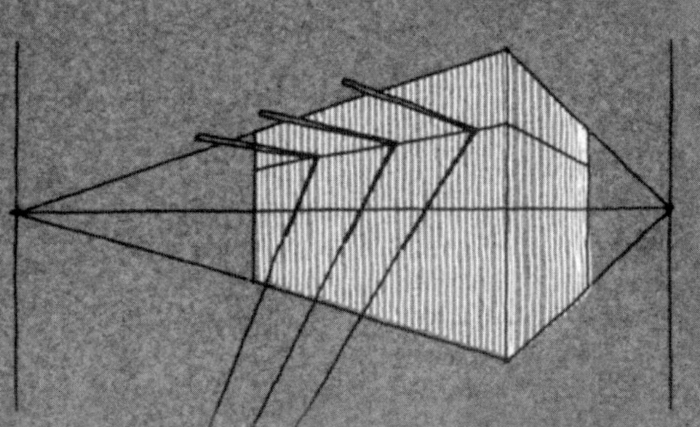

近消失水平线条在远消失垂直平面上投影多组垂直阴影，这些阴影汇聚于远垂直消失线上的一个消失点上。

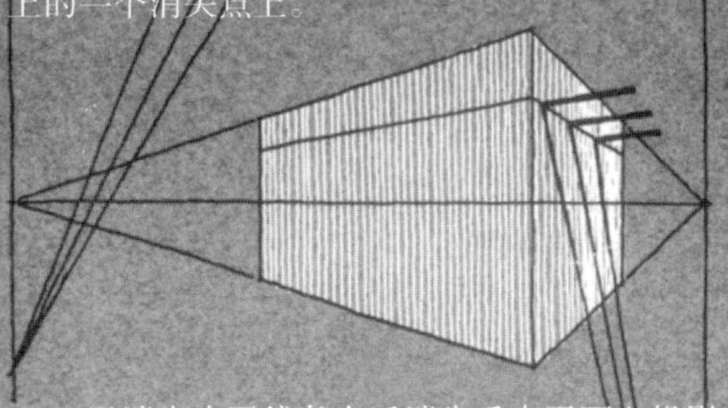

远消失水平线条在近消失垂直平面上投影多组垂直阴影，这些阴影汇聚于近垂直消失线上的一个消失点上。

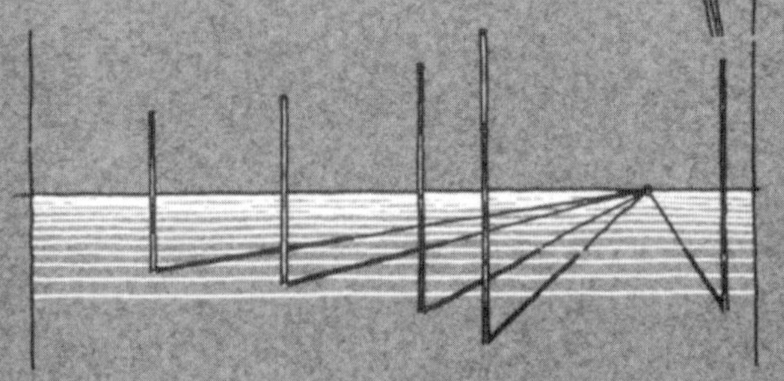

垂直线条的垂直或“旗杆”阴影落在水平平面上，并汇聚于水平消失线上它们自己特定的消失点上。

太阳的光线三角

为太阳的光线寻找消失点，我们需要了解太阳的光线三角，任何垂直投影线（旗杆）都可以形成光线三角，我们还需要了解其投影在地面上的阴影，以及连接旗杆顶部和阴影底部（三角的斜边）的太阳光线。太阳光线的消失点总是位于太阳光线形成的平面垂直消失线上，它是一条穿过“旗杆”消失点的垂直线条。

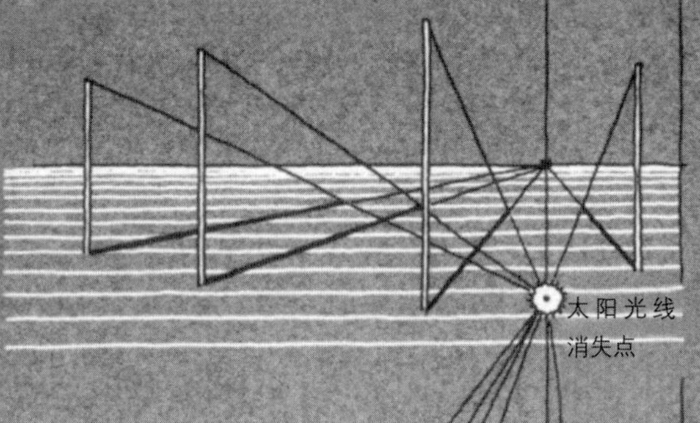

太阳在我们身后时，太阳光线消失点的位置总是低于水平消失线。

太阳在我们前面时，太阳光线消失点的位置总是高于水平消失线

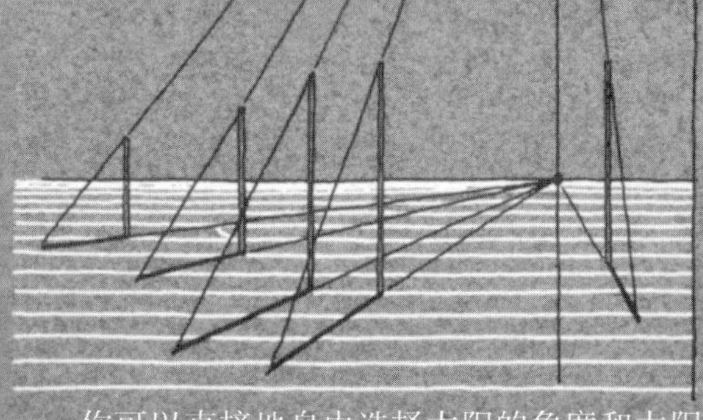

你可以直接地自由选择太阳的角度和太阳光线的消失点，但是，更明智的做法是通过选择两个最关键的（从三个之中）垂直阴影角度，间接选择太阳的角度和太阳光线的消失点。

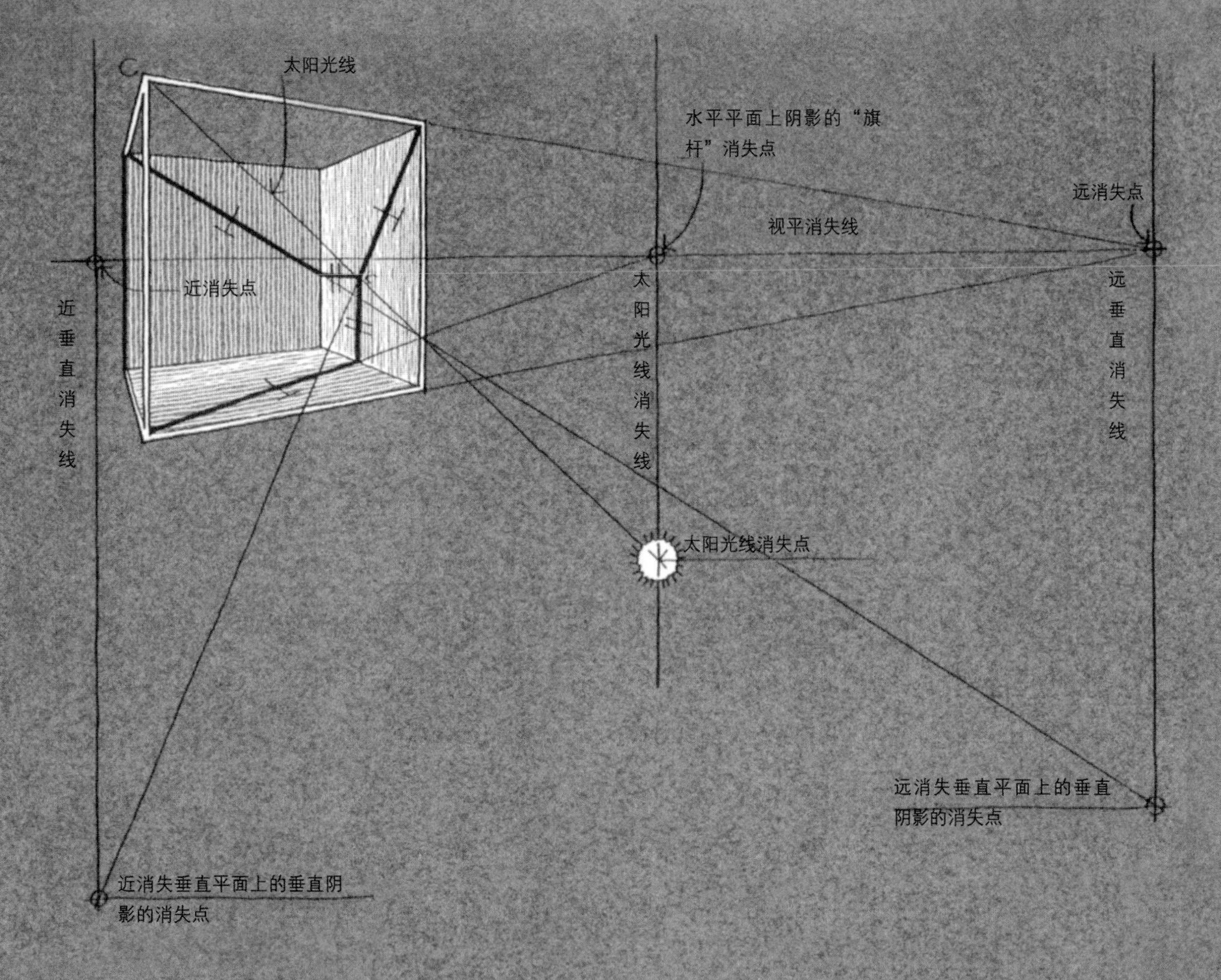

三线/两点透视中的阴影投影

我们现在可以为透视中的阴影投影组合整个框架了。这包括为三个垂直阴影和太阳光线建立消失点。

你需要知道框架后面的原则，而不是这里展示的盒子中简单的具体几何图形。想要测试一下对框架的理解，你可以盖住这个框架，改变其中一个垂直阴影的角度，看一下这样一个改动如何改变了所有的事情：改动后垂直阴影的消失点，另外两个垂直阴影的角度和它们的消失点，以及太阳光线三角，"旗杆"消失点和太阳光线消失点。

理解这个在透视中投影阴影的框架是值得的。一旦理解了它之后，这种理解力就是你的了——没有人可以从你那里将它拿走。有了这种理解力，你就可以在自己的透视草图中投影阴影，那些阴影可以加强你的草图效果，比起其他方法来说更有效。

阴影投影自由

在学习透视中投影阴影的完整框架时，很重要的一点是要理解我们如何采用演绎和归纳的方法将这种阴影投影能力加以应用。

在透视阴影投影的传统教学中，教师规定太阳的角度，要求学生根据这个预定的太阳角度投射阴影。这样做教师可以更容易地为学生评分，因为只有一个单一答案，按照这个答案，对比每个阴影模式就可以了。可以看出，这个办法是个权宜之计，可以应付批改成堆的手绘作业。但是，这种做法具有误导性，因为现实中没有给出的太阳角度。设计师应该有能力选择最好的太阳角度，他们可以通过不同的方式做出选择。

演绎阴影投影

在传统的演绎阴影投影法中，太阳的角度通过在空间中建立某一点的阴影来决定。这样做的缺点是它决定最重要的阴影——垂直阴影角度——作为最初选择太阳角度的二级成果。这可能会使得阴影模式不稳固、不协调，并造成消失点弱化的后果。

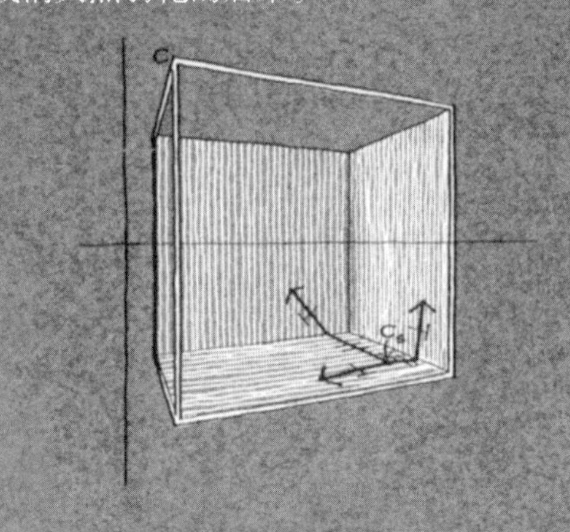

归纳阴影投影

对比来看，阴影投影的归纳法会给你更大的自由，在三个垂直阴影角度中直接选择任意两个。这意味着那两个选择会创造最牢固、最有生气的阴影模式，因为垂直阴影总是任何阴面/阴影系统中最有生气的，并且它可以提供更多的机会，让人们选择它们的长度和角度。

垂直阴影在角度和长度上是无限灵活的，并经常沿对角线穿过矩形结构的其他线条和边缘。我们可以分别选择这两个阴影，造就两个满意的垂直阴影角度。

使用垂直阴影投影的关系创造一个阴影模式更加有用，因为设计师通常会需要阴影保持在一、两个角度上。你可能不会在意太阳的具体位置在哪里，但是更愿意使它成为两个角度选择合力的产物。

使用这个方法，一步步创造阴影模式，为两个阴影（在这个例子中是*CN*和*CV*两条线的阴影）选择任何角度。只要选择出两个，将它们延长，并遵守两个阴影投影关系的准则，直到两个阴影相交。这个相交点就是*C*点的阴影（C_S），因为就是在这一点，投影阴影的两条线相交。

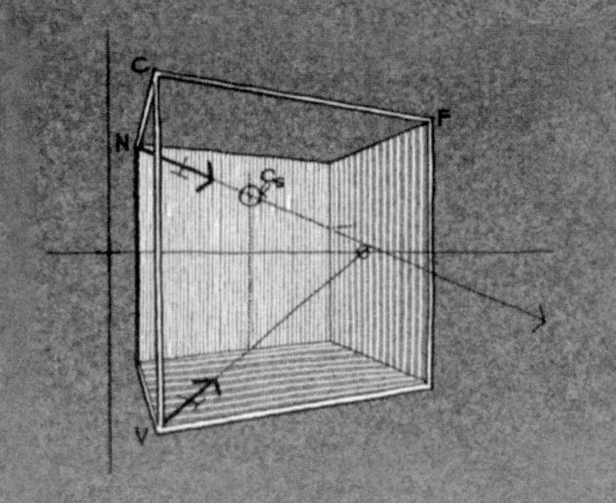

延长每条线的阴影，直到它改变平面（阴影投影关系也随之改变）。你会发现这两个阴影路线将在后面的远消失墙上的高点相交。

首先决定三个垂直阴影角度中的两个，找到C_S点，我们从C_S点接着延长线条*CF*的阴影，就可以完成模式。

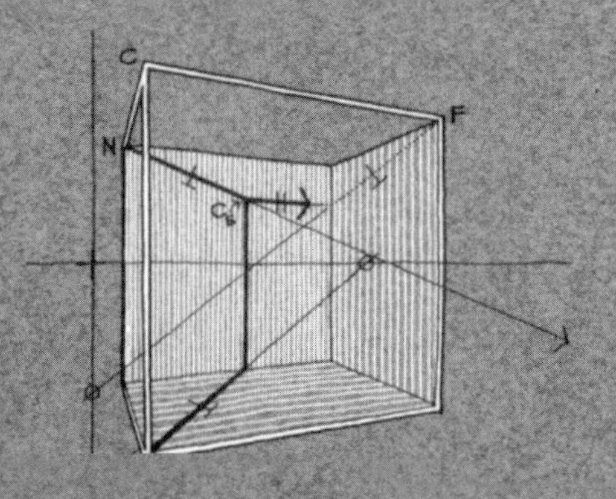

你还可以在垂直阴影角度的两种组合中简单地选择任意一个，借以决定太阳的位置。

你可以首先选择位于近消失垂直平面上的远消失线条*CF*垂直阴影角度和位于视平消失水平平面上的非消失垂直线条*CF*垂直阴影角度；

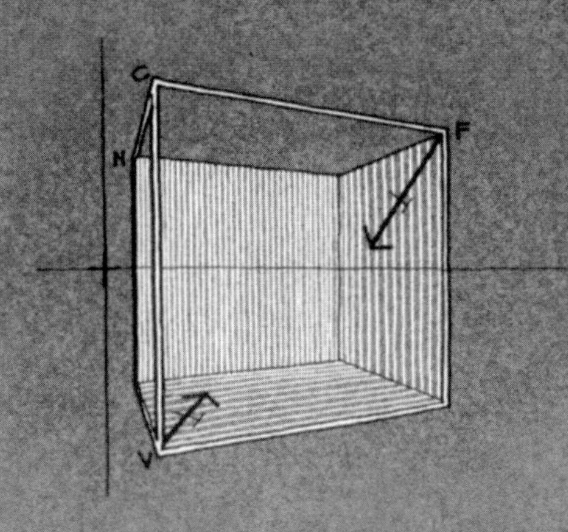

或者你可以首先选择位于近消失垂直平面上消失线条*CF*垂直阴影角度和位于远消失垂直平面上的近消失水平线条*CN*垂直阴影角度；

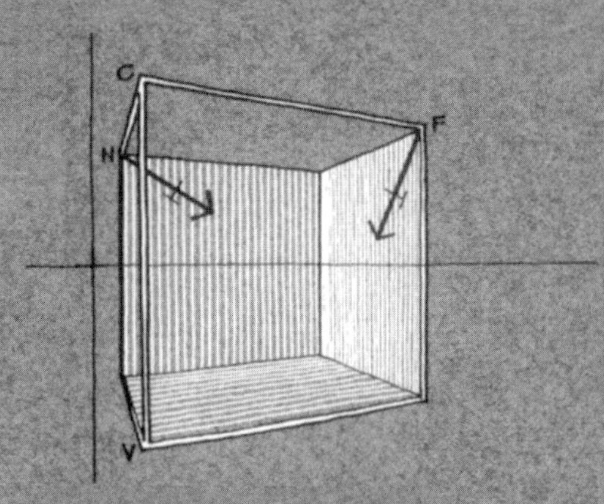

完成最后两个阴影模式，测试你对选择两个垂直阴影角度以完成阴影模式的理解。

向学生们介绍阴影投影时，老师需要讲明这种方法是自由、灵活的，可以为环境增色，这种做法非常有用，强过将阴影投影只当成是另外一个必讲传统，以免学生们只学会僵化的步骤。只有在具有了更深的了解之后，设计起来才能够得心应手。

分析阳面、阴面和阴影中表面的相对明度指数

这三个光线条件（阳面、阴面和阴影）在三个不同的表面方向（这三个条件同时适用于阳面和阴影）上发生，因为每个表面的相对明度指数根据阳光与表面之间的角度关系不同而发生变化。你需要一个方法，来分析每个表面的相对明度指数。这种分析还可以在阴影分析立方体上完成。

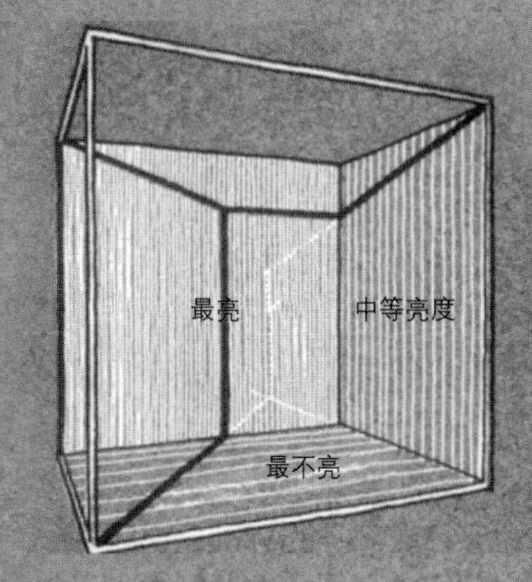

转角的阴影所在的平面（*CS*）是被阳光照射到的表面之中最明亮的，因为它接受太阳光线最垂直的照射。事实就是这样的，因为这个转角与三个平面之间是等距的，它的阴影投影在特定平面上，这些都说明阳光光线与其投射的阴影之间距离最小，因为光线与平面之间更加垂直，这就解释了转角的阴影为什么位于这个平面上，而不是其他两个。如果我们延长阳光光线和平面，直到它们相交，那么第二明亮的被照射面就是阳光光线第二个到达的地方。第三明亮或者说最暗的被照射面就是剩下的这个表面，阳光光线最后一个到达这个表面，因为光线与这个表面之间的角度为锐角。

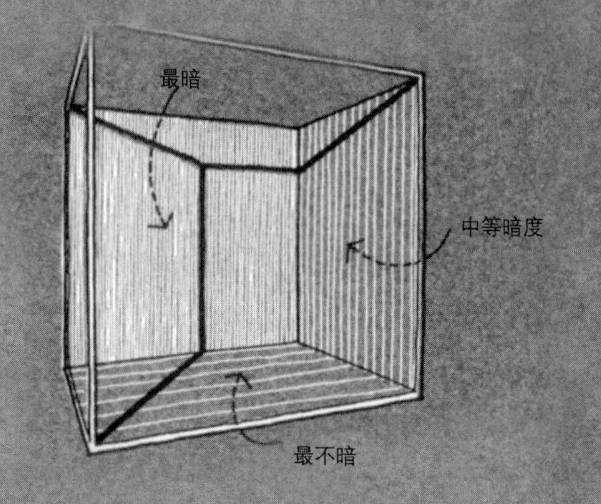

未被阳光照射到的三个表面相对明度指数的顺序与被照射表面恰恰相反。最明亮的被照射面的背面就是最暗的未被照射面，因为被反射的光线最难到达那个表面。在三个被照射面中，最暗面的背面是最明亮的未被照射面，而中等明亮的被照射面的背面就是中等阴暗的未被照射面。

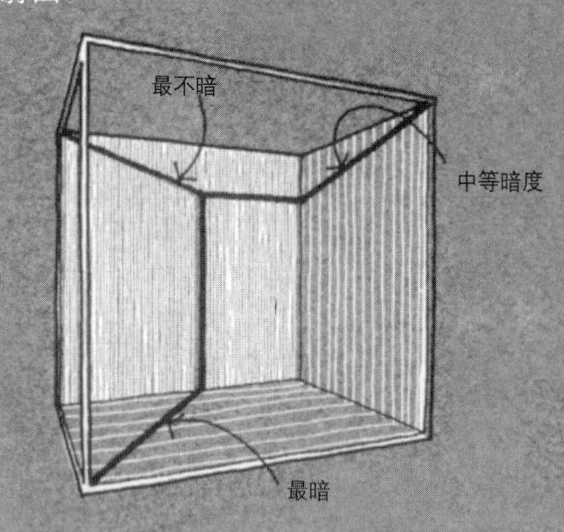

被照射面的相对亮度影响阴影的相对明度指数。最明亮的阴影位于最明亮的被照射面，最阴暗的阴影位于最阴面的被照射面，中等阴面的阴影位于中等明亮的被照射面。

下面的阴影分析立方体可以解释6个面上的9个光线条件。如果我们认为1是最明亮的被照射面，9是最暗的阴影，那么9个光线条件从明亮到阴暗的相对顺序如下：

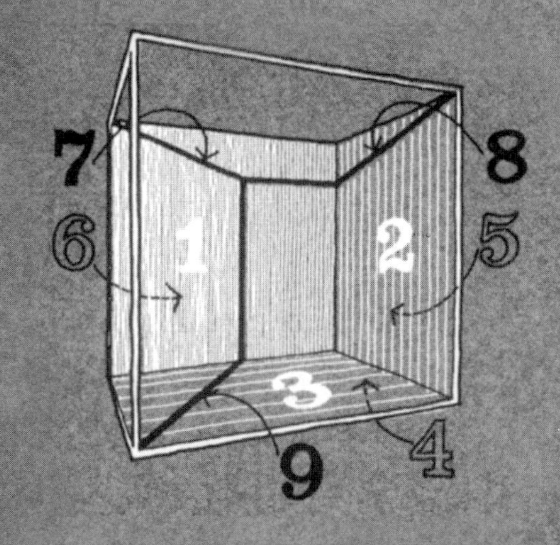

1.最明亮的被照射面
2.中等明亮的被照射面
3.最不亮的被照射面
4.最明亮的未被照射面
5.中等暗度的未被照射面
6.最暗的未被照射面
7.最明亮的阴面
8.中等暗度的阴面
9.最暗的阴面

请注意，在每个表面上，被照射的数量和阴影数量总和是7，在任何表面上，被照射的数量和阴影数量之间相差6。这种细节的分析对于色调手绘来说很必要，因为在这种手绘中，应该表明不同方向的平面与光线之间的区别，仅仅使用色调上的不同即可，不需使用分割线。

更为重要的是，我们需要理解：（1）在矩形环境中，所有阴影投影关系都可以通过阴影分析立方体来加以表现；（2）环境中每个投影边缘所处的方位都如同立方体的立柱一般；（3）每个阴影平面所处的方位都如同立方体的阴影平面一般。

阴面/阴影系统

可能有人会认为复杂的阴影模式是最简单的阴面/阴影系统的集合，最有用的能力之一就是简化阴影投影过程，方法是将复杂的集合分割成多个组成部分。

投影系统

我们需要了解的第一个系统是投影系统，如同一个矩形物体穿透平面被推出来一样。请注意，在矩形固体穿透底板平面的那一刻这个系统就启动了。它的特点与更大体量的特点一样。在一个投影系统中，投影边缘由两条与底板平面平行的线条和两条与平面垂直的线条组成，投影形成了两个平行阴影和两个垂直阴影。两个平行阴影与形成阴影的线条平行，长度也一致。两个垂直阴影启动了这个系统，在角度和长度上差异较大，但是它们的长度相同，也互相平行。

凹陷系统

与阴面/阴影系统相反的一种系统包含推进入平面的矩形空间。这样一个系统拥有的阳光和阴暗表面与之前的投影系统数量相同，但是它们的外形正好相反。

请注意，凹陷系统只有两个投影边缘（都是平行的），因为其他的边缘在转角内部，不能投影阴影，它们将被照射的垂直侧面与阴面的垂直侧面分割开来。因为仅有两个投影边缘，阴影模式也就只有两个垂直阴影和两个平行阴影，因为每个垂直阴影的投影关系在凹陷的底部变成了平行阴影。在凹陷系统中，平行阴影总是与形成它们的线条相平行。

台阶系统

第三种阴面/阴影系统与投影或凹陷系统都不同，在第三种系统中，阴影投影在一系列的交互平面上，这就使得阴影投影关系从垂直向平行交替。这种交替之所以发生，是因为阴影所在的平面互相垂直，所以投影边缘与平面之间的关系互相交替。

在所有阴面/阴影系统中，我们应该看清楚转角的阴影，这一点很重要。如果你可以展示另外转角的阴影，那么一定要延长阴影，不要绘制转角阴影位于转角或边缘上的偶然情况。

阴面/阴影系统并不是遥不可及的，我们也不能只望洋兴叹。我们应该占领阴面/阴影系统，如同我们生活在周围环境中一样。建筑室内最简单的方式就是凹陷阴面/阴影系统。我们处于建筑室内的时候，同样也处于阴面/阴影系统。

间接光线

有乌云的白天或者北向房间的室内都不具有直接光线。没有阴影，空间的展现就只能全部依靠不断描绘环境中不同光线来做到。这种描绘的基础是关于光源的分析或一系列的设想。

采用一个悬浮立方体作为参照物，直接光的强度有六种可能的变化形式。首先，最明亮的强度发生在立方体直接光源的侧面，通常是一扇窗户。第六个，也就是最暗的情况发生在与直接光源形成180°角的表面上。

立方体的另外四个表面（顶部、底部和侧面）都是与直接光源平行的，色调处于中间水平。在这些平行平面中，顶部通常是比较明亮的，因为阳光由地球的大气散播，我们可以认为阳光“落下来”，使得顶部比底部被照射得更加明亮一些。两个余下的侧面分别被照射得第三和第四明亮，根据进入光线的平面角度不同加以区分。

如果主要光源是头顶上的天窗，顶部表面会是最明亮的，底部表面（天花板）则是最暗的，侧面色调为中间水平。在阳光照射不到的地方，或在天花板的不同面上，我们在描绘阴面/阴影范围时，一定要对间接光线进行类似分析。

在区分间接光线的表面时，很重要的一点是要进行诸如前面的假设，然后在所有表面上都要坚持这种假设的一致性。这里的一致性，我指的是所有方向相似的表面应该具有相同的相对明亮度指数。所有的底部都应该是一样的，都应该比所有的顶部阴暗些。所有的右侧应该是一样的，都应该比所有的左侧更明亮些，等等。这种一致性是最重要的因素，它可以区分被间接或散光线照射的表面。

室内

因为建筑物室内通常由间接光源照射，这里或许是最适合谈论正确描绘室内色调的地方了。

大多数关于室内的手绘至少包括户外一瞥，有很多还注重空间连接或室内与室外的模糊区分。包含室外视角的室内透视最重要的特点就是，在白天，室内比室外阴暗很多。不论房间内窗户的数量是多少，它们的方向怎样，或房间被人工照射得有多么明亮，情况都是如此。无论怎样，都无法使室内与室外一样明亮。体验通常都是位于比较阴暗的室内，朝外看去，看到一个明亮得多的室外空间。将阴暗的室内天花板的侧影放在明亮的天空之下，这种对比就更鲜明了。

这个剖面图的颜色编码提醒了我们透视的第一个原则，那就是，在透视中，三组平行平面汇聚于三条分开的消失线上。

- 水平平面及其水平视平消失线都被涂成红色。
- 近消失垂直平面以及近垂直消失线被涂成绿色。
- 远消失垂直平面以及远垂直消失线被涂成蓝色。

在为各组“垂直”线条寻找消失点的时候，这种认识是很必要的。

色调趣味：直接透视中的阴影投影

色调趣味是趣味类别中最有力的一种，我们最不应该忽视它，可以在很远的距离之外看到它。色调趣味依靠整个的灰色色调范围，从纯白到纯黑，覆盖手绘的大幅面积。色调趣味的主要来源是阳面、阴面和阴影。与空间趣味和纹理趣味一样，阳面、阴面和阴影是任何设计的必要组成部分。

传统教学中，阴影投影都是从一个固定的阳光角度在平面图、剖面图和立面图上进行的。我们更应该学习在三个维度中进行阴影投影，并体验如何自由放置阳光，如何研究和选择最有特点或最具生气的阴影模式。

学习在透视中进行阴影投影意味着你将会使用与透视手绘同样的透视结构。尽管在建立一个关于环境的计算机模式之后，有计算机程序可以为你投射阴影，但你仍然需要在学习计算机前的构想手绘中的阴影投射。

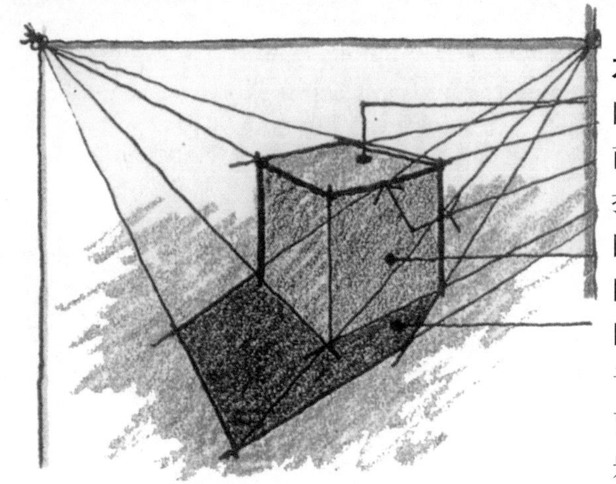

术语表

阳面：直接由太阳照射的表面

投影边缘：任何分割阳面和阴面的室外转角

阴面：背离阳光的表面

阴影：朝向阳光的表面，有干涉物遮挡住太阳的光线进而形成阴影；一个物体的投影边缘投影出阴影的边界。

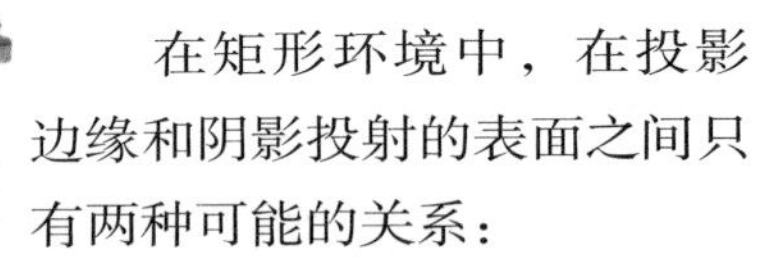

在矩形环境中，在投影边缘和阴影投射的表面之间只有两种可能的关系：

垂直，如线条AB和DE

平行，如线条BC和CD

垂直阴影（AB_S和D_SE）

· 在角度和长度上截然不同

· 总是开始并结束阴面/阴影系统

· 在平面消失线上汇聚于一个单独的消失点

· 总是以一个角度穿过任何矩形环境

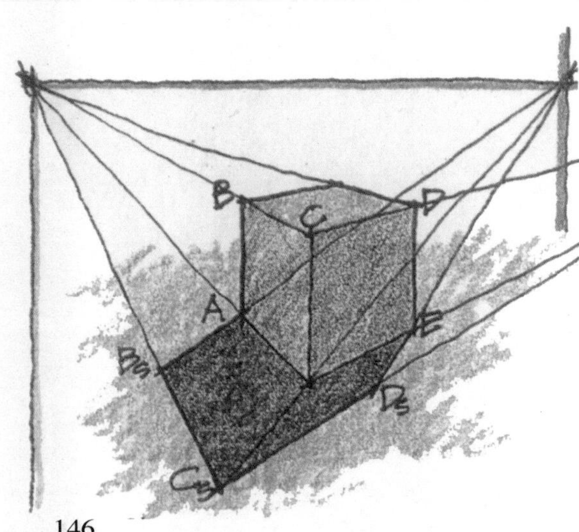

平行阴影（B_SC_S和C_SD_S）

· 总是平行于投影线条，并与其长度一致

· 从来不与投影线条相连

· 汇聚于透视框架的常规消失点

· 总是平行于环境的边缘和连接点

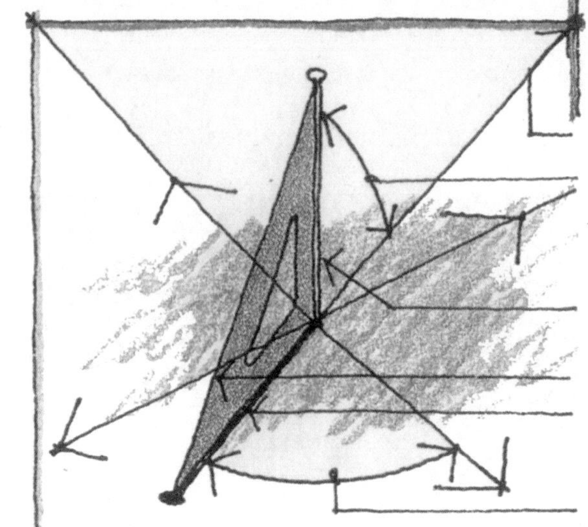

太阳光线三角

旗杆消失点

太阳的垂直角度：

在垂直于旗杆阴影的平面上测量

旗杆：一个垂直的投影边缘

太阳光线：斜边

旗杆阴影：通过一条垂直线条投影在一个水平表面上的垂直阴影

太阳的水平角度：

与罗经点相关的方位角，在地球表面测量观者正面的太阳

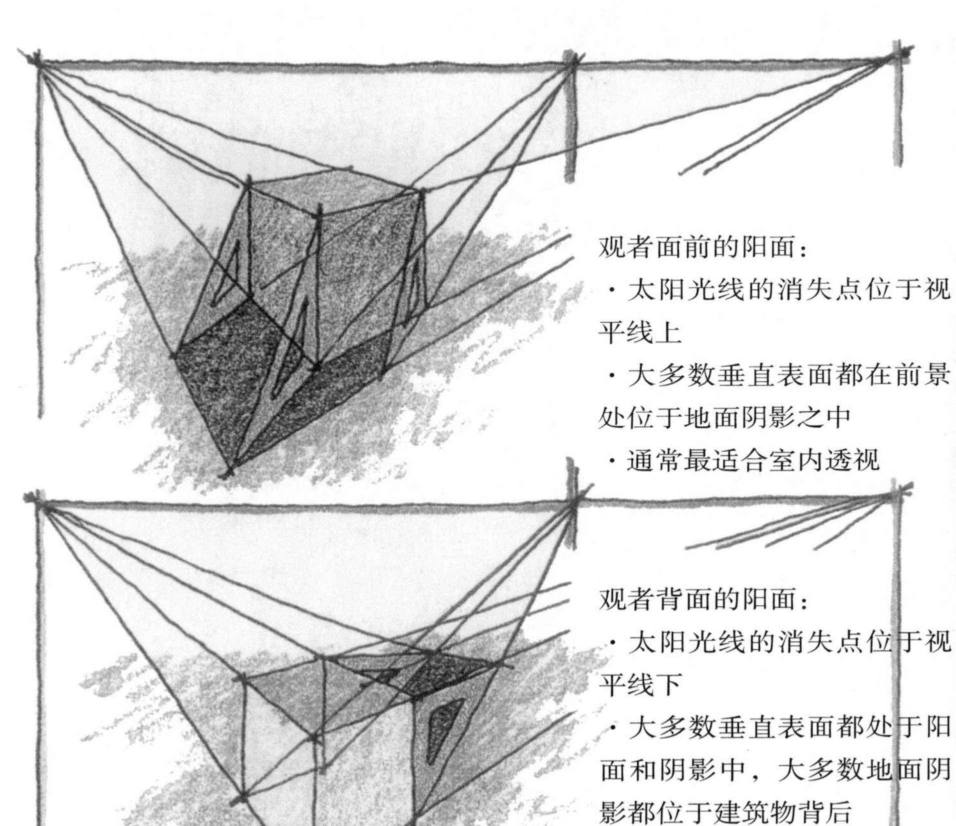

观者面前的阳面：

· 太阳光线的消失点位于视平线上

· 大多数垂直表面都在前景处位于地面阴影之中

· 通常最适合室内透视

观者背面的阳面：

· 太阳光线的消失点位于视平线下

· 大多数垂直表面都处于阳面和阴影中，大多数地面阴影都位于建筑物背后

· 通常最适合室外透视

阴面/阴影系统

大多数复杂的阴影系统都由三个简单的阴面/阴影系统组成：

投射系统：在这个系统中，阴影模式由物体投影出来，这个物体从阴影所在表面突出出来，或看起来位于其上。这个系统以最简单的方式至少拥有四个投影边缘，其中两个边缘是垂直的，两个是平行的。

凹陷系统：在这个系统中，阴影模式发生在表面上的凹口或缺口处，缺口的边缘在缺口内投影一个阴影模式。这个系统只有两个投影边缘，每一个投影边缘都投影一个垂直阴影，其沿缺口的内墙逐渐改变角度，触底后转变成一个平行阴影。

台阶系统：这个系统最复杂，于每个端头开始垂直投影，每次阴影改变平面，都从垂直到平行轮流转变关系。

阴影分析立方体

这个立方体由三个互相垂直的平面和三个互相垂直的立柱组成。其朝向太阳的阴影模式代表矩形环境中所有的阴影投影关系。一共有3个垂直和6个平行阴影投影关系。任何时候，除了巧合情况下，太阳投影的阴影模式都包括3个垂直阴影和2（共有6个可能）个平行阴影。

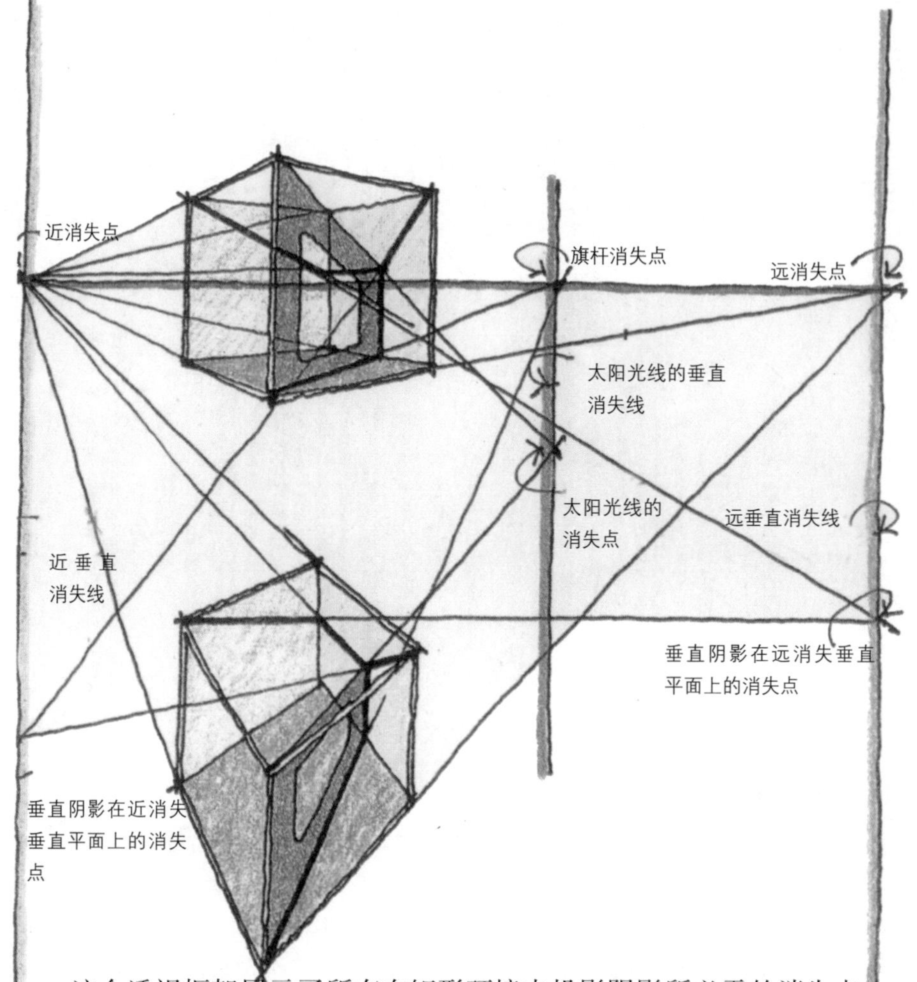

这个透视框架展示了所有在矩形环境中投影阴影所必需的消失点。作为设计师/制图者，你可以自由放置太阳，只要它可以投影出最有特点、最具生气的阴影即可。而最好的方式就是直接选择三个垂直阴影中的两个角度。第三个垂直角度和太阳光线的消失点都是那两个最初选择的合成物。

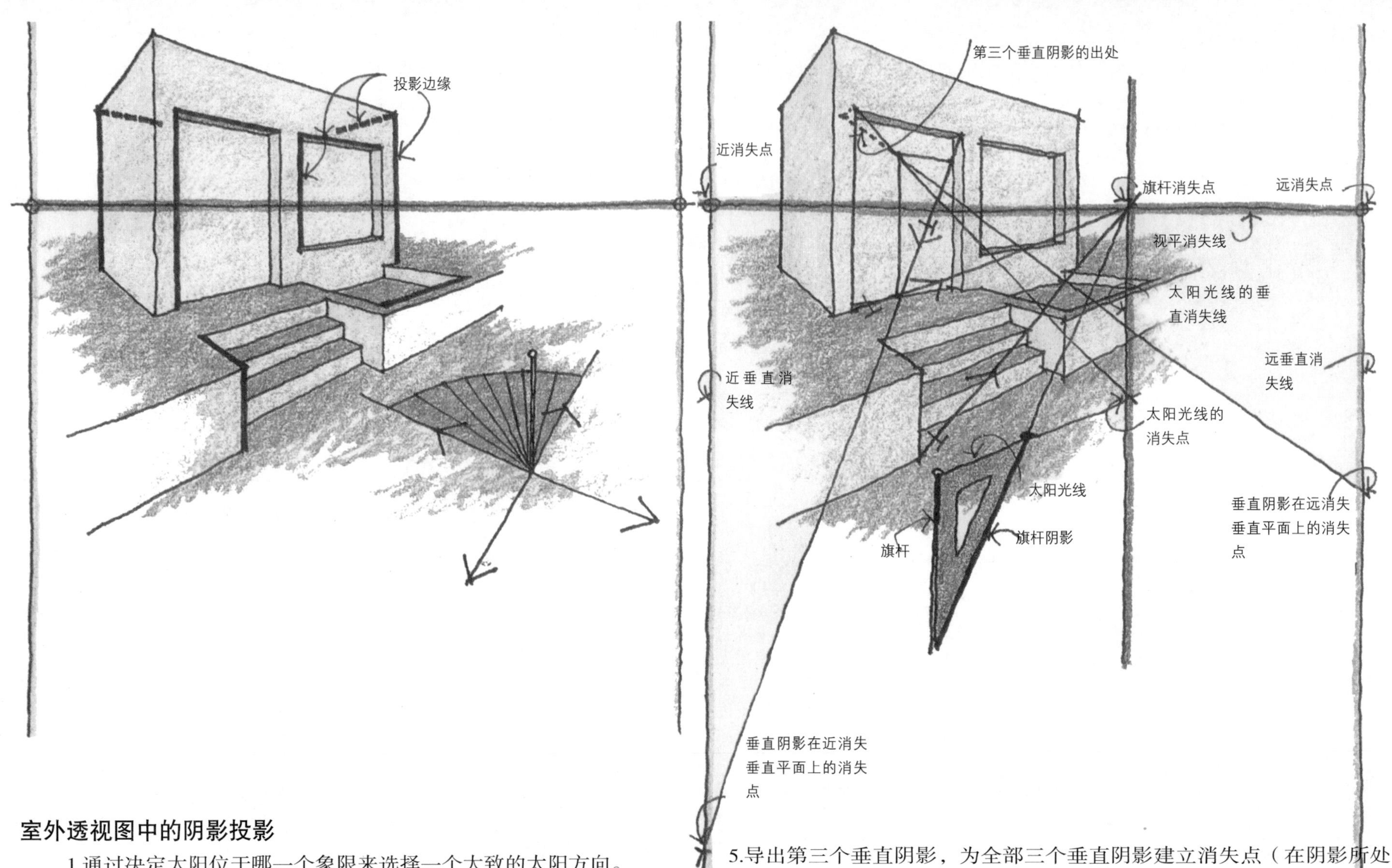

室外透视图中的阴影投影

1.通过决定太阳位于哪一个象限来选择一个大致的太阳方向。

2.作出阳面/阴面分析，以决定哪些表面直接面对太阳，哪些表面背对太阳，或处于阴暗中。识别出处于阴暗中的表面之后，应该在这些表面上面以浅灰色着色，因为这些表面永远不会有阳光或阴影投射到它们上面。

3.识别投影边缘，这些边缘都是室外转角（包括隐藏的转角），它们将被照射的表面和处于阴暗中的表面相分离。

4.通过选择三个垂直阴影中的两个角度进而选择具体的阳光角度。

5.导出第三个垂直阴影，为全部三个垂直阴影建立消失点（在阴影所处平面的消失线上），并为太阳光线建立消失点（在太阳光线垂直平面的垂直消失线上——总是穿过旗杆消失点的一条垂直线）。第三个垂直阴影通常可以在凹陷阴面/阴影系统（如上图透视中门口的凹口）中直接导出，或者你可以在前景中绘制一个阴影分析立方体，用来核实其出处。这个阴影分析立方体一定要非常精确，否则阴影角度就不一致了。

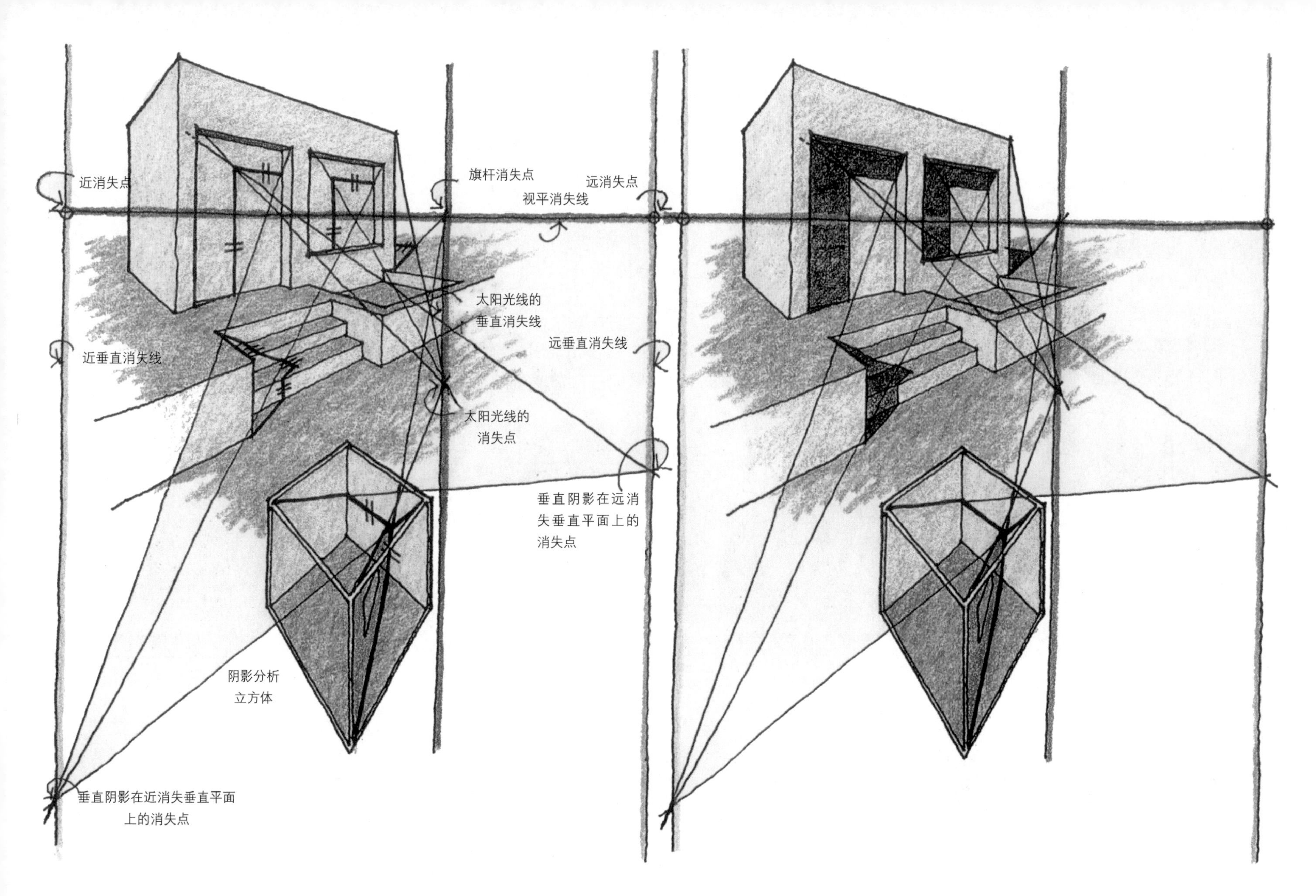

6.通过连接平行阴影，延伸所有的垂直阴影，并将垂直阴影引起的阴面/阴影系统分解。

7.最后一步是使用深灰色描绘阴影，并确保你很了解阴影投影透视框架。几次熟悉这个过程之后，你就会发现最终的阴影模式可以轻易地改变，也可以得到改善，只需稍微改变各个消失点的位置即可。

关于阴影投影比较有趣的是，阴影模式恰当的时候看起来不错，因为我们一生都在关注它们。

室内透视图中的阴影投影

1.通过决定太阳位于哪一个象限来选择一个大致的太阳方向。通常，最好将太阳放置在观者面前，这样光线和阴影都可以进入到空间之中。

2.作出阳面/阴面分析，以决定哪些表面直接面对太阳，在阳光中，哪些表面背对太阳，或处于阴暗中。识别出处于阴暗中的表面之后，应该在这些表面上以浅灰色着色，因为这些表面既没有阳光，也没有阴影。最好能够立刻将这些表面着色，这样透视就开始显示了。

3.识别投影边缘，这些边缘都是室外转角（包括隐藏的转角），它们将被照射的表面和处于阴暗中的表面相分离。

4.通过选择三个垂直阴影中的两个角度进而选择具体的阳光照射角度。请注意，当阳光位于观者面前的时候，我们永远看不到第三个垂直阴影角度，因为它只能位于背向我们的垂直被照射面上。然而，我们有时仍然需要使用它的角度，我们很快就可以看到。

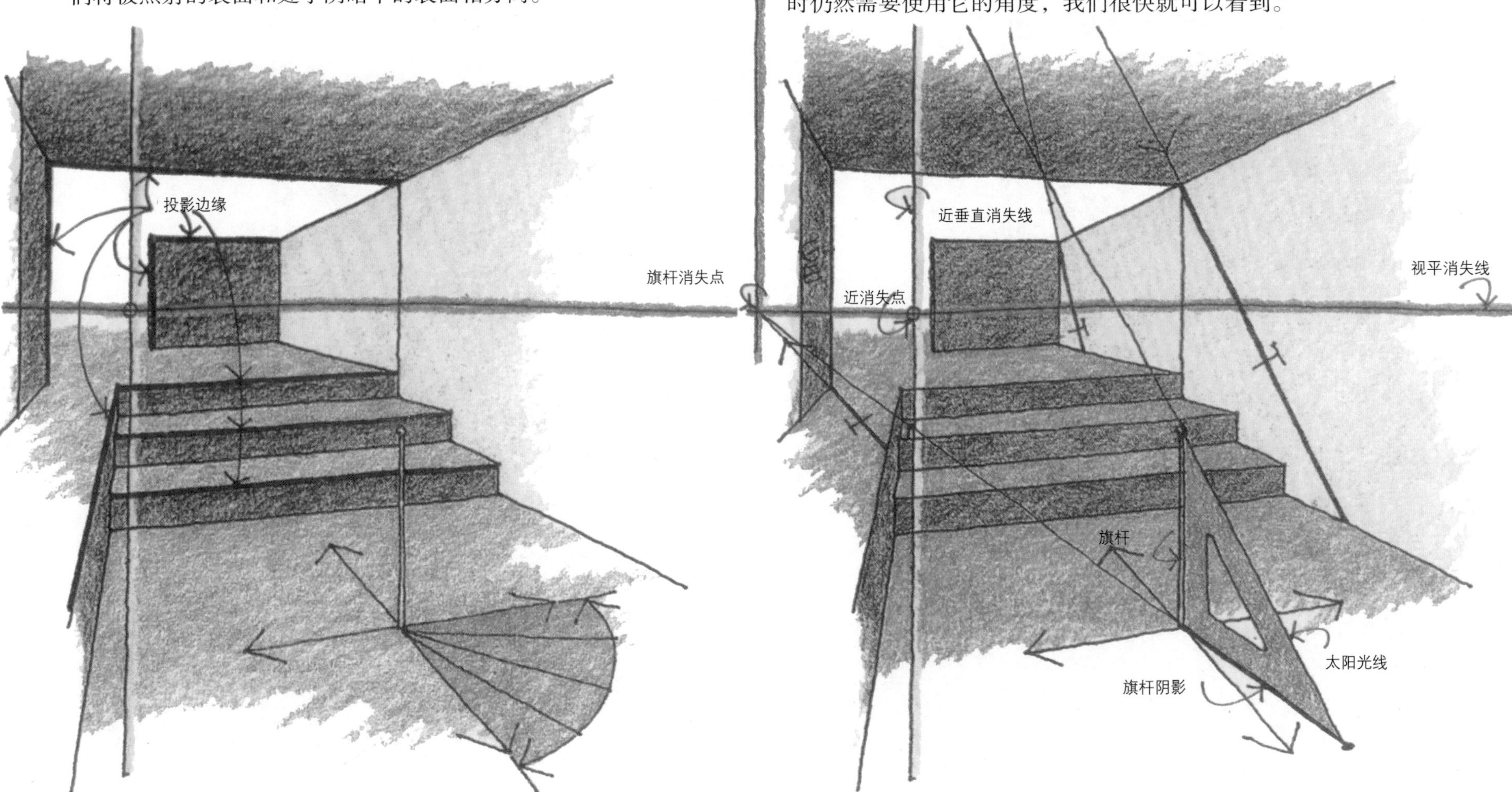

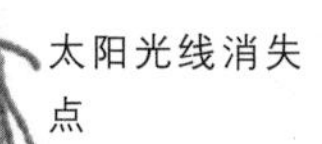

太阳光线消失点

近消失垂直平面上的垂直阴影消失点

5.导出第三个垂直阴影，为全部三个垂直阴影建立消失点（在阴影所处平面的消失线上），并为太阳光线建立消失点（在太阳光线垂直平面的垂直消失线上——总是穿过旗杆消失点的一条垂直线）。太阳位于我们面前，要想导出第三个垂直阴影，只能通过在最突出的位置绘制阴影分析立方体，并向其投影阴影模式，这需要与前两个已选的垂直阴影相符。这个阴影分析立方体一定要非常精确，否则阴影角度就不一致了。

太阳光线的垂直消失线

6.通过连接平行阴影，延伸所有的垂直阴影，并将垂直阴影引起的阴面或阴影系统分解。在这个透视图中，唯一的困难在于左下转角。在此转角处，上底平面的边缘在三个递减台阶上投影出一个垂直阴影。这里需要第三个垂直阴影角度，在每个连续的台阶上定位平行阴影。

旗杆消失点

近垂直消失线

近消失点

视平消失线

阴影分析立方体

7.最后一步是使用深灰色描绘阴影，并确保你很了解阴影投影透视框架。几次熟悉这个过程之后，你就会发现最终的阴影模式可以轻易地改变，也可以得到改善，只需稍微改变各个消失点的位置即可。

关于阴影投影比较有趣的是，阴影模式恰当的时候看起来不错，因为我们一生都在关注它们。

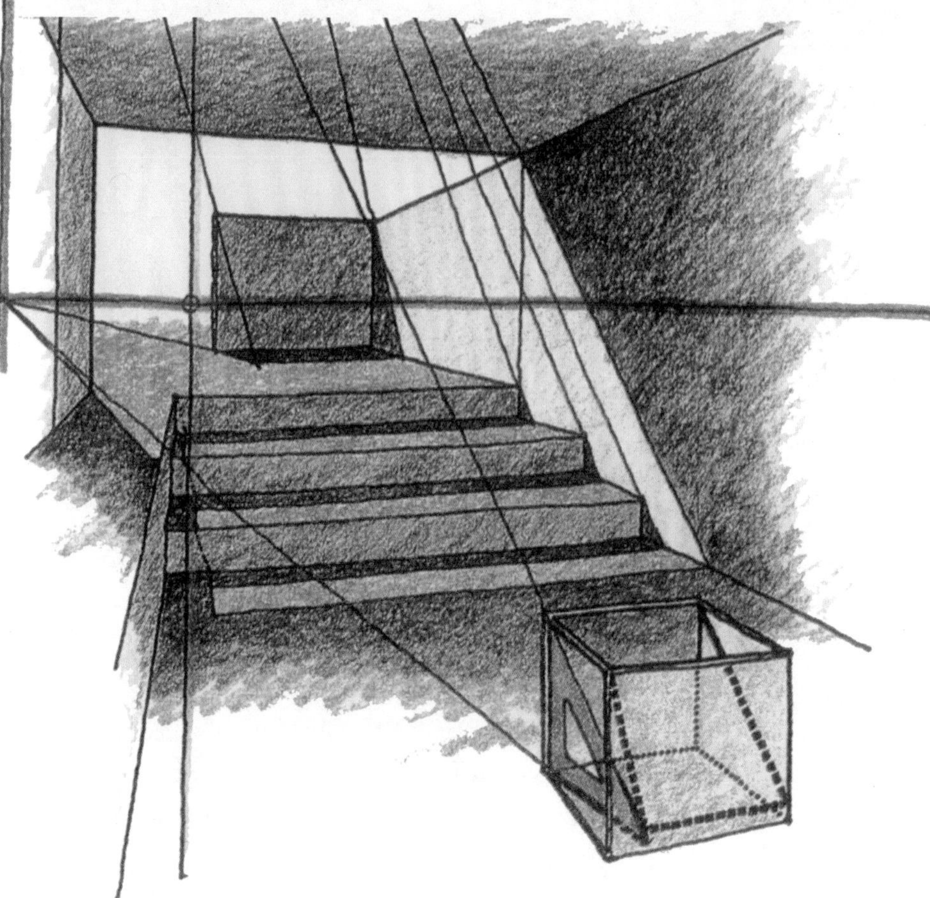

夜间透视图

我们设计的许多环境很多时候都是处于人工照明下的，甚至不比阳光照明的情况少。然而，我们很少研究夜间照明的体验。

当今时代的技术可以很简单地表现人工夜间照明。你可以很快速并廉价地获得任何透视草图，并将其复印在深色纸张上（你需要提供纸张，因为很少有复印化学机储备深色纸张）。或者，在以上例子中，你还可以使用曝光不足的黑线重氮印刷，作为开始夜间透视的一个可选底版。你不得不劝说晒图工人要非常迅速地印刷出成品，如果可能，给他一个样本，因为典型的黑线印刷速度太慢，可能烧掉白色纸张上所有的感光涂层。

一旦拿到黑色底版草稿或版画，你就可以“打开灯光”，只需使用铅笔调整被照射室内表面的色调，并将光线过渡至侧面。最好不要绘制电灯器具或灯光光线——只需描绘光线照明的表面。我们可以在上图的透视中看到，其室内天花板和墙壁被照明，光线过渡到侧面上，比如，侧墙、屋顶和拱腹。光线也被加以描绘，过渡到隐藏处的台阶上。

最好的方式是使描绘看起来如同在傍晚，而不是完全黑掉，这样，以比较阴暗的天空为背景，建筑就可以显现出来。如果假想某一方向射进了月光，也是很有帮助的，这样垂直墙壁就可以根据它们的方向不同而稍微显得明亮或阴暗一些。

室内夜间透视与日间透视正好相反。与从窗户和门看到的明亮的室外空间相比，室内并不是相对阴暗的，室外应该比室内更加阴暗一些。在室内夜间透视中，最好假想时间是在傍晚，这样建筑的室外墙壁可以与阴暗的天空相区分。室内表面也被加以描绘，达到它们的相对明亮度，天花板通常是最阴暗的部分，而地板则是最明亮的部分。尽管人工照明永远不能够非常均匀地照射室内表面，但可以按照它们的本来效果进行绘制，不要尽力想像各种光源可能产生的复杂图案是什么样子的。

在上面的手绘中，我使用了靛青色来描绘天空，并对颜色加以分级，从地平线比较明亮的颜色到天顶比较阴暗的颜色。上图应该是美术馆室内，我在手绘室内，将艺术品都涂上了白色，并没有试图在画作上绘制任何图像。这样，也许你可能不会成为画家了，但却很有希望成为建筑师。

第5章　建立图形词汇

透视提供了一种结构，我们可以通过这个结构来测量并照明体验空间，还可以表现最基本的环境趣味类别。但是仅有一个结构，将各种趣味都放在上面，是远远不够的——你必须同样学习如何将趣味加入到自己的手绘中。这个过程应该包括发现、求索和发展不同绘制附加趣味和纹理趣味的方法，这些可以成为图形“模板”，被加入到手绘中。每个绘图者都拥有塑料的剪切模板，用来绘制圆周、椭圆和浴室纹理。同样，设计师也会得到绘图模板，这样它们就可以在手绘上添加人物、树木、家具、汽车、物质标志和风景纹理等等。

模板是非常容易理解的介绍性比喻，录像带是更加准确的一个类比，比喻博学的、储备的可收回能力，用来绘制物体和模式，这就是本章要探讨的问题。录像带类比比较好，因为这种能力包括掌握控制过程，确保这个过程按照一定的顺序发生。设计手绘是一系列行为的图形记录。如果你试图发现首先做了什么，其次又做了什么，然后练习复制这个过程，你就会开始建立这种录像带的记忆库了。

这些录像带包括一个反馈回路，它将眼睛和手联系起来，并对手绘的发展起到持续监督和控制的作用。这种不断调整的控制叫作自动控制学，在手绘中，这种控制学依靠知觉录像带记录如何绘制树木、人物、椅子或树叶纹理。学习手绘更应该是训练你知觉的过程，而不是训练你的手，因为只有训练过的知觉才有希望控制你的手。

能够将很久以前录制的知觉录像储存，又可以随时方便地恢复和重放，这是一种难以置信的能力。我们需要研究这些录像带，并根据它们的细节数量（以及绘制它们所需时间）和它们与观者之间的距离来将它们加上索引。比如，一个树木的模板系列就应该包括一棵30秒的树、一棵5分钟的树、一棵30分钟的树和分别距离观者500码(457.2m)、30码(27.43m)和20英尺(6.10m)的树。此外，你不应该只拥有一套树木模板，其中应该包含各种手绘技巧和几种不同种类的树。

最有价值的模板在时间上应该是灵活的，这样它们就可以在视觉上很快地让人接受，如果时间更加充裕一些，它们也非常适合远观。我在此尝试说明这种增量细节设计。很重要的一点，你应该牢记你需要在手绘技巧上拥有大范围的选择，包含什么，不包含什么，在细节描绘的哪一个层面上。能够运用这些选择是手绘自由的首要来源。

速度在手绘中最能够体现出自由和信心，而自由和信心来自于拥有知觉录像带的膨胀记忆库。有信心地从记忆库中进行选择，并对这个记忆库进行管理，就决定了你具有快速绘制草图的能力。

一个富有经验的设计绘图者可以在非常有限的时间框架内开始具象设计，并在相当长的时间内拥有大量的选择供其采用。而这样的成绩全然不用咬牙切齿或手指发狂才能取得。这对于初学设计的学生来说，有些咄咄逼人，他们很难相信她或他在目睹决策网络时能同步啮合，这个过程包括在几个录制好的知觉录像带中进行选择、协调和应用。在这个小组中，每个录制好的录像带都可能拥有无限种类的具体构造和细节层次。如果它们在时间上都是灵活的，那么大多数绘制的时间就可以用来研究如何协调它们在手绘中的位置，在余下的时间内可以随时加入细节。

举例说明这种老练的自由在实践中是如何应用的。比如，我正在为一座建筑绘制早期的构想草图，我决定这个建筑的前面需要一棵树。绘制一个树的决定最初就是这样的——这里需要一棵树。然而，这是一棵什么树？把它放在哪里？是在凸出的花盆里，还是靠栅栏的帮助让它长在路面上？需不需要在树底下加上一组人物？树的多大部分被绘制进来？它是否投影出阴影？这些都可以在以后再做出决策。随着手绘的不断发展，我们应该不断地重新评价这棵树在整个手绘中的重要性和它的细节层次，如果你拥有模板集合的话，就可以在所有选择中进行最冷静、自信的思考。如果你没有这些模板，整个形势就不一样了，“啊，我怎么才能在建筑前面画出一棵像样的树呢？那里需要一棵树，可是我会破坏整个手绘的啊！前几天我还看到一棵比较容易画的树——我看看，我觉得它的树干应该这么伸出来——哎呀，查理，今晚你带电子橡皮了吗？”

最好的知觉模板集合之一就是蒂姆·怀特的《建筑表现图形词汇》（1972年）。词汇是个非常合适的词语。如果我们将语言作为手绘的一个类比，我们可以将透视看作句子结构，而人物、树木、家具、汽车、物质标志和风景纹理就是语言中的词语。运用语言，你在手绘中的表达是非常有限的，它受限于你的图形词汇的范围。

幸运的是，环境设计师只需要掌握手绘视觉世界中非常有限的一部分。我曾经长期从事建筑设计手绘，但是与漫画家和商业艺术家比起来，我的知觉录像带的记忆库实在是太贫乏了。如果你让我绘制一头大象或一架直升飞机，我只能说，“对不起，我没有那盘带子。”

针对自己的设计和手绘，设计师必须培养一种既挑剔又宽容的视觉鉴定手法。通过这样的冷眼评价，你就有可能发现，在你的手绘技巧中有一种不平衡——你绘制某些事物的能力高于绘制其他事物的能力。想要使你的手绘保持一致，你需要不断地找寻平衡，这种努力应该成为你不懈的追求。有些制图者，甚至一些职业漫画家在绘制的过程中并没有使用很高超的技巧，但是他们学习过绘制任何东西都要保持一致性，没有什么东西会变得很突兀，换句话说，你不会看出哪样具体的东西画得不够好。在你绘制的东西中发展这样的一致性，尤其是对于那些附加趣味的物体，这样可以提高你的设计手绘的透明度，这种方法比其他任何方法都有效。

你需要达到一种可以接受的平衡，可以绘制你的设计所需的必要内容和背景。而在你获取这种能力之前，我建议你收集绘制得非常好的人物、树木、家具和汽车例图，在需要绘制一流的、具有说服力的手绘的时候，直接将它们临摹在你的手绘中。同时，你应该尽量使你的模板/录像带保持一致。这一点当然不是通过临摹就可以做到的，你应该尽量徒手复制你所收集的内容。记住，你需要培养重复绘制它们的能力，而不是一次性绘制完就完事大吉，也就是说，你需要发展可靠的、可控制的过程。

制作和使用模板可能看起来会从手绘中失掉创造性，但是，设计手绘中的创造性并不在于不断地创造新的手绘方法。你的创造性应该在环境设计中，而不是在环境设计的制图中。如果你进行设计手绘的首要原因是要炫耀你作为描绘者的创造性，那么你对设计手绘是缺乏正确理解的，并且正在滥用设计手绘。

纹理趣味

纹理趣味是一种可以感觉到的趣味——我们在触摸各种材料或表面的时候都可以发现这种趣味。这种趣味是所有趣味类别中最亲密的，它要求直接的身体接触，以进行完全的体验。如同其他趣味类别一样，对潜在的感觉趣味的预期也需要视觉提示。我们记得砖块地板或柚木桌面触摸起来是什么感觉，一旦看到这种表面，那个记忆就会被激发。

如同远距离视觉一样，手绘可以通过激发我们的知觉展现感觉趣味。手绘技巧以不同的程度表现现实或抽象，表现自然或建筑环境中不同的纹理。纹理趣味的主要来源是构成环境的材料集合。现今，手工制作和安装的材料成本逐渐提高，现代技术也随之发展，这些都极大地改变了可用材料的数量。在现今的建筑中，可以使用的纹理数量远远没有以前多，这种改变在泰德·高士奇的手绘中体现了出来。高士奇是铅笔色调手绘大师，他的“粗线条”技巧非常适合他所在时期的建筑材料（石头、柏木瓦顶、砖块、百叶窗），这些材料都是非常富有纹理趣味的。在其事业进入尾声的时候，有人请高士奇绘制现代建筑，但是他发现使用他的手绘技巧绘制不出任何东西。他所绘制的只是建筑本身。铅笔是用来描绘表面的工具，用铅笔怎能描绘白色的灰泥、钢筋、铝合金、胶木或玻璃呢？这也是线条手绘、线条和色调手绘取而代之的一个原因，我们现代材料的纹理趣味很少，最好用边缘手绘技巧来加以表现。

以上手绘选自泰德·高士奇的著作《泰德·高士奇铅笔画》

材料

对于任何设计物体或空间来说，材料都是设计必不可少的组成部分。材料的选择应该适合环境的形式和功能，因为材料极大地影响了任何设计的感觉体验。

设计师必须真实地表现材料，这样，材料选择才能成为设计过程中较早被考虑的因素，而且还是不断加以考虑的因素。没有能力绘制某种材料可能就意味着我们很少考虑使用这种材料——就是因为我们不能向自己和客户充分地表现这种材料。

色调或颜色：在手绘材料的过程中，最好将它们的纹理和构造表现出来，使它们的相对明度指数完全依靠光线（阳面、阴面、阴影），而不是试图表现材料的整体色调或颜色。

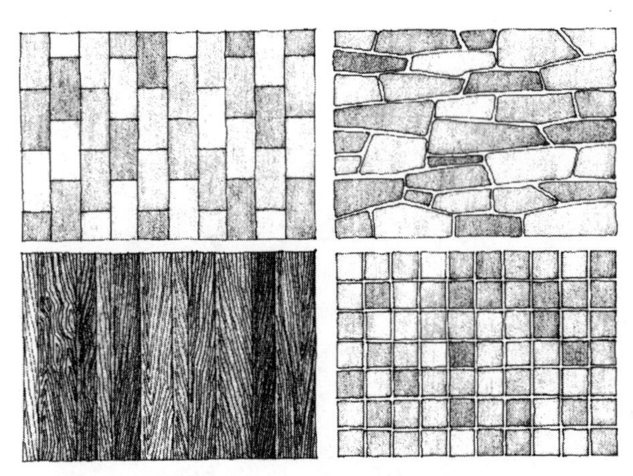

单元材料：每一块（砌石、镶板、砂砾）的形式或表面都应该加以手绘，这样才能够详细说明每一个单元，将一些单元的色调调暗或者调亮就可以达到这个目的。

边缘构造：最好地展现一个材料纹理的地方就是在转角或边缘处，它们可以在侧面图中展示出来。这堵砌石墙体的整体缩进，站立式顶盖岩突兀出来的接缝或者水平木制封檐板的重叠轮廓都很好地表现了那些材料的纹理，比起更多地描绘表面本身更有效。

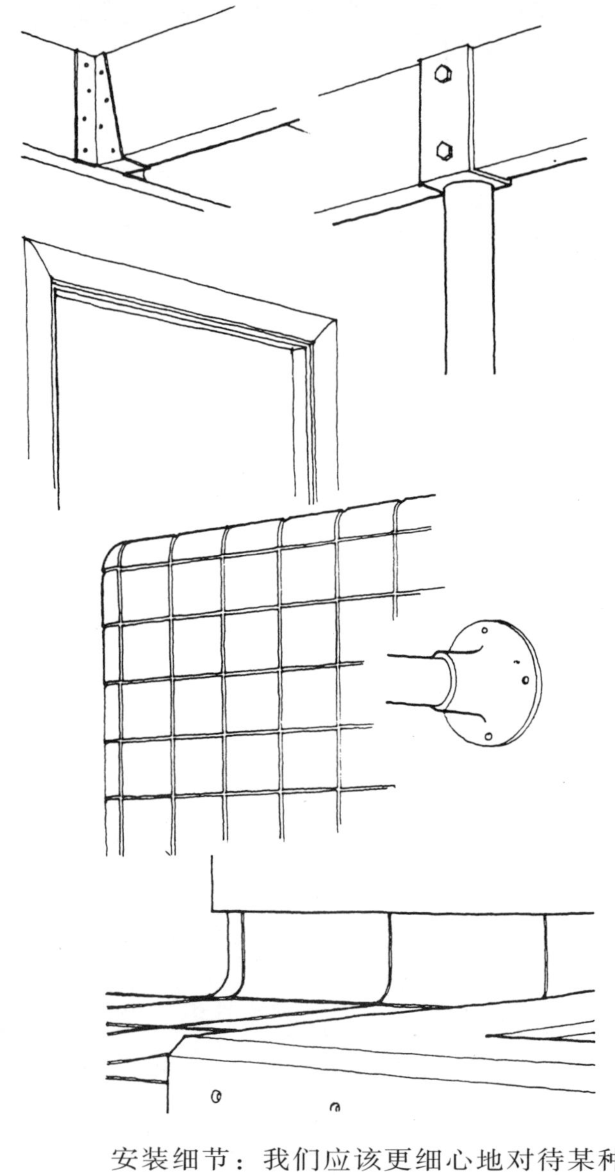

安装细节：我们应该更细心地对待某种材料的现实应用，这样可以有助于表现这些材料。在一堵混凝土挡土墙顶部绘制斜面边缘，斜接木制门框，连接水磨石地板，这些都是安装细节的例子，这些细节都为表现材料提供了有效的提示。

反射

反射表面没有自己的纹理，它们反射其周围所有的纹理和亮度级别。玻璃和水是最普通的反射材料，它们也是最容易歪曲事实的材料。这种失实的表现是非常不幸的，尤其对于玻璃来说，因为它是现代建筑最喜欢使用的材料之一。从外面看到的水或玻璃，不论透明与否，都易非常严重地误解它们的材料性质。

很多其他材料（不锈钢、铝合金、打磨大理石或水磨石和一些塑料）也是反射性的，但是它们的反射度很有限，只需要在手绘中加以暗示就可以了。从外面看到的玻璃和从上面看到的水都反射它们周围的环境，因为它们是平滑的表面薄膜，可以将相对阴暗的室内（或水下）与相对明亮的室外空间分割开来。

只要理解了一个简单的类比，你就可以很容易地将玻璃或水的反射或者任何反射表面手绘出来。你可能很熟悉无菌或者被严格控制的环境，在那些环境里，科学家们需要站在视线板后面，将手伸进密封在视线板上的橡胶手套里。在手绘反射的时候，只需想像一下你成为了科学家：从玻璃后面（或从水底下或反射表面里面）伸出手，抓住外面的（或上面的）东西，将东西从反射表面底下或里面拖出来。就好像你已经将手从手套中拿了出来，伸进了反射表面的里面，你的手在相反的方向延伸，延伸到了反射表面的里面。

这个手绘方法可以绘制反射在任何反射表面上的世界——反射表面外面存在的世界与其在表面里面的反射与反射表面之间的距离是相等的。反射总是将反射的世界以90° 的垂直方式穿过反射表面，而且往往使用透视缩短的方法，就好像在反射表面的后面真有东西存在一样。

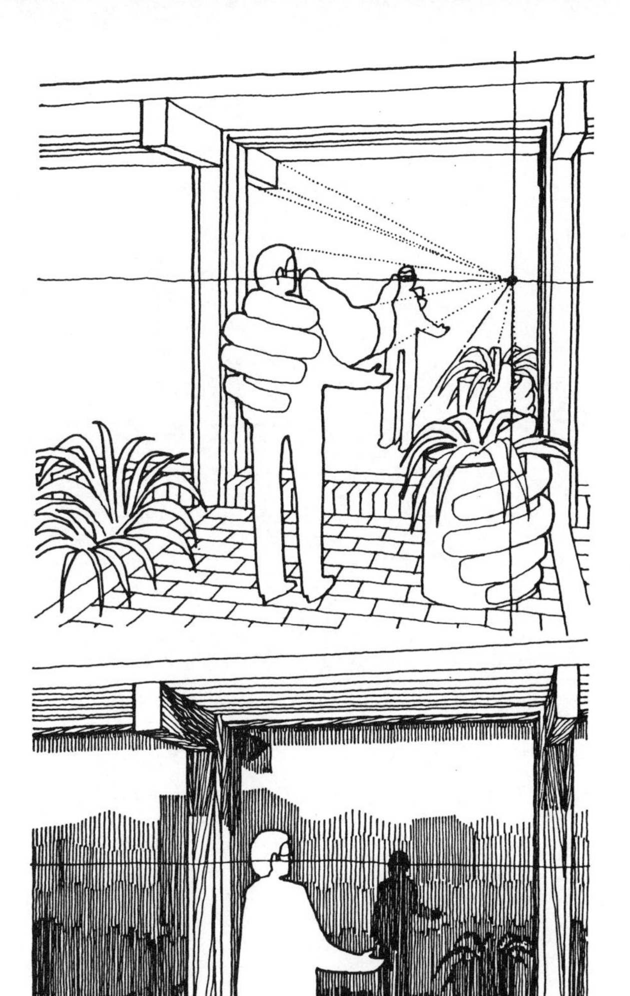

玻璃

对垂直玻璃墙、窗户或门的知觉总是反射度和透明度的可变组合，在这里，反射往往占有主导地位。有四个变量可能影响这个反射度和透明度的组合。

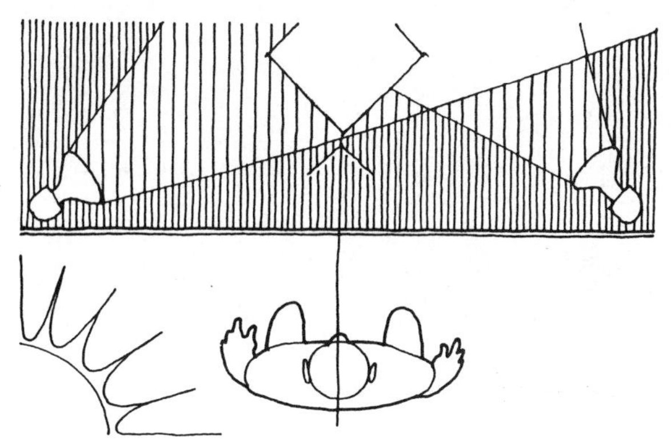

室内照明：如果室内由直射阳光透过玻璃照明，或有非常明亮的人工照明，反射度就会降低，透明度会增高。

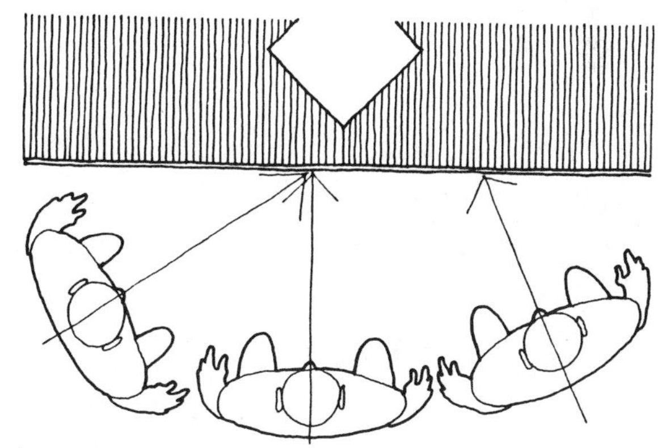

观者与玻璃之间的角度：玻璃在垂直观看的时候是最透明的，观者与玻璃之间的角度越接近锐角，玻璃的反射度会越发增大。

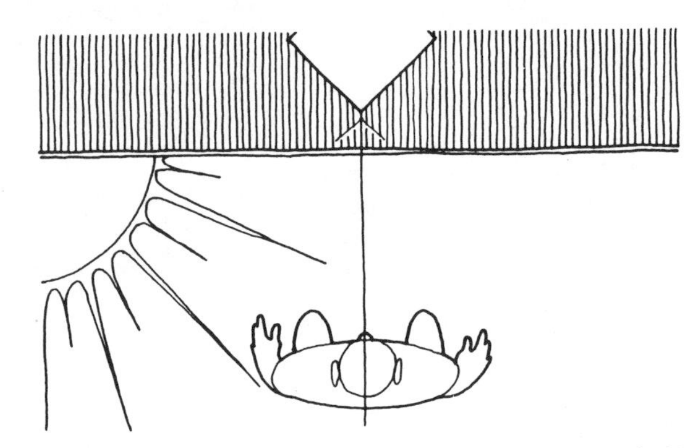

室外照明：如果玻璃上的反射世界由直射阳光照明，并表现出全部色调梯度，那么它的反射就会变得更加强烈，玻璃的透明度也会降低。

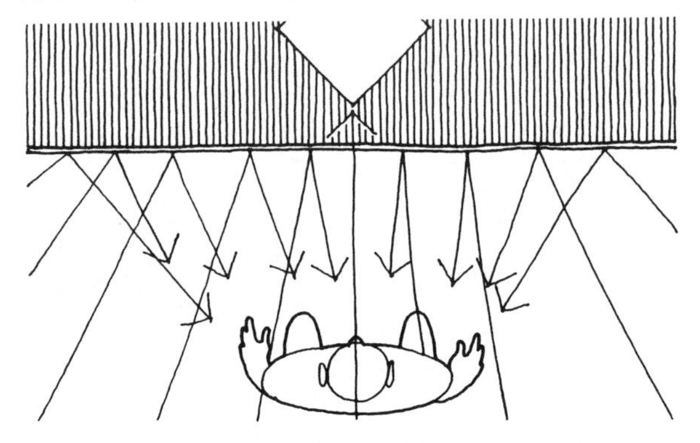

特殊玻璃的固有反射度：如果我们人工将玻璃调暗，或添加玻璃的镜像，则这种玻璃的反射度会高于普通透明玻璃。

因为玻璃通常都是垂直放置的，最好将所有的反射都使用垂直线条的色调手绘的方式来描绘——甚至可以使用线条和色调的手绘方式。在铅笔色调手绘中，我们应该垂直绘制反射，以表现反射表面的位置。不论我们通过玻璃看到什么，都应该先描绘先看到的物体，然后在它们的顶部描绘反射。

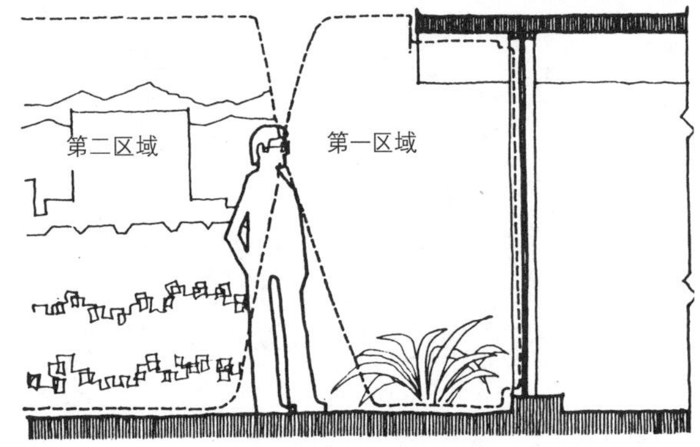

垂直玻璃反射两个不同的区域。第一个反射区域位于观者和玻璃之间，包括透视图中位于玻璃前面的所有物体。这个领域的反射应该具有同样的亮度级别（暗和亮），与它在手绘中的效果一样。第二个领域是在观者后面的物体，这些物体如果不是作为玻璃的反射是不会出现在透视图中的。在描绘第二个领域的时候，最好采用后退的逐渐变亮的空间层次——远方的建筑、树木、山峦——以垂直的线条的色调手绘的方式描绘。在第二个领域的反射上面，比视平线稍高一些的地方，观者后面的天空就可以被反射出来，这个天空的反射通常就是玻璃反射中最明亮的部分。在黑白手绘中，这个天空反射应该保持白色；在彩色手绘中，它应该被涂一点儿淡蓝色。

手绘玻璃中的反射

· 将所有玻璃前面的物体都垂直拉进玻璃里面，朝向消失点。

· 在手绘这些反射的时候，它们在玻璃后面的距离（透视缩短）与物体在玻璃前面的距离相等。

· 在玻璃上使用垂直的线条的色调手绘表示所有反射，因为反射玻璃的表面是垂直的。

· 在观者和玻璃之间物体的色调反射应该与它们在手绘中的相对明暗度保持一致。

· 观者后面物体的色调反射应采用后退的逐渐变亮的空间层次。

水

因为水通常都是水平的表面，所以水中反射最好使用水平线条来描绘。我推荐以水平的线条的色调手绘的方式来描绘水反射，使用所有手绘技巧中的线条的色调手绘方式，但一定不要使用色调方式，因为反射色调的方向也应该是水平的。

作为反射表面，水的水平状态避免了手绘玻璃反射时会遇到的许多问题。在正常透视图中，没有朝向消失点的水平汇聚，因此没有反射的透视缩短，我们也就可以直接测量反射；其中也没有可变反射度/透明度的问题，因为正常观者与水平面的角度呈锐角，表面保持固定可反射的状态；在水中也没有反射的两个区域；观者与任何反射表面之间的关系都是如此，观者后面的物体不可能被反射出来，只有可以在透视图中直接看到的那部分世界可以在水中反射出来。

水中反射也有一个问题，而这个问题在玻璃反射中是不经常出现的。一些物体反射在水中，但并不接触水面——比如距离水边有一定距离的建筑或树木。对于这些物体，你必须想像或机械地延伸水平面，直接延伸到物体下方的一点，然后从那个点向下测量反射，而不是从物体接触地面的那一点开始。想像你将地面拿走，只留下树木或建筑悬浮在半空中，然后将水平面上升至它们下方。如果这样你可以测量反射，那么它们的尺寸就是正确的。反射关系处于物体和反射水平面之间，地面与它们没有任何关系。

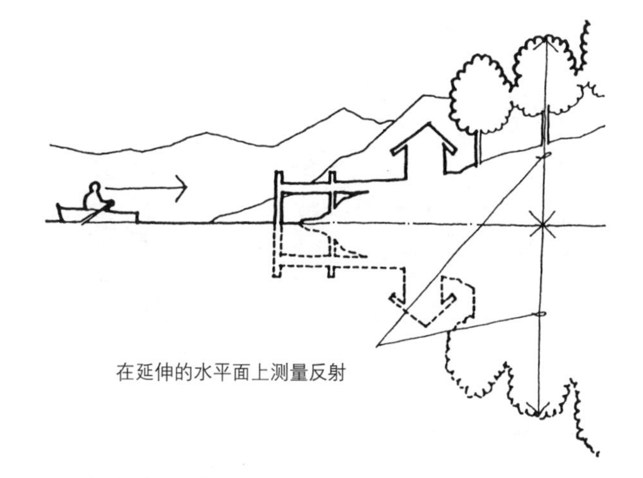

在延伸的水平面上测量反射

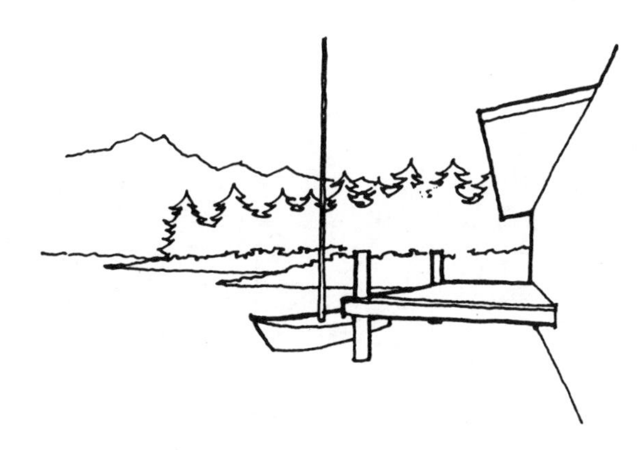

手绘水中反射

· 将所有物体从水平面底下拉出，以垂直的方向穿过水面。

· 手绘这些反射时，保证它们在水下到水面之间的距离与真实物体在水上到水面的距离相同。

· 在水中标出所有的反射，使用横向水平的线条的色调手绘方法，因为反射水面就是水平的。

· 色调反射应该与它们在手绘中的相对明暗度保持一致。

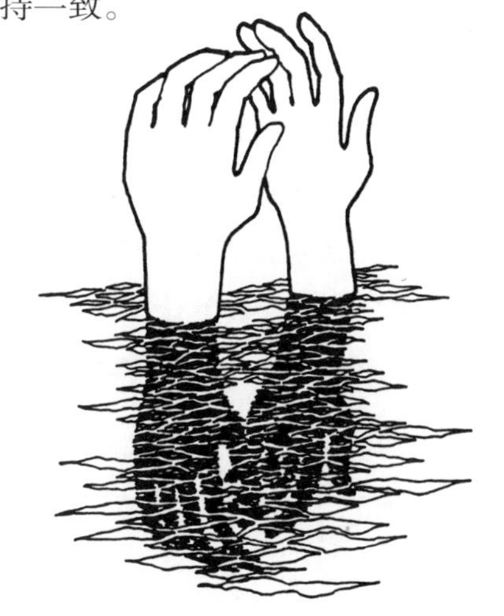

玻璃和水作为环境中的室外材料，它们的反射能力是最富有特点和令人兴奋的。玻璃的反射显现了出口，使得墙体的厚度加倍了。玻璃和水都可以反射美丽的自然环境或建筑环境，它们的反射方式是任何其他材料无法匹敌的，你用来表现它们的方式，如设计和手绘，都应该反映出这种认知。

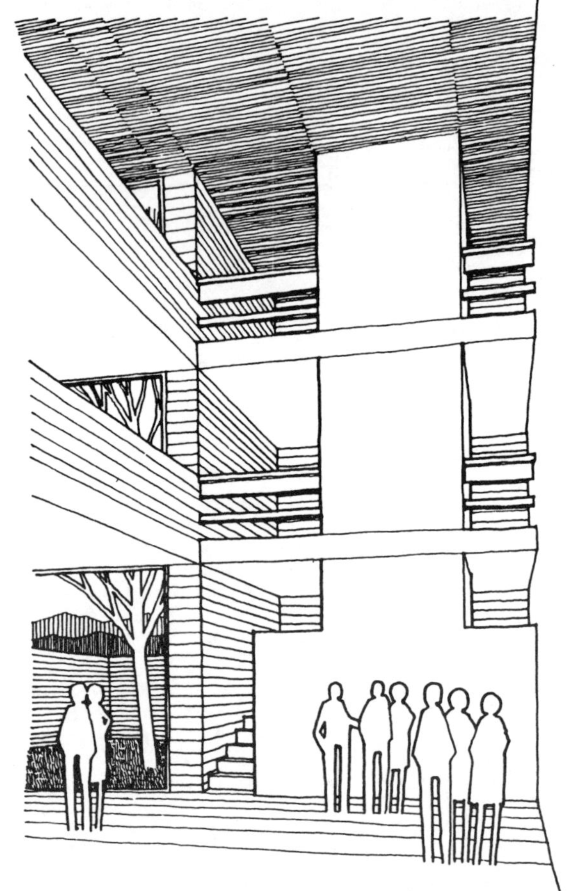

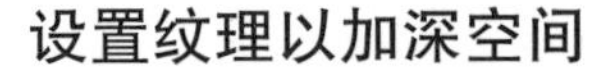

设置纹理以加深空间

环境中影响纹理设置的决定因素与手绘中影响纹理设置的因素不同。在一个环境中，最关键的决定因素是功能性的。冲刷起来具有不渗透性，接触起来很舒服，吸收和反射声音，防滑地板等，这些都是功能决定因素的例子。在手绘中，只有一个决定因素——纹理是如何帮助观者知觉空间的——这意味着它们必须被设置在最远的空间界定表面上。

将纹理设置在最远的空间界定表面上可以从两个方面加深手绘：

1.在逐渐后退的表面上，纹理从粗糙到精细渐变，使我们知觉它们处于三个维度中。

2.背景表面纹理位于没有纹理的前景物体之后，前者的消失和重现使我们知觉一个连续、潜在的背景空间。

在手绘中，纹理的设置可能产生差异，这种差异可以在二维平面图中展示出来。将餐厅的桌子和椅子加上纹理并没有帮助观者知觉到手绘是有深度的，然而，如果在地板上加上纹理，那么这种模式会在家具的底下消失或重现，我们就在桌子和椅子下面知觉到一个连续的背景表面，也就产生了错觉，认为手绘是有深度的。

附加趣味

附加趣味包括我们及自然加入到建筑环境中的附加物，它们可以是树木、植物、其他人、人类的用品——装饰品、招牌、汽车等等。

大多数趣味类别都是装饰性的，而现代的环境设计师们赫然将它们作为必需的装饰设计引入建筑。20世纪初，建筑师们谴责所有的装饰都是颓废的、肤浅的，装饰的缺失成了现代建筑的标志之一。我们仅仅是在最近才开始再一次装饰建筑的。我们曾经认为，去掉建筑环境中的装饰，我们可以获得美德和纯粹。实际上，这种做法跟我们谴责装饰一样肤浅，因为我们继续将这种趣味带回到环境中，其形式是鹅掌柴、弯木摇轴和印花布。

可以提供附加趣味的东西也可以丰富对环境或手绘的知觉，方式有以下三种，这三种方式需要分开考虑：

说明尺寸：因为提供附加趣味的物体与人物之间有特定的关系，有时甚至包括人物，那么它们就是我们测量尺寸的首要来源。一个空间经过设计可以看起来比实际尺寸更大或更小，故意模糊一个环境的尺寸可以使得空间体验更加有趣。不考虑设计师的意图，实际的尺寸总是由附加趣味的物品，尤其是人物，规定出来的。

指明用途：附加趣味的物品指明了空间的用途。设备、装饰品、招牌、人物在空间内的活动都应该表达空间的功能。在一个购物中心里，各个商店门口都应该有招牌，还有很多顾客提着包，向橱窗张望、指指点点。

演示空间：或许附加趣味物品最重要的贡献就是演示透视的空间。只要占据上下水平或远处的院子，或消失在环境中其他因素的后面，它们就可以展现某些空间的存在性，并且具有一定的高度、深度或构造。这种空间的演示非常重要，必须加入到手绘的空间趣味之中，我将在本章的结尾讲到这个问题。

附加趣味因素的误用

附加趣味因素可以给手绘带来很多好处，但是它们也同样可能以下面的方式破坏手绘：

模糊空间：在将附加趣味因素加入手绘的时候，我们必须十分小心。这样，它们才能够增强我们对空间的知觉，而不是抑制这种知觉。因为我们对空间的理解依靠空间来界定表面的能见度（这个能见度也依靠表面的边缘或交叉处的能见度），人物、树木、家具和汽车的设置不应该彻底遮盖转角处的平面交叉。这可以在左面的手绘中得到演示，这幅手绘展示了同样数量的额外趣味在手绘设置的时候，一种方式遮盖住了空间界定转角，使得对空间的理解变得很困难；另一种方式展现出了所有的空间界定转角，我们就可以很容易地知觉空间。我们可以遮盖一部分较长的平面交叉，只要它们不在靠近转角处变得模糊，因为靠近转角的地方标志着空间的变化。如果可以看到它们两边的清晰度，我们就会相信它们可以在沙发和灌木后面保持笔直。

破坏透明：刚刚我提到过，设计师的目标之一就是创造完全透明的手绘——观者可以透过手绘直接看到它所表现的环境。这一点对于附加趣味物品来说尤其重要，因为人物、树木、植物、家具和汽车对我们来说都太熟悉了，通常不会引起我们过多的注意和区别对待，它们可以优先占有设计重心或使手绘变得非常自我，进而轻易地控制一幅手绘。

优先占有设计重心很容易就可以做到，只要试图设计所有或任何的附加趣味因素就可以了。例如，家具和汽车都已经被设计好了，我们都很熟悉这些普通的设计、风格和模式，试图设计一个新颖的汽车或家具都是显而易见的，都可以轻易地优先占有手绘的设计重心。

使手绘变得非常自我也可以通过描绘附加趣味因素来做到，方式是要求观者过分地关注。不幸的是，新手设计师的第一“模板”或“知觉录像带”都是这种类型的。附加趣味因素太过聪明可爱了，把它们放在手绘的中心位置就很清楚地表明，绘图者对自己手绘树木、汽车或人物的能力很是自豪，却忽略了环境的设计。

我们通过一个例子来说明这两个陷阱。我用本科学生们的方式手绘几个形状，这些形状一眼看上去几乎分辨不出是什么东西，因为它们都是重新设计的产物，在手绘人物方面都是非常自我的方式。

手绘这些形状曾经有一些明确的规则。头部总是矩形的，并与身体分开。有些形状还通过在身体躯干的中心画一个圈来加以区分，在我看来，这个圈就像三明治、扣子或肚脐。这些形状是不分男女的，只是有一些打着领结，还可以增加一些细节，比如一只圆形的手握着气球或牵着狗（我从来没有掌握如何描绘牵狗的画面）。我们在手绘周围画了很多这样站着的机器人，曾经还很自豪地认为自己掌握了当时起支配作用的图形。之后，我发现这样的形状会获得客户的微词，这是很显然的信号，这些形状优先占有了设计，使得手绘变得非常自我、晦涩难懂。

保持透明度

绘制附加趣味因素的时候，有两种方法可以明确说明尺寸、指明用途、展示空间，同时又能保持透明，不会优先占有设计或使手绘变得晦涩。

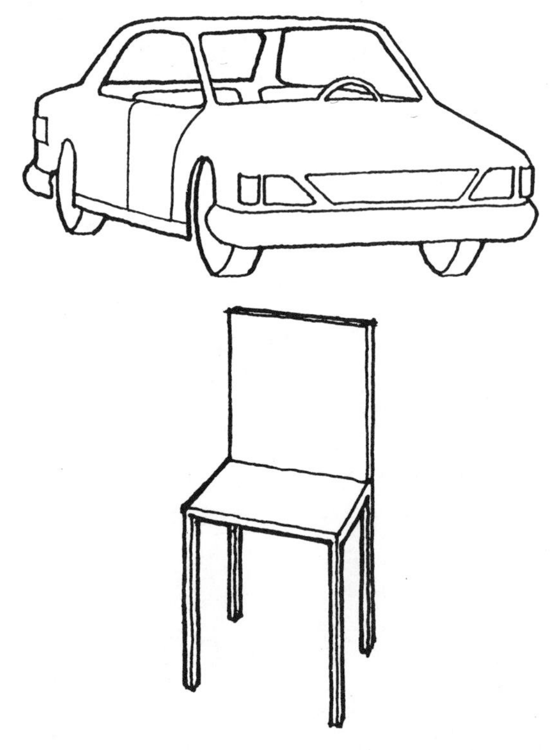

柏拉图的椅子：第一种方法是将附加趣味因素设计得简单一些，它们并不代表设计本身。使用这种方法，每张椅子都成了柏拉图的椅子，有座、有靠背和必要的四条腿，再无他物，这张椅子只具有所有椅子的精髓而已。除了可以使附加趣味保持透明之外，这种方法也是最有效的手绘方式。

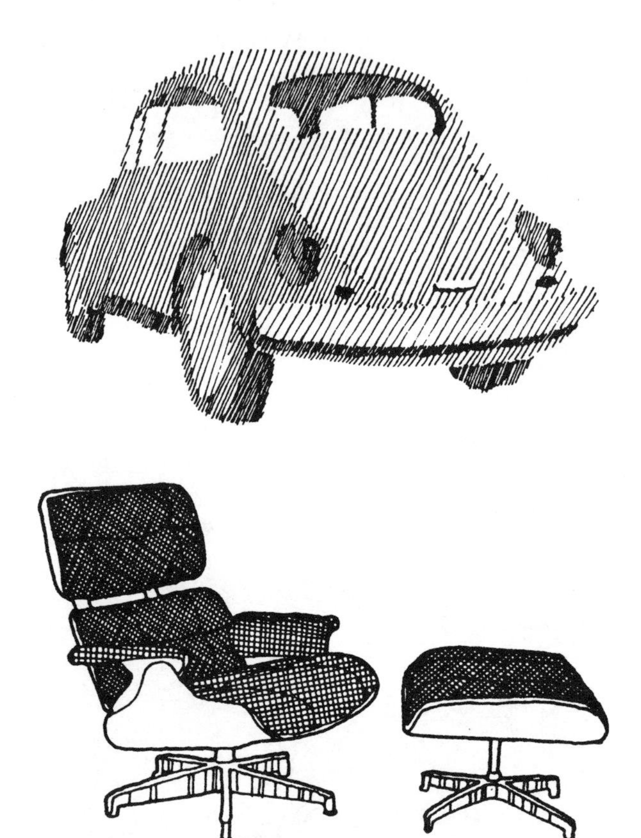

埃姆斯的椅子：第二种方法是选择一种广为人知的、设计得很好的因素，并用最大的精确度和现实度将它们手绘出来，如同一把埃姆斯的椅子或一辆大众汽车。这种方法需要物品的照片或图片作为参考，而且需要更多的时间（除非你可以临摹这些物品），但是，最后的效果是一样的。它将附加趣味因素从非常自我的设计或手绘区域中拿出来，这样它们就不会占用观者的注意力了。

可信度：第二种方法还有另外一个重要的优点。如果你在附加趣味中加入一个或多个有名的因素，它们就可以帮助你建立手绘的可信度。如果选择的因素对于所表现的环境来说非常重要的话，那么就更加有助于建立手绘的可信度。比如，你在设计一座体育馆，非常仔细地描绘鞍马、一组双杠、一个篮球筐和它的支柱就可以建立手绘的可信度，可以更有效地描绘环境。很奇怪的是，或许你作为设计师的可信度总是与你的手绘的可信度联系在一起，不管是好还是坏。

如果你设计体育馆，你的手绘显示，你不知道那些设备在那个环境中应该是什么样子的，或者你根本不了解那个环境，从而无法准确地描绘它，客户会怎样评价你设计空间的能力呢？

人物

与附加趣味的其他因素不同，人物在设计手绘中有一个根本的目的。除了可以明确说明尺寸、指明用途、展示空间以外，人物还可以提醒设计师他们的客户是居住在空间里的人，如果空间不能够容纳人物，那么就没有居住的价值了。

20世纪初，我们从建筑中去除了装饰性细节，同时也去除了人物与建筑进行身体接触的可能性。旧式建筑有嵌线、腰线、护墙板和各种其他因素，你可以坐、靠或把脚或肘放在上面，也就是基本上都可以有身体上的接触。许多现代建筑不论在材料选择还是在细节设计上都基本上不可以进行任何接触，或许是特意为之。

从最初的草图开始，如果在手绘设计中加入人物，它就会提醒你应该有坐、靠、放置肘或脚的地方，或者只要可以接触就好。如果没有这些，所有人只能很不舒服地站在那里，也就是说，你设计的地方缺少人文关怀。

大多数设计师都不能成为大师级的人物绘制者，他们也不需要如此。如果不参考或者不临摹技术高超的绘图者的人物手绘，我仍然没有能力（或许永远不会拥有这种能力）根据某些表现手绘的要求绘制一流、细致的人物。设计师应该能够胜任人物的手绘，但是人物的手绘不应比所设计的产品或空间更加精细。设计师也不应该试图重新设计人物；这可能是一个可行的设计，或许会取得革命性的成果，但如果在设计手绘中重新设计人物，他们可能会优先占有你所设计的房间、庭院或建筑。设计师更加明智的做法是将他们的努力集中在如何更好地描绘人物，将人物仔细地安置在手绘中，并完全为设计服务，而不是试图重新设计它。

在手绘家具和汽车的时候，有两种方法可以应用在人物手绘上，可以给新手设计师提供更大的灵活性。

临摹人物是最安全的方法，从一张照片中选择适合的人物，并将其直接临摹到手绘上是最好不过的了。你可能需要分割并重组他们，使得他们可以适合手绘的背景，但是如果你的透视图处于水平位置，站立的人物不论是任何比例都可以直接放在视平线上。一些书提供了各种人物可以临摹，你应该收集这样的人物，并将他们临摹在你的表现手绘上。虽然临摹对于提高绘制人物的能力毫无裨益，但它可以给你提供一种体验，感觉一下如何将人物安置在透视图中。等到你绘制人物的技巧与其他手绘技巧一样好的时候，将绘制好的人物临摹到你的设计手绘上也是比较聪明的做法。

制作自己的人像是另外一种手绘人物的方法，应该与临摹同时进行。在收集可以用来临摹的人像资料档案时，你应该建立另外一个相似的集合——收集录制好的知觉“录像带”，可以帮助你手绘自己的人相。建立第二个集合会更慢一些，但却是值得的，因为这个集合最终会赋予你更大的自由度。

我发现，绘制人物最好的方法是首先开始绘制粗糙的设计草图，在精确设计的同时再将这些人物草图进行修整。也就是说，你不是自始至终都在绘制一个人物。相反，每个或每组人物的绘制都是开始于临摹纸张覆盖图，然后在精确设计手绘的时候再对人物草图进行修整。

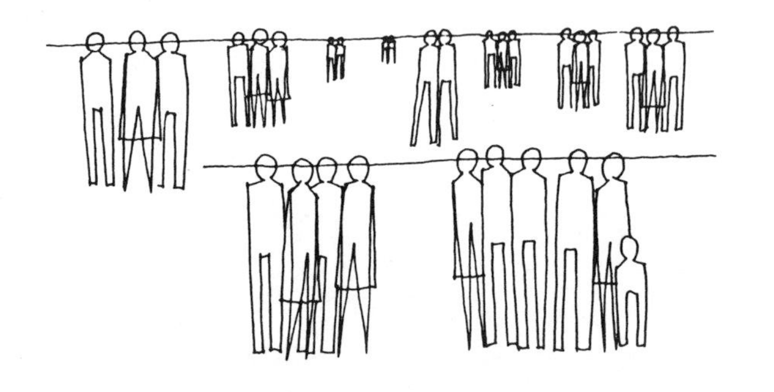

在水平透视图中的站立人物最好由绘制气球似的头部开始，将头部设置在视平线上，矩形身体由裆部分成两条腿，通过腿根部的形状，可以清楚地分辨男女——矩形的为男人，因为它有形状规则的裤角；三角形的为女人，因为它有尖脚的鞋。适当加入笔直的短袖或连衣裙，这些形状就足够代表草图中的人物了。

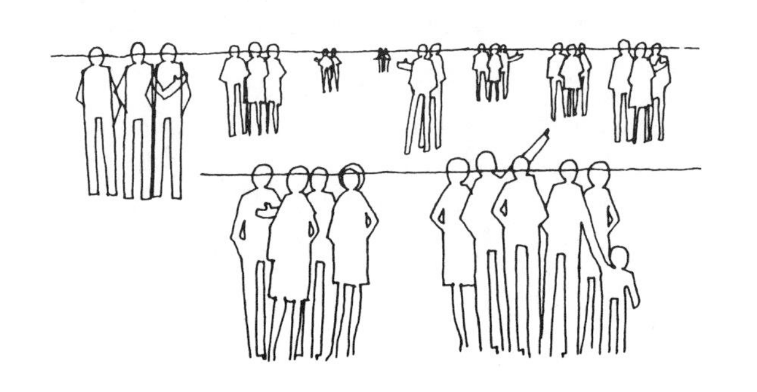

下一个层次的细节加入胳膊，可以是不对称的肘部凸起或延长的胳膊来代表讲话或指向的手势。人物应该位于群体中，只需要在人物上加入做出手势的胳膊、下颏和轻微的头部倾向就可以表示谁在讲话，谁在倾听。对于各个人物之间典型社会关系的描绘非常有助于表现空间的用途。

下面，还有几个穿着细节的表示，比如，领子、领口、袖口、腰围线都可以更好地区分男女。在头部轮廓上也有一些不同，通过不同的发型来表示男女之间的区别。

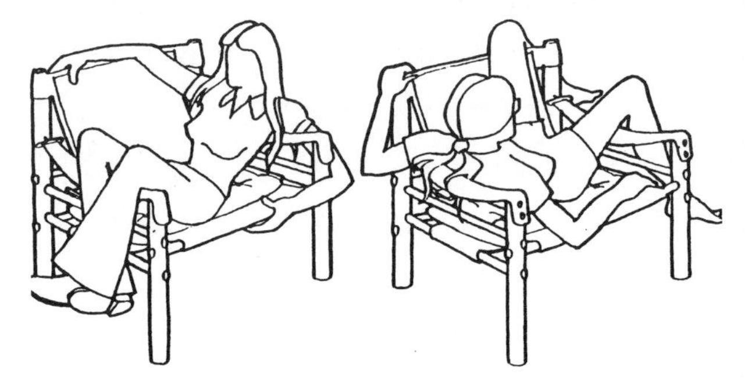

另外一点也非常重要，就是要安排人物在身体上接触周围环境，比如，以各种姿势触摸、握住、坐或靠着周围环境。这就要求另外一个层次的精细描绘，包括手、膝盖/座位弯曲、肘部放在椅背上的姿势。人物通常都是身体接触环境，除非在一些非常正式的场合，因为有些非常正式的场合禁止这样的接触。我们坐在一张椅子上，把腿放在扶手上，把胳膊搭在椅背上，把肘部放在桌子上，把脚跟放在脚蹬横木上等等。人物以呆板的对称姿势或坐或站，这样的人物不但难画，而且怎么看都不像属于这个环境的一部分。绘制多种姿势的人物，这些人物都与环境有身体接触，这样的手绘比较容易绘制，看起来这些人物也真像属于那个环境一样。

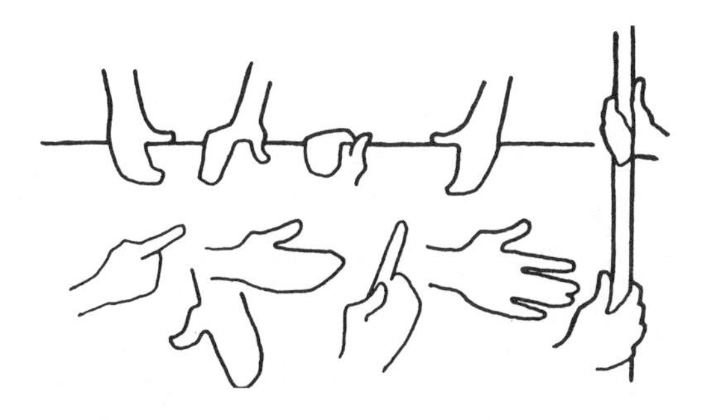

在这个层次，我们最好将手绘制成连指手套的形状，只需要表现大拇指就可以了，这样的绘制就可以把人类与动物王国的其他生灵区分开来。手绘中的大拇指与现实中一样，让我们可以抓住扶手、椅背或门把手，这样就可以令人信服地察觉到我们已将人物与环境联结在一起了。

膝盖/座位弯曲在绘制坐着的人物的时候是必须要注意的，膝盖骨和臀部的弯曲在展现坐着的腿部姿势方面非常重要。肘锁定是一种很好的方法，可以将坐着的人物与椅背联系起来，也可以将站立的人物与吧台高度的平面或护拦联系起来。我觉得你会发现如果你学习手绘一些不同坐姿的人物，具体到他们紧握的手、膝盖骨，以及不同的肘锁定关系，那么即便一些细节描绘得比较粗糙，你所绘制的人物也会看起来更加令人信服，似乎他们与背景息息相关。

人物与背景之间的关系包括弯曲躯干、胳膊和腿，这样人物就占据了空间或深度。这与简笔人物画比起来是一个非常重要的进步，简笔人物画存在于正面观者的印花–平坦的平面上，通常都展现人的身体和四肢的完全长度，如同我们在万圣节悬挂的用铆钉连接的纸板骷髅。为了占据空间，肢体或躯干的一部分一定要经过透视缩短，这样在空间中，胳膊、腿或身体其他部分都保持了完全长度，那么被缩短的部分就会很容易被观者感受到。这种手绘占据空间人物的能力是很重要的一步，在细节层次上略胜一筹，使得每位人物看起来都更加真实可信。

在人物手绘中，更多的精致细节都值得我们做进一步的解释。因为我们通过知觉人们的脸来认识他们，对人物进一步细节上的描绘也应该从头部开始。我推荐按照以下的顺序加入以下的细节：

- 下巴和鼻子（表明人的注意力的方向）
- 头发轮廓（表明性别和年龄）
- 眼镜（代表眼睛，并强调注意力的方向）
- 头发纹理（为人物加入纹理趣味）

我经常主张不要描绘眼睛和嘴巴，因为它们非常难描绘，并且，他们加入了脸部的表情，这已经进入到了漫画家的领域。漫画家经常通过嘴巴、眼睛和眉毛的不同来表现人类不同的情感。如果你手绘眼睛和嘴巴，那就冒了一定的风险，你的人物手绘可能会变成肥皂剧。

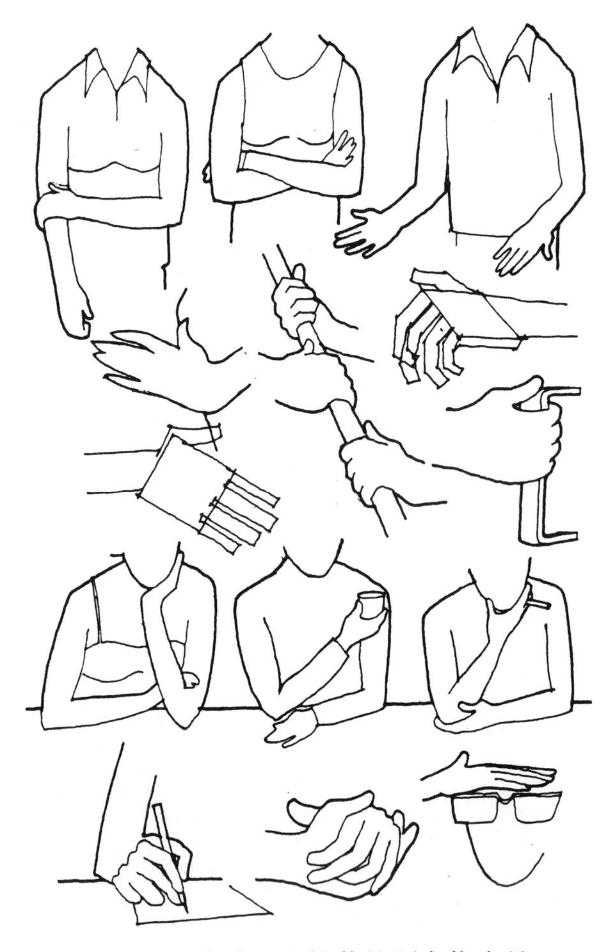

对于手和胳膊，我推荐的顺序依次是：

- 手套样的手（用以抓住栏杆、把手和边缘）
- 袖口和短袖（暗示衣服）
- 上臂或下臂的透视缩短（这样人物可以占据空间）
- 分开的手指（表明紧握的手）
- 裸露胳膊上的肌肉——上臂的二头肌

不要将胳膊绘制成对称的。

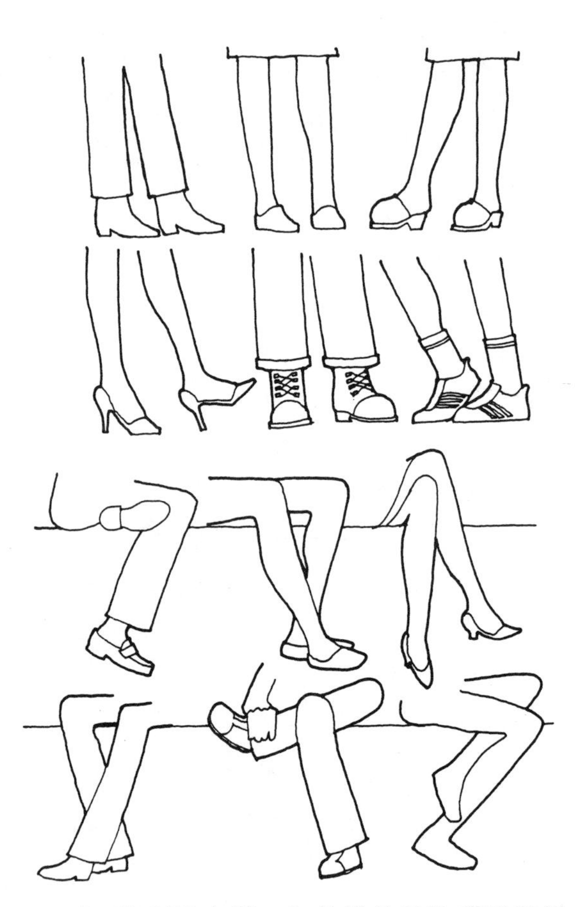

对于脚和腿来说，细节描绘的次序是很类似的：

- 脚（展现人物的朝向，给予人物稳定性）
- 裤口和鞋跟（暗示服装）
- 后小腿或小腿的透视缩短（这样人物可以占据空间）
- 鞋面、鞋底、鞋带等细节（表明鞋的样式）

裸露腿部上的肌肉——小腿肚肌肉

不要将腿部绘制成对称的。

着装：标准型号的服装比较容易绘制，绘制简单的服饰使你避免面临服装设计师的烦恼。一些服饰还可以突出人物的性别、身份或年龄。通常来说，悬垂于腰部以下的衣服可以避免绘制腰带，套头外衣的肩章和背心都有助于加入比较容易描绘的细节。上面展示的这些基本服饰可能不是最流行的款式，样式也很简单，比较容易描绘，但却避免了你的手绘被人误解为服装广告这种困扰。

小道具：配件因素可以进一步区分年龄和性别，还可表明职业和功能性活动。手杖、气球、钱包、包裹、听诊器和公文包可能有些老套，但却非常有助于清晰地表明一个人的地位和空间的用途。

组：人物应该成组出现，各个组的大小可以有所差异。人是群居动物，除非是在非常不友善的环境中，否则大家多半会处于交谈的状态中。单独出现的人物不会增强手绘的效果。如果你并不希望作品表达20世纪人类的孤独感，或看起来像一个不善交际的人，那么你就应该让人物成组出现。观者更容易接受成组出现的人物，因为他们很显然在互相交谈，会聚在这个环境中，或者接受安排来见面等等。单独人物潜伏在某处会使手绘缺乏可信度。

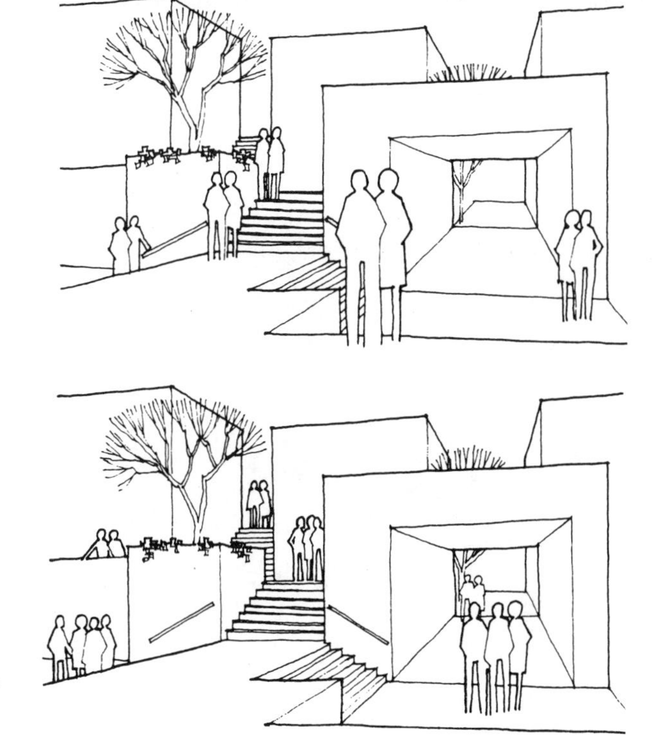

布局：将人物布局在设计手绘中是非常重要的，但需要格外小心。除了要符合布局其他附加趣味因素的要求之外，人物布局既有陷阱又有机会。在整个手绘中，人物的布局应该均匀，但是要尽量避免在空间布局或各组人物数量等问题上过于制度化。虽说人物的布局应该均匀，但也不能像在果园种树那样均匀分布。前景、背景和中景都应该安排人物，空间的每一侧和所有层次都应该有所考虑，基本上要避免死点的出现。人物的布局还可以展示空间，尤其是下沉的空间，如谈话空间，这种空间使用其他方法几乎无法展现。以上的两幅透视图显示了人物是可以在不经意间掩盖空间界定交叉处的（上图），也可以将空间界定交叉处清楚地展现出来（下图）。

重叠改进：为了展示不同层次的人物手绘，这里有一组人物，经过几个阶段的重叠改进，我能够将他们描绘出来。每一幅手绘都代表一层细节，可能这些细节对于某种表现手绘来说都是很适合的，或者很适合需要表现出的时间点，但是每个阶段都要求衬底也达到改进的层次。

人性化因素：使一个空间看起来更加人性化，不仅需要在环境周围安置几个人物，还涉及建筑因素、景观因素，以及因为经常使用而对人类具有特别意义的家具。家具将在以后的部分单独讲解，我想在这里展示一下环境中一些因素的物理作用潜能。

景观人性化因素包括喷泉、长凳、花架、可以坐的矮墙、台阶和树木。这些因素都在不同程度地允许人类的参与，并且欢迎人类的参与。

建筑人性化因素包括门、窗和壁炉。这些因素在不同程度上包括或容纳人物（想像一下靠窗座位、隐藏的出入口或带有灶台的壁炉）。

为人物设计环境和在环境中手绘人物紧密联系、不可分离，它们互相促进。在为人物设计的环境中，人物更加容易描绘，在设计手绘中习惯性地加入人物会造就更具人性化的设计。

树木和成长变化

树木和成长变化（这个词是我在亚利桑那大学建筑系的学生创造的）构成了附加趣味非常重要的类别。树木与人类的关系非常特殊，因为树木可以产生阴影，可以结出果实，还因为我们的祖先可能就住在树里。

树木

树木可以修饰任何手绘，因为它们对所有的趣味类别都卓有建树：空间、色调、纹理和附加趣味。它们甚至对其他感觉也有趣味，树木在沙沙作响的时候你可以听到它的声音，树木在开花的时候你可以闻到它的香气。

作为枝繁叶茂的屋顶，树木可以造就一个空间，或者将空间塑造成一排圆柱。它们能够通过自己的阴影产生色调趣味，它们的叶子可以增加色调和纹理趣味。它们的枝干结构非常具有形象感，尤其是冬天光秃秃的落叶树。

手绘的树木可以被抽象成简单的图形惯例，我们应该首先掌握这些惯例。但是对于具体树木的现实描绘更依赖于对特性枝干结构的了解，对于整个形状的了解，也依赖于对各种树木枝叶细节的了解。对于设计师来说，树木大概是最需要费力了解的一样东西。

补充手绘开始于简单、抽象的树木，并在有限的词汇里逐渐过渡到具体的树木。

最简单的树木特征是树枝开阔和杆形树干。这些都足够完成粗糙的小规模草图。

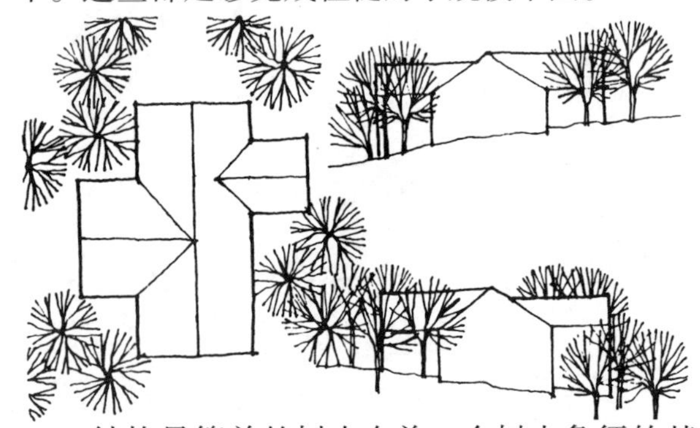

结构最简单的树木在前一个树木象征的基础上，显示出最基本的棒棒糖轮廓，从原始的杆形树干上长出单线树枝的结构。正如下图一系列的树木所展示的那样，这个骨骼树枝结构通常都是没有树叶的，但是可能会有不同的构造。

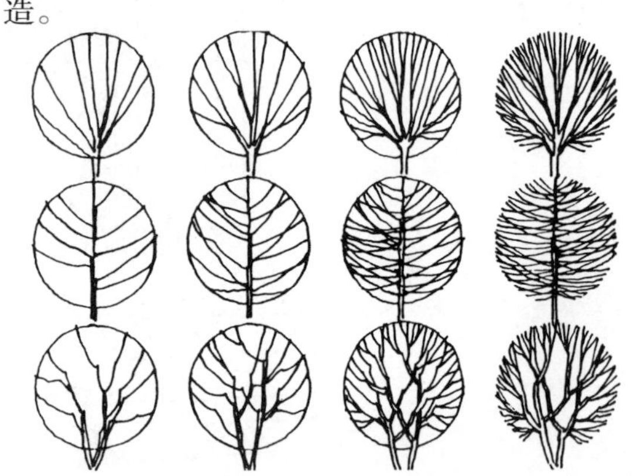

树枝结构都以圆形或椭圆形周长界线结束，之后这条界线会被擦掉，于是更加优雅的树枝在树干的底部长出，这样它们的长度就达到了最大化。

目前为止，完善的树木模板是平坦的二维“印花”，还没有显示出它们的深度。

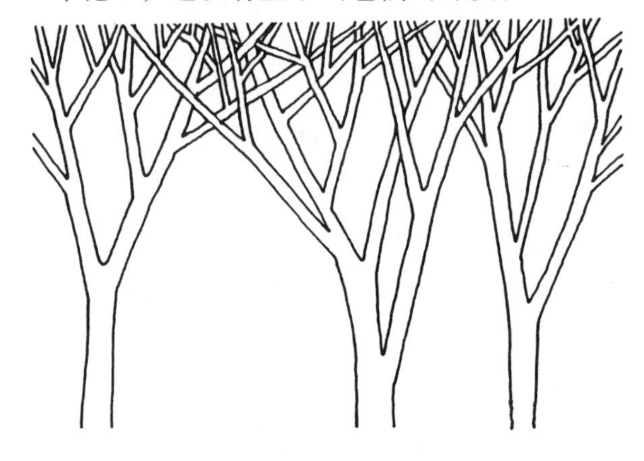

树干结构的深度是通过双线树干和表达厚度的枝干完成的。树干的双线可以延伸到二级枝干。

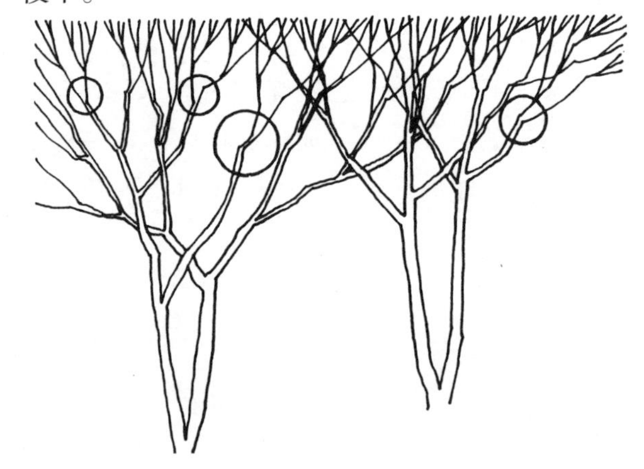

有时，表示树干或枝干两个侧边的两条线一定要变成表示较小外围枝干的单线。这种转变几乎是感觉不到的，而且它还可以使外围枝干保持精美，同时赋予枝干结构底部同样的空间能力。

双线枝干的潜力在于将双线枝干交叉就可以形成深度。交叉枝干之前，我们需要规划一下枝干排列，即便在最简洁的覆盖图阶段，这一点也很容易完成。

细节的下一个层次是对树叶轮廓的精细描绘。不能仅仅使用简单圆滑的圆形或椭圆形，也不必单调地描绘个体树叶的形状，我们建议只需要沿着全部树叶的轮廓将个别树叶的形状描绘出来即可。树叶的边界线至少有三种形态，一条线的变形可以是凹形、凸形或中性的。凹形主要应该体现在橡树、枫树或冬青上；凸形主要应用在橄榄树、槐树或桉树上；中性主要应用在不太具体的树木上。

树叶群的边界线不但可以显示出个体树叶的形状，还可以让我们在使叶子保持透明的同时，在叶子上加入色调或颜色。建筑和环境的其他因素可以通过树叶群透明的浅色调或绿色明调表现出来。

完善树木模板的下一步是对整个树叶群进行细分，把它分成主要枝干结构上的小丛树叶。我们可以简单地延伸相同构造的线条作为穿过树叶群的树叶边线，这样就可以使得一些树叶群在视觉上看起来比较靠前。这一步在细节递增层次中相对来说价值不大，除非你会将它进行到底，为不同的树叶细分加入不同的色调或色彩。

下一步在某种程度上也是退步：树木失去它的透明性，变成一个不透明的物体，所有的注意力都集中在树叶轮廓的构造和细分上，并没有对室内枝干结构提出任何建议。

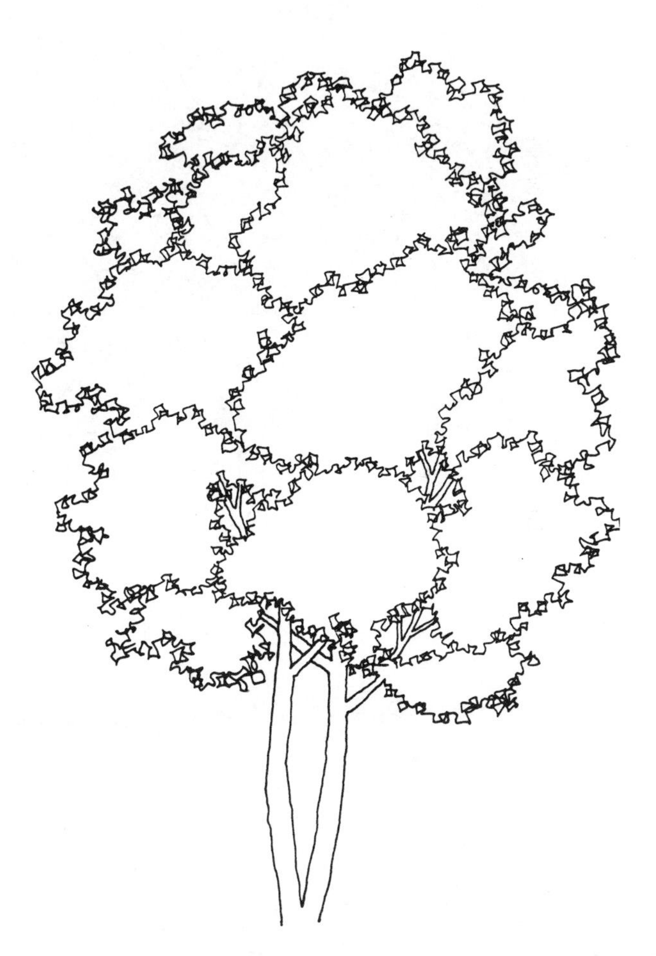

最后一步是绘制或建议所有个体树叶的清晰度。我们可以很有效地完成这一点，只要重复进行几次手动描绘即可，如同我们描绘树叶边界时的动作。我们必须掌握这样重复的手动描绘，并将它作为知觉录像带预先录制，以便日后需要的时候回放。

在建立单个树叶象征的过程中，我们应该利用阴影或纹理的相对密度将整个树叶群细分。我们可以将每小丛树叶都单独加上阴影——从底部或一侧的深色（根据光线方向）到顶部或另一侧的浅色。距离最近的一丛树叶的光线边缘就会突出，与其后面的树叶的底部深色形成鲜明对比。

对于所有预先录制的知觉录像带来说，最有价值掌握的是那些具有时间灵活性的树木模板。

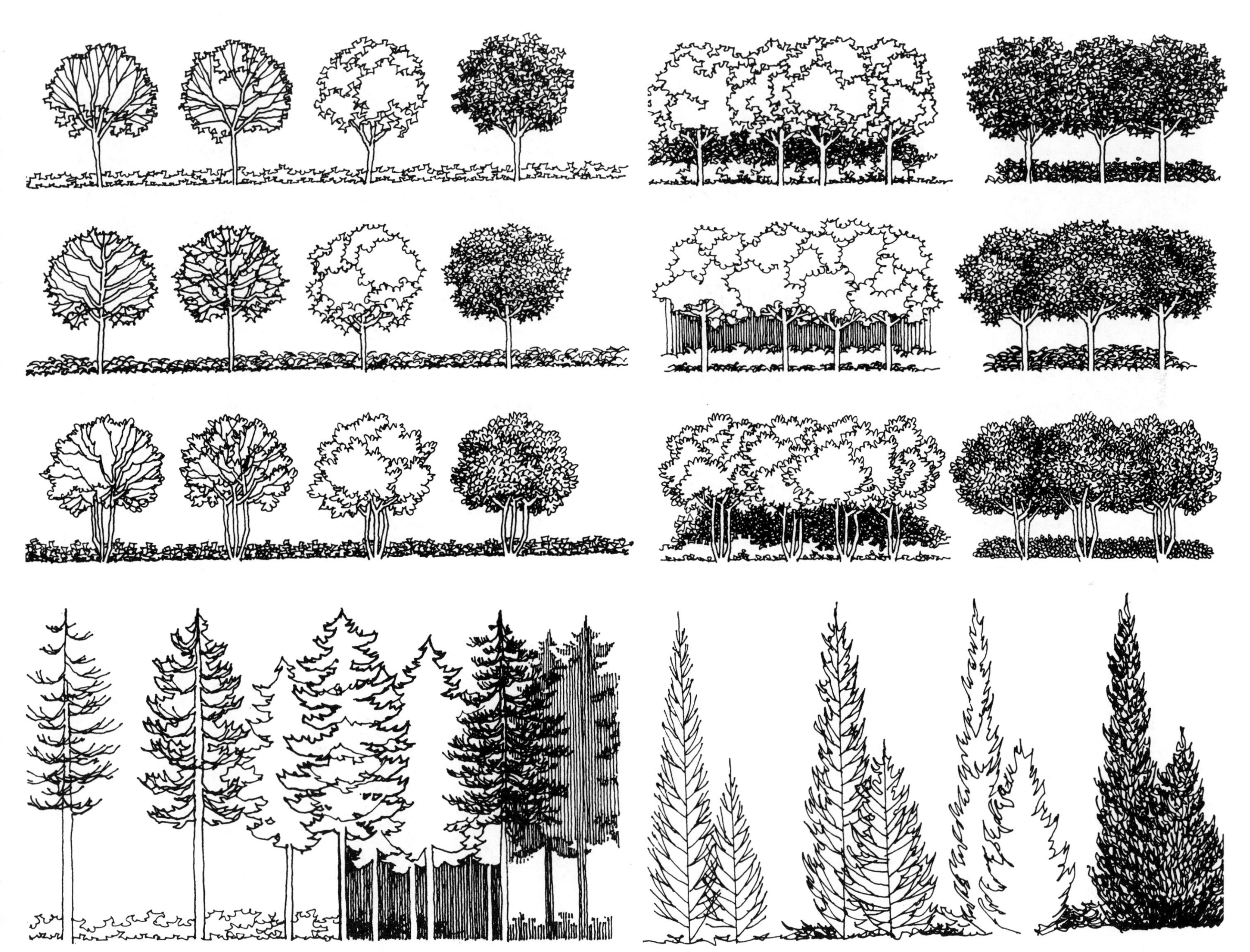

成长变化

灌木和树篱与树木相似，只是手绘枝干结构的重要性不大，甚至微乎其微。我们一定要掌握整体形式和树叶细节。与树木一样，手绘的灌木系列从简单的抽象性到复杂的现实性。

很大程度上，手绘灌木和树篱是建立纹理的过程，这个纹理可以表现植物的枝叶。这项工作可能很费力，一叶接一叶，但是我们可以很有效率地完成这项工作，方法是发展连续的手动描绘来绘制纹理。与之前提过的树叶边线一样，通常有三种反复手动描绘方法。

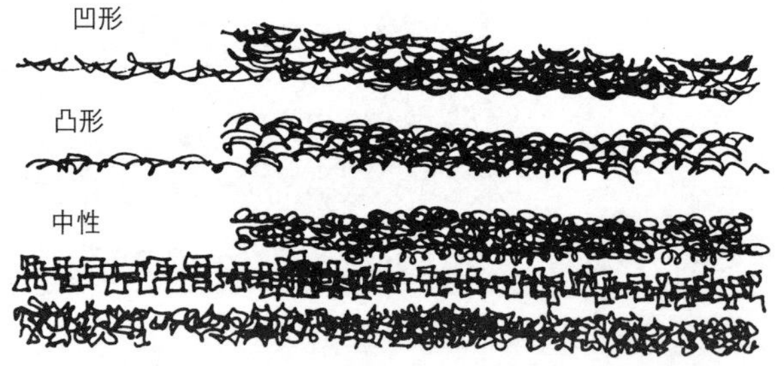

攀爬植物和地被植物更简单，因为它们只需要画出树叶细节的纹理特征。攀爬植物确实有一定的形状，但是掌握起来相对简单一些。

手绘攀爬植物和地被植物也是逐渐建立纹理的过程。凹形和凸形纹理更加适合地被植物，因为它们显示出透视缩短的表象，使得地被植物看起来很平坦。

在快速绘制草图的过程中，这个纹理涂鸦是最快的方式，可以为手绘添加一点纹理趣味。它们代表景观手绘中的纹理趣味，但在设计合成的初级阶段是非常不明朗的——你甚至还不知道推荐什么具体植物。

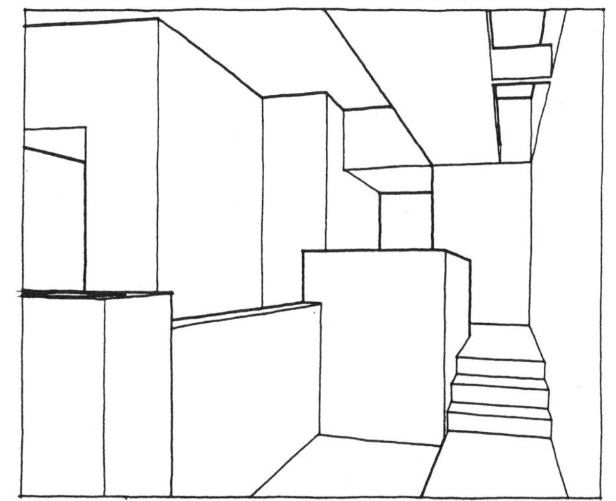

安置树木和成长变化

在设计手绘中，往哪里安置树木、灌木、树篱、攀爬植物和地被植物是非常重要的。它们可以极大地丰富所有的手绘和环境趣味类别。它们可以通过在建筑因素后面消失、重现来展示空间，它们可以为灰暗的环境加入所需的纹理趣味，也可以通过溢出边缘或愉悦我们的眼球为呆板的正交环境提供附加趣味。

装饰品

人类习惯于在自己周围放置实用并且具有象征性的物体。在所有世界和历史文化中，20世纪富裕的社会可能是物质流通最繁盛的聚集地，带给了我们舒适和愉快。环境设计通常并不对设计负责，也不对装饰品的选择负责。我们必须在手绘中把它们加入进来，以便准确地表现空间。在很多情况下，空间的设计一定要与装饰品紧密结合起来，如果没有这种统一性，我们就很难对空间进行评价。

关于在手绘中加入装饰品，我最重要的建议已经提过了，就是针对所有附加趣味因素提出一个基本方法：不要试图自己来设计装饰品——可以选择现有设计得好的物品，或者干脆手绘无任何特征的原型。除了这个提醒以外，还有一些额外提示，可能会帮助你在手绘中更加有效、准确地添加装饰品，还可以避免这些物品优先占有空间。

保持手绘家具的尺寸有时候很难，尤其是在水平透视的前景中。好像有一种趋势，人们喜欢将前景桌子和椅子绘制得比它们真实高度低一些。我只能猜测这种压抑前景的原因，可能是因为被强迫转回到平面视角，也就是制图板的水平位置，或者只是想将前景家具延伸，这样就不至于遮挡其他已经绘制好的家具或人物。我发现将家具保持在一致尺寸内的最好方法就是在家具旁边绘制一个站立的人物，人物的头部处于视平线上，人物的双脚在椅子或桌子的旁边。这样，家具的尺寸随即就变明显了。

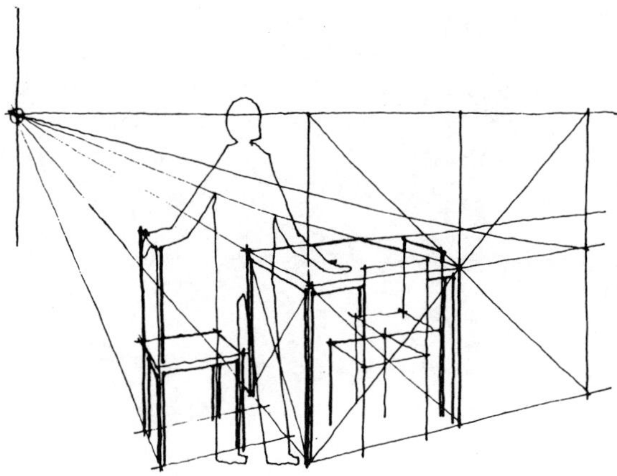

因为所有的家具都是设计出来为人物服务的，所以，如果有人物站在家具旁边的话，基本上就不会脱离尺寸。当这个人物已经帮助你绘制好了家具以后，你可以在最后的手绘稿中去掉人物。

30″ 立方体模式也有助于正确手绘规定尺寸的家具。我们很轻易地利用相交对角线将用来构造和测量空间的10′ (3.05m)立方体细分成5′ (1.52m)立方体，并再次细分为2′ 6″（30″，0.76m）立方体。当我们得到30″ (0.76m)立方体之后，同时也得到了一个模式，这个模式对于手绘家具来说非常有用——30″ (0.76m)大约是书桌、桌子的高度，以及桌面和大多数沙发的深度和背部高度。30″ (0.76m)高度的一半（15″，0.38m)大约是咖啡桌、沙发和安乐椅座位的高度。

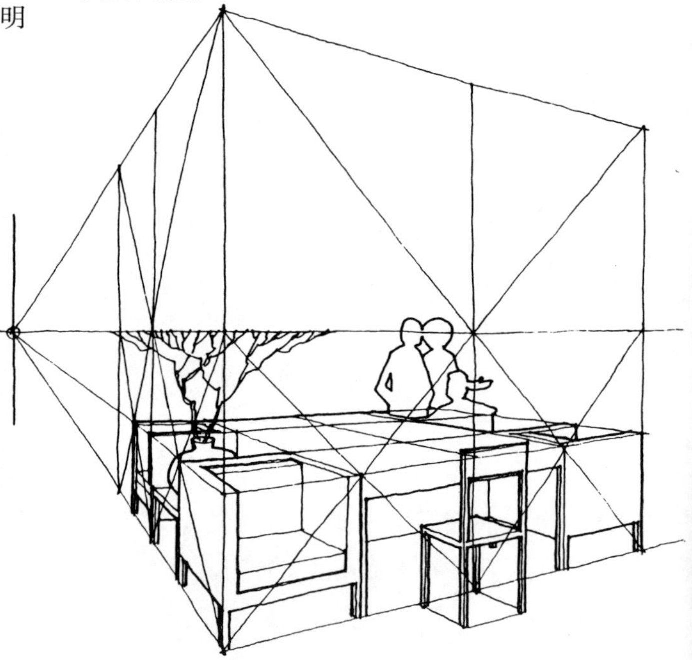

在水平透视图的任何地方绘制一个30″ (0.76m)立方体都是很容易的，因为30″ (0.76m)是5′ (1.52m)视平线的一半。一旦原始30″ (0.76m)立方体绘制完成之后，我们可以使用对角线从任何方向将该立方体倍增，这一点在之

前的透视部分就已经解释过了。

平面圆是另外一个问题，它通常出现在手绘的圆柱形电灯、圆形桌子和其他需要水平圆装饰品的过程中。

在透视图中，所有水平圆都应绘制成扁平的，不是镶齿的，也不能公然响应投射的透视线条。我们通过在视平线上方或下方不同距离处绘制垂直的平面圆就可以很好地理解和感受这一点。

在视平线上，一个圆或任何二维的水平形状都仅仅表现为一条线。水平圆被移向视平线上方或下方的时候，它就开始展现其真实形状，首先表现为狭窄的椭圆，并持续表现为越来越圆满的椭圆，直至接近圆形。

心理学家长久以来发现了一个现象，学习知觉的学生都叫它“恒定”。它是一种趋势，在平面形状中知觉透视缩短的几何形状，大多数手绘教师都可以证实这种趋势，因为学生们通常将这种趋势带进他们最初的手绘作品。

将所有水平面手绘成倾斜面对观者的这种趋势很难打破。需要花费很长时间来劝说学生，他们应该将手绘看待成照相机拍照——将水平面透视缩短，平躺在地上——不需要绘图者的帮助，我们对手绘的知觉就可以展现出恒定的现象。

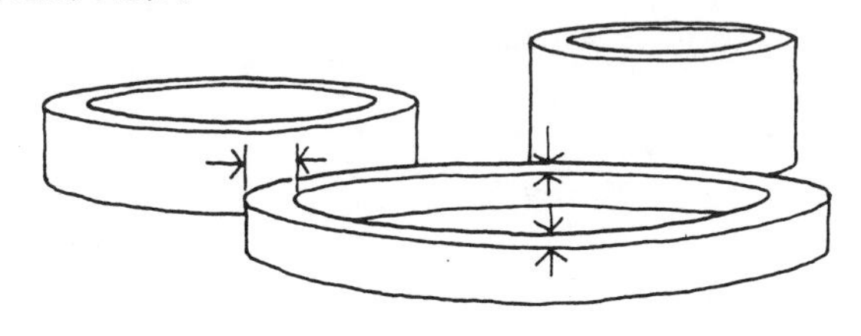

同心平面圆可能是个大问题，它们也是理解透视缩短的好工具。在透视缩短中，两个同心圆之间的距离是不同的；当两圆之间圆环的前方和后方变得非常薄，圆环的两侧则更接近真实大小。

家具的平面角可以表现绘制圆形形状过程中遇到的问题。对于平面圆来说，问题通常在于家具占据了太多的空间深度，这就导致家具好像会向前倾斜一样。当矩形家具以某个角度转向房间的空间框架时，就会在视平线上拥有自己的一组特殊消失点，我们需要使那些消失点保持分离，这样家具就在空间中局限在它真实的深度中了。想要更好地理解这种限制，我们只需要意识到任何正方形的家具在平面上以360° 旋转的时候，都会保持在平面圆透视缩短的椭圆形内。

视觉装饰品包括图片、墙上的挂饰、装饰性的植物、陶器、雕塑和小摆设。这些装饰品很少缩放，也没有很多透视问题，但是它们代表其他一些陷阱和机会。我们讨论过的家具可以被称为触觉的——我们通过在家具上坐着、吃饭或写字与它们在身体上有所接触。正如它的名字所显示的，视觉装饰品是我们在视觉上首先感受到的家具，也是唯一的。

使用这些物品的目的应该是丰富或装饰一幅手绘，与这些物体在真实环境中的使用情况一致。它们可以为手绘加入纹理趣味和象征趣味，这些趣味在手绘或环境中通常是缺失的。

在真实的人物环境中，人们选择这些物品，并在空间中安置它们。这些物品对于人们具有深远的个人意义。显然，图片、纪念品和珍爱的艺术作品的具体内容都与个人联系紧密。正因为如此，在这些物品中，任何内容的展示都容易分散注意力，容易引起异议，并且不可避免地为自己引来不必要的关注。正因如此，任何这种类型的装饰品都是非常抽象、毫无特征的。

交通工具

交通工具也是人们引以为荣的财产，不可避免会弄乱（也可能起到装饰的作用，视你的观点而定）环境。在《建筑手绘方法》（1968年）中，我仅将关于交通工具的讨论限制在了汽车上，还对汽车情有独钟，认为它象征着我们的个人自由。可能这种看法仍然是有道理的，但是如果我们继续将汽车视为唯一的交通工具，就显得非常任性、不负责任了。我的想法已经改变了，我认为我们也应该将自行车和公共汽车纳入到讨论内容之列，即便在讨论手绘的图书中也应如此。

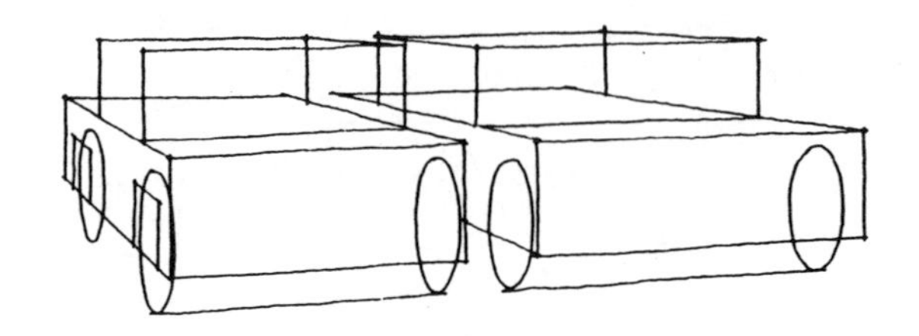

同样，我推荐的两种方法是用来绘制一个具体模式或者绘制完全没有任何特点的原型。每一种方法都代表到达或离开的方式，并且不会通过为自己赢得过多关注而优先占有视线。虽然自行车和公共汽车在设计上有些差异，汽车在“造型”上非常自我，不同类型和年限的车都为人们所熟知，因此，你所给出的任何新设计都非常有可能引起人们的注意。

这就意味着你应该临摹或复印宣传册或广告上的具体型号，你也可以学习绘制完全无足轻重的车型，只要拥有四个轮胎、一个车身，而且不侵权就好。

在绘制毫无特点的汽车时，有一些提示值得在这里提出来。大多数轿车的形式都可以抽象成一个小盒子坐在一个较长的盒子上面。将上面盒子的侧边斜下来，就使得它看起来更像乘客室了，而车前灯、保险杠、轮舱和牌照使得下面的盒子看起来更像底盘。

请记住所有现代轿车的顶部都是低于视平线的，所以在水平透视图中，单个的汽车和停车场上的多辆汽车都可以简化绘制，只要绘制出汽车顶部描绘性的共同轮廓就可以了。这种简化的描绘可以应用在单个汽车上，这样汽车本身就不会吸引过多的关注了。

在将汽车加入透视图中时，尤其在临摹照片或广告手册时，你需要十分小心，汽车的消失点位于透视图的视平线上。通常情况不是这样的，因为为汽车拍照时，为了更好地表现效果，往往从视平线下方或上方进行。如果汽车的消失点并不位于透视图的视平线上，汽车看起来就像被撑了起来，或者像是处在垫木上。就像家具经常面临的问题一样，汽车也会看起来变了形——它们可能占据过多的空间，或者它们的消失点距离过近（参看之前装饰品部分关于平面角的讨论）。

公共汽车可能比汽车更容易手绘，如果在其前部手绘上路线牌，外加开门的特殊方式、汽车停车标识、长凳和候车亭，公共汽车的手绘就会更具可信度。我非常支持在设计手绘中加入公共交通工具，因为我确信当学会手绘它们的时候，我们才能认真思考这些交通方式，并向客户提出在设计中加入这些交通方式。

自行车手绘起来更加困难，我至今还没有发现可以成功简化描绘它们的方法。我认为找到绘制自行车的方法，并设计自行车停车架是非常值得探索的。然而，也正因如此，在建筑入口附近，自行车就如同必要的花架、树木和停在路边的新型轿车一样可以被接受了。

结合空间趣味

我之前已经推荐过，附加趣味应该与空间趣味紧密结合，但在这里我愿意将这个讨论深入，展现一下这种结合的优点。人物、树木、家具和汽车如同蛋糕花饰一样随意地分散在手绘各处，为手绘增添了些许趣味，但这种做法作为一种设计交流并不能改善手绘。我认为附加趣味物品不应用来装饰手绘，而应用来紧密地与手绘的空间趣味相结合。

证明这种结合最好的例子就是使用树木展现连续的背景空间。室内院落的透视可能很难表现院落是没有屋顶、向天空敞开的。在院落中手绘一棵树，树的枝叶在封闭的前景空间的天花板上方消失，那么很显然，树木占据了室外空间，这个空间向上延伸到达屋顶上方。

想要对这种原则进行更加生动的展现，我们可以在一个房间内，装上不同尺寸、不同位置的窗户，包括高高的天窗。如果你在每扇窗户上手绘单个树木或植物，它们看起来会像单独的风景画一样。但是，如果你手绘连续的灌木和大型树木，而且它们可以在多个窗户中出现，那么观者就会知觉到在建筑外面有一个连续的空间。

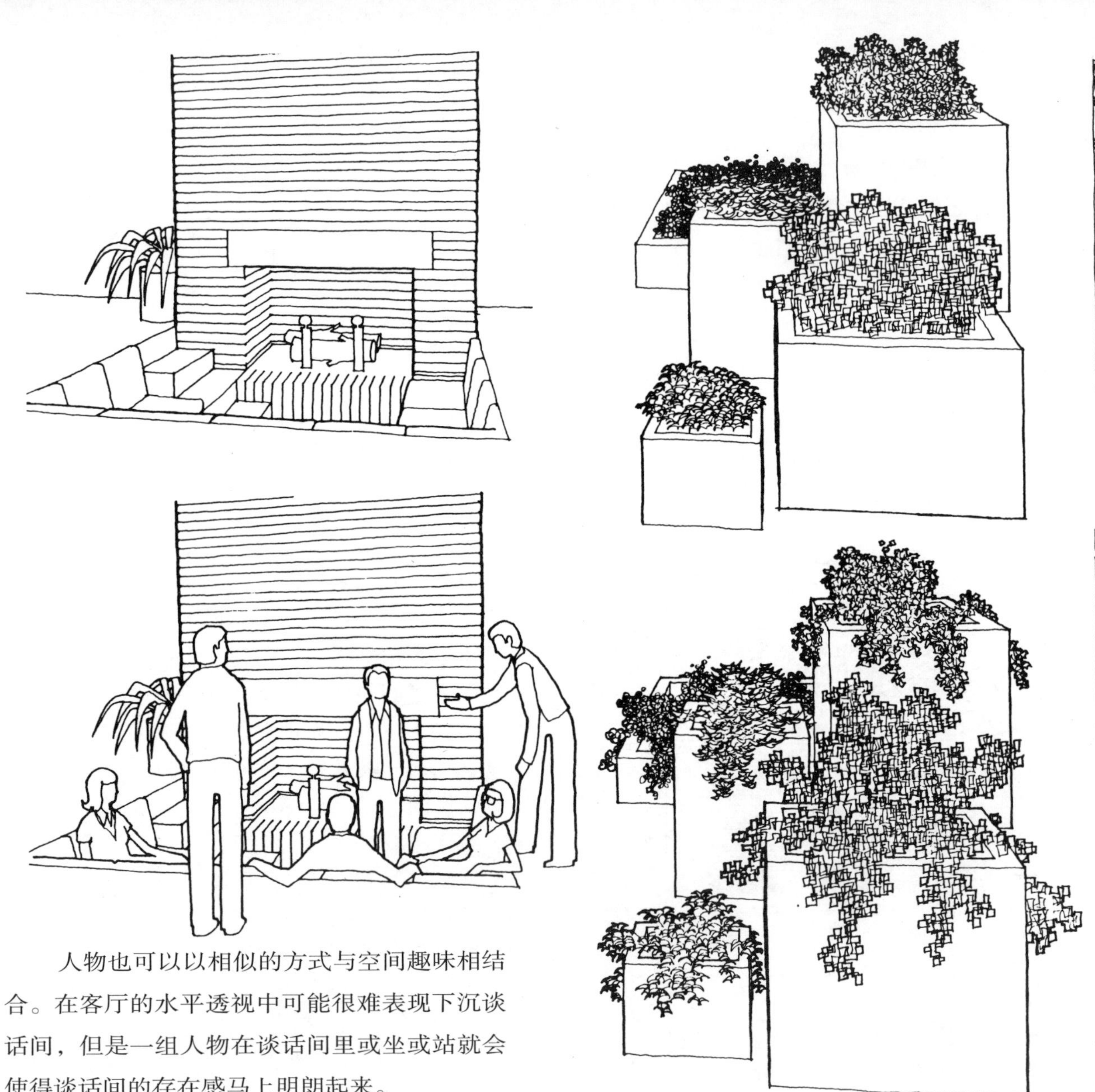

人物也可以以相似的方式与空间趣味相结合。在客厅的水平透视中可能很难表现下沉谈话间，但是一组人物在谈话间里或坐或站就会使得谈话间的存在感马上明朗起来。

在手绘中将附加趣味物体结合起来，这样它们可以表现空间，其基本观念可以通过手绘容器内的植物来加以体现。如中栏上图所示，植物可能被修剪得非常整齐，不能加入任何空间趣味，或者可以像中栏下图展示的那样，植物布满空间，展现每株植物周围的空间，这样它就可以添加大量的空间趣味。叶子的手绘应该布满容器的边缘，这样它就可以展示容器前面、侧面、后面以及上面的空间了。

在表明空间层次的接头处，较近的物体在手绘中一定要表现出厚度。也就是说，手绘要使用双线，这样才可以使较远的线条和纹理知觉在接头下面消失，又在接头后面重新出现。也出于同样的原因，较近的物体不应加入纹理，因为描绘纹理会将注意力集中于那个空间层次，而不是更深的空间层次。我们应该在最远的空间中加入纹理，这样它们就可以消失在较近物体的后面了。

第6章　手绘与设计过程的关系

本书整体的主题就是在讲手绘与设计过程的关系。其余的章节是关于设计过程背景的单独而一般的论述，本章集中讲述设计过程及其与手绘之间具体的关系。

所有的手绘都可以被视为一种交流。在之前的部分讨论过设计手绘可以通过不同的方式交流环境的体验。在本章中，我会着重讨论手绘与设计过程之间不同的关系，从简单的临摹或记录过程到引领这一过程甚至成为过程本身。

这些关系都来源于一些变量，这些变量对于每个设计师和每个设计过程来说都是不一样的。有了这些变量的范围作参考，以往按照相同、固定的顺序使用同样的手绘的做法显得越发愚蠢了。这些变量可以分成六个类别：

1.设计师的个人环境模式（设计师所用模式的变化，在设计活动中，这些变化可以应对真正发生或应该发生的情况）

2.假设的手绘角色（关于手绘与设计过程的一般关系，设计师的想法和预期的变化）

3.交际目的（设计对话框中任何手绘目的上的变化）

4.问题或方案的种类（使分析性、探索性手绘与具体问题相适应过程中的变化）

5.手绘的选择（手绘种类及其与过程前驱和后驱关系的变化）

6.方案的程度（基于设计过程阶段和手绘的前驱和后驱的变化——结束手绘的适当水平）

我们的眼脑种类具有特殊性，因此理解这些变量的范围和复杂性就成为了在设计过程中使用手绘的人需要做到的。我们自己可以展示什么，按照什么顺序加以展示，都是非常重要的，因为视觉是环境设计中涉及的知觉、构想和决策中的主要感觉。如果我们想要很清楚并令人信服，那么选择使用什么手绘，按照什么顺序展示它们就在我们与参与设计人员的交流中变得非常重要。

上述变量影响手绘与设计过程的关系，我们应该对它们进行更加详细的研究，因为每个变化的范围都比我们可能意识到的更广。

个人过程模式

针对设计过程的描述和规定在持续增加，设计师在设计过程中采用的有益变化并没有显现出减少的趋势。尽管建筑师、景观建筑师和室内设计师们似乎已经准备好让其他学科的人来告诉他们如何设计，并尝试使用大家建议的词汇、分析技巧和方法范例（如同理科中的科学方法），这些范例渴望达到的目标，却又遥不可及。我们忘记了，抵抗任何具体的方法和放弃对于确定性（其中，方法确定性是最新的版本）的无用寻找本身都是我们追求的范例，我们一直以来都在这么做。

设计过程包括两种截然不同却又互相补充的行为。这些行为各自都有其传统和价值系统，并极有可能起源于我们人类的左右脑。这两种方式与艺术和科学、知觉和逻辑的传统态度和价值，与对于世界的主观和客观评价都十分相似。它们与德·波诺的“横向和垂直”思维、吉尔弗德的“聚敛和扩散”思维、琼斯的“黑盒子和玻璃盒子”设计师以及奥恩斯坦等人所描述的右脑和左脑功能都是很相似的。

客观、分析、逻辑行为在设计职业中或整个社会中都不太需要提倡或辩护，而主观、合成、直觉行为在现代设计著作中也少有提倡者，部分因为它本身与语言并无任何关系。我的目标任务之一就是要指出后者在设计过程中的重要性，其应该获得同样的重视。

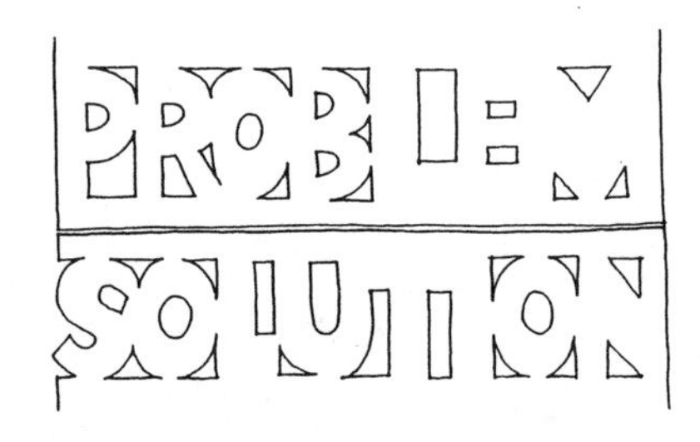

为了展现两种行为之间的不同，我提议将设计过程模拟成为两块布料的结合，一块叫做“问题”，另一块叫做“方案”。这两种不同的行为非常接近两种截然不同的结合布料的方法：啮合和缝合。

拉链和缝线

当今世界中的人们笃信方法，我们的文化也要求合理解释，这些都赋予了设计过程一个比较盛行的模式：拉链。拉链连接问题与方案之间的距离，方法就是将单独的、破碎的部分按照预定的直线顺序连接起来，如同拉链的各个齿链之间的连续啮合一样。

这种直线啮合的每个步骤都必须准确、一致，并同时保持整体一致性的原则，以免间隔持续发展而重新开启整个闭合状态。拉链的开端和结尾都是固定的，其狭窄的直线过程可以直接倒回，然后继续前行，进而解决过程中的难题。材料被夹在拉链中的时候，就会出现横向缠结，这种现象无论如何都是要避免的。

设计过程的补充模式是随意的缝合，就像在缝袜子或把两块布料缝合到一起一样。这种闭合通过一系列行动将问题与方案结合起来，而采取这些行动，更多地是依靠由经验得来的技巧，而不是仅仅依靠模式化的方法。在某种程度上，较早的缝线决定连续的缝线，而这个顺序也并非一成不变，整个缝线模式可能包括不必要的甚至不正确的缝线。与拉链不同，横向缝合是最有价值的。大多数过程的拉链模式都似乎暗示着这一点。最初的几个缝线并没有定位在缝合线的问题一方，而是出于一些直觉预感或对可能方案的一种感觉。这是因为我们居住在环境中，并从环境中获得经验和知识，我们应用这些经验和知识解决问题，而方案往往就出于经验和知识。你目前所在的建筑就是一个“方案”，你在经历方案时，并不清楚设计师试图解决什么问题。方案可以解决的问题是看不见的，我们只能从经历的方案世界中将它们推断出来。我们往往根据自己清楚的设计方案来理解设计问题；最初的几个缝线就会与缝合线的方案一边紧密联系在一起了。我们也总是在寻找适合缝线的问题部分，至少这些问题可能很适合缝线部分。

拉链是有效的管理工具，但创造性并不是因此而生的，创造性自主生成。解决问题的拉链模式一次性解决琐碎的问题，采取规定的直线顺序，拉链的第一个齿链仅仅是需要解决的单一问题而已。相对来说，我们的创造性洞察力是无序的横向缝线，穿过解决问题的间隔，它们并非单枪匹马，而是集合在一起出现，出现顺序也是不可预期的。在将问题与其方案结合在一起的时候，它们的模式是不可预测的、低效的，可控制性也是很低的。但是，作为固定模式的整体，它们远远比任何拉链更加美丽和人性化。

逻辑语言

当我们为同事或客户解释设计过程时，线性语言和文化灌输都可以确保我们将自己的行为描述成完美的逻辑过程：一条拉链。在我们的文化中，这个习惯由来已久，父母要求子女使用新学会的语言，对他们的行为提供有逻辑的解释。“今天为什么这么晚才从学校回来？”或者“怎么把鞋子弄得这么脏？”这些问话都暗示着我们对于这样特定的行为也需要进行有逻辑的解释。孩子当然浑然不知自己为什么把鞋子弄脏了，他/她只知道虽然自己把鞋子弄脏了，但是这个行为结果本身却是不可预测的偶然事件。如果我们一定假装脏鞋子是逻辑行为的结果，未免可笑，但是孩子和环境设计的学生们很早就了解了这一点：其实，父母、老师和社会都希望他们能够对自己的行为提供合理的解释。

托马斯·S·库恩在《科学变革的结构》（1962年）一书中指出，科学的历史在教科书中都被描绘成流畅的线性过程——一条拉链——忽略所有科学家的无功作为和误入歧途，因为他们错误的“缝补”已经与线性逻辑模式背道而驰。近代的一些书目谈到设计过程的时候，都被拉链理论左右，认为所有的设计行为都是一个线性过程。“过程”这个词本身就具有这样的含义，而且听起来容易让人误以为是生产线，但后者正是我们这个技术时代的象征。这个过程及其产品所暗示的一成不变的标准化是很乏味的，也没有什么人情味。有迹象表明当作者尝试描绘创造性或问题的解决方法时，甚至在尝试描绘语言的时候，都会不自觉地将这些活动描绘成逻辑过程。

症结

从奥斯本到阿切尔，文学都充满口头描述，这些描述粉饰着关键的症结，而设计理念形成时，设计过程就是由关键的症结固定下来的。使用“症结”这个词并不是想要使大家弄混它的另外一个意思——障碍或阻碍。我这里使用这个词主要采用它“固定点”的意思，像渔夫下钩，或者是一个结，可以固定其余的缝合。

我愿意将其称为“概念形成”——在这个阶段，设计概念形成了，是整个过程中最重要的一点，因为它代表着设计活动的重要变化。就我的经验来看，整个过程开始于缝合阶段，直到一个缝合或若干缝合将问题解决，这个解决方式必须要非常正确，可以成为拉链的一个强有力的支撑点，既而拉链可以较系统地将构想延伸，并发展其逻辑原理。对得体的感觉是先于语言的，也体现在探究性手绘或图表中的一些特定聚合上，体现在问题解决的形式和对该形式不断的重复上。

在设计过程中，任何完整的模式都包括

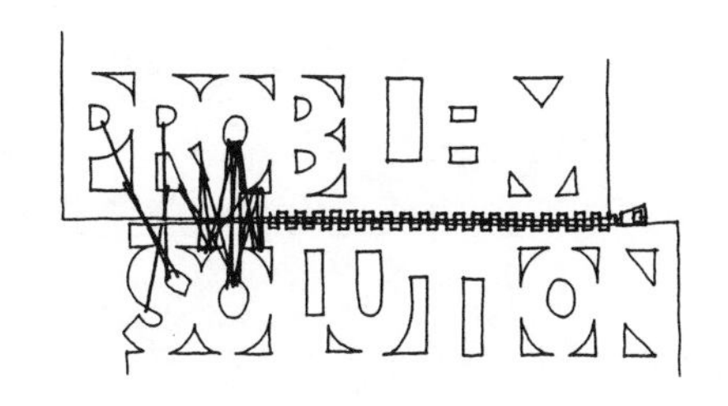

缝合和拉链，还包括在设计概念形成过程中的那个关键“症结”。概念形成需要一个或几个构想，这些构想能够组织整个设计活动。这代表行为上的改变，从搜寻到测试，从直觉到逻辑，还包括从洞察问题的各个部分到努力解决问题，找到解决方法，这是一个全面的整体。我并不是想说这种概念形成和从缝合到拉链的转变在过程中只出现一次，相反，这种转变可能反复出现多次，而任何复杂问题的整个设计过程模式都更像是复合胶片，而不是一张单独的照片。

混合模式

我们现在已经知道设计过程是一个混合模式，这个模式体现了缝合和拉链，还包括连接（症结）转变。在这个模式下，我们能够解释传统观念中对于设计过程纷繁的描述。

创造性

马斯洛、柯斯勒和德·波诺等典型的理论家最关注过程的第一部分：缝合。这些作家注重各种先于创造性构想的态度、活动和思维模式。他们认为创造性过程必须首先发现或产生一种独特的构想，并以这种构想的最终实现结束。创造性理论家往往交由其他人来完成构想的测试或评估，他们认为构想的质量会迅速、整体地显现，他们也将任何构想的实施看成是必然的、毫无创造性的技术。

设计方法

另一方面，设计方法论者如琼斯和阿切尔等却直接采用科学的方法，这些方法在卡尔·波普尔的著作中都有体现。这些方法论者通常从假设开始他们的研究，对于构想是怎样产生的他们并不感兴趣，他们更加关注的是系统的评判和提炼。设计方法论者对于设计过程复合模式中的拉链部分最感兴趣。他们认为构想会随机产生，或者它们早已存在于显而易见的选择形式中；他们相信严格的测试和评判，借以判断该构想是否正确，其形式是否恰当，并且应当对可选方法进行系统的评估。

艺术和科学

真正实干的设计师也好，所有领域里被公认具有创造性的人也好，他们对于自己是如何成功的三缄其口。说来奇怪，马斯洛发现，一些证据表明他们或许根本就不清楚自己是如何成功的，因为他们太“沉迷于其中”了。这样看来，琼斯在“设计师是自我组织系统”这一观点中提倡的超然现象学管理就是不可能实现的了。设计师们很少去描述他们个人的设计过程，另外一个原因可能是他们知道这个过程是自我形成的，他们并没有多大愿望去试图说服其他设计师接受自己的方法，他们甚至会认为这种福音主义是自负、粗野的表现。

另一方面，科学家们的目标是如何有逻辑地解释宇宙。科学本来就是用来描述世界存在方式的，包括创造性，所以，科学的精华实际上就是语言及数学层面上的解释。另外，科学并不满足于个人的推测和见解，而是力图找到经得起证实的普遍原则。

艺术家经常被指责为自以为是，因为他们的作品是其个人对于世界的体验。如果以上文的方式解读，这是颇具讽刺意味的。艺术家很少为其作品寻找普遍认同感，因为他们知道不论从作品中发现什么价值，这些价值都来源于其个性和主观性。

过程的缝线一般缺少证实，另外一个可以解释这一点的例证如下：做与说的目标、规则和价值是根本不同的。做艺术就如同说科学。艺术家可能会觉得解释根本就是多余的，因为作品本身就是该艺术家与观者交流其经历，如果这种交流失败，只能说是艺术家的错，或者根本就是观者毫无艺术敏感度。

然而，设计师不可能四处去向人们解释自己是如何设计的，或是在自己的说与做之间展现更多的一致性，大多数设计师在设计过程中都在努力理解和控制自己的行为。他们将过程设计成个人模式，即便不是有意识地去这样做，至少他们也在实际行动中这么做了，而后者来得更有意义一些。设计师是横跨艺术 / 科学、缝线 / 拉链的统一体，很不舒服，这与其说是他们的困境，倒不如按照我的理解说成是他们的幸运。他们的责任就是保持这种传统的、不合逻辑的平衡。设计师们已经继承了这种平衡，方式就是像科学家那样说，像艺术家那样做。

就手绘来说，缝线与拉链这个类比的意义要看你在设计过程中将哪一方视为最有代表性。所有的手绘都可能成为价值不菲的缝线，从最神秘的个人涂鸦和图表，到保罗·拉索在《平面问题的解决》（1975年）中说明的图画技巧，甚至包括暂拟的透视图、剖面图和平面图。拉链手绘相比起来更加正式，更加趋向定量而非定性。拉链中的手绘不那么具有表现性、探索性和实验性，而这些特质可以给予我们一些启发，这些启发对于较早的缝线来说非常重要。强制的拉链手绘结束了整个过程，记录了过程的结果，并同时保持着既定目标。它们的平面图、剖面图和立面图都更加精致一些，这样可以将设计中的各种自然元素建立起联系，帮助设计减量并指导设计的缔造者。设计过程的任何模式对于手绘都有更加具体的意义，我们在考虑这些意义的时候，应该注意它们在过程中对于手绘可能产生的影响。

手绘的既定角色

手绘的角色一般是从设计师选择的设计过程模式中体现出来的。在第 2 章中，针对手绘在设计过程中的角色，我提出了六个不同的分类：

- 售出产品（全色透视处理）
- 均匀描绘思考过程的成果，不论这些成果是分别、单独还是曾经出现的（使用图表、表格、矩阵、剖面图、立面图和平面图）
- 在过程中注重交流（与网络和关键的路径图表交流）
- 参与整个过程（加入各种形式的手绘，包括新形式的手绘）
- 领导整个过程（使用探索性的手绘，在这种手绘中能够出现概念）
- 成为过程（通过的手绘需要能够通过链条反应启发其他手绘）

在第2章中，我描述了手绘的第1、2个角色，试图把手绘从过程中分离出来。但是，我将在本章中讨论手绘的各种参与性角色。这种关于角色的讨论是建立在“拉链和缝线”这个类比的基础上的，因为我想要强调整个过程。当然，本章会讨论手绘的所有角色。

交流目的

手绘的目的根据其在过程中连续性的不同而不同。关于手绘的交流角色，最简单的思考方式就是将手绘归类，要么是开放的（探索性地寻找输入信息的问卷），要么是关闭的（有说服力或令人信服的广告）。在设计过程中，手绘在这些不同形式之间交替，基本上还是在整个过程中从开启转向关闭。在这个过程中，还有其他几种手绘，但是他们大多都是仅仅起到开启或关闭过程的作用。

一个成功的设计过程就像对话一样，在对话中，诉说者和聆听者的角色不断更替，逐渐根据过程的总体形式加以反应。下图的模式就表现了这个过程。

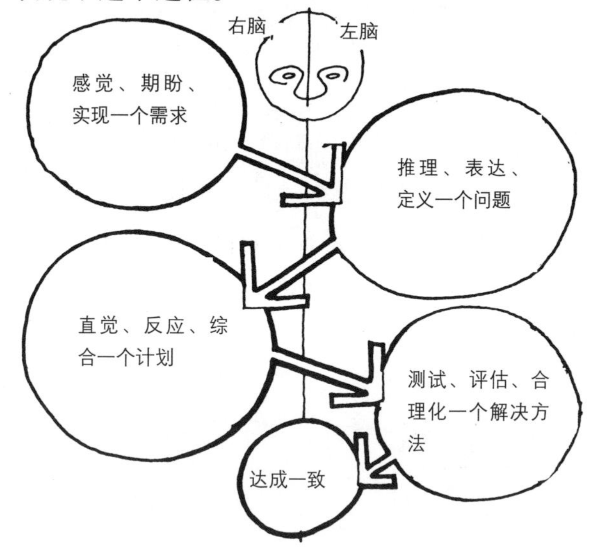

整个对话可能在设计师私密的意识空间中发生，在右、左大脑半球之间发生。对于有强烈设计直觉的设计师来说，这个过程可能直接造成直觉短路，而根本不会对问题进行理性定义或对解决方案进行逻辑测试。针对解决方案进行交流、解释或辩护往往对于客户来说是必要的，这样做可以确保整个模式成为真正的对话。

这种模式也可能以一个交流循环的形式进行，可能在设计师与客户之间进行，也可能在设计师与顾问之间进行。它也可以被视为设计过程的整体形式。

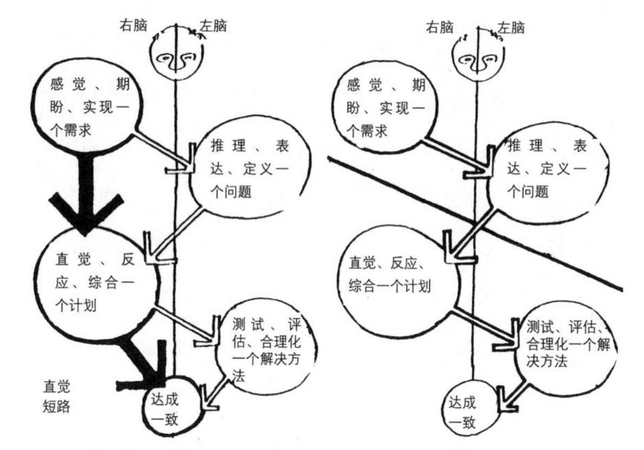

对话的模式是最初的循环，构成设计师与客户之间的对话。在这个对话中，设计师通过提问、倾听以确保对问题有正确的理解，以此来达到从客户方面获取信息的目的。在循环的后半部分，设计师会根据前半部分获取的信息结合一定的设计来进行综合分析，交流的方向进而发生转变。

手绘可以参与任何类似的对话，参与方式就是将输入的信息记录并转化成图像符号。手绘也可以领导整个过程，方法就是将图像作为问号，这些问号可以像问卷一样吸引更多的输入。当这种信息转化结束之后，手绘就能将信息进行图像整合来检验设计师的理解是否正确，这个过程就如同秘书将会议的议程交由上级进行审核一样。

手绘在循环的后半部分中的角色则更为人熟知。这里，手绘代表的是针对问题提出的解决方案或构思反应，它们需要经过修改，直到能够满足客户和设计师两方面的需要。取得客户的认可之后，这个循环就结束了，而此时也开始对提案进行测试。

测试可能是设计师在内心与自己进行的对话，如此一来，这种测试与客户和设计师对话的形式就很相似了。进一步的测试可能由设计团队中的顾问或其他成员来完成。现在，设计师遇到很明显的问题，顾问则有可能知道解决方案；在过程的后期，设计师可能遇到明显的问题（例如，不能在预算允许范围内满足客户的需要），而客户可能有能力提供解决方案（通过降低自己的需求）。

通过几个与此类似的对话循环，各种不同的参与者扮演了这两种角色，此时整个过程就将脱离与客户的关系，进而转向设计团队一边。在测试、改善和提炼构想的过程中，对话需要遵循设计团队根据以往经验发展出来的进程方式。在这个阶段将手绘展示给客户，该手绘的作用就如同对直线连接过程进行新闻报道一样。

最后，过程被连接完毕，最终结束。唯一保留的交流目的就是劝说他人——银行家、买家或建筑官员——完全信服产品的质量。

记录或领导设计对话的手绘必须仔细设计，以确保它们的重心和内容对于目的来说是合适的。设计过程中不同的交流手绘包括：

开篇手绘：设计开篇手绘的目的是尽量避免不够成熟的解决方案，将设计空间展开，并通过提出问题和可选择的方案来建立设计师的可信度。这就要求对设计空间进行探索，而这种探索并无任何确切方向。

清理手绘：修饰手绘的目的是通过提出问题并证实各种合成方式进而去除各种阻碍、误解和偏见。

缝线手绘：缝线手绘的目的似乎在问题与一种解决方案之间做出实验性的了结，方式是针对问题的具体部分提出零碎的解决方案，让这些方案自己寻求正确的方向。

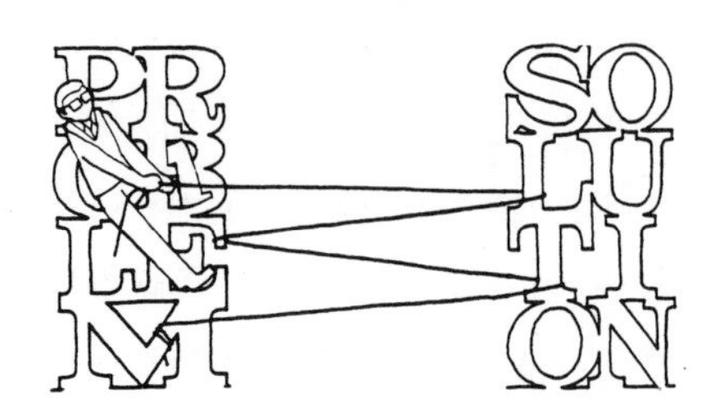

线结手绘：线结手绘的目的是针对问题提出某种构想性的解决方案，方式是提出各种组成构想，让这些构想自己建立方向。

拉链手绘：拉链手绘用来测试、发展方案与问题之间的关系，并将这种关系合理化。它们研究解决方案所有方面以及各个方面之间的关系。在寻找方案的最好形式的过程中，将方案整合建立在预定的方向上。

结束手绘：结束手绘很有信心地将方案的喜人方面描绘出来，进而将整个方案展现出

来，对达成的成果大加赞赏。

设计师必须善于交流，这种交流技巧不仅仅包括令人信服的逻辑、雄辩的口才，甚至细腻的感觉，这种交流还在于提问技巧、耐心聆听、锲而不舍地获取真知的精神。过程中具有了以上这些素质的参与，设计对话才可能真正结束。

问题或方案的种类

各种手绘与设计过程之间的关系依赖于问题或方案的种类。由于问题类型过于繁多复杂，而这些类型又随着设计师看法的改变而不断变化，所以经常做不到对设计问题进行一次性的分类。

医院可能首先在功能上就是一个问题，患者、访客、医生、护士构成循环模式，其他工作人员代表计划模式，这些共同组成基本手绘。然而，在处理同一个问题时，具有不同设计敏感度的设计师有可能做出不同的决定。因为医院处于市区，所处地点增加设计难度，他/她可能就此认定手绘应该从工地平面图和立面图开始。

不论如何开始手绘，设计师在各个连续阶段的信心总是能够很大地影响手绘的效果。有的设计师在心理准备不足或设计能力缺乏的时候开始手绘，这种情况虽然更加快速和常见，但是看起来还是太离谱了。只有非常清楚地知道并决定了手绘开始的方式，才会保证作品的质量。

在设计过程中，比较传统的手绘流程是平面图、剖面图、立面图和透视图。爱德华·德·博诺在其著作中已经明确指出，选择进入问题的方式以及处理各种信息的顺序都是非常重要的，因为如果不精心做出选择，不尽量将各种变化考虑进来，那么我们就不免会面临感知/构想常规的桎梏。

一些种类的问题所需要的基础手绘并不是平面图。机场或运动场里大多要求具备垂直循环分拣系统，这种系统往往需要从剖面图开始进行手绘。在古街或广场上填充空白的空间可能就需要从立面图开始。有一些建筑室内空间的质量更加重要，比如教堂或饭店，在这种情况下，设计师可以从室内透视图开始手绘；有一些建筑会占据美丽的自然场景，这可能就需要将室外透视图作为第一篇构想手绘。

任何建筑手绘比较传统的顺序就是地势图、基础平面图、平面布置图、结构图、剖面图和立面图，这个顺序基本上就是建筑工程顺序图，也就是一个逻辑拉链。构想手绘往往任意进行缝线，进而开始整个设计过程，当然这个构想手绘应该与需要解决的问题有所关联。经验丰富的设计师知道平面图往往是一个设计的开端，同样地，也可以使平面图与构想结合起来，从室外透视开始一个设计。

即便出现了障碍，之后方案的组织构想也做出来了，第一个拉链手绘也不应该按照建筑顺序进行，而应该遵照具体解决方案的特点而定。在剖面图中，应该首先根据水平变化、视线或接地综合设置等提供解决方案。如果需要自然光进入建筑，或者需要调节室内和连续空间的颜色，那么，在提供解决方案的时候，就应该在开篇手绘中主要做出室内透视图。针对城市环境及其与周围物体的关系，解决方案可能就该从描绘街道立面图开始了。针对建筑整体形式的比例、材料和整体效果进行手绘的话，方案就应该从室外透视图开始。

在针对不同的设计问题提出不同设计方案的过程中，如果我们变换不同的手绘以应对不同情况的话，我们会受益匪浅。一旦对这一点有了足够的敏感度，我们也就可以更好地认识到不同的手绘可能展现什么样不同的效果了。比如，我们不应该通过传统建筑手绘来检验一种解决方案，我们应该问自己这样的问题：什么样的手绘才能更好地检验这种解决方案——什么样的手绘能够展现出光线进入空间的路径？或者什么样的手绘能够展现建筑在夜间的样子？

手绘的选择

在设计过程中，问题或解决方案都可能是首先应该手绘的选择。但是，在过程中的任意一点，手绘的选择必须能够解决设计的问题。

一味地使用手绘来表现设计的最好特质可能会比较容易操作，但是相比起来，力图找到设计师的弱点并加以探索改进才更有意义。

在选择最关键的解决问题的手绘时，我们应该考虑原有的变量，并全面理解不同的手绘应该包含什么样的信息。

在表现环境方面，虽然平面图、剖面图和立面图都没有十足的把握，但不可否认，它们是最好的构想手绘。它们关注的是空间与建筑元素之间的基本关系，这在透视图中是无法实现的。

传统的建筑和透视图分别表现的综合效果是互补的，同时又是各自的根本，这一点可以很容易地区分两者。平面图、剖面图和立面图都将整个建筑目标看作统一的整体——这个综合体非常重要，对于保持建筑的逻辑连续性也非常重要，而我们从来都无法直接感受它。

正投影图可以将建筑进行整体展现，而透视图即使数量再多也无法做到这一点。透视图可以展现在一个时间点、一个地点上的综合感受，包括对于临近空间感受的预期。如果想要测试其他手绘中的想法是否成功，那么透视图是不可或缺的工具。设计师努力将各种元素联系起来，而在真正建筑环境的过程中，这些努力有多少能够实现就需要透视图来显现了。

以下简要介绍各种手绘的潜力，以展现各种手绘不同的形式和内容。

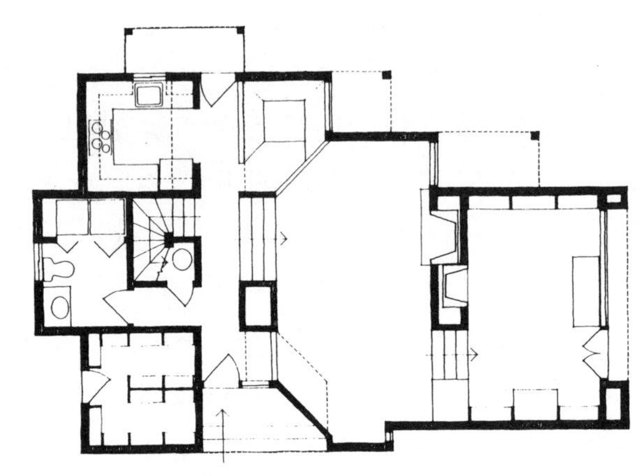

平面图能够展现：

· 水平功能区分（分区、邻接建筑、隔离和渗透）

· 水平循环（走廊、门厅、入口和出口的模式和安排）

· 水平功能充分性（所推荐功能的比例、形状和适用性）

· 水平形式安排（由点、线或矩阵产生的几何数据）

· 垂直建筑元素和开口（柱、墙、窗和门的特点和安排）

· 更大背景下的水平取向和变化（风、阳光、视野、地形和较近、较远的建筑）

· 家具安排、地板材料和其他细节

· 屋顶和地板的构架

· 机械、管道和电力元素的水平分配

· 所有以上元素的水平综合（如同空间细分和结构单元之间的关系或人员流动和机械分配之间的关系）

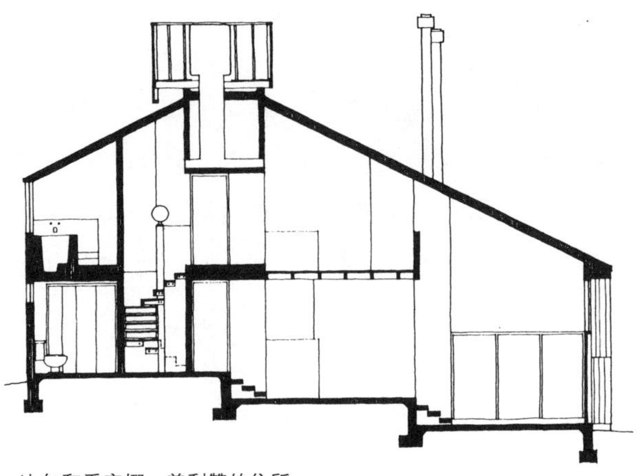

比尔和乔安娜·普利赞的住所

剖面图能够展现：

· 垂直功能区分（叠放、隔离和渗透）

· 垂直循环（楼梯、坡道和电梯的模式和安排）

· 垂直功能充分性（目标功能的比例、形状和适用性）

· 垂直形式安排（叠放、错落、台阶或团聚的几何数据）

· 水平建筑元素和开口（拱肩、厚板、矮护墙、悬臂梁、楼梯间和门廊的特点和安排）

· 更大背景下的水平取向和变化（建筑与建筑地点，较近、较远建筑之间的关系）

· 自然光线、墙壁材料和其他细节

· 墙壁、地板和屋顶的建筑

· 机械、管道和电力元素的垂直分配

· 所有以上元素的垂直综合（如同台阶、电梯和机械槽之间的关系或空间中柱距和叠放之间的关系）

立面图能够展现：

·建筑正面的模式、比例和大小（建筑正面的开口、连接和整体的组成）

·与相邻自然和建筑环境的背景关系

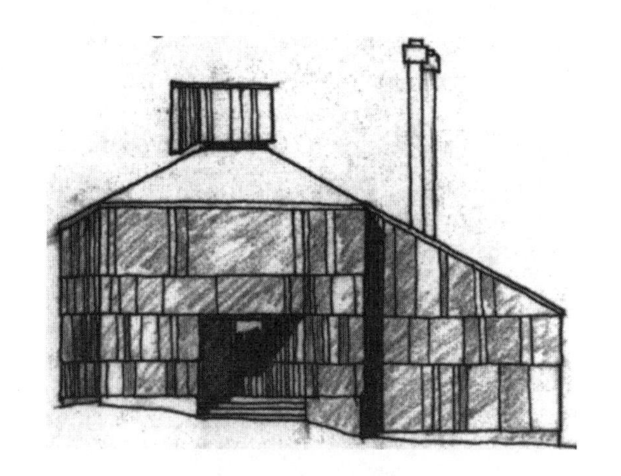

室内透视图能够展现：

体验封闭环境（所有可能出现的视觉表现的综合体，包括接触或行走在环境中能够体验到的触觉或动态感受）

室外透视图能够展现：

将建筑看作一个物体的感受（在接触或围绕一个物体行走时，我们的所有视觉感官可以预料到的综合感受）

精细度

精细度在设计过程中是最后一个影响手绘的变量。如果客户以为手绘已经接近完成，却看到粗糙、差强人意的作品，就会因此非常失望。但是，如果设计师能够从客户的角度考虑问题，在设计过程的合适阶段，仅仅使用简单的粗略手绘让客户能够理解各个阶段的目的，以便客户能够对设计给出中期肯定，这种做法显然可以为设计节省大量时间。

比尔和乔安娜·普利赞的住所

在过程初期，粗略手绘可以吸引人们进行评论，这种手绘本来就不是最后作品，这使得整个设计过程能够加入更多客户的想法。如果在过程初期就设计出成品手绘，那么就是在拒绝客户参与意见，因为这种做法已经给了客户这样一个信息，那就是设计过程已经结束了。

以上手绘展现了成品手绘与粗略手绘在时间上的不同。下面一行手绘在设计的初期是最好不过的了。它们可以节省大量时间，同时，与上面一行的手绘比起来，下面的也恰好足够起到交流的作用。

以上各种变量并无定式，对于各种变化的关系，它们只不过是一种模式。但是，设计师应该认识到这些关系，这样他们的选择面才会继续扩大。手绘的选择和描绘顺序是非常重要的，因为虽然我们似乎是在加工视觉信息，但加工顺序还是影响我们展现不同的手绘的关键，意义非凡。初期的手绘更加具有影响力，因为它们是我们解决问题的入口。我们首先选择的手绘能够展现设计中的重要关系，我们从未见过这些关系，因为我们从未试图选择能够展现这些关系的手绘。然而，我们排除了这些手绘，因为不管任何人或机构曾经尝试这些选择，我们都对其加以限制，进而限制了自己。

很多曾经描写过思维、创造或解决问题的作者都曾对本书之前提到的缝线—拉链这个类比给过意见。本章余下部分将按照之前提到的类别分成几部分，用来描述缝线—拉链模式中手绘可以扮演的交流角色。下文不会将手绘的角色仅仅限制在与人交流的层面上，而是会包括左、右脑半球进行的自我交流。这种交流的进行过程中，手绘能完成眼脑手的循环，使得我们能够综合运用所有的构想能力，而对于设计行为的观察者而言，手绘就成为了设计过程。

设计教育的不平衡性

形成构想的能力依赖于各种开篇、发展和结束技巧的平衡使用。设计教育通常更重视开篇技巧。一些设计教学主要就是越来越长地罗列设计标准——讲述问题、关注点和可以用来解决问题的方法，灌输给学生们巨大的责任和负担。

这种教学方法经常将问题和解决方案越扯越远，直至两者彻底分道扬镳，学生们面对的只是可怕的最后期限。我们应该利用更多时间讲授发展和结束技巧，这是以人为本的考虑，也是为设计着想的做法。让学生们在最后期限的前两天备受标准的煎熬实在不利于他们建立对于自己构想能力的信心，也抹杀了他们即将从事的职业的人性化一面。

如果现在转回到缝线—拉链类比上，我们会发现，在开篇、发展和缝合阶段，如果任何手绘都是开放的、粗略的、不太明确的作品，它们就能够吸引更多的评论和解读。然而，如果想要真正测试解决方案可行与否，线结手绘和拉链手绘就一定要包括透视图。透视图可以检验设计是否能够表达设计师的意图，之后，整个过程就可以顺利转向正投影图，这可以增强建筑的逻辑整体性。

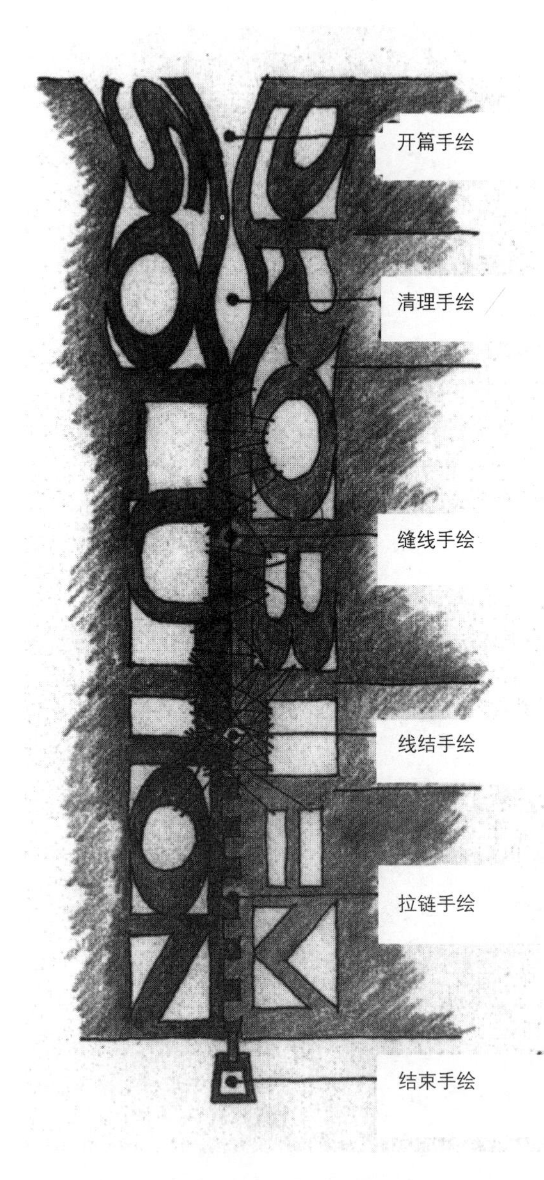

上图的手绘将缝线—拉链类比与适合设计过程中各个阶段的各种不同的手绘结合起来。

开篇手绘

开篇手绘可以暂缓过早的评价，以避免不够成熟的解决方案，并且打开了整个设计空间。

如果我们可以将设计视为连接问题与解决方案的活动，那么问题与方案之间的空间就是属于设计师的了。设计空间的面积和质量非常多变，设计师必须经常努力开拓足够的空间进行操作。设计空间可能会受到一些外力或环境的影响致几乎关闭，过早关闭的空间会像钳子一样束缚住设计师。想要打开钳子，最简便的工具就是钢笔或铅笔。手绘能力也可能帮大忙，可以将任何狭窄的设计空间撬开并支撑住。

开篇手绘可以有两种形式：打开客户和其他人的头脑；打开设计师的头脑。开篇手绘还可以进一步细分为推迟方案一方或推迟问题一方。

设计师要做的第一件事就是仔细审视设计空间——问自己是否真正愿意进入那个空间。

客户可能会跟你说："我们知道自己需要什么，我们只是需要有人给它画下来而已。"或者"我在加利福尼亚已经做过三个类似的工程了，我知道什么才是卖点。"或者"我只需要一系列的平面图通过建筑部的检查。"如果是这样的话，那么就意味着设计空间基本上已经关闭了。

客户不是唯一能够限制设计师行为的人，贷款银行、政府部门、法律和整个社会都更愿意选择狭窄的设计空间，因为他们需要标准，他们使用传统的方式期望看到设计师提供更多的创新。

仔细审视一下设计空间，你会发现是否还有自己创作的空间。年轻的设计师对任何设计空间都很乐观，而年长的设计师对于狭窄的设计空间会格外谨慎，甚至会因此放弃设计工作。

这里最需要的就是对空间的开发潜能进行准确的评估。这项工作可能最后就成为教育他人理解设计可能性的问题，或劝说他人相信你的设计能力的问题。不论怎样，设计传统都要求在最初阶段对设计空间进行准确评估。

如果你很认真，也很有技巧，在设计之初就试图打开设计空间，那么这样的努力会在你的手绘中体现出来。即便客户再偏狭，即便建筑官员很难沟通，他们都会尊重你的努力、技巧和精神。

设计师自己通常留给自己很少的宝贵空间用来重新认识问题或自由构想解决问题的方案。再者，设计师可能经验很少，或者受到本身文化或职业教育上的局限，这些都会使得设计空间变得很狭窄。这种结果就需要设计师读万卷书、行万里路，采用各种方式让自己知道得更多。好在，对于大多数设计师来说，先入为主的认识都可以通过拖延的方式来加以平衡。这样，即便似乎已经感觉到了完美的解决方案，设计师们也并不急于实施这个方案，而是等等看是否还会想到更好的方案。

想要成为设计师的动力以及大多数传统设计教育赋予我们的一些思维方式都会使得设计开篇变成一种不可救药的定式，或者我们会一味去追求标新立异、富于想像力的解决方案。然而，通过实施构想中正规的解决方案，设计师的开篇可能会非常片面。在这种情况下，设计师需要完全开放问题，允许比较极端地对问题进行重新诠释，甚至对问题的一些部分全然无知，这样问题才能与僵化的先入方案相匹配。

设计师的先入为主可能来源如下：

- 对于问题类型过于熟悉
- 对于类似问题的方案深信不疑
- 个人偏好某种正规的解决方案

对于设计师来说，开放更多的是如何平衡设计空间，解决方案一方要保持不变，同时探索问题一方，并清楚知道当下的问题与其他类似问题有什么区别。

许多描写过思维、创造力或解决问题的作者都已经意识到了过早关闭设计空间的问题。约翰·杜威（《我们如何思维》，1909年）很早就曾经指出这个问题：

批判思维的精髓在于推迟判断，而这种推迟的精髓在于继续探索，进而发觉问题的实质，然后努力寻找解决方案。

所有可以打开设计空间的方法实际上都力图推迟给出评论，大多数值得推荐的做法都试图将设计师和其他人的注意力集中在设计空间的问题方面，这样就可以避免预想不够成熟的解决方案了。大多数这样的活动都是口头进行的，以数学、逻辑、分析、左脑的形式进行。同时，右脑不受欢迎，不参与行动，可能就会因为感觉枯燥或气恼而产生预想的方案了。

更为成功的方式是让右脑参与设计和手绘，在这一点上手绘本身也会很有帮助，它们可以提供不同的方式来看待问题、场地、功能或背景——使得问题方面能够直接切入设计。一旦将问题方面分割开来，对设计空间重新布

局，那么问题的方案一面就被推迟了。

大多数关于问题的手绘都涉及问题部分，或者涉及重新布局的空间，它们间接把握或推迟原有问题的方案部分，方法是延伸可行方案的范围，并加深我们对可接受方案的具体而强制性标准的理解。

将问题手绘出来

在问题内部置换空间可以使设计师运用大脑的两个半球设计需要解决的问题，这就非常清晰地区分了构想获得和构想形成，我们已经在第二章对二者进行了讨论。在构想获得方面，问题总是已经提出了，却没有机会去改变，只需要找出一个解决方案与教条的问题相匹配即可。在构想形成方面，问题一方总是多变的，根据设计师的客户、背景、经验、能力和资源而发生变化。设计师力求达到问题和其中一个方案之间的契合，问题和方案两者共同发展或交替前行。

于是，手绘问题就成了设计问题，需要在问题方面达成契合。客户和用户应该参与并达成这种契合，因为这可以使设计过程中每个人都能够使用开篇技巧。如果在开篇之初各方就可以介入，那么达成的契合就表示大家已经达成共识，参与过程的各方都认可这个契合。关于问题达成的这个共识是很重要的，应该首先加以应对。

在设计空间开篇阶段让客户加入进来可能意味着很多困难。客户可能并不理解他们付钱给你，你却浪费时间研究一些在他们看来再清楚不过的问题，或怀疑他们已经提出的设想，或质疑他们已经设定的标准。意识到这一点之后，设计师可以选择对客户或用户的误解置之不理，也可以希望在设计后期达成共识后，能够偷偷使用一个想像出来的方案。你一定得运用自己的判断和敏感，来预测到客户可能会有的偏见，但不论怎样，你还是应该尽早测试出设计空间的极限。

一个非常有用的方法就是将开篇技巧设计成一系列向客户提出的问题，这些问题应该涉及客户还没有考虑到的方面。这样，设计师就成为了信息的记录和整合者，而客户就会找到这些信息或评估可能使用的方法。设计师成为了单纯的问题提出者，当然不会过分地影响过程，显然也就不会浪费客户的时间。

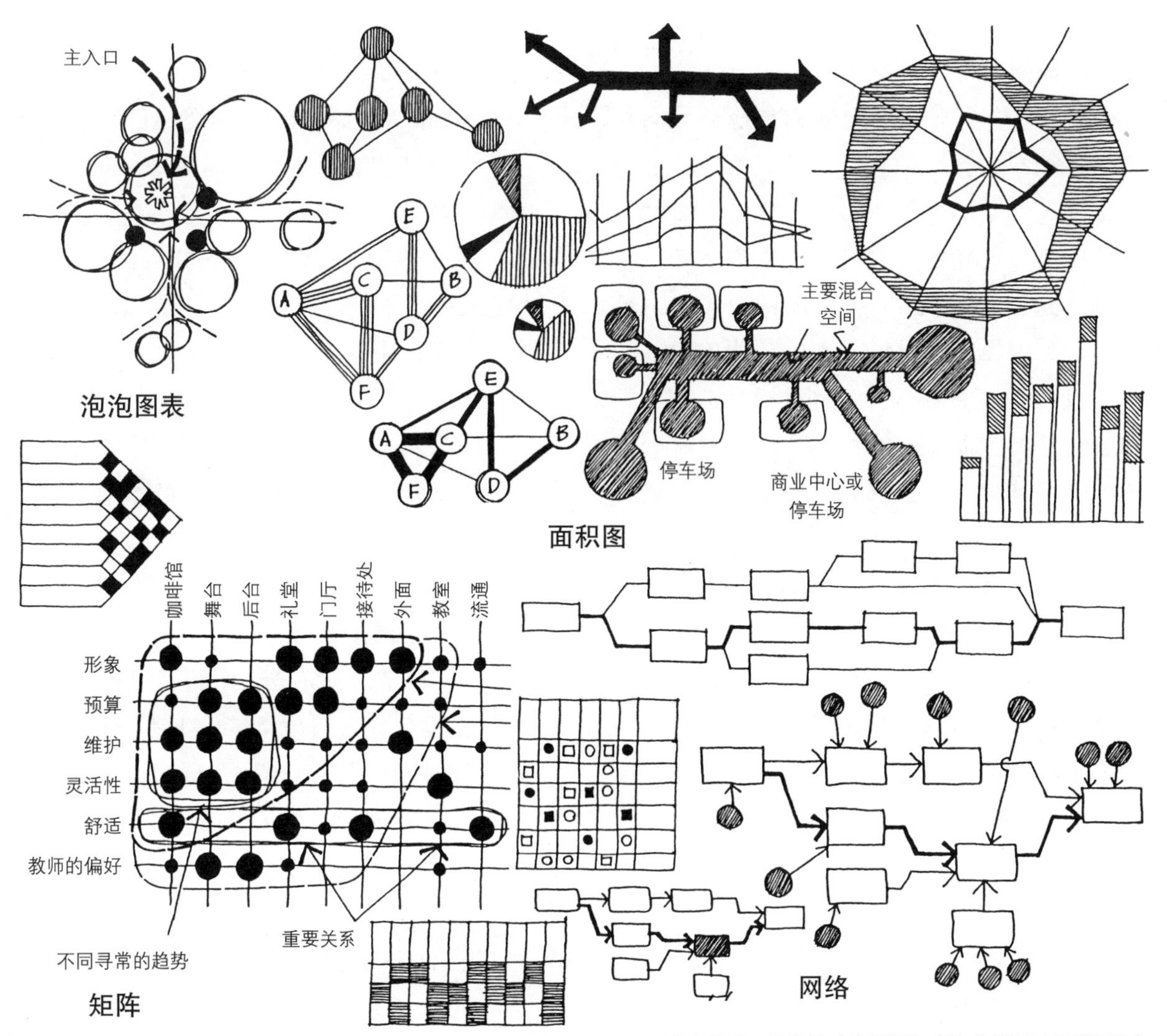

选自保罗·拉索的《建筑师和建造者的图示问题解决》

至少有六个“开篇”问题可以帮助客户、用户或设计师开拓想法。

1. 什么样的图像语言可以轮流用来解决问题？你可能根本想像不到，我们可以使用很多图像语言，它们可以很简单地组合在一起，也可以变化出全新的语言。

传统手绘需要为大多数解决问题的语言建立基础。例如，泡泡图表与平面视野的平行线和分割线紧密联系。然而，各种平面图都有能力展现出传统实/空平面手绘中不可能看到的关系。我曾经说过（《建筑手绘方法》），在墙壁、开洞和支柱的形式确定下来之后，我们就过早地满足于建筑设计，因为这些形象是我们设计出来的。我们挑剔的眼脑可能永远都看不到真正需要的功能模式，于是，更加重要的模式看起来就模糊和混乱了。

除了传统手绘之外，还有一系列其他图像。它们没有直接应用于建筑，代表着任何环境设计中很重要的模式和关系，比如面积图、矩阵和网络。它们表达出在设计过程中必须考虑的全面的、理想的关系和决策及应用顺序。

保罗·拉索的著作《建筑师和建造者的图示问题解决》（1975年）表现并仔细解释了泡泡图表、面积图、矩阵和网络的不同用处。这些基本的图解可以用彩色代码加以润饰，不同的颜色代表不同的功能。通过发明更多的图解语言，用语言代表具体问题的不同方面，大多数问题都能够得以解决。

2．关于当下这个问题和其他类似问题，我们还能找到什么信息？最明显的方法之一就是打开设计空间，不进行任何判定，目的是获取关于所设计功能、场地和现有方案的进一步信息。这就是爱德华·T·怀特在《建筑策划介绍》（1972年）中所描述的策划角色之一：

简单地说，在已经提到的设计范例中，策划起到寻找、筛选和组织相关情况的作用，并将这些情况从口头形式转化成图解表达方式，这样，它们就可以反过来转化成物质表达方式……

需要收集的情况可以分为几种。怀特认为“传统”情况是环境设计师常规使用的，毋庸置疑。这些传统情况与当下问题的相关性需要得到评估，并且这些情况需要得到所有参与过程人士的认可。

怀特将传统情况归纳为九个类别：

（1）相似的项目和关键问题

（2）客户

（3）财务状况

（4）建筑规范

（5）相关组织部分策划

（6）功能

（7）场地

（8）天气

（9）发展和变化

这些主要类别还包含大量次类别。比如，第六类，即功能，就包含以下次类别：

a.操作系统——包括建筑以外的联系

b.确保系统操作能够成功的过程中的关键问题

c.支持操作过程的必需设备（休息室、等候室、厕所、门房）

d.主要操作程序——支持主要程序的“供应程序”

e.系统中的分支或部门

f.总体部门关系

g.参与人员的熟练和类别（任务类别）

h.每类人员在操作中所起的作用

i.人员流动系统

j.信息流动系统

k.材料流动系统

l.工作节点（完成工作的工作室等）

这些类别还可以继续分下去。比如，类别k，即材料流动系统，还包括：

来源点和目的点（包括运送和接收）

频率和模式（连续的或者间歇的）

紧迫程度

在总体操作中的角色

形式（大小、重量）

特殊考虑（是否易碎）

材料操作（包括废物的提取和处理）

存储条件

最高工作量

关于“传统”情况，客户和用户必须提供更多的信息，或者参与信息的采集。设计师的任务就是记录和收集信息，将信息归类并转换成为可用的图解形式。这样的书面材料就是项目的开端；事实上，在设计空间中我们称之为问题的部分就是项目。关于这个类比的变化，我之所以反对，主要是因为大多数项目实施者都以为，项目就一定要僵化地与某种方案相匹配。

3．还有什么方法可以将问题归类？这个活动在设计过程中至关重要，作为一个开启设计空间的技巧来说，它也是最有效的。我们在第二章已经讨论过，类别单元与背景等级可以有三种关系。

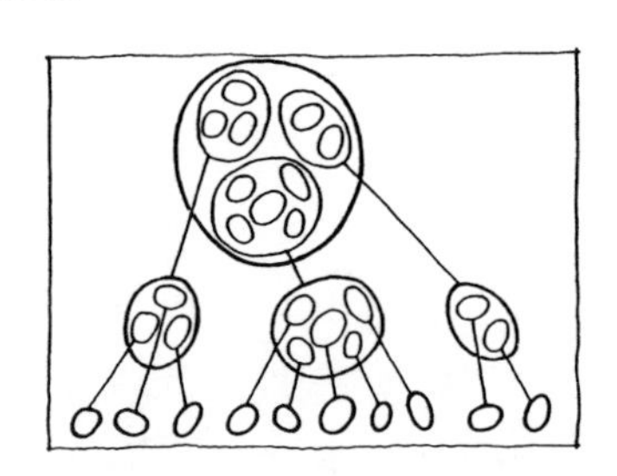

作为一个部分，问题应该与其大背景相联系，与社区、城市和地区相联系，同时与大的时间背景相联系。

·设计对于更大的系统来说拥有什么责任？

·设计是否应该与更大的环境相融合，还是特立独行？程度又是怎样的？

·设计对于气候系统，如太阳、风和雨的反应应该是怎样的？

·设计如何避免加重交通阻塞或空气污染？

·设计如何保持和扩大现有的文化娱乐场所、自行车道、景观特色，比如街边树木？

作为一个整体，问题由不同部分组成。

·有什么其他方法可以将问题在功能、背景、顺序和结构上加以细分？

·各种不同细分方法的优点和缺点是什么？

·这些细分应该局限在建筑设计中吗？在建筑过程中，这些细分可以加强对于环境的理解吗？

作为一个部分，问题与相似的环境都有联系，这些环境可以是由其他人设计的，也可能就是由你自己设计的。

·设计与相似环境之间应该是什么关系？设计应该看起来更新一些、更大一些、更昂贵一些、更富有想像力或更传统一些吗？

·设计也应该拥有一些相似的特点吗？如同一个系列（饭店、银行等等）中的一份子，与其他无异？

·应该怎样有所差异呢？

在将设计问题归类的时候，很难让客户或用户接受不同的方式，因为我们看待世界的类别是传统智慧的根本点。这种传统的构想在有能力雇佣职业建筑师、景观设计师或室内设计师的客户中更加常见，因为正是他们的这种能力显示了他们在传统世界中的成功。然而，如果你能够劝说他们接受一个或两个不同的问题分类方法，那么一切努力都是值得的。

4．还可以用什么类比形容问题？在解决问题的过程中，类比已经成为了创造性的联系，在理解需要解决的问题的时候，这些类比也同样重要。它们可以帮助对问题加以分类，方法是澄清与问题不同部分与其他问题之间的关系。在看待问题的时候，我们需要发展新的方法，而不同的类比尤其在这个方面可以帮上忙。

·设计购物中心时遇到的问题会与设计贩卖机或嘉年华娱乐场时遇到的问题一样吗？

·在老街上设计新建筑，好似输血？还是一个不速之客？为多个客户进行设计就像是在烹调乱炖？是在提供自助餐？还是在招待万无一失、淡而无味的晚饭？

·预算有限的设计与设计粗布连衣裙或貂皮比基尼采取同样的处理方式吗？办公室的室内设计如同设计公司的信头？还是仅仅为雇员们准备的栖身之所？

·露台的景观设计仅仅是为了收集各种样品？还是需要作为一件功能性家具，借以表现光线、添加视觉趣味？

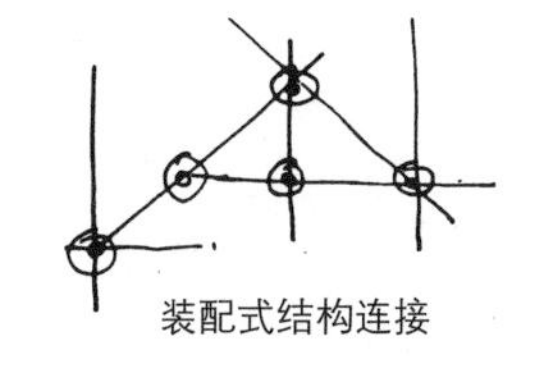
装配式结构连接

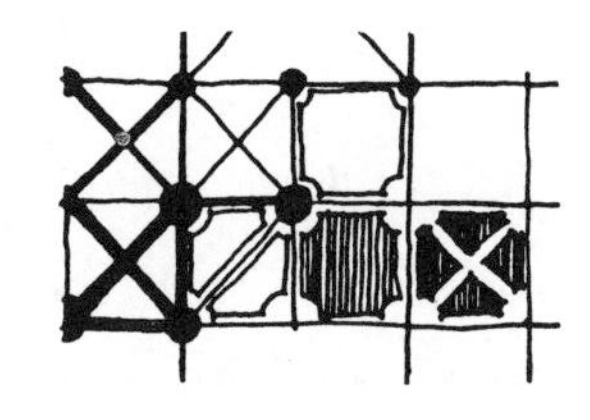

手绘类比可能看起来很多余，但是它们可以提供相似性，并且可以延伸这种相似性。类比的深度通常是令人感到意外的，并不能用言语来表达，尤其组成类比的物质形式细节是很微妙的事情。

5．我们可以建立什么样的进入点以解决问题？爱德华·德·波诺（《横向思维》，1970年）曾经指出，我们获取信息借以解决问题的顺序能够大大影响可能提出的解决方案：

头脑的记忆系统有自我增大的特性，因而，考虑情况或问题时的进入点会大大影响这种情况或问题的结构。通常，我们都会选择比较明显的进入点。这样的进入点本身就有固定的模式，因而最终还是回到固定的模式。我们无法判定哪个进入点是最好的，因此很容易满足于最明显的那一个。有人认为进入点的选择无足轻重，因为无论怎样大家都会达成同样的结论。事实并非如此，因为进入点的选择可以决定整个思维脉络。我们应该学会必要的技巧，来找出并使用不同的进入点，这是非常有益的……

通常，对于任何问题来说，比较常见的进入点就是功能和背景。改变进入点最简单的方法就是想像以不同的方式开始一个设计过程。

这些概念和材料选自爱德华·德·波诺的《横向思维》一书。作者是创造性思维领域的领军人物，“横向思维”的发明者。多伦多：416-488-0008。网址：www.edwdebono.com

看待问题的视角可以包括以下的人物角色：

- 所有人
- 用户如果另有其人，则单列
- 建造者
- 不熟悉的访客
- 更大的社区
- 建筑官员
- 贷款提供者
- 评论者
- 消防队长

还可以从以下方面进行设计：

- 结构
- 经济
- 维护
- 形式
- 安全
- 可能性
- 审美
- 机械
- 考虑未来的发展和变化
- 考虑不同的颜色和质地
- 考虑能源节约利用
- 传统

6. 对于设计过程本身来讲，我们可以考虑什么样的设计？这是非常好的开篇技巧，因为它会使你更清晰地与客户或用户进行交流并讨论设计过程的总体形式以及过程中各种参与因素的角色。基于同一个问题，这种开篇技巧还可以激发你考虑其他可替代方式。选择的多样化可以由以下的问题来测定：

- 随着进程的推进，我们应该在过程的哪个阶段进行构想？对于设计师可能提供的服务，有没有一个标准的职业规范？
- 我们应该寻求谁的参与和批准？什么时候？针对具体的设计，什么才是过程中关键的决策点？
- 问题的哪些方面看起来最关键？从客户或用户的角度，什么样的决定才是最重要的？从设计师的角度呢？
- 在过程中如何建立合适的灵活性来应对突发事件？
- 过程中最有效的交流方式是什么？经常举行短时会议？经常进行深度交流、备忘录、手绘？
- 过程的哪些部分最有益于发挥设计师的创造性？早期整体构想阶段？还是后期关键细节阶段？
- 对于客户的参与来说，过程的哪些部分最关键？早期的目标和标准？或者等到目标和标准已经确立之后才考虑参与的问题？他们只需要参与构想的细节发展就可以吗？

设计过程及运用图解将过程记录下来，这些都需要花费时间，但是这一切总是值得的，即便是应付学校期间的设计作品也好。我们需要计划在未来的时间内都做些什么，就像设计约会日历或关键路径条形统计图一样，这样做可以保证我们努力的方向是正确的，还可以使我们认识到完成作品也是问题的一部分。参与设计过程的人物都希望能够成功完成设计过程。

设计师的威信

在开启设计空间的时候，作为问题解决者的设计师也在建立自己的威信，同时展示自己的知识和创造性的广度和深度。图解的方法更有利于这种威信的建立，因为一个设计师的制图能力对于大多数客户来说都具有相当的震撼力。大多数设计师相对于大众来说在制图方面都具有优势，这倒不是因为我们的技巧有多么高超，更多是因为我们文化里的教育制度缺乏制图技巧在大众中的普及。相对于大多数客户来说，手绘技巧是我们享有的为数不多的交流优势，因此一旦需要说服客户接受自己的意见，就应该使用手绘的技巧。

就我的经验来看，聪明并熟练地使用手绘可以开启设计空间，并在设计过程中保持与客户之间持续的对话。在开启设计空间时，抽象的平面图、剖面图和粗略的透视图都可以起到很好的作用。像图解问卷或话题一样，手绘不应该特别明确，以便留出修改的余地，这样可以激发更多的讨论，过程的参与各方也就都有机会参与意见了。如果你可以创作很多这样的手绘，那就意味着你在提供不同的解决问题的方法，这样客户和用户就可以参与决策过程，你同时也欢迎他们的参与——这样他们便在设计空间中出现了。

清理手绘

清理手绘的功能是袪除各种阻碍、误解和预想的概念。它们打破传统的类别去思考问题，清理设计空间。清理手绘是一种策略，可以消除误解、除去障碍和残渣，因为这些东西可能使解决问题的进程变得异常困难或者非常不便。

清理策略可能就是打破常见的问题类别，也可能需要彻底改变客户或者设计师看待设计环境或整个世界的方式。清理构想障碍最好的方法就是学会去认识它们。

在许多设计过程中，没有时间也没有必要重新考虑问题的所有方面。问题可能很简单，也是我们熟悉的，设计师的努力最好集中在过程的其他部分。另一方面，如果问题过于熟悉，或者不论客户还是设计师都在寻找特别有创意的方案，那么我们就需要对设计空间进行比较彻底的清理了。

大多数清理策略都试图打破类比，也就是德・波诺所说的打破“陈旧模式”。在《思维研究》（1956年）中，布鲁纳、古德诺和奥斯汀清楚地指出，我们用来感知或构想世界的类别使我们的认知活动成为可能，而同时又限制着我们的认知活动。如果在设计房屋的时候我们接受传统的空间类别，如客厅、餐厅、卧室和浴室，我们的设计就会被限制在这些类别的排列中。然而，如果我们故意打破这些类别，试图寻找其他可以将空间分类的方法，我们就可能发现多个有趣的答案。

在考虑居住空间的时候，一个更有意义的方法就是考虑若干组合：公共/私人，醒来/睡着，吵闹/安静，光亮/昏暗，坚硬/柔软，成人/儿童、个人/共有。我们将设计问题打破，分成这些次类别，显然这些次类别使得我们很难将设计问题重组。

还有另外两种方法可以打破传统类别，少分和多分。少分对于一所房子来说就可以假定所有的功能都能够在一个不加区分的空间内实现，然后逐渐、特意加入类别和空间细分，当然我们需要仔细考虑加入这些元素的顺序。

多分可以针对每个空间进行细分，你可以将卧室分为睡眠区、休息区和穿戴区，你也可以将厨房分为储藏区、准备区、烹调区和进食区。这些不同都显示出传统类别是比较任意的，不应该被当成不变的教条。

在某种形式下，曾经描写过设计过程的缝线模式的作者都主张打破类别。

清理手绘的另外一件工作就是清除设计空间中的阻塞，因为这些阻塞使设计空间看起来凌乱不堪。詹姆士・L・亚当斯的著作《突破思维的障碍》（1974年）列出了一系列感知、感情、文化、环境、智力以及表达方面的障碍。亚当斯提出，清理构想障碍的第一步就是学会认识这些障碍。他建议清理构想障碍应该使用有意和无意两种方式。有意的方式包括各种检查单、询问，努力达到流畅和灵活；亚当斯还推荐了清理障碍的无意方式：群策群力（奥斯本）、共同研讨（戈登）和自我实现（马斯洛）。

我们可以使用手绘来同时清除三种障碍：构想障碍，亚当斯称之为“墨守成规——看到的都是自己期盼的”；文化障碍，亚当斯称之为“解决问题是非常严肃的事情，不容半点幽默”；构想障碍，亚当斯称之为“不能从多个角度看待问题”。将置身于环境中的人们以幽默的常规解决方案手绘出来，我们就可以清除掉许多预想的偏见（参见200页）。如果我们足够诚实、足够勇敢，将我们认定为这一系列常规方案的设计师，并将这些方案展示给过程的其他参与者，那么我们就在清理设计空间方面开了好头。

手绘可以帮助理解并清除许多这样的障碍，不能将手绘作为解决问题的一种语言的话，这本身就是亚当斯曾经指出的障碍之一。对于任何设计过程来说，核心能力就是可以流畅地使用各种语言并能够灵活地将一种语言转化成另外一种语言。

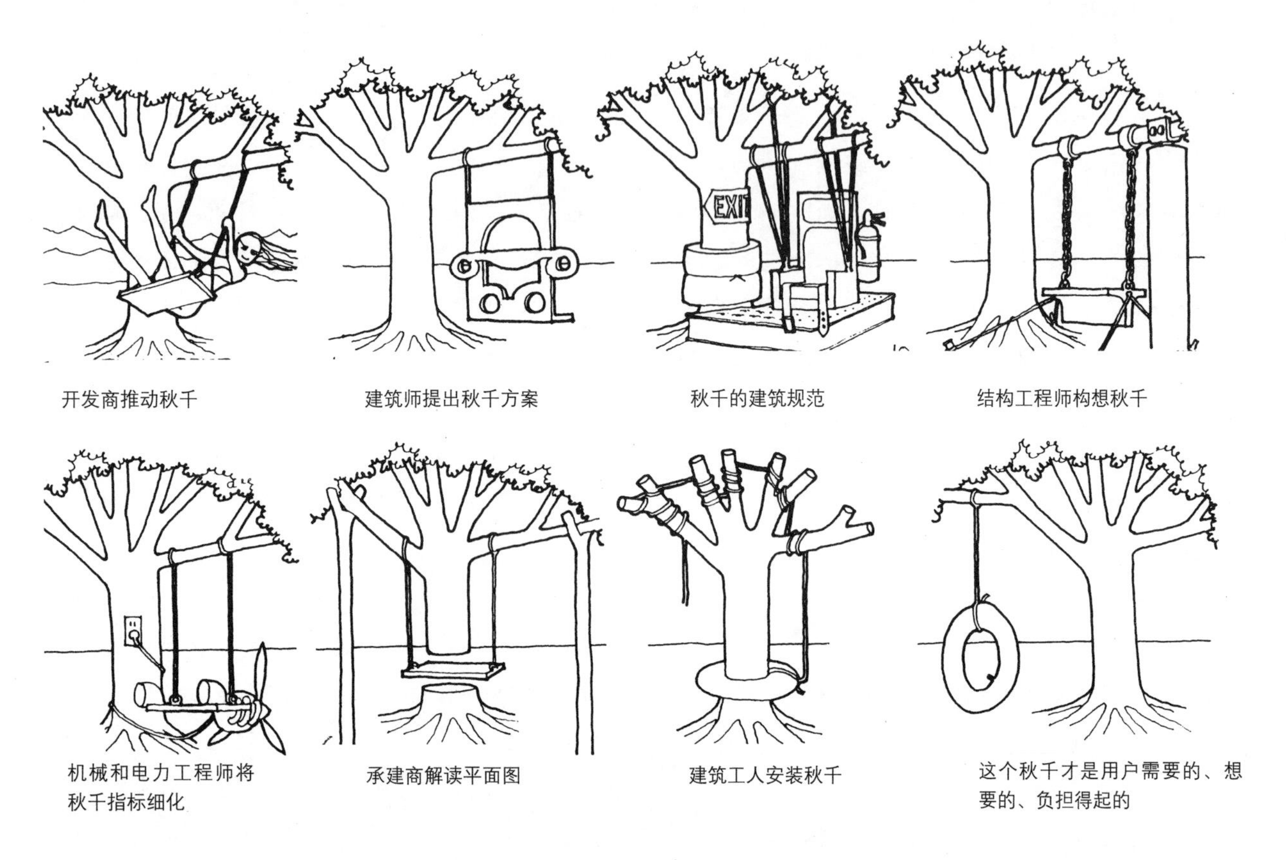

亚当斯认定的另外两个障碍（感情障碍——害怕犯错、失败、冒险构想障碍——过度界定问题的大小）是可以克服的，方法是特意将问题无理地延伸，并用手绘将其表现出来。

亚当斯称之为“更加愿意判断想法而不是产生想法”（感情）和“禁忌”（文化）的障碍可以通过图解的方式同时加以清除。在这里主要想要为可选的构想限定配额，它们包括比较明显的文化禁忌，另外一个目的就是尽量不要过早对它们加以评价，而应该在将这个配额全部完成并采用图解的方式加以记录之后再清除掉令人反感或明显可笑的想法。许多作者在谈到创造力的时候都推荐过这种方法。

在清除障碍方面，手绘是最有帮助的。这种操作过程真实可及，能够更好地表现想法，因此能够深层次净化我们的意识，因为这个过程需要眼、脑、手三位一体。

如果我们将清除的范围扩大，将净化也加入进来，那么我们就能够加深对问题的理解，避免将设计空间过早地关闭。这就需要收集并筛选怀特所说的“非传统”情况。这些情况需要在设计过程中经过更多的讨论和协商，因为不同的参与者不可避免地会提出矛盾和对立的情况。这种信息本身表示某种关系，并且视情况不同而发生变化，因此会产生分歧。与早前提到的传统情况不同，非传统情况并不在任何参与者的专业技能范围之内。

在非传统情况中，这是一个非常典型的矛盾例子：（情况1）人们珍视并尊重设计和维护得非常好的环境，他们的行为就能够反映这一点；（情况2）我们不可以信任任何人，如果一个环境可能被破坏或弄脏，那么它就一定会。正因为这些非传统情况本身就颇具争议，那么在清理阶段，我们就应该尽量清理分歧和误解，这一点非常重要。

蒂姆·怀特（《建筑策划介绍》，1972年）在描述非传统情况方面最成功：

在传统与非传统建筑情况之间，并没有清晰的分界。一种情况归属于哪一类别取决于工程类型所要求的策划程度和设计细节、建筑类型的特殊性和设计师知识储备的深度和宽度。对于一个建筑师或设计师来说，非传统情况可能对于另外一个就是非常常见的。

怀特建议过，我们应该根据相关性对这些非传统情况进行筛选，然后将它们图解。在图解过程中，所有的参与者都应该把这些非传统情况加入考虑范围，将它们归类、加以讨论并做出决定。设计师和其他人可能通常会隐藏一些非传统情况，他们试图偷偷将这些情况加入到过程中，但是最好还是要公开这些情况，将情况图解，进而获得全体的认可。

缝线手绘

缝线手绘的目的是尝试将问题和一种解决

方案做缝合，方法是手绘出暂时的、零碎的方案来解决问题的具体部分，然后寻找方向。缝线是试图关闭设计空间的第一步努力。这些努力并不一定会在开篇和清理阶段被搁置下来，它们随时会发生。设计师一定要知道如何将部分问题与部分方案结合起来，它们能够填补我们的意识空缺，恰到好处地证明人类行为的操控欲是多么无用，人类的想法则更加苍白。机器人可以穿过设计过程且目不斜视，也不会开小差蹦开或跳走，但是人类设计师虽然有计划地行动，但总是躲藏在设计过程的任何模式之后，随时准备改变初衷。

结束技巧

在大多数关于创造性的著作中，作者都没有给予结束技巧足够的重视。这种情况可能是因为人们往往不会主动建议使用结束技巧，也可能是因为他们受了传统想法的影响，认为我们可以创造构想、实现构想，只需要开拓思维、清除障碍，然后就可以耐心等待着想法的随时降临了。“问题解决者”使用了规定好的开篇和清理技巧之后，他们就进入了不同的状态：“看到解决方案”、“达成解决方案”、“发现答案”，或者在不同选择之间冷静地做出抉择。

作为一个设计师，我从来没有经历过瞬间可以看到、达成、发现或抉择解决方案。我认为，通常情况下，如果我在手绘中发现可以缝合设计缺口的第一针，并且很有信心可以进行更多的缝合，那么我就认为基本上可以考虑结束过程了。

关于思维、解决问题、策划和创造性的提法差别很大，他们推荐不同的关闭设计空间的方法，可能将问题与一种解决方案分离开。亚当斯的忠告就是“放松、创造、仔细考虑”；共同研讨则是寻找各种不同的类比联系，力图在其他领域找到类似的问题和方案；德・波诺建议寻找不同的干支和控制问题的方法；怀特则主张有条理地发展详细的计划，计划需要包括各种事实和规则。如果这些方法都不够的话，那么我还想增加一个，可以称其为“可控制的拖延”。

我发现，我们往往最初就需要非常努力地来理解问题。对于我来讲，可以故意暂时不去着手工作，甚至不去想问题是什么，拖延一段时间再看，这是非常有用的技巧。或许是因为曾经读到过拖延是创造型人物的必要条件，因此我之后便更多地使用拖延作为一个创新技巧。当然，这种情况也是随着构想信心和手绘技巧的提高而发展起来的——又或许因为我有着霍皮族人的血统。霍皮族人并不觉得任何事情之间一定要有必然联系，比如，他们很勤奋地编篮子，但他们并不在意多长时间能够编完这个篮子。他们只是在帮助篮子成为篮子，万事俱备，或者时间到了，篮子就编好了。大多数学习设计的学生都是有潜力成为霍皮族人的，但是拖延这个技巧实施起来需要细心和信心，因为完成作品是任何设计问题的一部分。

关于如何缝合问题有很多建议，但是，大家已经达成了基本的共识，那就是最成功的缝合需要设计师具有坚实的构想技巧（包括手绘），还需要对现有的解决方案有最基本的了解，需要用决心和实际行动来积极解决问题。除了这个基本的共识以外，还有其他可以使用的技巧，而这些技巧各有不同，我们只能将它们在这里进行简要说明。

在《共同研讨：创造能力的发展》（1968 年）中，作者威廉・J・J・高登提出四个具体种类的类比，这四种类比在保罗・拉索的著作《建筑师和设计师的图示思维》（1980 年）中都有详细的解释：

在威廉・高登的著作《共同研讨：创造能力的发展》中，作者描述了四种类比：象征、直接、拟人和狂想类比。

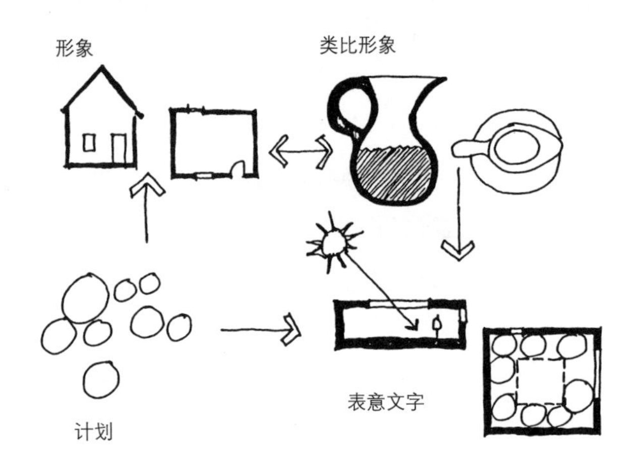

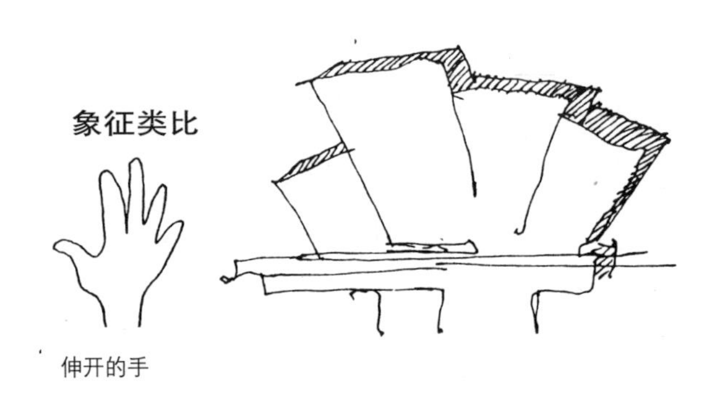

选自保罗·拉索的著作《建筑师和建造者的图示问题解决》

水罐和房子都作为容器放在一起比较共同特征的话，这就是象征类比。其他的象征类比还可以是伸开的手和房子的展开图，或者是脚印和构成房子的带顶棚的亭子。

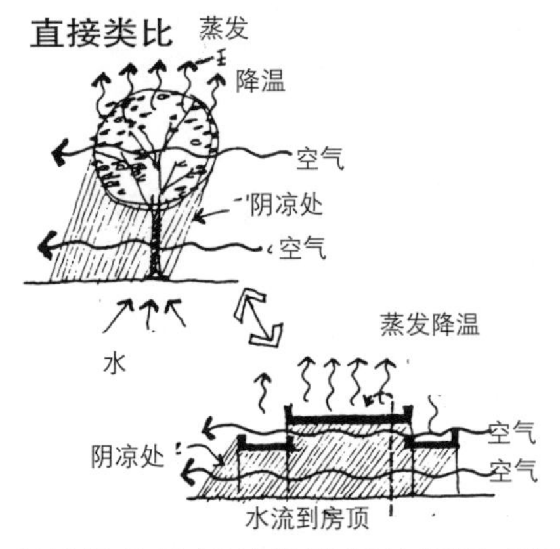

直接类比比较的是平行的情况或活动。在上面的例子中，房子在设计之初就与树木一样具有降温的特点：阴凉处和空气运动。

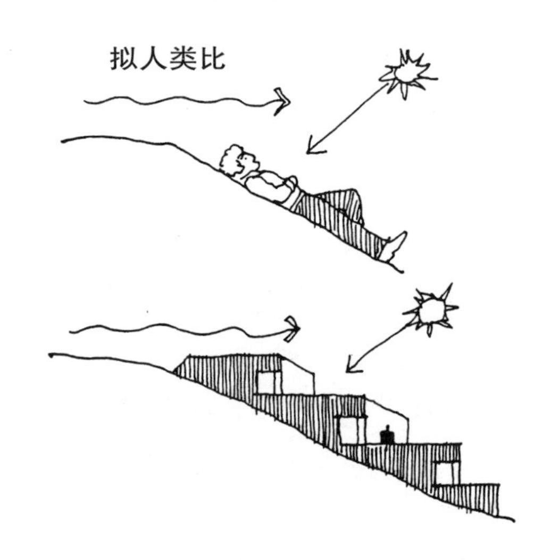

在拟人类比中，设计师直接认知问题中的各种元素。假设关于这所房子，首先要考虑的是冬季的保暖性和舒适性，不需要使用大量的可再生能源，设计师可以将自己想像成房子。为了使自己感觉舒服，他可能会躺在屋脊的底部，这样冷风就可以在头上吹过而不至于觉得冷。这样的感觉可能就会通过屋脊下面的设计来体现，空间被分层，覆盖上斜坡式玻璃天窗，这样阳光便可以照射进来。

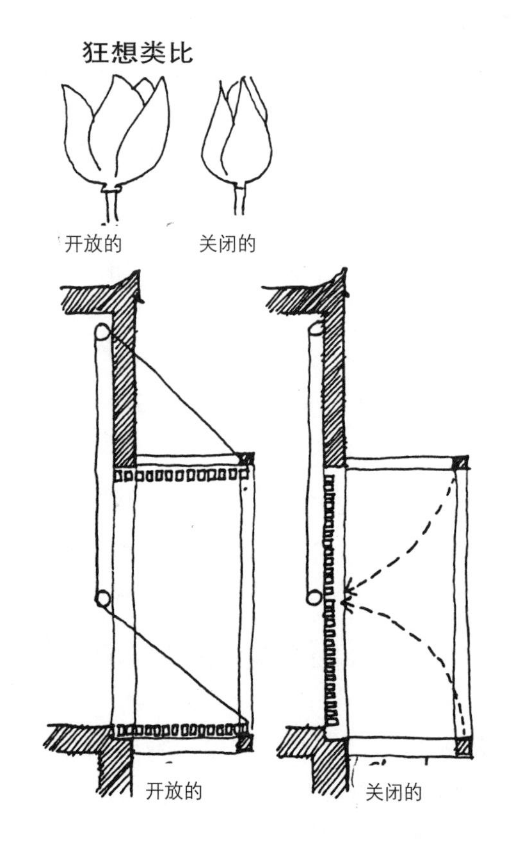

第四种类比是狂想类比，它描述的是一个理想条件，这个条件是各种想法的源泉。还以我们的度假屋为例，设计师可能幻想一所这样的房屋，它在客户来度周末的时候打开，而当客户离开后又自动关闭。就好像郁金香一样，根据阳光的变化而开合，既像自动开合的车库门，也像一个木偶，一旦你拿起提线，它就变得活灵活现。

平台以及平台上面的屋顶就如同郁金香的叶片，但它们是如何开合的呢？发动机消耗能源，还有其他方式吗？木偶的提线可能帮上什么忙呢？最后的解决方案是用绳子和滑轮来升降折板。这个系统因此平衡了，一个人的重量在平台上就可以打开屋顶，屋顶垂下来之后平台就可以恢复原位。平台和屋顶都可以通过弹簧锁扣来保持开放和关闭。

看得到相似之处，找得到各种关系，画得出类比并且能够使用比喻，这样的能力是最宝贵的创造机制。设计师应该能够很清楚地看到一件事物与另一件事物之间的相同之处，这样就可以将自己所知或所经历的全部与现有的设计问题缝合起来，而不是靠着自己对于建筑、景观建筑或室内设计可能知道的一些知识来完成任务。

爱德华·德·波诺的《横向思维》（1970年）曾经提出许多技巧，可以帮助我们走出常规惯例，作者称之为传统逻辑的“垂直思维”。之前我也曾引用过德·波诺的建议，但是他提出的技巧中有几个是非常适用于缝合的：

逆转方法

除非有人只想坐着等待灵感的到来，否则最实际的方法就是工作起来，努力完成手中的项目。在游泳比赛中，选手在水池的一端转身，他们必须用力蹬在池壁上，这样才能提升自己的速度。在逆转方法中，我们也需要用力蹬，这样才能朝反方向行进。

在逆转方法中，我们知道事情原来的状态，然后将它们逆转，翻过来，翻上去，翻到前面，然后我们看会发生什么，这是对信息的刺激性重组。你做到了水往高处流，你没有去开车，而是车在指引你。

在伊索寓言中，水罐里的水太少了，鸟儿够不到，想把水从罐中取出来，它用的方法是往罐里放些东西。它将鹅卵石放进罐子，水升上来了，于是喝到了水。

在水平思维中，我们并不是在一味寻找正确答案，而是采用不同的方式组织信息，这样，针对同样情况我们就可能会找出不同的解决方式。

逆转过程的目的

通常情况下，逆转过程会使我们看待所发生情况的方式变成明显错误的，甚至是可笑的。那么为什么还要这么做呢？

·我们使用逆转过程是为了避开以标准方式处理问题。事实上，新的方式是否合理并不重要，因为一旦我们可以将自己抽离传统，那么就很容易转向其他方向。

·一旦不去使用原来的方式解决问题，我们就使信息变得更自由，信息可以通过新的方式组织起来。

·总是有可能做错的感觉，或者不知道自己的做法到底合不合理，尽量要避免这种感觉。

·主要目的是开拓思路。通过使用逆转方式，我们可以转向新的位置，看到不同的情况。

·有时，逆转方法本身就非常有用。

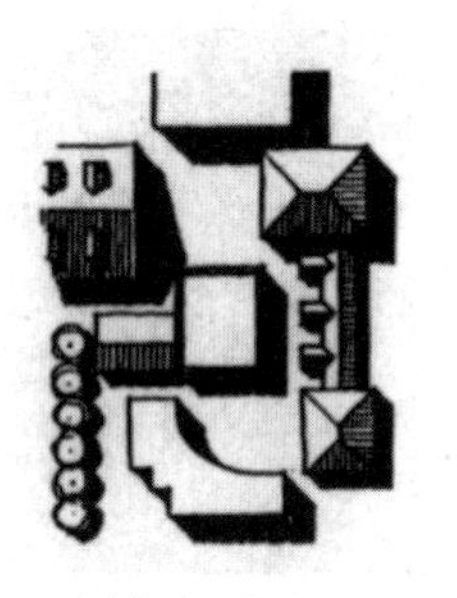
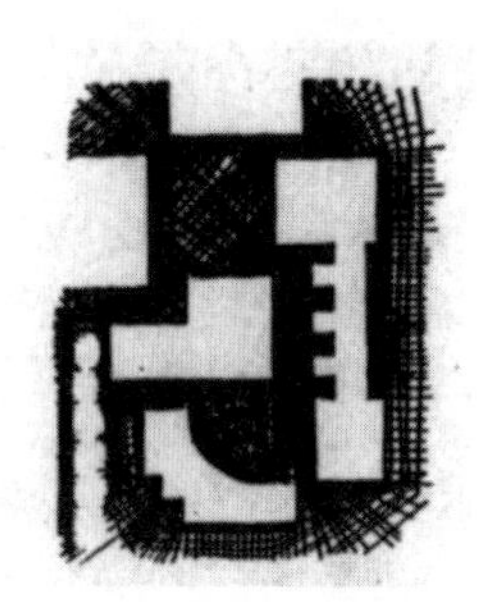

逆转方式针对设计手绘提出了几个可能性：

·图示数字/场逆转可以帮助设计师以新的方式看待问题。传统的暗/光或量/空的显现可能都被逆转，这样空间就被手绘成黑色，墙壁或结构被手绘成白色。

·有一个很有趣的方式，那就是可以简单手绘出你能想到的最差的解决方案。这样做可能帮助你发现什么元素可以构成最好的解决方案。

·还有一个很有趣的方式，你可以想出对于设计来说最不重要的方面，将同样的设计注意力也放在这些方面上，只需一点点时间就好。

德·波诺（《横向思维》，1970年）还推荐了一个技巧，涉及的是问题进入点的重要性：

进入点

进入点的选择是很重要的，因为各个想法的发展顺序可以完全决定最终的结果，即便这些想法都是相同的，情况也是如此。

将一个三角形分成三部分，这三个部分可以被重新摆放，形成矩形或正方形。

问题是非常复杂的，因为三角形的形状有很多种。你必须首先选择三角形的形状，然后找出将其分成三部分的方法，并同时确保这三部分可以重新形成正方形或矩形。

解决问题的方案恰恰相反。显然，作为起点来讲，正方形比起三角形是更好的选择。正方形的形状显而易见，而三角形的形状（也包括矩形）是多变的。因为这三个部分需要重组构成一个正方形，那么我们可以先将一个正方形分成三部分，再将这三部分重形成矩形或三角形，这么做同样可以解决问题。这两种方式是截然相反的。

在许多儿童书籍中经常出现一个难题，三个渔夫的渔线纠缠在了一起，图画的下方有一条鱼挂在其中一条渔线上，问题是要找出到底是哪个渔夫钓到了鱼。孩子们应该从渔竿顶端顺着渔线找出哪条线的底端连着鱼，这样做可能得需要试一条、两条甚至全部三条线。很显然，如果从渔线底端的鱼开始往上找到渔夫是更简单的方

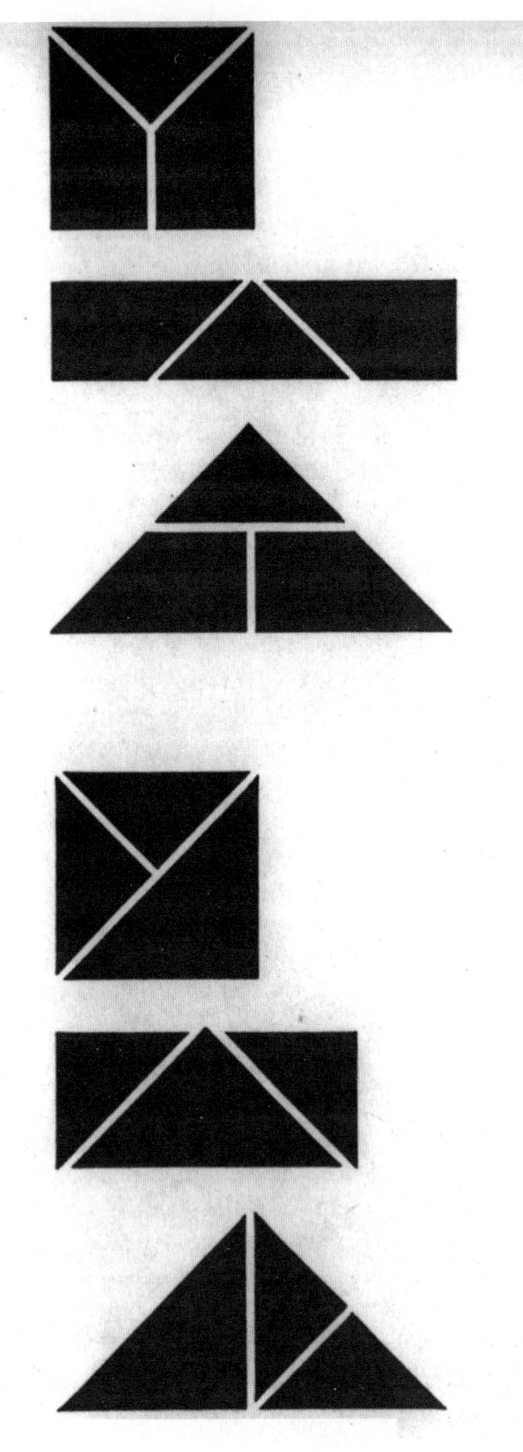

选自爱德华·德·波诺的《横向思维》

选择进入点是非常有用的手绘技巧，我们可以首先缝合在过程中出现较晚的手绘，比如，一个反光的天花板平面图，窗户的细部描绘或者一个室内透视图。这样不同寻常的图示开始方法可以产生同样的效果，德·博诺在几何难题和语言思维中都对其进行过描述：

随意语言刺激

这是一个实际的具体过程，输入的真实随意性尽显无遗。如果你是完美主义者，你可以在表格中填满任意的数字，在字典中选择一页。在那一页上，一个单词的数字（从上向下数）通常可以在任意数字的表格中找到。更简便的做法是你可以想像任何两个数字，然后通过同样的方式找到那个单词。或者你还可以掷色子来做决定。我们必须要做的是打开字典，翻阅书页，直到找到目标单词。这是一个选择的过程，一味任意地碰运气是无济于事的。

数字473~13是任意数字表格给出的，使用企鹅英文字典找到的单词是“noose（束缚、陷阱）”。

现在的问题是“空间有限”。三分钟之后，想出了以下的处理方法：

套索—旋紧束缚—实行—实行空间项目中的困难—瓶颈是什么？是资金？劳动力？还是土地？

套索—旋紧—按照现有人口的增长速度，情况只能越来越遭。

套索—绳子—悬链构造系统—帐篷如同房屋一样，但使用的是耐久材料—容易包装和建立—或者几间大规模房屋悬挂在同一个构架上—如果墙体不需要支撑自身及屋顶，那么可以使用较轻的材料。

套索—圈环—可调节圈环—尝试一下可调节旋转房屋，这种房屋可以根据需要进行延展，只要将墙壁脱离，不需要将房屋设计过大，因为可能会产生保温问题，需要额外关注墙壁和天花板、家具等等，但需要时仍应考虑可以满足逐步扩张的必要设施。

套索—陷阱—夺取—夺取一部分劳动力市场—夺取—由于很难出手，人们为房所困—相应造成流动性的缺乏—房屋成为可以交换的单位—加以分类—直接使用一种类型交换相似类型—或者舍弃一种类型，在其他地方找到类似类型。

在开始设计过程方面，任意单词刺激实际上就是从程大锦的著作《建筑：形式、空间和秩序》（1979年）中任意选择一页然后开始工作，或者选择关于建筑装饰的书籍，甚至选择关于电子显微的照片图书。乔治·凯佩斯（《艺术和科学中的新风景》，1956年）指出了非常有趣的一点，艺术家和设计师曾经可以直接接触世界上所有的视觉刺激，现在却看不到科学家所能感受到的非常有启发性的视觉模式了。当今时代，特权阶层可以通过高倍显微镜、望远镜和各种其他工具窥视微观和宏观世界，而我们只能羡慕他们可以得到的任意视觉刺激。

如果问题本身的规模和范围很小，缝线手绘可能很快就会转变为整体线结，综合整个解决方案，并固定设计过程的其他部分。那种完全的关闭可能还是不够成熟，然而，这种特意零打碎敲的策划方法也有好处，好处之一就是这种方法精心考虑了问题的许多方面，因而避免了过早地对过程进行评价。

这种策划方法有一个最大的优势，与现有类比中的缝线相对应的规则图表开始将语言程序转变成视觉或符号形式。如果最终的设计想要达到规则所期望的目标，那么针对规则的这种早期转化和视觉验证就是必须的。只有在设计实现之后我们才可能将设计的错综复杂性展示给众人或写成设计指南。经过设计的环境本身就可以说明一切，那么如何才能预测环境到底可能展现什么呢？方法之一就是将语言程序概念转化成为规则图表。

再次引用爱德华·T·怀特的著作《建筑策划介绍》中的说明：

组织数据是非常重要的过程，它可以填补问题说明与合成运作之间的空白，进而达成一个解决方案。正是在这一点上，我们可以集合客户的需求和与其他因素之间的关系，对它们加以分析和评价，并将其转化成为设计师的语言。

在集合数据阶段，客户的需求和其他因素基本上都是语言概念。建筑就是一种物质（视觉）表达，表达针对问题而提出的解决方案，它可以尽可能以图示和图解的方式表达程序。这种针对策划因素的图解转化方式开始了物质建筑的形成，而模式正是物质建筑形式的直接表达。

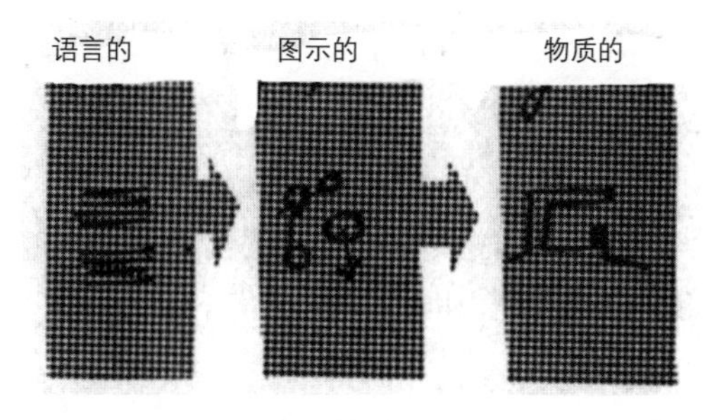

选自爱德华·T·怀特的著作《建筑策划介绍》

程序设计师能够根据策划数据设计视觉和图示表达，这一点很大程度上决定着策划需求经过整合之后可能达到的范围。

举例说明组织操作：

1．将情况通过分类和分组的形式分成不同种类，分类是基于在分析中获得的质量数据，标准是由程序设计师设定的（使用程序和相对重要程度）。

2．通过研究项目数据，将各个建筑方面的效果进行分类和分组。

3．一些决定因素会指引设计师在综合阶段注意力的顺序和强度，因此需要建立决定因素的等级。

4．写出决定性的规则，描述关于数据和提议的个别结论，这些数据和结论探讨了最后设计该如何完成。

a．规则应该简短明了，一次只涉及一个问题，并且采用图解的方式表达。

b．规则应该指出问题的独特性。在文件中会涉及多少普通的或“普遍的”规则取决于文件的目的。非常明显的规则可能在教育客户的过程中提及。

c．规则应该涉及建筑剖面图、立面图和平面图中出现的各种问题。

d．规则的一个重要角色就是评价综合过程中构想阶段的方向是否正确。通过检查在规则指导下采用的不同设计方向，可以避免出现不能长久发展的构想。规则可以帮助筛选和评价设计选择。

从理论上说，在设计综合阶段（图表、发展）的各个阶层全面设立规则就可以融合出最有力的解决方案。因此，结论就是“解决方案就在问题陈述中”。

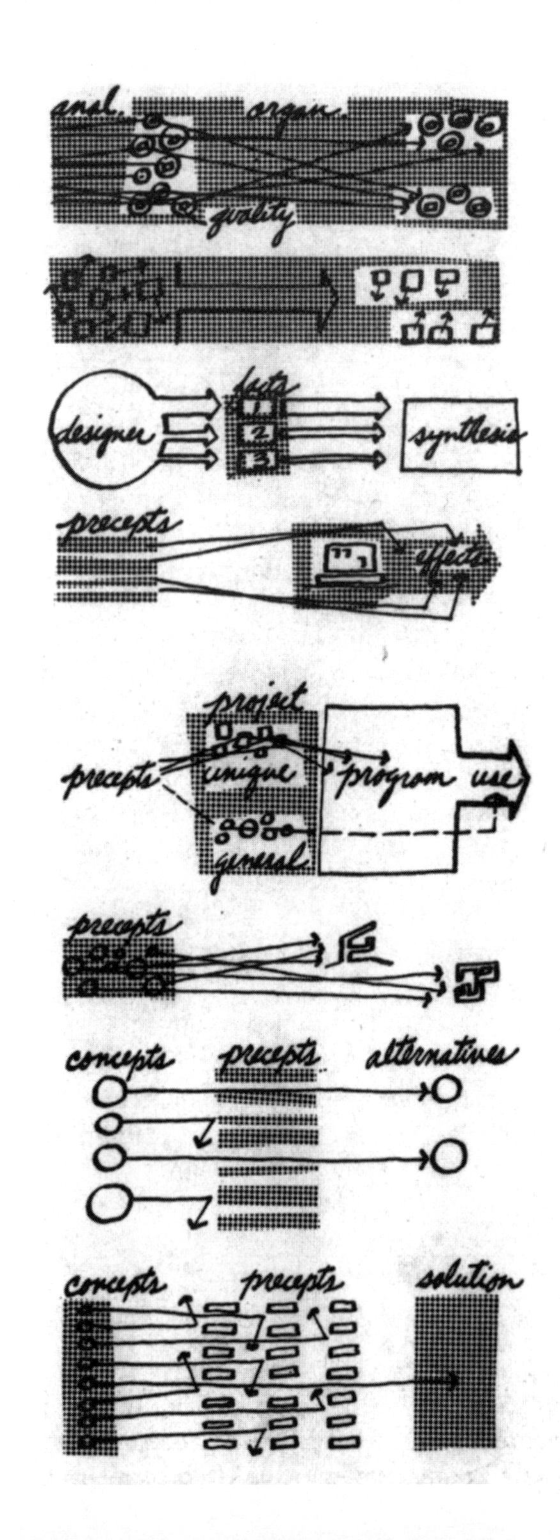

e．使用规则可以帮助找出设计问题中潜在的矛盾，这一点可以很清楚地说明，在解决某个建筑方面或因素上出现的问题时，两个规则相互竞争，选择一个规则就意味着背叛另一个。

f．模式语言（亚历山大）与规则模式紧密联系。从根本上说，前者主张针对次问题提供综合解决方案，这样的方案就可以在设计许多不同建筑类型的时候加以使用了。解决模式中的矛盾并将它们综合为一体就是设计师的工作了。

5．规则通常会针对建筑设计提出一些可选构想，我们需要找出这些构想。

6．将所有经过分析、评价和组织的数据整理形成可用形式（做展示用）。这个任务的意义非常特殊，它决定了项目在哪里公示于人，或者数据在哪里被输入电脑以便进行分类或分组。

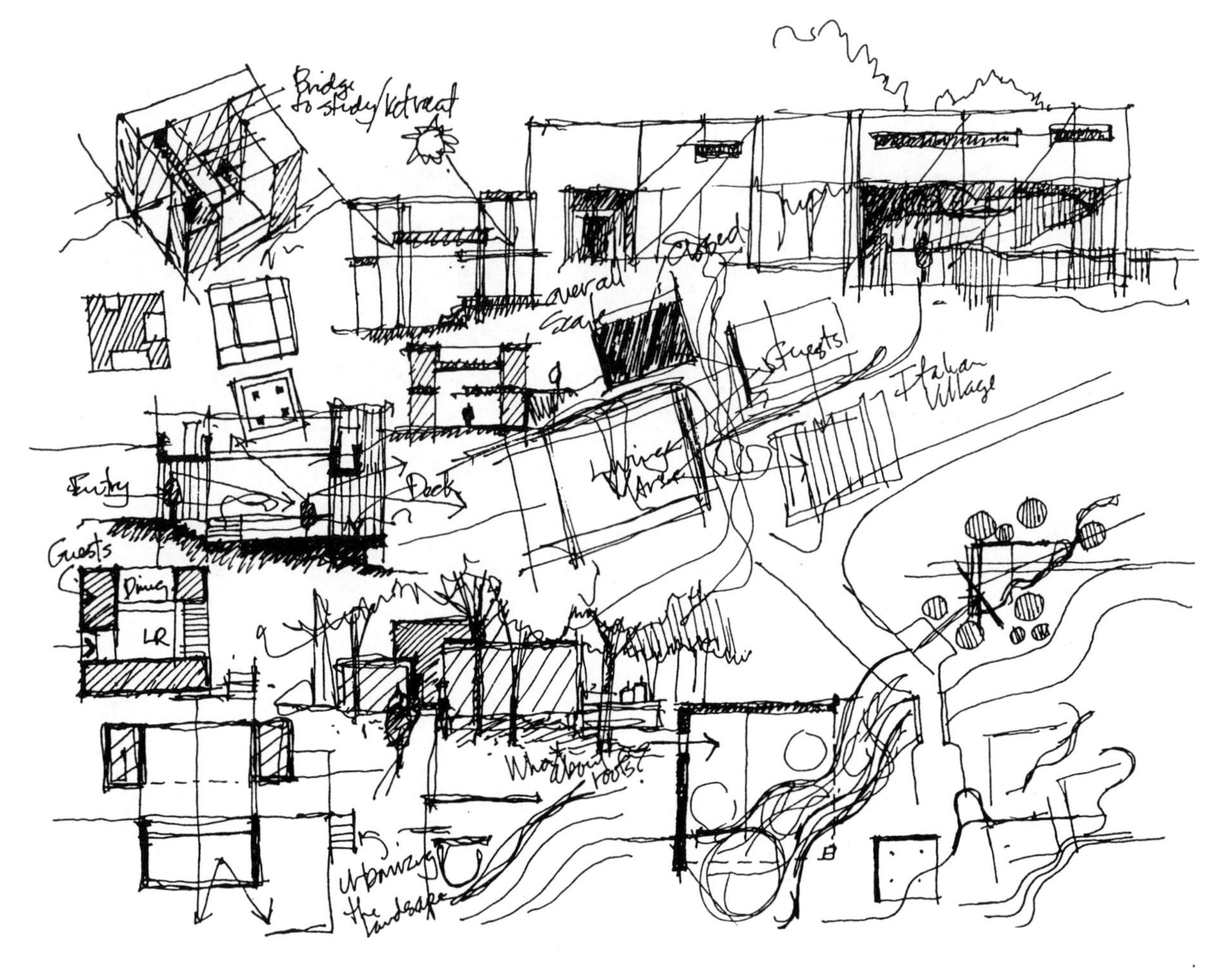

选自保罗·拉索的著作《建筑师和设计师的图标思考》

在很多著作中推荐的大多数关于创意的工艺可以应用到环境设计中，并通过图表的形式来表达，但它们在设计绘图中的价值倾向于启动和清除设计过程的阶段。当考虑到时间开始将设计空间联结到一起的时候，大多数有经验的设计师对于类比和类比学的绘图几乎没有耐心。在他们的视野中，可以继续使用类比、类比学和操作技术，但他们绘制的粗略涂鸦和图表是基于传统的、有代表性的设计原则图。当他们在外化绘图理念中遇到很大的阻隔和障碍时，他们才开始直接将问题的各个部分和解决途径联系起来。

缝合绘图通常是计划和部分，因为有两种观点显示，设计环境的内在关系大多是抽象和高效的。极小的外部空中视角（展示了设计的三维形式）和内部视觉上的视角（预测了建筑环境的经历）通常紧紧跟随甚至有时延续这些图表型的计划和部分。缝合设计通常也包括相对微小的细节和很多手写笔记的草图。保罗·拉索（《建筑师和设计师的图标思考》，1980年）总结了列奥纳多·达·芬奇笔记的特点，阐述了他们在自己设计中的应用：

1.在一页中有很多不同的观点；他的注意力不断地从一个主题转换到另一个主题。

2.达·芬奇看问题的方式在方法和范围上是多样化的；在同一页上通常有视角、计划、细节和全面的观点。

3.他的思考是探索性、开放性的；当要展示它们是怎样形成的时候，草图便呈松散式、碎片式。也建议使用更多拓展思想的备选方案，并邀请观众参与到其中。

缝合有一个非原则化的自由，可以超越我们所有关于自然世界、其他艺术和科学以及所有人类知识的经验和知识，这些经验和知识是我们在任何地方都可以找到或与我们尝试解决的问题建立的联系。缝合绘图以范围和焦点广泛的多样性和可变性为特点，就像设计师透过无限变化的仪器和焦点长度如显微镜、放大镜、X光、时间机器来观看。在某一刻焦点可能扩大，包括邻里社区、城市区域或地区，有时可能减少到关于形成和完成一个门把手的思考。除了范围和可变性，缝合绘图应该有一个特定的模糊性，具体信息很少，激发了多种多样的解释说明。

在类比中我们一直以来采用的一个转向可以综合我要说的关于设计过程的缝合阶段。如果我们放下分离问题和解决方法的垂直设计空间，然后注满水，我们就拥有了一条河，它分离了一个名为“问题”的岸和一个名为“解决方法”的岸。如果我们让河水环绕中心城堡，那么我们就拥有了一个护城河。如果我们将城堡称作解决方式，将环绕的陆地称作问题的话，设计师的任务就变成了通过穿越护城河来建立联结问题和解决方式的途径。

这种类比的传统图式是我们用原因的触发器、分析的利剑、伪造的排泥管、整合范围和攻击武器来攻击城堡，这样我们可以从护城河的问题方面进行整理。

这种类比观点的难点在于我们会使它落后。实际上我们处在护城河的另外一端，被囚禁在已知的解决方法的城堡中。我们设计师不能从陆地一端通向城堡，朝护城河前进——我们已经是它的囚徒了！我们穿越设计能力的吊桥，踏上问题解决的陆地，把我们知道的解决方法与在护城河另一端的问题联系起来。绘图是我们可以穿过的最长、最坚实的吊桥之一。

分析和规划可以扩大吊桥要达到和分散进入护城河的石头桥墩，但是最终穿过护城河的移动必须来自于解决方法这一面，因为它是我们居住的地方。

如果我们把类比变为简单地站在一个被护城河从相关问题中分离出来的解决方法的岛上，我们可以概括和解释出我们一直讨论的多种缝合技术：

·共同研讨的类比拓展了解决方法，而这些解决方法是我们通过增加所有来源于我们知识和经验的已知解决方法得以立足的。

·波诺的逆转方法意味着一个关乎表面的以及从传统观点来看待问题为180° 海岸线；他的进入点选择意味着故意考察问题海岸线的360°，作为最有前景的进入点；他的随机刺激意味着怀着可以找到趟过浅滩的希望，刺中护城河的底端。

·规划的告诫是从问题的海岸将石头扩展填入护城河。

所有的技术都有潜在的帮助，但在所有的案例中，进入护城河的第一跃必须来源于我们理解的解决方法。

线索绘图

线索绘图是通过绘制多种整体的组织概念，为了指引一个特殊的解决问题方式而设计的，它们为大量的拉链确立了方向。

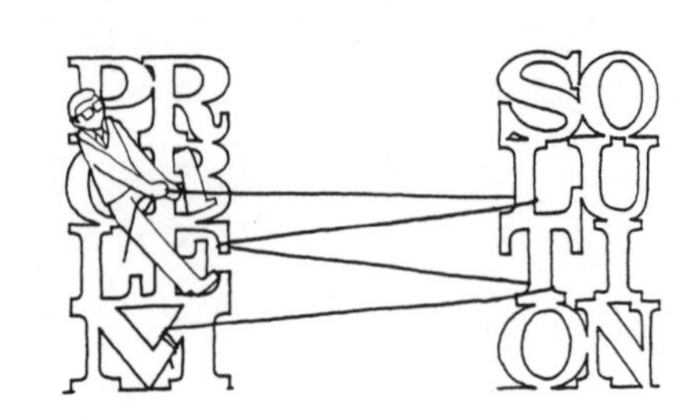

在设计过程的缝合和拉链分析中，我们已经谈到了最关键和最矛盾的点。写过有关创意的很多人把这个视为最初创意的时刻——创意跳跃，而很多写过设计方法的人对其重要性却大打折扣，而且一些人还否认了任何整体概念和宏大理念的需要甚至是必要性。

正式的命令

需要清除的一点疑惑是：在设计专业里，组织概念，即具有排列整个设计程序能力的观点和设计过程的提醒者，必须是可见的、图表式的以及空间性的。它们必须有一个物理的实体，它们不能是一些被翻译成三维形式的口头陈述和数学公式。需求和希望可以通过口头形式以及翻译成图表型的知觉图表或者缝合绘图来表现，而翻译是设计师的职责，这是他们享受这项活动的原因，而与任何设计问题相呼应的一个具体物理形式或模型的生成是设计责任的核心。

最近的“形式主义”和“形式赋予”的玷污也许可以被以下事实证明，即这些用意愿性的、自我意识的以及形式的“陈述”来过滤我们环境的设计师的滥用。我们可能不需要更多的“形式给予者”了，我们已经有很多形式了，但总是需要一些敏感的设计师采用和重组设计专业中丰富的形式遗产。

语言和数字可能对于理解一个问题是必要的，也像描述和理性化一样有用，但是它们不能成为设计理念。没有任何东西像一个口头设计理念一样，只有设计理念的口头描述。在环境设计中组织理念就是口头模型。它们不必是创新的、轴性的或者具有几何规则性的，但是它们必须要有一个可供绘制的记忆模型。

弗兰克·程的《建筑：形式，空间和秩序》（1979年）建筑历史和当代组织模型的一个完美集合。对这些组织观念的丰富性和多样性进行一个简略的考察可以清楚地得出一点，完美不需要强迫自己发明太多的新模型。

蒂姆·怀特的《概念源书：一个建筑形式的词汇》（1975年）是另一本更抽象、含有更少传统建筑组织观念的优秀参考书。

过去，加在建筑环境之上的组织概念持续了数个世纪。乐于重复建筑的传统方式，建筑者们被一致认可的文化遵从所束缚以及被物质和技术上的必须品所限制。每个问题都应该有一个创新的解决方法，这个观念是相对新的。它可能是我们文化和技术自由的产物，也是设计专业“存在的理由”，但它确实也是我们建筑环境混乱的原因之一。

当今的技术自由和文化遵从的缺乏导致在设计过程中需要一个指引点，然而，不管我们将其视为激进创意的一个机会还是一个遵循形式词汇的选择，这样一个整体组织概念的形成和选择对于设计团队合作来说是必要的，在这种团队合作中，不同的人必须明确了解共同的目标。

爆米花类比

我的另一个看似简单的分析，即个人构想的部分问题到部分解决方法的零碎式结尾，即缝合阶段，可以被认为是个体爆米花颗粒。一旦达到了一个特定的概念性的温度，这些个体观点就会相对容易地迸发出来。非原则性的设计师和他们的客户可以很快得到这些爆米花，而不用关注怎样组织大量的分离观念。

真正的爆米花可以被串成线，打包或做成球，这三种组织爆米花的方式解释了三种组织概念。爆米花线是作为一个组织者为设计方法而做的分析，而打包或做成球的爆米花则类似于在线索绘图中寻求的种种组织观点。

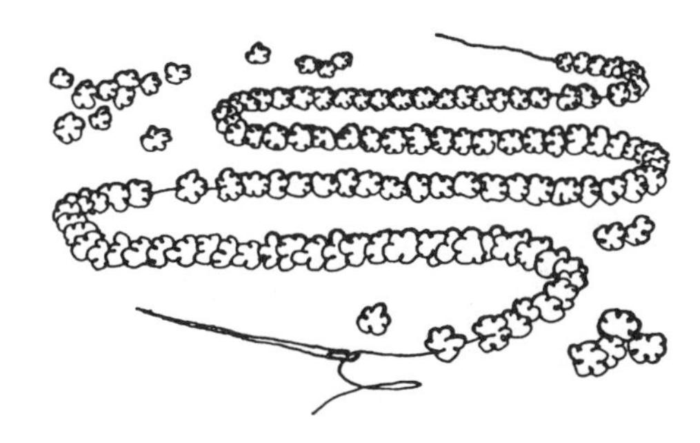

用来装饰圣诞树的个体颗粒在爆米花链条中的串联很像设计方法家推荐的系列操作线。组织获得的不仅是一个线性逻辑的产物，即针和线，更是具有整体性的组合观点。

选择爆米花颗粒装进包装袋的集合类似

于建筑整体的传统排除观念。这个包装袋通过将它们带到一个特定的界限来联结一系列的某种观念。这种观念将袋子当作一个受歧视的界限，着重于其中包括个体观点怎样优越于被排除的观点，而不是它们之间怎样互相联系。这一点可以通过摇动包装袋来证明，这一过程可以重组已选择颗粒的内部关系，而不用改变袋子的外观。爆米花的袋子是数量庞大的组织者，因为所有这样的选择性界限都有一个限定的容积。

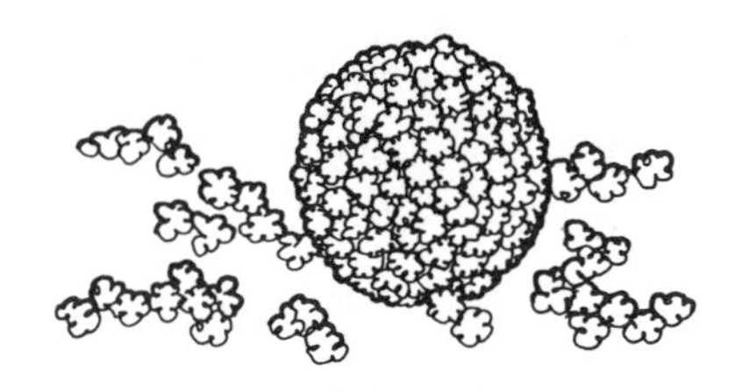

做爆米花球的过程类似于组织个体观念中一个被包含的过程。在这个案例中组合剂是焦糖或者糖浆，它们可被认为是观点相互之间的内部结构或关系。这种内部整合性的基础，对形成的爆米花球的大小没有限制，而且当向外的形状随着每个增加颗粒的变化，内在的整体性还是延续的。这种组织观念更高质而不是量大，其更加注重包含而不是排除。

制造线索

传统上，组织概念是基于问题的特点或者多种多样的次概念而缝合的，而不是基于一个特定的方法或程序。这个设计过程中的“缝合和拉链”模型说明了这个传统的观点。

在设计过程中解释这种线索或指引点的另一个不同点在于，是否这种组织概念被认为或者应该被认为是被选择的，被发现的，显现出或者制造出的（发现和显现的观点在之前第二章已经讨论过了。选择的观点是对设计方法的一个贡献）。

一个组织观念的选择预示着备选观点广为人知以及被广泛共享。如果组织观点必须被发现的话，预测则意味着尽管存在，它们也必须被用来探寻意想不到的领域。显现的观点只有在灵感闪现的时候出现，人们只有希望它的出现但不能通过直接的努力获得。组织观念的形成可能包括一些之前所做的努力，但假设组织观念应该是一个有活力的综合努力的结果，对于每个问题都是独一无二的，这是设计师所要负责的。

很多关于创造性的想法实际发生的证明证实了它们会自愿闯入我们的意识，有时会在没有做出直接努力的时候闯入。这个看起来最像显现和灵感突现的创意观点，但也可能是误导，因为看似无关紧要的观念只有在密集而集中的概念性努力时期之后才会出现，而且只有在那些在主题问题领域有一定建树的人面前才能出现。

选择和寻找组织概念也有一个固定性，即在设计原则中这些观点的遗产，这些遗产可以无止境地被一代代设计师发掘和利用。

无论组织概念是包装袋或球，无论它们是被选择的、被发现的、被显现的或是被制造的，当我们进行设计的时候，它们都可以出现在我们的绘图中。它们的出现没有什么神奇的，尽管绘图的好处之一是使得无意识的参与合法化，宝贵的智慧和经验通常让位于口头或精确的询问。

在绘图中组织观念或模型的“出现”只有当我们已经建立了一个广泛的组织模型时才会发生，而且当我们看它的时候就可以认识它。

回到第二章中提到的自我模型，如果你在自己的经验中没有一个相似的模型存在，就算你已经创造了它，你也没有机会认知潜在的组织模型。

你不必有意识地学习这个模型，你也许在一本书中经过或看到了它，但如果你有这样的希望，即当它“出现”时认识它，它就必须是你有意识或无意识经验的一部分。

这样的出现以它们的整体性自然为特征，即它们具有获得任何我们正在制造的模型的能力，无论它是一个计划、部分或者功能性的图表。当我们可能仅仅考虑设计任务中的一部分时，组织概念就允许或要求我们将问题作为一个整体来考虑。在线索绘图中实现的这个全面综合体是有益的。在设计教育中经常出现只以时间作为这些综合体之一的因素，即在最后期限之前以天或小时计算。在线索绘图中第一次出现的大量细节和关系给设计师留下了一个未解决问题的清单，在接下来的拉链阶段这些问题将被解决。

那些写过关于创意著作的人把这些时刻描述为当个体突然看见了正在发生的问题怎样去想与之无关的一些事物（《双关法》，凯斯特勒，1964年），在它们观察问题的过程中，经验通常包括一个深刻的转换。另一些人认为凯斯特勒的“双关法”和他举出的例子太凑巧，太简单了。霍华德·格鲁伯（《达尔文对人的影响》，《创意的心理研究》，1974年）认为过程的整体结构比其中的个人意见更为重要：

就解决问题来说，它发生在各项活动多样性的轨道上：阅读和观察，想像和记忆，辩论与讨论。对于我们所知道的关于它的部分，注重问题解决可能是一个比较罕见的事件。解决问题的行动则反映了一段很长的发展历史。

就拿解决问题的过程来说，通过多次尝试和犯错误，我们才会有反思、突发的灵感以及渐进的进展。就算是探索性的尝试也不是盲目或随意的：它们来源于问题解决者从自己特有的优势观点出发，来认识和了解他对问题结构的观察。因此，使问题得以解决的是突然的灵感，当它突然被解决之后，可以代表仅仅一小部分节点观点，就像在一个长久而缓慢的过程中浪的形成过程一样，一个观点也是这样发展而来的。

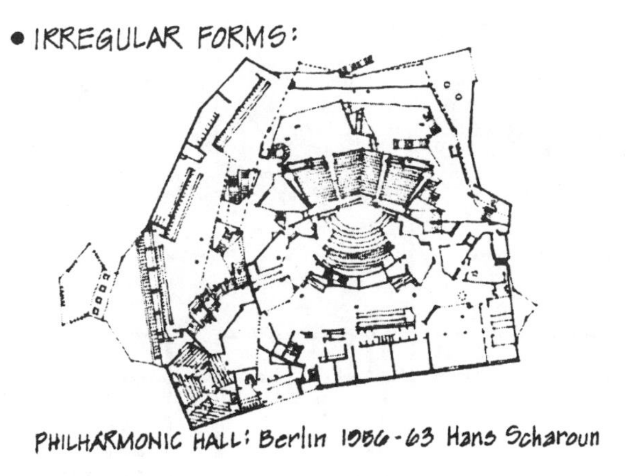

IRREGULAR COMPOSITION OF REGULAR FORMS:
ERIAL VILLA: Katsura, Japan

正如格鲁伯在引言中提及到的，尽管将设计一个环境的过程与达尔文进化论的发展相比是冒昧的，比起大部分关于创意的文学作品，大多数设计过程与他的描述有着更大的相同之处。有关科学的例子看起来统治了大多数关于创意的著作，将创意限制成为托马斯·库恩(《科学革命的结构》，1962年)所说的“平常的科学”到概念的获得。环境设计的概念形成是复杂的，这是由于一些特征从根本上就不同于库恩所说的平常科学中“谜语的解答”：

·不像科学之中的，对于环境设计的问题，没有固定的、可证实的答案。

·不像科学之中的，关于问题是什么，或者什么问题应该被解决甚至没有达成一致。

·不像科学，问题和解决形式的定义必须被综合而且可以一致公开地辩论；此外，问题和解决方法的一致性应该反映这个过程中所有包含问题的一致意见。

·不像科学，量化、数学方法、原因和逻辑仅仅是在获得和保护问题以及解决方法的一致性一组必须的工具。

·不像科学，环境设计总发生在对时间和财力的限制之中。设计过程要遵从于必须要面对的最后期限和资金预算，不解决问题是不可能的。

在成熟设计师的设计过程中，线索经常发生在对潜在模型一致性的认识上，而且要借助已经存在于我们有意识或无意识的经验之中的模型。不幸的是，刚开始学习设计的学生还没有充分展现其在优秀、丰富以及启发人心的前人设计师已采用过的模型财富之前，就被要求进行环境设计。这种实践意味着环境设计的主要任务之一是从零开始发明组织模型以及对每个新问题做出回应。

传统上，这些模型的分类是历史学家和评论家的职责，这些人在历史课上按年代顺序展示了收集，或者堆积大量例子来理性化一些特殊的理论。弗朗西斯·D·K·程所著的《建筑：形式、空间与秩序》（1979年）是这些组织模型的一个完全不同种类的收集。这些例子覆盖了所有历史，包括近至1978年的建筑，而且覆盖全世界，包括在有偏见的建筑史上被忽视的半球和文化。这个集子也基于一个中性的抽象基础来分类，在一些方法上注重形式模型，整本书是画出来的，这使得模型对于设计

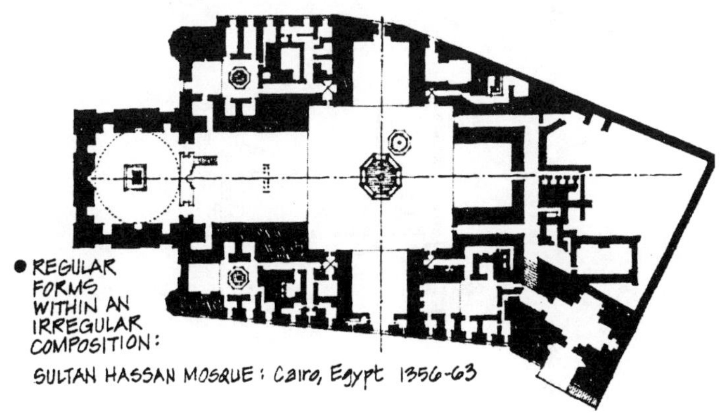

选自弗朗西斯·D·K·程的著作《建筑：形式、空间与秩序》

系的学生更加有用，因为它们呈现在相同的媒介之中，学生们将在以后的设计过程中使用它们。

当一个潜在的模型被感知时，绘图就变成了设计过程，因为存在一个可以感知到的目标和方向，就立即操作绘图，来看一致性是否能被完成以及模型是否能被实现。

在设计过程中，加固或制出模型的这种

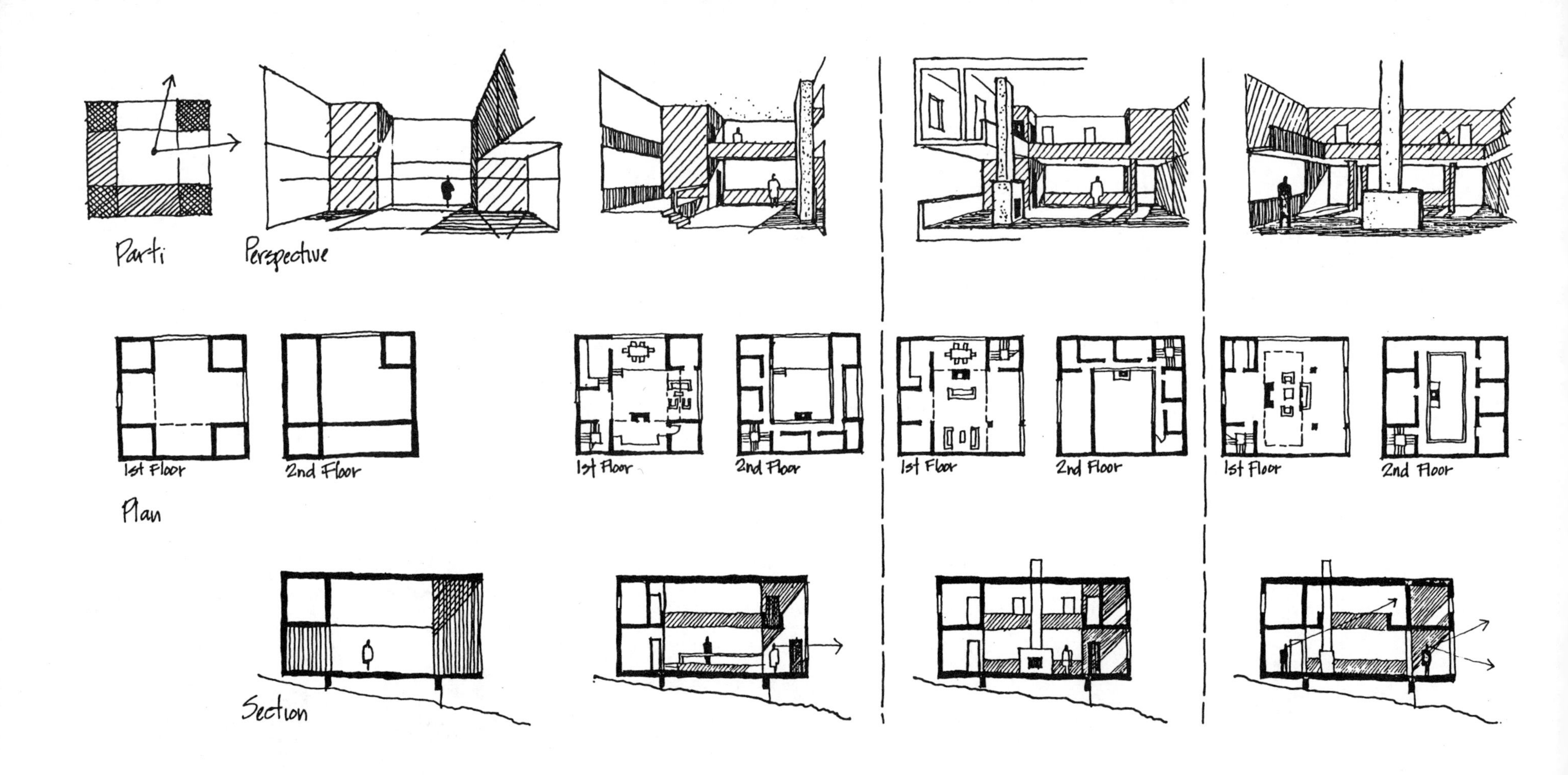

需要给我们第二个发现线索的特征：它们在认知的过程中从来没有完全被解决过。它们仅仅是认知的潜力——即将来到的一个赌注，它们经常引发密集的设计活动。这种由潜在的模型认知引发的活动总是包括一个这种关键线索的特定的验证，这种线索可以指引剩余的设计过程。就像验证一个结点的安全性，或者在打渔之后设置一个钩，组织概念必须通过两种方式来验证：作为一个对象和作为一个环境。

通过正交绘图，作为一个建筑对象，观念的快速转向将评价它的整体性，但是如果概念的环境经验要被测量的话，验证必须包括水平视角。保罗·拉索的《为建筑师和设计师的图表思考》（1980年）提供了一些这种验证的优秀模型。

如果组织模型通过了这些验证，它会达到这种概念性模型的第三个特征：设计师对设计过程提醒者的遵从。这种遵从是组织概念和设计师目标、希望和预感之间一致性的证据，而且可能发生在过程中最初面对其他参与者时的抵制和拒绝。组织观念对完整性和一致性这些标准赋予意义，也允许对零碎的观点进行分类。现在所有的观点可以被视为支持或冲淡主要组织的观点。

设计师对特定的组织概念的遵从是一种自由意志的训练，没有什么是自然和必要的，这种对设计概念的遵从仅仅是另一种存在的选择，设计在某种程度上来说仅仅是将设计师的意愿强加于环境之上。特别地说，成熟设计师的组织观念通常被某种设计师持有多年的形式偏见所决定。

关于组织观念最吃惊的事情是认知、验证，遵从也常常被前置。观察问题深刻的转换，密集的基本观念的创造和验证，以及在没有任何口头性的理性存在的情况下可能出现最终完整的遵从。线索观点的潜力在那种转换下是可以被感知到的，内部一致性在第二章中已经讨论过了。组织观念的质量或正确性可以被看见和感觉到，而不是被置疑。

线索绘图在设计活动中预示着一个深远的变化。不同于随意性以及在前期缝合阶段漫无目的的漫游，现在已经有一个确立的方向和一个可感知的目标。可以通过经常围桌而坐玩的文字连接游戏来清楚地说明其区别。如果这个游戏开始于一个单词，而唯一的规则是说出一个新单词，那么这个单词与最先或之前的单词就有一种关系，这将会出现一个有趣的连接进展。赢的玩家可以追求更加一般性的分类、子分类或到同属或者相反面的次要要求。当它们在我们共享文字意义的层次上移动时，这种关系可能充满想像力的，也可能是索然无味的，但是它们的运动将会是一个没有方向的探索，很像前一阶段的缝合过程。如果文字游戏的规则改变了，这样的话，给定两个单词，一个首要单词和一个目标单词，带着这样一个目标，即建立一系列可转换的单词，这些单词可以“达到”那个目标单词，整个游戏的特点也就改变了。只需要一点点练习，通过一些甚至一个可连接的单词就可以达到目标单词。

在任何设计过程中的指引线索包括了一个可感知的方向。不像文字游戏的类比，方向不是一个固定的目的地。仅仅在大体上可以感觉到目标，它不是一个对现有解决方法的直接复制。为拉链阶段确立的方向会为问题提出一个解决方案，如果作为一组包含任何适当线索的“公路规则”则更好理解。有趣的是，在设计环境建成以后，这些规则就可以被理解，这就像设计师书写规则然后根据规则来玩游戏一样。建立的设计不是作为一些神秘过程的产物而存在的，对于一个训练有素的评论家或设计师的观察能力，它更是作为观察过程的一个记录而存在的。

一旦一个潜在解决方法的指引线索是安全可靠的，设计师就开始利用和评价解决方法可能采取的各种形式，解决方法自身将会建立最有用的绘图。如果这个概念是提供任何特定种类的空间或肌肉运动知觉的经验，那么代表性的绘图必须是水平视角。此外，基于一个理想的环境和物理环境关系之上的概念，如果要评价它们的成败，必须呈现多视角。基于一个特定的环境和人类关系之上的概念最好以部分的形式呈现。在学习和评价设计方法的时候，应该总是利用那些最能够显示它概念基础成败的绘图。确实，有时概念主要是一个计划概念，在这种情况下，传统的绘图秩序是合适的。然而，总是遵循传统秩序，很快会缩小设计师计划概念，从而缩小其概念范围，或者在计划中误导其相信他们对概念可以做出足够的评价，这些概念有自身基础，而且在其他绘图中也是最好的代表。

无论设计综合体从哪里开始，也无论设计师在呈现它的最初阶段时使用的是何种绘图，在人类经验的水平上，重现潜力应该予以考虑。这意味着综合体想要尽快达到一个阶段，设计师意图的重现就要能够以水平视角来检验。有经验的设计师只要在他们最初的概念综合体中花几分钟或几小时就可以达到一定阶段。概念一旦在一些图表形式或模型中外化，在实践中检验“它将变成什么样”的冲动便不可抵挡。没有经验的设计师，或者那些在绘图视角上有困难的设计师，经常会逃避这种实验性的检验，因为这些检验对于他们的绘图能力是有挑战的。

在任何设计过程中，很少只有一个单一的线索。通常还存在一些错误的线索，这些线索在概念形成的时刻看起来非常有前景。由于以下原因，可能遗弃一些不成功的线索：它们可能被获得或过程中其他有关联的人们拒绝；在拉链阶段的部分道路上，它们可能显得乏味、简单化、过于天真或者不适宜，或者它们可能超过了设计师在那一时刻的拉链能力。在任何情况下，都应该保留它们，以便在将来某些过程中利用。

设计师的品质之一是他们在一个线索之后

想出下一个线索的代表性能力，而且有着同样的热情和乐观的心态，确定这个能成为答案。在综合体观念中包含基本的创意是必要的，这些创意能够组织应对复杂设计的方法，但没有什么比所谓的次级创意更重要了，它要求这些创意遵循指引线索阶段所确立的规则，然后进入拉链阶段。

拉链绘图

拉链绘图是为检验、发展和理性化最佳解决方法的最终形式而设计的。它们在已确立好的方向中整合了解决方法的多个部分。

组织观念的努力做出以后，就应该充实这种观念然后投入工作，通常这种活动会被定义为次级创意，但是涉及到的能力需要很多经验和手工工艺技术，对所有的设计师来说，这种能力也许是最难获得的。设计初学者经常能想出有巨大潜力的观点，但因为他们无法实现这些想法而将其糟蹋、淡忘或者遗弃。

在《关于人的本性的探索》（1971年）中，亚伯拉罕·马斯洛这样解释了忽略该过程的这一阶段：

将创意过程的一个方面奉为神灵的趋势、热情、深远的洞察观念、受到的启发、好的想法、在你获得巨大灵感的那个凌晨、以及在两年的辛苦和汗水劳动中的坚持，这些对于形成一个有用的、绝妙的想法是十分必要的。

从简单的时间范畴上说，绝妙的想法确实只花了我们一小部分时间，我们大多数时间花在辛苦的工作上。但在我的印象中，我们的学生根本不知道这些。

在设计中始终坚持的浪漫神话之一是，好的设计会自然地、不可避免地进化，不用任何努力就能达到目标，以一个非常确信的方式保持彼此之间的联系。我们一直受到这样的教育，即憎恶那些看起来受强迫或故意为之的设计，它们通常是一些最聪明的强迫者和计划者大量意志性操作的产物。这就是形成区别所要掌握的技巧。

这些实现由线索承诺潜力的相关技巧被大多数关于解决问题和创意的著作所误导，也被设计初学者所误解。这些次级创意很少被描述，因为它对于每个领域或原则都完全不同，一些书中会充满错综复杂的东西。应该“在工作中”学习所涉及到的技巧，因为当它们与所采用的实际环境相脱离时就会失去自身的意义。写关于产生创意观念带来的兴奋感会更加有趣，大多数作家明智地避免使读者感到无聊这一问题，因为在描述中可能会有乏味的观点推拉，在获得这些创意观点的过程中会给予和带走一些东西。只有通过多年的经验和更深水平的理解你才会学会珍惜，甚至被现实想法所激励。然而，也许我能够不乏味地概括出这个拉链阶段。

覆盖层细化

人们在设计过程中使用电脑绘图的潜力已做出了很多努力。对于重复性的任务例如教育，或者在材料处理或低耗能计算中涉及到的分析或计算任务，电脑确实是一个神奇的工具，但以当今艺术发展的状态来看，计算机的发明和它们对设计过程所做的贡献却不能与追踪图纸的发展和有用性相比！很简单，普通的浅黄色追踪图纸允许设计师能同时直接比较备选的设计作品，而且可以联系之前的设计来改善后来的设计。布置设计绘图的能力是一个极佳的设计工具。

举例来说，将你的生活或脸面遮起来，一点一点露出来进行修补或装饰，不是件很美妙的事吗？如果遮盖物变得歪曲，你随时可以拿走遮盖物，使原来的手绘图保持不变。遮盖是一个像孩子所说的“我们像……一样玩”和“像……一样玩”的东西。它自己的行动就是极具想像力的——但至今还未实现。初步试验、联系性以及涉及到眼脑手的最适合表现设计过程的象征。

当设计初学者拿起第一卷软描图纸并覆盖一幅绘图时，就可以以多种方法展开设计。设计过程的精髓在于充满希望和期待，追求一个更好的理念，这个理念一定能打开下一个覆盖层。在拉链绘图中每一个覆盖层所呈现出的方案都在改变，通过这些覆盖层，你能看出设计过程的进展。

设计师应该懂得将设计绘图不只视为一个单一的绘图，而应当将其视为一个潜在的绘图过程，这一过程从一个非常粗略的框架底端开始一直到精密、突出细节的顶部。当你掌握了不同水平的绘制粗略草图的规定性能力时，绘图就变成了你可以自由选择的事情，这取决于绘图的目的和可用的时间。

为绘制一个粗略的草图培养技巧和信心需要一段时间，而且要知道有了它你要去哪。没有铺垫的支持就在半路堆积绘图的尝试总是吸引人的。绘制和安置人物、树和阴影总是需要细化覆盖层所带来的好处。

很多建筑系毕业生犯的错误之一是在他们面试时展示给未来雇佣者的夹子中填满辛勤劳动的设计作品。如果时间不限的话，大多数实干的专家希望建筑毕业生、景观建筑师以及室内设计师能够做出完美的绘图。这些未来雇佣者可能更感趣味的是他们的雇员可以在有限的时间内完成绘图的种类。雇佣者通常可以在他们未来员工的夹子中出现的一些草图上得到安慰，他们可以将这些草图作为这些应聘者可以通过更多方式绘图的证据。

在设计过程拉链阶段的某些时候，大多数设计师会经历一个叫作“模拟取代”的现象，代表性的绘图是为想出解决方法的模拟，这就变成了解决方法。这种模拟取代发生得较早，带有复杂的项目，因为在思想中不能全局把握它们的复杂性。为了致力于解决整个问题和它

们之间的相互作用，设计师必须在绘图的地方加以口头说明。了解这一点之后想出解决方法的唯一途径就是做出已成为方法的代表性绘图。

这是必要的，因为在家吃完饭或喝完咖啡，在那些创意灵感经常发生的闲暇时间中，设计师不会记得结构框架、风道工程和在建造中某一特殊时刻必要的清楚性之间的关系。这就解释了为什么很多设计师有这样的习惯，即在他们绘画板的各处都悬挂着项目的代表性绘图以及花很多时间入神地凝视这些绘图。

尽管存在固定的指引线索和技巧性的拉链，任何设计过程的精确方向和目的地都是不可预测的。在某种意义上说，模拟就取代了，设计变成了波普的第三世界里一个分离的部分（思想的产物），设计也能在改变方向和影响过程目的方面变得足够强大。尽管很多设计师在接受路易斯·康的有关建筑的“存在意志”或“想要成为”的观点，但大多数设计师期望并且愿意在任何设计过程中方向上有所转变。除了由发展设计自身的概念导致的变化之外，也存在由不可预见的改变导致的变化，诸如在客户、使用者、编码或租借者的要求上发生的变化，这也将影响过程，也必须予以回应。有信心的设计师能处理好这些变化而不是与之抗争， 亚伯拉罕·马斯洛在其所著的《关于人的本性的探索》（1971年）一书中，总结了他们的态度：

一种新的人类，他们适应变化、喜欢改变、能够即兴创作、能够面对信心、力量以及鼓励完全没有预先被警告的情况。

我想要说的是尝试将我们自己融入一些人们的工作，那些不想要世界静止不变的人们，那些不需要冻结它，使它稳定的人们，那些不需要做他们父辈所做工作的人们，那些可以在不知道明天将要发生什么的情况下自信面对未来的人们，只有对自己有足够的信心我们才可以在以前从未有过的情况下即兴创作。这意味着一种新人类的出现，出现这样的人社会才能存活，没有这些人的社会将会灭亡。

系统与其关系

传统地认为，建筑环境是由一些子系统构成的，必须设计这些子系统，而且相互之间还应有联系。大多数设计环境包括：

- 功能系统
- 空间系统
- 环绕系统

· 结构系统（可能不是景观建筑师和室内设计师关注的方面）

· 有活力的环境控制系统（可能不是景观建筑师和室内设计师关注的方面）

更大的环境系统的关系如下：

· 气候

· 地形

· 为当地服务的循环系统

· 周边建筑环境

在每个子系统之间要确立关系，这个可以通过第2章讲到的依赖于整体、多样性的连续系统。我们也许可以更简单地将其陈述为多种系统的相同点和不同点。它们实际上可能是独立的或者有紧密整体性的，或者当它们的独特性具有意义即可彼此分离。此外，每个这种系统都有其子系统。以环绕系统为例，它包括：

· 无源的环境控制系统（防水、加热、冷却、照明）

· 可视的进入系统（内外的景观）

· 物理进入系统（入口、出口、服务）

· 物质系统（建造物质和它们关系的选择）

最典型的相同点在功能系统和空间系统之间，我们通常按功能清理我们的环境（餐厅、厨房等），但这不总是协调的。举例来说，家庭间和起居室没有太明显的功能性区别，因为它们在行为和文化传统上都涉及到亲密性和正式性。我们可以在任何一个空间里吃饭、喝水、阅读、谈话、听音乐或者看电视。区别更多的来自于我们与谁做这些事，以及在什么时间或什么场合做这些事情。

在空间系统、结构系统和环绕系统之间经常会出现不同点。它们可能拥有令人满意的特鲁利和丽树镇的结合，在这种结合中，空间系统就是结构系统以及环绕系统。而更为平常的是，随着当今结构视野的经济发展，结构系统就等同于整体环绕系统，空间系统是子分类，在这个更大的外壳中划分。在一些建筑中，这三个系统都是不同的，结构系统拓展超越了环绕系统，空间系统有时超越它，用以包含外部空间，有时在环绕系统中作为子分类而存在。

相互协调的系统

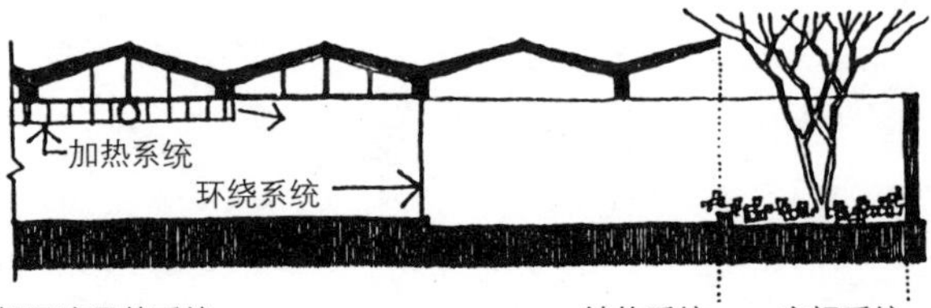

相互连贯的系统

有活力的环境控制系统被整合进环绕系统，可以以自动操作排气口和天窗的形式，或墙壁整体式的空调设备，或者机械管道或沟渠。它也可能被整合进空间系统，以在独立房间的窗户空调设备或者房顶上的风扇—螺管设备的形式。机械系统通常与功能系统相联系，通过一座建筑的走廊系统，遵循人类循环的分化模型。最后，环境控制系统在它自身独立的模型中表达自己，以色彩编码作为说明形式。

这些子系统潜在地等同于有竞争力的同属，这些同属组成更大的存在于设计之中的环境层次。设计中拉链阶段的一个主要部分是确立这些子系统之间的关系。设计师可以使得这些子系统紧密地整合、有区别地分离、或者故意模棱两可。

建筑环境的各个部分是否应该被看作是相同或不同的问题实际上可以用于设计过程中考虑到的每件事。窗户应该做成和门一样还是做成不同的？它们怎样相同（墙的两端开口），怎样不同（一个是物理入口，另一个是为了光照、通风和视觉入口）？在何种情况下可以将它们做成相同或不同的？对这种“相同/不同”游戏的一个好奇的应用是在洗手间里面造门的材料通常是铬材质的，这样可以和洗手间设备的铬材质相匹配，而不是建筑中其他材料如铜或黄铜。这种区别尊重被门分离的空间整体性，而不是将门作为一个对象的整体性。

其他系统

环境设计师通常做这样的绘图，他们可以生成、检验和精炼子系统之间的关系。他们用来呈现和研究的绘图对于墙的材料、栏杆、地板、房顶以及横梁，而软件如空间和空间中发生的与人类活动有关的事物，光照、空气循环等等，这些软件一直是未被画出的、不可见的，而且很大程度上是未想像出的。环境心理学家数落我们，因为我们的空间禁止人类对其进行设计的行为，然而这个缺点在我们的绘图中不会出现。在设计过程中我们想要考虑到的任何方面必须给予图表形式，这样的话，它至少可以像一个框架计划或一个反射天花板计划一样好理解和习惯性地应用。设计过程由为设计问题和设计方法的一致性所做出评价的模拟所组成；如果绘图不能呈现某种关系的话，我们就不会发现问题。为了应对这种失败，设计方法论的论点试图告诉我们不要做这种绘图，但是谢天谢地，经过一些最初的成功之后，这种努力看来还是失败的。更好的解决办法是找到一条呈现未知系统的途径，要通过某种编码，这样这些系统才能被呈现、评价以及和那些已经在绘图上看来明显的系统相联系。

口头表达原理

拉链者必须肩负的另一个负担是对问题和解决方法之间的一致性进行逻辑性的口头解释。不仅应该让客户清楚地理解这种理性，咨询工程师、草图绘制师以及不断增长的使用者群体、建筑业官员以及在设计过程的拉链阶段涉及到的每个人也应是如此。

在一些为寻找线索努力奋斗的个人尝试之后，进入拉链阶段之前，大多数设计师开始寻求客户、使用者和合作者对其进行认可。对线索的一致认可通常包括对其内在逻辑的认可，对客户、使用者和其他人的连续性展示必须包括一个口头性解释，这个解释就是内在逻辑的延伸。

设计教育，或者说至少是建筑教育，不能将足够的侧重点放在成功交流的重要性上，就像最近的卡内基基金会主席博伊在报告中指出的那样：

我们已经讨论过一个备受关注的问题，即建筑学校作为一个整体，对清晰、口头交流的重要性没有给予足够的压力。很难想像，如果建筑师不能在公共论坛上发言，或无法用英文流利地向客户表达自己，那他们永远不会在众人中脱颖而出成为领导。实际上，我们发现只有很少的工作室项目包含与客户的持续交流。

那么，学校就应该优先注重培养更高效和更注重情感交流的毕业生，这些毕业生要能够拥护建筑环境的美观、整体性和生态性这一宣言。

拉链绘图就是美国建筑协会所说的设计发展绘图。它们不像严格的、草拟的工作绘图，例如建筑模型那样，通过这些建筑绘图设计得以在建筑中展现出来。拉链绘图仍然是设计绘图，它们现在也仍然在特定组织观念的原则性基础下具有探索性。它们的目标是检查和解决设计中有问题的关系，即必须在有冲突的设计标准、资金和建筑编码之间做出交替和妥协。

因为拉链阶段的目标是将问题和一个特定的解决方法及其支持理性相联系，最有用的策略之一就是重复综合整个设计。不管处理得如何好，在零碎关系的过程中时间都已经过去了。设计师的关注方面必须扩大到将设计视作一个整体，甚至经常在各个部分间游移。这意味着作为一个系列，所有的绘图必须要绘制或重新绘制，这样的话综合体才能够与时俱进。被称作“聚在一起”这一过渡工作的阶段很好地描述了这些综合体，在最后期限之前传统的专业研讨会有利地在这一过程中吸引了每个人的注意力。创意和批评的力量都被集中的注意力所鼓励，这些在任何过程中都能获得的概念性结尾越多越好。

尽管在之前我花了大量的时间抨击作为现实和环境经验代表的传统正交平面图、剖面图和正视图，然而在设计过程的这个部分中,正交绘图是必不可少的。由指引线索所确立的目标和方向、整体性、一致性、作为一个整体的设计原则（如果是一个建筑的话，作为一个对象）可以被平面图、剖面图和正视图检验。尽管环境的经验还需要不时地被水平透视图来验证，也需要在极小的视角草图中研究特定的角落、连接处和转换点的三维质量，但在正交绘图中却能够很好地看到操作这一过程阶段中包含的模型。

传统的平面图和剖面图

由于拉链阶段代表性的绘图主要是平面图、剖面图和次级正视图，我们应该花时间去理解这些正交图抽象的基础以及怎样按照惯例绘制它们。

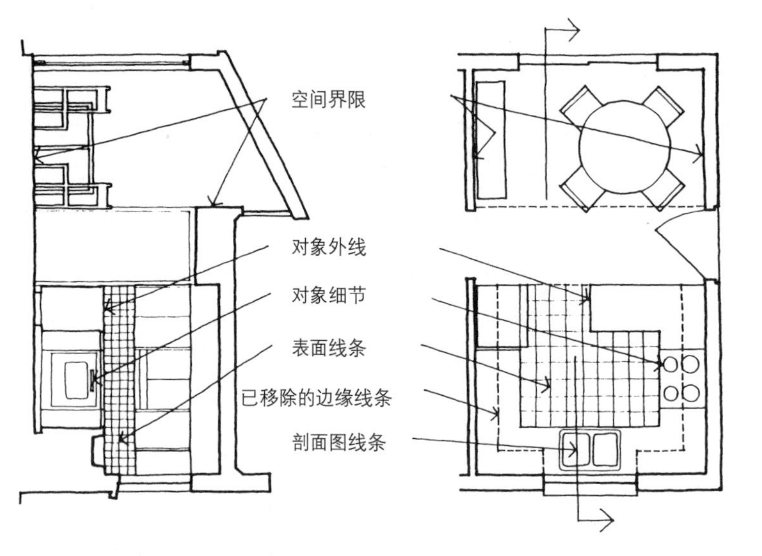

平面图和剖面图展示了如果你将建筑或环境横剖开来，移去建筑物在横切面之上或前面的部分将会看到什么。在这些观点中线和垂直于横切面的面不会朝单个的中心消失点（在实际中会消失）集中，而是垂直于我们的视觉角度。也许理解这个的一个更简单的方式是想像一座建筑物的顶部或前端被切开之后，我们对剩余的建筑物部分施以巨大的压力，然后将其压缩进一个像纸一样薄的封口纸中。在一个地面平面图中，墙、橱柜以及家具都将被平铺在地面上，就像它们仅仅是在油布中的模型一样来绘制。类似地，一个部分应该被压缩进后墙，像绘制墙壁上的模型墙纸一样绘制墙柜或家具。

线条粗细说明

基本上建筑物的各个压缩部分彼此之间互不相同，那么绘图就必须说明在压缩之前它们是什么。这种不同点的说明就是由线条粗细形成的。

空间界线

在一个平面图或剖面图中最重要的线条是空间界线，当建筑物的一部分被移除的时候这些界线就被打破了。这些线条说明了组成任何环境的容积的界线（可以将墙、天花板和地板看作表面，但将它们看成是一个空间容积的界线表面时会更加复杂）。这些重要的线条应该是所有线条中最重和最粗的。

有时平面图和剖面图可以以这种方式来绘制，即将墙、地板或房顶结构作为一个固定的黑色来展现。比起那些说明组成两个空间界线的墙、地板或屋顶，并且有一个在里面充满说明分离材料厚度的口袋，这是个更加简单的解释。

物体轮廓

接下来最重要以及最粗的线条是那些在平面图或剖面图中物体的轮廓线。这些物体包括连体柜、平台或台阶以及家具的分离物体，应该考虑到它们是否连接。家具分离部分的一个轮廓线，如床或桌子应该是整体性的，而且应该被由墙线说明的空间界线所分离。就算是一台冰箱的后面也有空间（就像任何一个在其后打扫的人所发现的那样），它的轮廓线应像柜顶或浴缸一样不陷入墙线之内。

物体细部

另一个重要的线条是说明物体细部的线条。这些线条应该包括在一个壁炉之上的燃料，在平面图中可见的盥洗室中凹陷的部分，以及在立面图中可见的一个门的凹形板。

表面线条

最淡的线条是那些不带有空间信息，以及简单地依赖于平面图或剖面图垂直表面的水平表面。瓷砖连接处或其他表面构造说明，如木头纹理或地毯由表面线条来说明。

隐藏的边缘线条和已移除的边缘线条

根据传统的实践，这两种线条可以被展现出来也可以不被展现出来。隐藏的边缘线条是那些在平面图或剖面图中在平面展示图之下或之上出现的线条，一张绘图中基础平面图下面的脚注或立面图上的地板或天花板的线条（这两者都不是说明，尤其是脚注边缘，它在设计绘图中是有用的）。在传统实践中这些线条有时仅仅起到说明作用。

已移除的边缘线条是那些在建筑物的一部分出现的线条，这些线条是为了完成平面图或剖面图而被移除的，通常只是那些会在平面图中被绘制出的。批判性的已移除的线条是那些说明悬垂平面，如房顶、阳台和橱柜的上端。隐藏的边缘线条和已移除的边缘线条都是虚线或点状的，与真实边缘线条有相同的宽度。

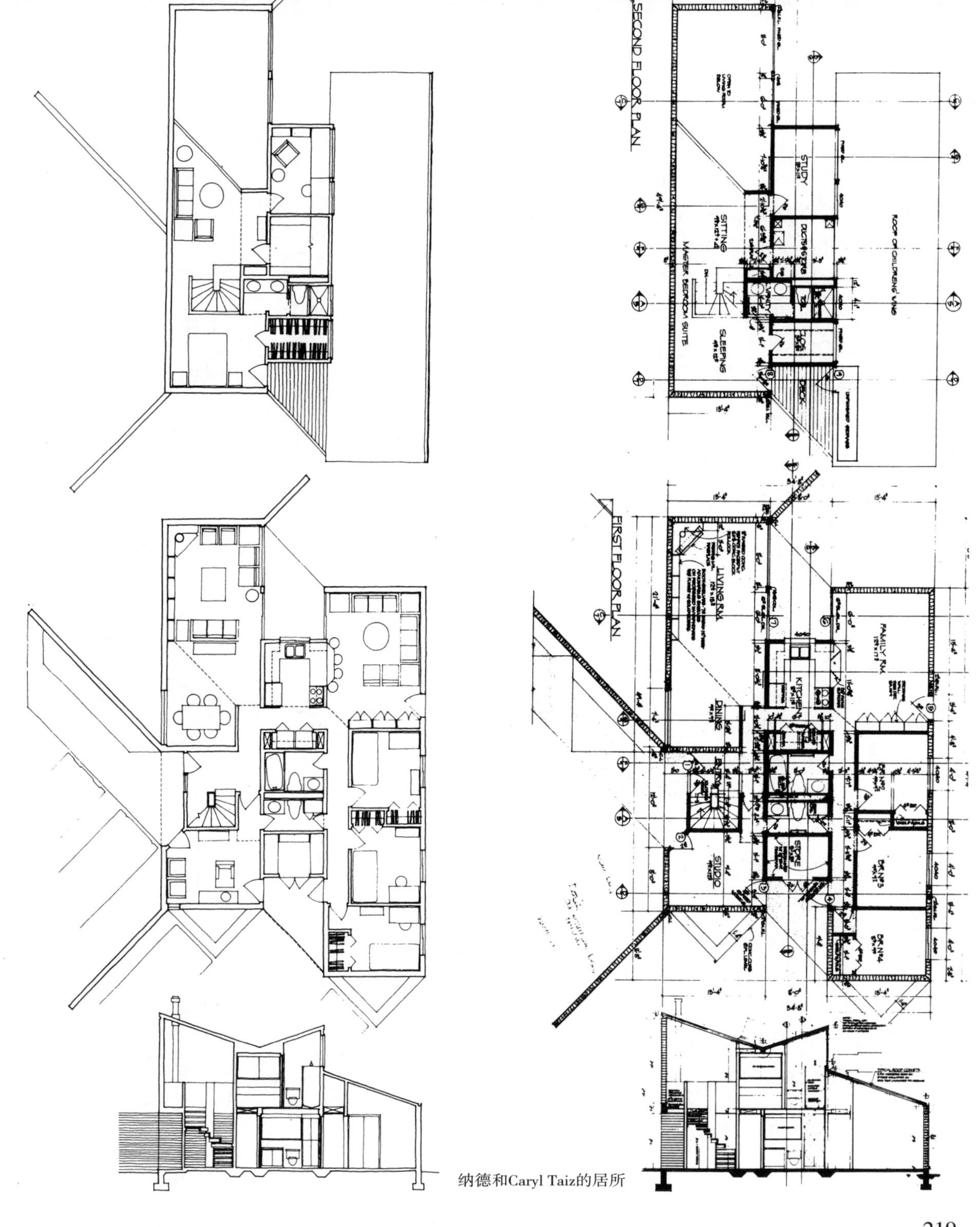

纳德和Caryl Taiz的居所

剖面图线条

最后一种线条实际上在环境中并不存在，但它们是帮助看图者理解和联系绘图的摘要。这些线条中最重要的是剖面图线条，这些线条说明各部分在哪里切割平面图。这些线条也可以标记穿过剖面图和立面图切割平面图的地方，但通常都在一个标准高度切割它们（在1.2m或1.5m的某些地方，在柜顶之上，橱柜之下，并且穿过所有的门窗），没有必要说明它们的精确位置。两个线性的绘图可以清楚地说明设计绘图和说明性的建筑绘图最关键的区别：

·建筑绘图描述了墙、地板、屋顶以及它们的物理结构和建造材料的精确位置、表面配置和维度。

·设计绘图描述了在墙、地板和屋顶中形成的相对位置、表面配置、人类功能的充足性以及空间相互关系模型。

建筑绘图的侧重点在于固体，而设计绘图的侧重点在于空间。

非常规的平面图和剖面图

我们需要扩充对平面图和剖面图的使用。在《建筑手绘方法》一书之前的版本中我提出色彩编码对在一个环境中理解和组织使用和循环模型是有帮助的。我也提出一组我们希望鼓励或继承的可以对行为模式进行编码的制表传统。这些可以成为一组标准拉链绘图的一部分：我们可以要求学生在他们另外的拉链绘图中设计包含色彩编码的功能性平面图或行为平面图或作为剖面图。

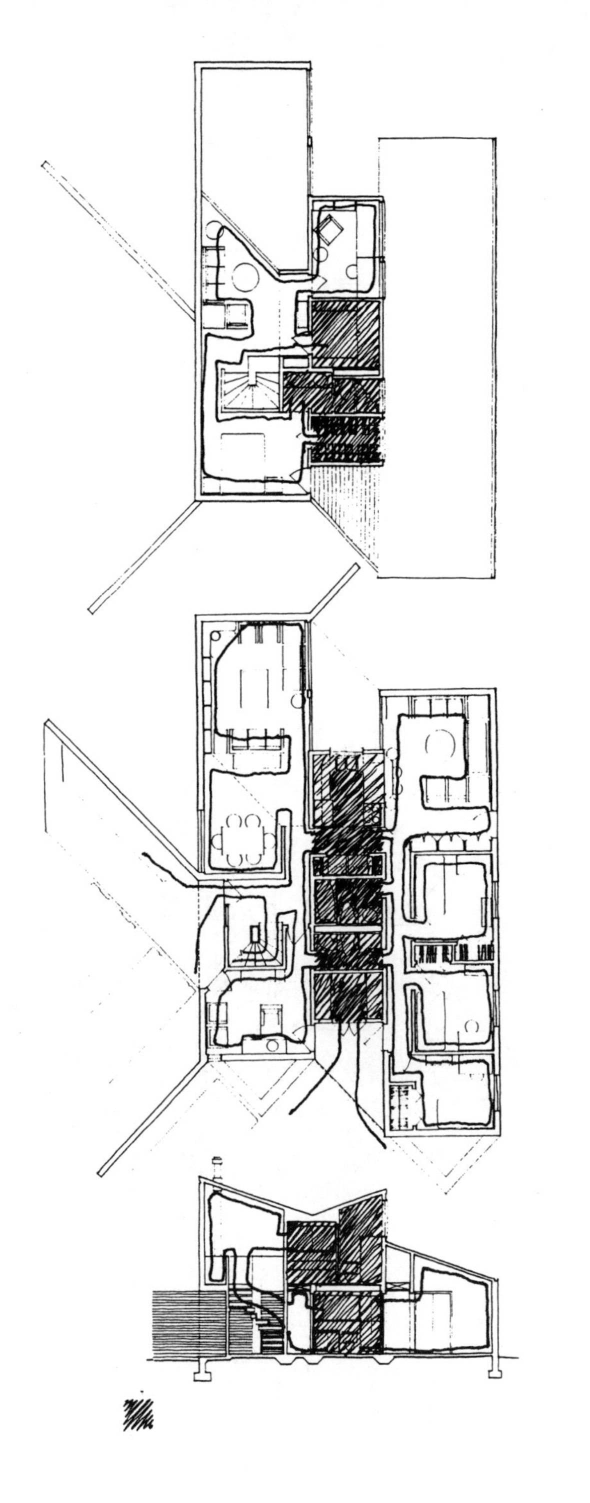

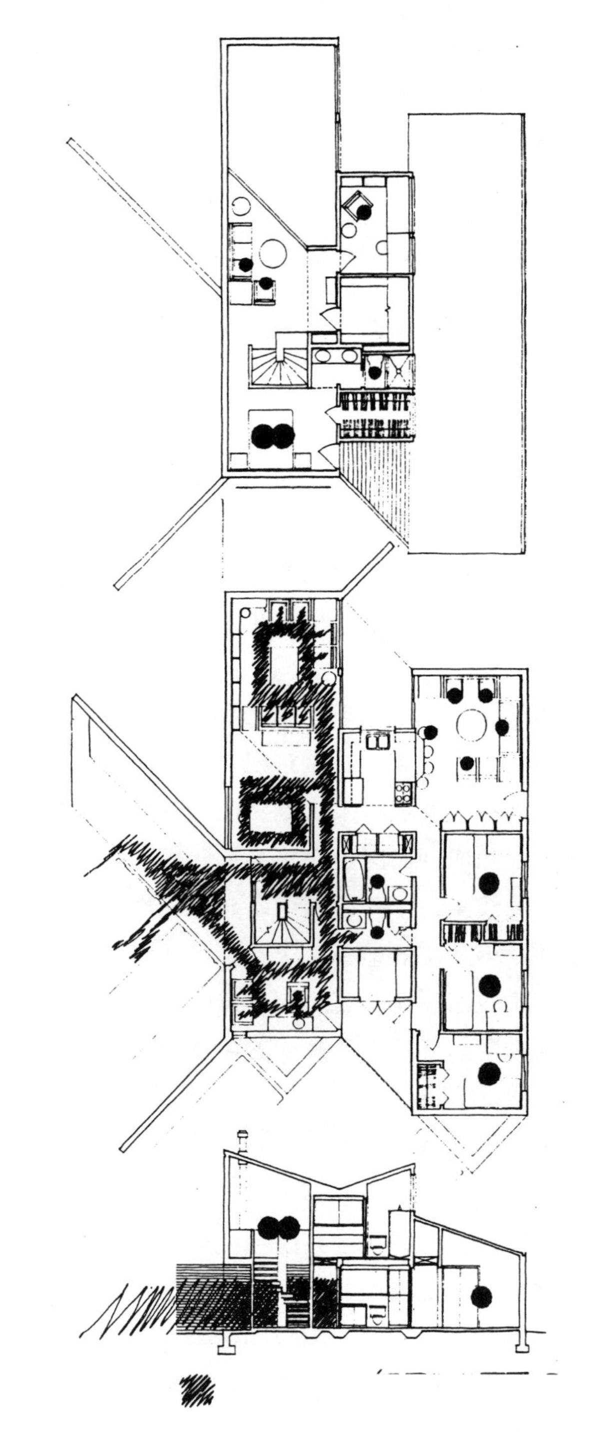

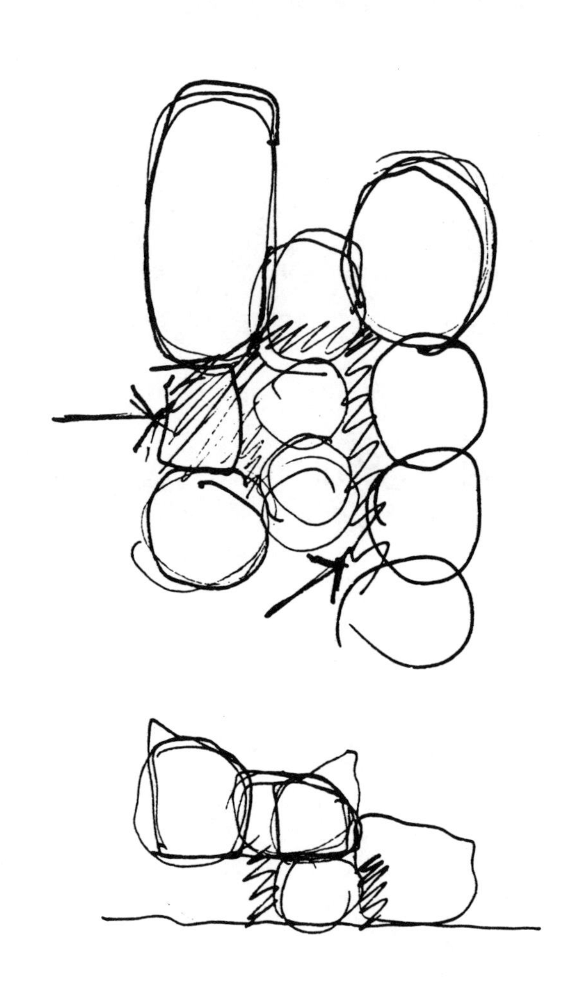

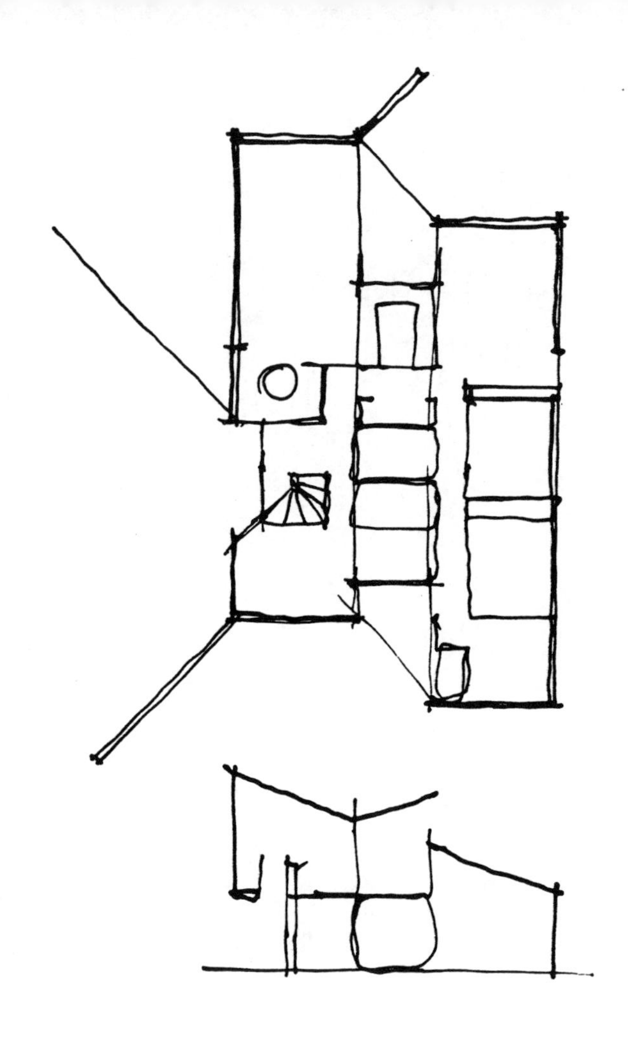

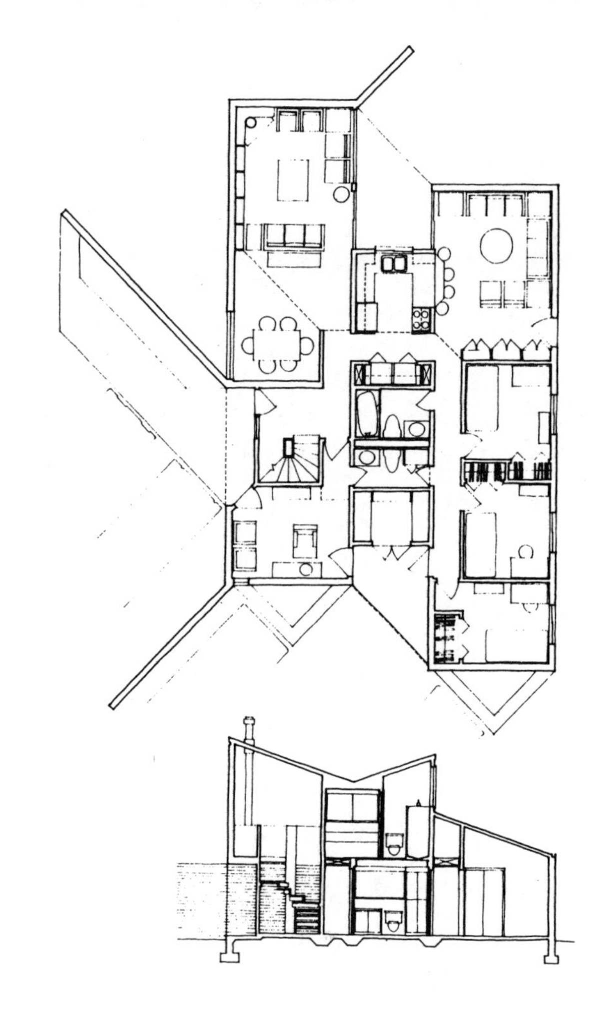

手绘图与标准图之间总会有差距的，但在设计过程中绘图的使用至少为创意提供了与设计问题自身一样大的潜力。

随着拉链阶段的进展，设计绘图的范围也应该扩大。开始于圈点绘图的平面图应该发展成为有着精确形状的大范围、单线绘图，包含墙的平面图，这些墙具有真实可变的厚度、指明性的承载力和非承载力或者排水墙、栏杆和壁柱。为了证明空间的足够性，要绘制家具、设备安排和门翼。在拉链绘图中也应该包括地板材料改变的模型。这种在绘图中包含的水平不断上升的信息跟光滑性和完成度没有关系。所有这种信息应该加入粗略的随手绘图习作。规则是每次一幅绘图画好以后，应该改善绘图和设计，它告诉设计师的信息量也应该增加。在拉链阶段中，这种在密度和细节上的增加是非常重要的。它体现和促进了进展以及过程的完成阶段。

拉链的最后阶段总是很困难的。至今设计师深陷问题和解决方法的一致性，对完成阶段的总体分析和清晰理解有时看起来是不大可能的。缺少时间总会威胁和不断打扰整个完成阶段。我常想给初学者提出一个简单的问题和充裕的时间，这样他们可以有目的性地经历一个自我完善阶段。一些创意人士缺乏这种最终固定的结束过程的能力，而能力强的、有经验的设计师对完善阶段却有着惊人的掌控力。他们能够达到的细节和一致性以及他们在拉链阶段临近结束过程所能解决的关系范围，这些水平是显著的，有时对他们的家人和朋友来说最难理解的事是他们发现那种专注力和辛勤工作是值得的、享受的。

拉链绘图

拉链绘图是为确信地呈现解决方案而设计的，体现的是最值得炫耀的方面。如果拉链阶段已经做好了其工作，现在设计空间就毫无疑问地关闭了，设计师站在这个作品之外，就像一个游艺团的叫客员，向路人叫卖这件优秀作品。

为了使设计绘图和组织语言将解决方案与他人交流，我们必须在解决方案方面打开新的设计空间而不去管有问题的完成阶段。在这种新的设计空间中，我们要考虑一个新的问题：说服他人相信我们所做的完成阶段是最好的。

蒂姆·怀特的《建筑中的演示策略》（1977年）是研究在成功的交流设计观念中包含因素的最佳著作。怀特区分了包括拉链绘图在内的五种用于所有演示种类的关键变量。它们是新闻报导中五个“W”的扩展。正如所有成功的交流一样，拉链绘图依赖于对这些因素的仔细分析与回应。

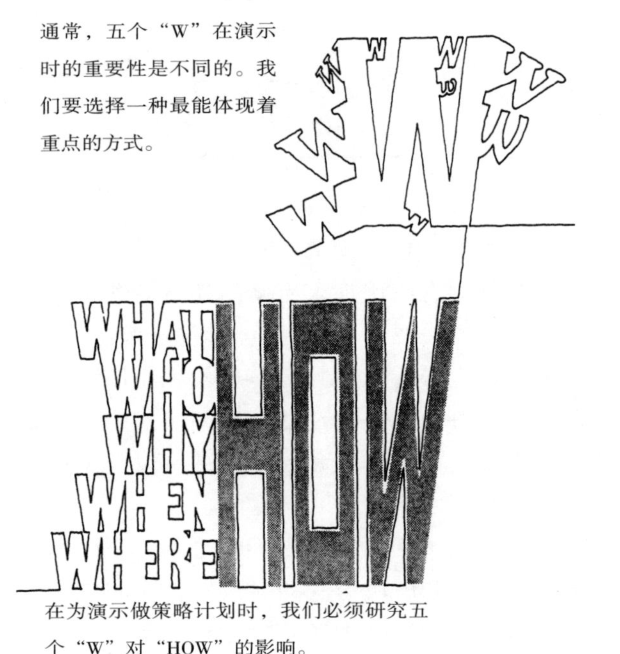

通常，五个“W”在演示时的重要性是不同的。我们要选择一种最能体现着重点的方式。

在为演示做策略计划时，我们必须研究五个“W”对“HOW”的影响。

怀特提供了在任何演示中可能被问到的问题详单。这个详单揭示了拉链绘图中最简单的演示会出现的种种变量。他强烈拥护基于他所列出问题来定制的设计演示方式。

问题中是否有重要的子问题？

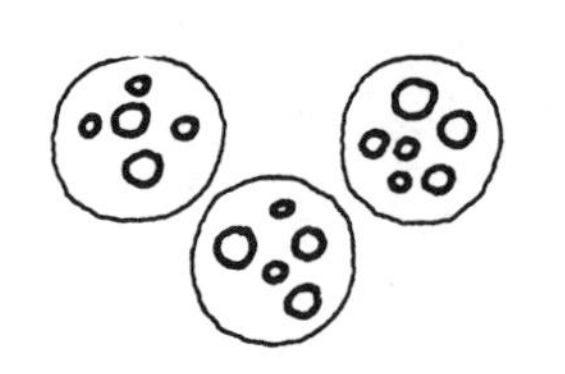

从背景材料着手还是直接切入重点？

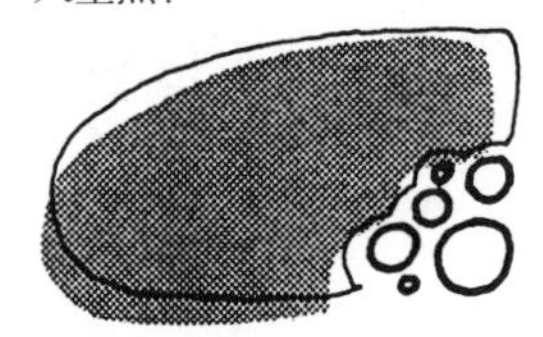

对于观众的理解，何种信息基于何种信息？

必须呈现决策的逻辑顺序还是可以进行简单通俗的对话？

如果使用幻灯片是否要通过与观众的视线交流更换幻灯片？

在展示中如何能栩栩如生？

是否需要使用多倍投影仪？

观众的专注力能维持多久？

是否像在讨论方案时那样揭开手绘图纸？

观众的其他日程会不会影响我们的时间安排？

传统的绘图组成部分

拉链绘图一个经典的例子是传统的美术学院演示，即巴黎的高等美术学院，它以形成这种演示的专业机构而命名。美术学院演示收集了该设计项目组成部分的所有建筑绘图。这些演示要求很高的技巧以及很长的设计时间。它们因为过度强调表面已经在建筑教育中被遗弃。然而，它们确实有一些优点，尤其是在设计教育中：

・通过要求设计师仔细构思出使交流更清楚、更高效的代表性绘图，它们允许设计师增加另一层设计。

・它们引导设计师对其设计有更深层次的理解，以及理解各种绘图演示，它们相互之间怎样有最佳的联系。

为了向学生传授在演示中涉及的一些组成部分种类的经验，在亚里桑那大学建筑系112班新生的绘图课上，我用的是下面的作业（见224页）。这个问题是给定一个制造或按规格裁切度假房的地面平面图，做出适合它的设计，并使用必要的演示性建筑绘图，做出一个正式的演示。显示结果的20″(0.51m)×30″(0.76m)的板不只是满足组成部分自身的需要，还要帮助学生们理解各种绘图的特征和它们之间的相互关系。

当我们分析代表性绘图时，会发现它们中的一些更适于处在组成部分中某些特定的方位。当一个组成部分在墙上垂直展示，会涉及到重力，因为它有顶端和底端，就像剖面图和立面图，想要“定居”在组成部分的底端。当我们描绘它们之下的土地条纹时，这一点尤为明显。平面图和视角比起剖面图和立面图更能成功地“漂浮”，并且可以安全地放置在绘图集合部分的顶端。在绘图（在多层平面图、平面图和剖面图之间的绘图）和平面图以及立面图之间最强有力的关系通常在那种秩序之下。在绘图之间建立这种关系比在图纸顶端确定北方更为必要。一个单独的指北箭头可以解释一个非传统的目标，但在精神上不得不将绘图旋转90°，然后将它们与其他剖面图上的绘图相联系，这是对试图理解你绘图的人的注意力持续度的检验。

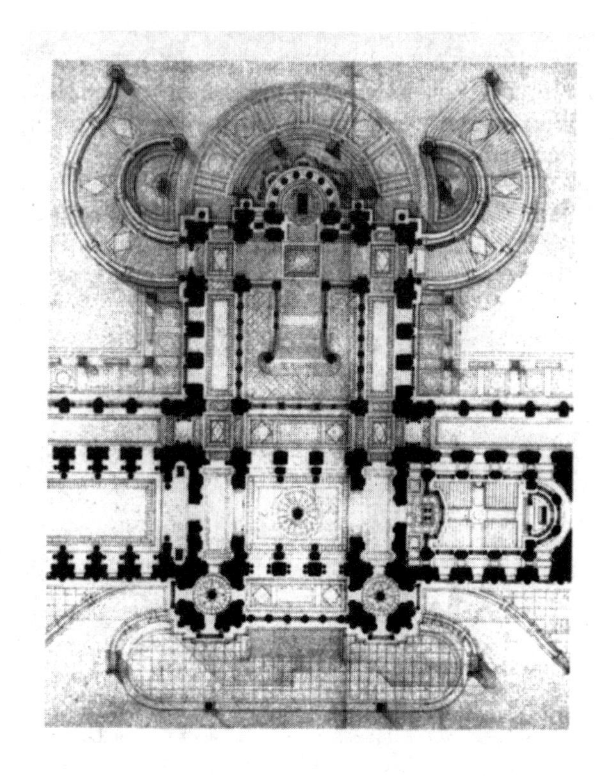

透视，尤其是室内透视，最好由消失点来定位，这个消失点靠近组成部分的一侧，这样的

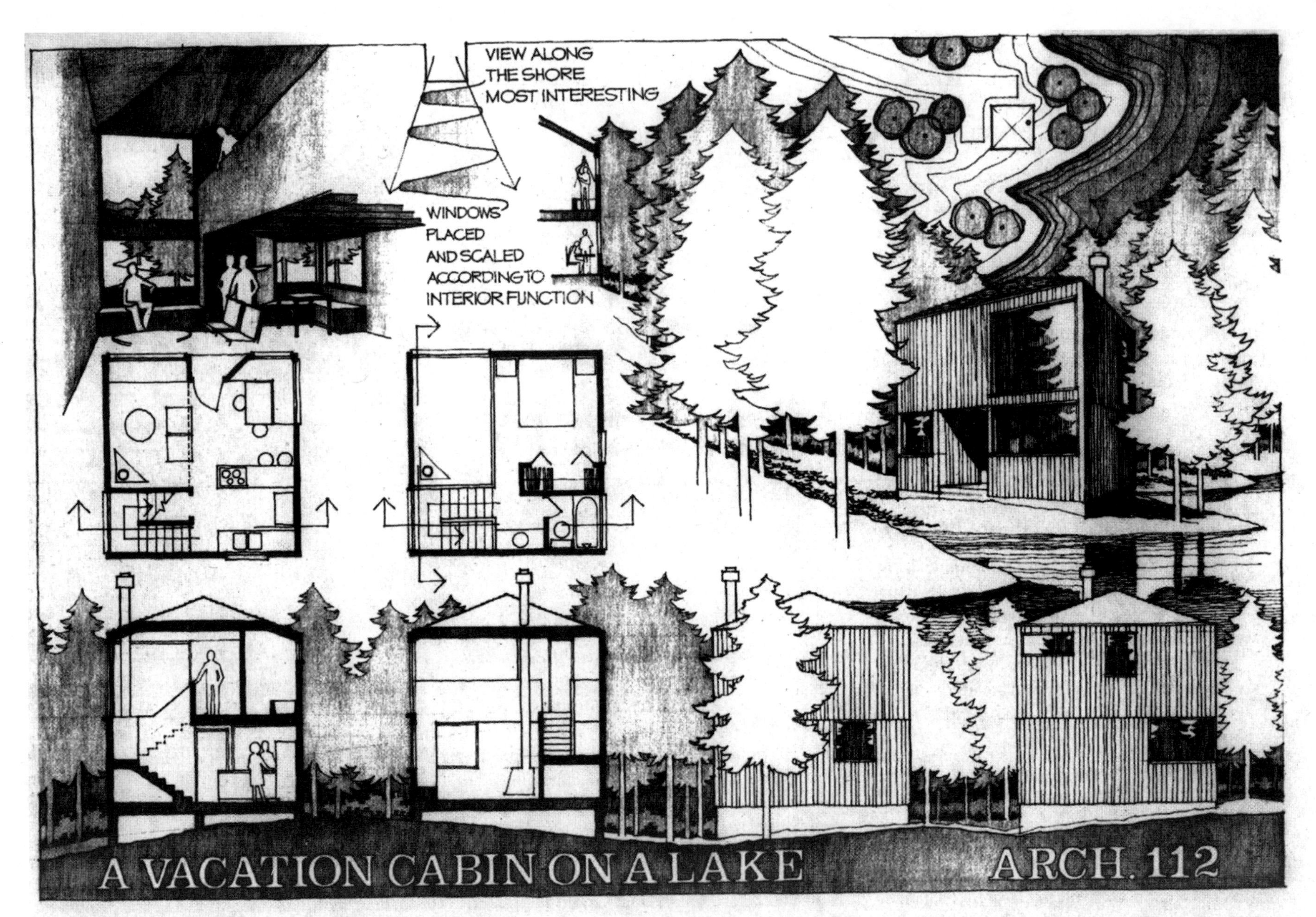

透视空间才会朝着剩下的透视空间打开。如果可以以附近平面图的方向绘制透视图就更好了。

因为文字形式也涉及到重力，在形成一个基础的过程中，如果主要的标题和文字出现在组成部分的底端那会更加成功。文字本身不应该得到太多的重视，由于这个原因，开放的、提纲式的文字是绝佳的，因为它们恰如其分且不喧宾夺主。

电台——转动频率

最后的，而且也许是最难的一个要求是，绘图必须协调成为一个整体。它们需要看起来像是受到了描写者同样的关注，它们也需要运用相同的媒体和技术来绘制。对于这种一致性，我能想出的最好类比是一个电台调频。早期的电台有一个杂音，它可以在正确频率的任意一端升高音调。为了在你的演示绘图中消除这种分散注意力的杂音，你必须要首先意识到一些电台（比如说绘图技术）和它们拨号的不同位置，那么你就可以认出你想要找的那个电台。你应该对你想要的图标一致性的种类设计一个模板，然后将所有组成部分集中在一起，就像在电台准确调好之后开大声音一样。

如果我们想被拉链绘图说服，我们就必须不能忘记所了解的关于人类心理行为的一些事。与最终设计环境交流的绘图首先应该尽可能多地展示过程中其他参与者的贡献。我不是建议设计应该是所有参与者建议的一个混杂的集合，但假装设计师是设计的唯一贡献者也是不现实甚至是不需要的。参与者必须看到设计过程中对他们所提出建议做出回应的证据。

另一个更加明显的标准是成功呈现出环境。如果设计一个购物中心或餐厅，就要在其中展示狂热的消费者和酒宴的用餐者。如果设计一个学校，就要展示充满活力的孩子们尽情探索、享受和参与环境。总是要按客户的意愿来展示你的设计。

用来交流设计过程结果的绘图应该保留正确的重点。该重点应该放在设计责任的领域，即建筑、景观建筑或室内设计。商业设计作品的弱点之一是它们总是看起来更像时尚的广告或汽车宣传小册子而不是设计绘图。因为它们像设计绘图一样不透明，因为其呈现出的漂亮的人和汽车使得我们猜测它们是我们所熟悉的无所不在的商业广告的一部分。

正确的重点描绘应该有助于吸引观看者应有的注意力，就像在设计过程中它集中设计师的注意力一样。

这种绘图正确地展示了建筑设计绘图中的着重点。绘图的努力，尤其是构造趣味，侧重于空间定义的表面，强调结构因素和建筑材料。这种设计作品的渲染工作是在空间容积之上的，家具和树作为外线，而且应该仔细地放置，这样的话它们就不会成为墙、天花板和地板的隐藏容量定义的部分。

景观设计

这种绘图展示了景观设计绘图中正确的突出点。绘图的努力，特别是构造和具体的趣味，集中于外部空间、树和植物。家具只是一个极小的部分，它只体现出很少的设计特征，建筑和家具仅作为外线。

室内设计

这种绘图展示了什么是室内设计绘图的重点，特别是构造和具体的趣味，集中于内部空间。应该以更多的设计特征来选择和绘制家具、布帘、地毯和家居装饰，而将建筑表面和外部空间仅作为外线。在设置时，室内装饰也应予以优先考虑，甚至应该超过建筑细节或外部空间。

解释手绘图

向买方、投资方、抵押银行、董事会、股东或普通大众“卖出”最终设计产品的标准方法是，制作专业的全彩透视图或精致的细部模型。这些努力往往令人印象深刻，可以作为公司的大堂或会议室的精美装饰，但它们对描述建筑设计和设计构思的作用微乎其微。就经验而论，演示手绘当然应该展示产品的最终样子，然而，如果配上精心准备的口头描述、基本原理和介绍产品设计过程的旁白，这些手绘图就更容易理解、更具有说服力。

设计师应该利用每一次机会，解释拉链手绘中的设计，应该整理最清晰、最有说服力的文字和最好的绘图技巧来进行沟通过程——缝线手绘和拉链手绘——和设计本身，反复琢磨问题的拉链逻辑和其合理化的解决方案，偶尔也可以允许不合理但有创意的缝线，使整个过程更站得住脚。一些概念图表，一个具有彩色编码系统的模型或图表，甚至是类推或规则图表，对于描述问题、设计过程及其解决方案会有极大的帮助。

需要为设计准备有力、清晰的口头陈述还有一个很好的原因。如果设计师向客户演示过基本原理，那么当他们转向其他项目之后很久，他们仍能够向没参与设计过程的人解释为什么这样设计。设计专业最大的成就感就是，多年以后，当设计师回到一个自己设计的环境，发现设计的初衷得到了体现，并传递给了人们，甚至是那些没参与过最初过程的人。一个好的设计项目解决方案，当项目到了尴尬的中期，设计风格已经过时的时候，其清晰的原理仍可为其服务，帮助建筑经受住历史的检验。

然而，我们需要谨慎，不要像上图中的演示者一样犯错误。我们应该理解观众的兴趣和语言，应该针对观众感兴趣的内容，使用观众能理解的语汇进行陈述。通常我们使用了太多的专业词汇。良好的沟通始于认真的倾听。当我们对拉链手绘进行最后的演示的时候，我们尤其应该了解客户的喜好、价值观和语言。与拉链手绘相配的口头解释应该是通俗易懂的，而不应使用“设计师语言（专业词汇）”。

图示设计过程

制作设计过程的模型，将手绘与设计过程

结合起来，这样可以使演示的过程更生动。在设计的不同阶段，你要努力修改手绘中要展现的内容，用图示来说明设计的过程。手绘图在整个设计阶段起到出乎意料、非常规的作用，从专业词汇的释义，到测试任意设计阶段质量的三维形式。

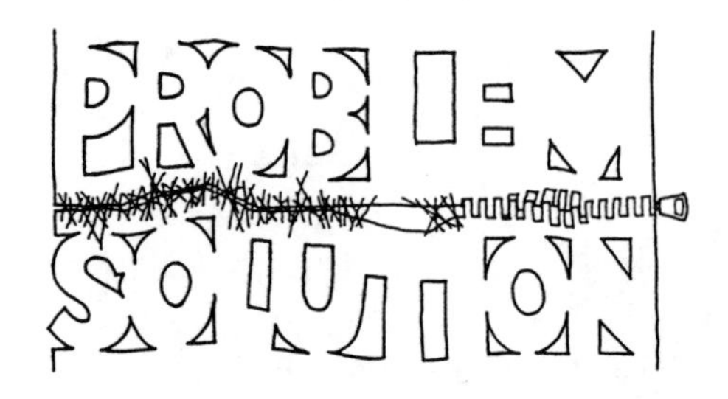

本章所讨论的所有策略都很实用，学生们应该熟练掌握。一个解决方案的任何问题的不成熟的结束都可能导致笨拙的接缝。缺乏清晰度会导致接缝处的奇怪块状缝合，无法找到拉钩来拉上拉链则不能保证完成方向统一的设计所需的时间。如果不能合情合理地结束设计会让所有的努力受到质疑。

掌握各种策略，还应保持一定的平衡性。比如，对于初学者来说，过分强调开放策略，会使问题和其解决方案背道而驰，从而觉得结束设计不可思议。过分强调拉链结束端的能力，也很容易导致全部创意性的付出被用在封闭的、有说服力的手绘和优美的基本原理上，设计成了未参与设计过程的客户能接受的肤浅的解决方案。

第7章　组合
——手绘是沟通的助手

手绘最重要的作用，是在概念的狂热中，得到设计的意念以及其绘图。然而，手绘在与他人交流设计理念时，仍然扮演着关键的角色。在这交流的角色里，手绘从来不是单独出现，它总是与其他一些“合作伙伴”共同出现。这些“合作伙伴”包括从复杂的手工绘图与数码色彩的混合，到简单的文本或对话混合。

手绘若能从明白每个伙伴可发挥的最大作用开始，从中了解多种伙伴的潜在变化，这样绘画与其伙伴的混合就能共存。这种混合若在专业的设计实践中出现，从客户报告到发行，都可用于分析，以阐明普通的对话。

在交流中确立设计，手绘的角色有了改变，从展现设想中设计出来的成果，变为展现真正的设计成果。当整个设计能用照像展现，这时手绘一个已完成的设计的远景，以展示设计的过程，是毫无意义的。平面图和剖面图仍应在发行与展览中运用，以便描绘作为设计物的整个环境，描绘出环境的和谐统一。概念化的图示会展现时代的变化和隐含概念的发展。

在所有的混合中，以下几点最为主要：口头解释、设计的基本原理与设计过程。在我们的文化中，言语是交流中占主导地位的媒介；相比起我们所展现的绘图，大多数人会对书面或口头的解释更加明白。

环境设计者应寻找每一个机会去解释他们的作品，这样做的目的既是为了他们的自我提升，也是为了使公众明白环境设计这个职业的价值所在。对于设计师来说，最重要的是要掌握所有绘图、拍照和语言的混合，这样我们的交流才能尽可能地有效。

手工绘图与数码色彩的混合

最有力的电脑辅助绘图，是电脑与人手天衣无缝的合作——电脑发挥了其最大作用，而最适用的还是手工绘图。靠着项目、允许用时与设计过程中绘图的角色，手绘和电脑可以让设计者有很大的自由发挥空间。

现代设计工作室，绝大部分的设计学校，甚至是许多家庭，现在都有了可用的硬件与软件，能帮助设计者创作出引人注目的设计图像。在许多工作室，一系列在CAD与语言程序之外的图解任务，都能用电脑按常规完成。用这些资源来辅助设计绘图的作品，是十分简单而行之有效的。

使用电脑以辅助创造设计绘图是有好处的（也有一些坏处）。数码绘图的准确与灵活，在CAD平面图或者电脑绘图中，尤其富有吸引力。也许使用电脑的一个最为重要的原因，是电脑能帮助建筑队里的其他人也及时掌握制作的方法。经常会发生的是，设计者似乎是在户外进行一些不切实际的空洞涂鸦，或者是绘出一些细致优雅的唯美构图，但这些构图不符合严格的CAD层级标准。然而一个富有表现力的设计者，是任何媒介都能加以利用的。

甚至到了这一代设计者，他们都能娴熟地运用CAD，但大部分的设计仍然选用传统的方式——笔和纸。事实上，近年来缺乏技能全面的设计者，可能归根结底是由于手工绘图的技能以及因此而成的设计，被CAD层级标准所取代。

当AutoCAD或类似的程序有着巨大的价值时，我们就会集中精力，用电脑进行上色，并提高手工绘图的质量。

在现代的设计工作室里，我们遇到各种"电脑着色"的可能，是大大多于手工绘图的。我们都看过冷漠而毫无生气的"3D动画"；也看过CAD着色的"造型Z"，这些模型最初会让人大呼惊喜，然而最终还是不可避免地陷入失败，因其不能让人有真实存在的感觉。多数情况下，它们唯一能营造的氛围，只是一种刻板的朴素与矫揉造作。而在手工绘图中，"自然"的东西，例如人和树，是最难描绘、表现的。

除此之外，当你考虑到电脑上色所花费的大量时间时，那种大呼惊喜的感觉便大大消退了。更进一步地说，最多的时间，需要用于构建一个适度上色的CAD模型；而这个模型并不是用来提升、探索或者提炼设计的，而只是用于需要完成的技术过程（就不要提花费在进度条上的大量时间了）。

聪明的设计者会在合适的时机充分利用电脑，也会在投资回报不稳时避免使用电脑。精力不要用于提高进程速度上，而是要用于提高手工绘图技能这种以人为本的自然媒介；这样，CAD的那种"投入垃圾、产出垃圾"的情况，就更容易避免了。就像手工绘图能增加一个人的想像、探索开发以及检验设计的能力一样，电脑的运用也应该能产生同样的效果。简单来说，电脑只不过是另外一种工具；当使用电脑时，它应该是融入了整个设计过程的。

结合数码色彩

数码色彩要能产生效果，就必须和其他绘图与设计工具一起综合使用。通过电脑提升以及电脑扩展的技能，是"手工绘图"。更明确地说，你手工绘图技巧的进一步发展，总是能提升和惠及你的数码绘图技巧的。

对手工绘图与数码色彩的综合来说，一些必需的方式和步骤如下：

- 基本的电脑/文件管理技能
- CAD模型（可选的）
- 手工绘图（包括透视结构）
- 扫描（绘图的数字化）
- Photoshop类型和层式图解的软件技能
- 页面布局软件（可选的）
- 储存设备

制作数码色彩绘图的典型程序，可能一般都是按照以上所列的顺序。在数码文件中进行修改和添加绘图的程序，可以局部进行，可以扫描，可以融合，还可以重新上色；在程序中创造出反馈和修改的循环。绘图软件（例如Adobe Photoshop）、扫描仪、刻写板、一台质量优良的打印机，这些都是必需的。

三个最有效运用电脑的方法

有三种运用电脑的方法能帮助设计者制作有效的设计绘图。

1.混合几何学的模仿与选用，并利用现有的数字信息，这些都是有效的技能。然而，如果你缺少对空间结构和透视的基本了解，亦没有方法使图像丰富并具有人的特性，这些技能的运用当然是十分有限的。

最重要的是，靠电脑产生想法总是一个可行的途径。为一幅具体的绘图去制作电脑模型，可能是明智的做法，也可能不是；判断的依据是看可用的时间与信息。基础的绘图仍然应该是手工绘图，无论其是否是在CAD的基础上绘出的。

2.在设计过程和生成演示绘图的过程中，上色与调校手绘图是电脑的最常见的应用。因此这一章将集中论述这一点。后面几页的例子体现了各种设计图纸中数码色彩的应用。

3.绘图的组成与复制是十分重要的，它主

要是一个技术过程，将设计者输入的所有绘图和色彩重新输出。这一点会在数码色彩的讨论和例子后有所涉及。

创作数码色彩绘图

在这一章讲述的所有数码色彩绘图，每一张都是分三个阶段创作完成的。绘图的第一个阶段都是手工绘图，或者是徒手设计和绘出的图，或者是在CAD基础上绘出的图。接着，用扫描仪扫描手工绘图，然后用Adobe Photoshop为其上色。最后一个阶段，全面调整这些绘图，并用多种文件格式储存起来，然后印刷、电子邮寄或者输入到其他程序中。

1.第一阶段：产生初步构图

人工绘图：仍是基础

正如这本书一直所提到的，绘图本身在设计者的“十八般武艺”中，是最有力量的工具之一；绘图应该与创作、探索和对设计的评估很好地结合起来。如果有理想的设计绘图，那么这幅绘图是设计过程不可获缺的部分，并且有各种可能的最终用途。

绘图在最粗略的阶段，可能只能传达一个信息。当它得到不断的修饰，就会开发并检验出多种可能性。绘图还可以传达出一种氛围，一种感觉，从经验的立场概括出整个设计。像一栋好的楼房，一个好的设计绘图能传达整个综合理念，而非简单地重申一个程序。

CAD背景

CAD背景，即使是非常简略，也可以是很有用的设计工具。当几何图案非常复杂时，CAD背景常常是必要的。一个CAD绘图模板主要的作用是有效地形成对项目的准确观点。

一个构思得当的CAD模板，其妙处在于可以由极其简单的大片构图起步，并能在需要时不断发展和修饰。覆盖在模板上的手工绘图就可用于精心修饰这个设计。重新组合的手工绘图研究产生更新的绘图，模板可以不断用此作调整和修饰。

从一个特定的角度构图，让手工绘图总是得以充分覆盖在模板的不同版本上，或是用于探索多种的设计选择。扫描构图或其中的部分，也可成为数码色彩绘图的一个部分。

在决定是否建立CAD模板时，主要考虑的因素有：（1）用时（通常来说手工构图需时较短）；（2）几何图案的难度（例如放射状的）；（3）对构图准确度与精度的要求；（4）其他已存在的CAD资料的可用性。

假构图的困难

理解透视图至关重要的一点，是要能利用CAD构图背景。发现地平线和消失点通常是一件简单的事情——但是，许多设计师都不能做到这一点。

在好的设计者手里，CAD模板是一个有力的工具；然而我们司空见惯的是，模板用于对透视的基本理解时，就变成了一团糟。在任何设计绘图中，许多细节都是由绘图为出发点设计的。电脑只能在适当的时候用作模仿。需要用你所掌握的有关透视的知识在空白处绘图。

在这儿我们会提及关于透视法构造的一些问题。即使在最粗略的草图中，地平线和消失点的角度也必须是完整的。前缩透视法在这一点上相对宽松一些。

修正或分解一个假的或是构造低劣的透视图，总是痛苦的事情。不恰当的透视，总是让人很快地放弃拙劣构图。它不但传达出对空间结构的误解（或是缺乏考虑），还体现出设计者的不够资格。

尝试用数码色彩提升一幅构图低劣的绘图，有着相同的难度。色彩和光线用来进一步描绘一个空间或是一样事物；但它们在透视图中只能突出不准确的地方。在事物（例如标志或汽车）上涂色，并修正它们以配合构图，是不可能做到的事情。当你在一幅基础有缺陷的构图上，使用复杂的上色技巧，你最终只有这样的风险——就像你试图从大母猪的耳朵里做出一个丝质钱包。

绘图过程

无论是否使用CAD构图背景，为一幅指定绘图所选的具体方法，都对设计的发展有重大影响。

这一系列的情节串联图板描绘了一艘渡轮停靠码头的周围环境。通过限制每一幅绘图的大小，焦点集中在综合的场景发展上，而非集中在细节上。小尺寸的构图也让创作和透视构造更简单。要注意的是，这些草图不是依靠一个构造好的背景完成的，这是由于这些草图在设计过程处于非常初始的阶段，这种精确性是不能保证的。不过，这些草图确实考虑到了地平线和消失点。虽然如此粗略，但这些绘图仍然可以使用数码上色，增强可辨认性，而不需花费大量时间。通过影印的扩大，会更容易为一幅更完善的绘图创作出一个好的背景。

许多特定的绘图过程，在提升一个指定项目的设计中，是极其有用的。这里所描述的每一个例子，在设计过程中都有部分适当的运用。无论绘图完成到哪个阶段，数码色彩都几乎可以运用到任何手工绘图中。

·情节串联图板：一种从电影业中不太严谨地改造而来的方法。情节串联图板是指用一系列小图来总结概括整个设计。这个“故事”可能是直线发展的，也可能不是。这个方法的好处是，它逼迫设计者必须看到整个设计的每个平面；它让聚焦点始终是每个组成部分的本质，它也允许在设计中对创作图景的评价。

另一个好处是，你对真正的绘图有了更多的实践，而非总是在一个角度的细节花费大量精力。而且每一幅构图自然而然会对其他图产生影响，这样可能会激发出其他的设计方法。

要记住的是，即使是这样粗略的构图，都需要考虑地平线和消失点。一条平直的水平线和标尺画出的垂直线，对构图也很有帮助。使用标尺画垂直线与徒手画相比，其实是更快的；对消失点而言也是一样（在可能的情况下）。这样画出来的构图看起来会更加完善。

·粗略草图：更广泛、更易分解或者更细微的设计构图，很适用于报告绘图的最后衬底。下一页上部显示的草图，是在会议过程中徒手画的，后来在草图基础上进行整理、扫描和着色，成为下面那一张相当精致的绘图。

再次强调，用标尺比徒手画更快捷，也更

精确，同时还能提高绘图的持续性和可看性。直线的另外一个好处是，当你在Photoshop中简化选择时，直线比左右弯曲的线更适用。

·完成的绘图：即使有一个高度细节化的CAD模板来制作背景，大部分人物和自然的因素，都必须要徒手绘制。大多数CAD画出的人物、汽车和树木，与即使是最随意的手工绘图相比，都是十分难看的。手工绘图有一份天然富有生气的特质，电脑要模拟出来还差得很远。如果想用CAD画出生动的人物、汽车和树木等，要花费大量的时间和精力，并且对相应地推动设计完成没有什么帮助。

一个设计绘图剧本

为了方便举例说明，我假设一个合理的剧本，数码色彩绘图能对这个剧本带来积极的帮助。假设一个设计报告安排在一周内完成，另外还需要阐明这个设计的众多特性，这时需要一个远景的出色镜头。报告中也可能需要的垂直线绘图应该也需要上色技巧，但不会在此处提及。除非你有强烈的个人偏好和理由，否则就要充分利用好我们此处提及的一种绘图媒介。

我决定用情节串联图板对整个设计作一个回顾，在这个过程中制作出六到八幅小图。这些绘图所用的笔，是黑色的铅笔或圆珠笔，尺寸约为12cm×18cm。一张单独的白色描图纸上会绘出十几个“框架”。第二幅绘图是按照第

如上面这幅粗略的草图，在充当交流工具时是极其有用的；完成这些手工涂鸦式的绘图，能解释我们各种各样的想法。这样的绘图是在设计会议中产生的，会议中将解决设计方案中的问题。可以把同样的草图贴起来，再更细致地进行描绘，用标尺和三角板创作出好的绘图基础，用于数码上色。在第一幅绘图中显现的合理而适当的透视结构，让后来的描绘变得非常简单。

一幅图的框架，在其上面迅速绘出的（如果我们有CAD模板，就可以把十二张小图一起速描出来。

到了这一步，设计中没有充分画好的、处理失当的或是模糊的地方，毫无疑问会变得很明显。通过覆盖在有问题的地方上，绘出另外的草图；并选择一些图案，覆盖在另一些上面；我们最终有了八张最令人满意的设计图。

我们会把这八张草图贴下来，绘在描图纸上，而最终的情节串联图板会用标尺来画。这样不断精益求精，是设计过程不可或缺的部分；不用担心轮廓线、太粗略或者有错误等问题。绘图是精心制作的，而完成的速度也很快，这样就可以保持画面的协调和活力。

从这些绘图中，甄选出一张或两张作为“出色镜头”的图片（希望是如此）。最好是粗略完成的绘图，或者如果你有CAD模板，可以把所选的绘图裁成合适的尺寸，用于进一步的细部绘图。这样的绘图要用黑笔画在28cm×43cm的白色描图纸上。这样尺寸适中，便于扫描，也不会显得过于琐碎。

限制绘图的尺寸是节省时间的最好办法，可以避免在极细微的细节上浪费太多的时间。

2. 第二阶段：在基础绘图上操作、上色和加工

如今画线部分已完成，这些绘图必须扫描到电脑里。因此这儿必须打断一下，先加入一些扫描的基本知识。

扫描：留意分辨率的“陷阱”

简单来说，绘图必须扫描成150 dpi左右的灰度图像。这个过程，不同的扫描仪用不同的方式来完成，不过结果都是一个文件，文件内的每一墨水画线都是横向大概两或三个像素。另外一个首要原则是一张典型绘图的长维度应不超过2000像素。这种绘图在宽度为0.9m的喷墨打印机上清晰度很好。对于粗略的小图，例如情节串联图板，长维度可以降低至1000像素。

接下来，扫描的图像应该加以调整亮度和对比度，使背景是白色，但不会过度，免得灰色的边缘线消失。调整最好使用Photoshop，而不要用扫描仪的屏幕。通常光亮度和不断增加的对比度有一种特定的结合，让不同的扫描仪都能有最好的效果。

扫描中通常会遇到两种风险。第一，分辨率设置太高，得到的图片文件太大。这就好像画了一张太大的图，要花费大量的时间来给不必要的细部着色。这也会使电脑运行缓慢、崩溃等问题。在这样的情况下，可以在着色前用Photoshop改变图像大小，或者重新扫描。

第二个风险，过度地强调dpi，当提到dpi，我们是指打印设备的精确度，而不是方案的精确度。

当在计算机上绘图，要控制像素。绘图有固定的像素，你只需要考虑使用足够的像素来绘图。以上的指导方针要充分。你要知道一定尺寸的固定像素数。这两个变量一旦固定了，dpi比例就确定了（你不需要知道具体的数值，只要打印效果好就可以了）。

确定打印尺寸最容易的方法是，把它放入页面设置程序，将等比缩放，设置想要的尺寸，由程序来完成此项工作。

喷墨打印机的光栅图像处理器（RIP，raster image processor）可以按照规定的尺寸自动平铺可用的像素点，通常可以确定如何打印才能获得较好图片。它们有时也有“误差扩散”算法，可以有效地将像素打散为适合打印机的点。

驱动彩色打印机的光栅图像处理器稍差一些。当直接从文件打印时，它们通常更强调单个像素点。如果不需要复印多份副本，尽量使用喷墨打印机。

打印大型图纸时，尽管有很多选择，喷墨打印机还是首选。打印大型图纸时需要高像素。自然的视觉距离随着图纸尺寸增大而增加，所以分辨率比例还是不变的。

下面将就文件格式和输出问题进行更多的探讨，但我们先看一下数码着色的过程。

色彩和光线对细部的替换

我们在物质世界的体验，毫无疑问，本质上是存在于空间的。当我们设计物质环境时，

首先要考虑的就是空间的方面。事实上，绘图过程的一部分就是找出最方便的方法，以便在空间中通过物体边缘，分辨出不同的元素。当然，实际中的物体并没有画出的线条，只是一片片的颜色范畴，与光线照出的表面相对应。

我们对这些表面的认识，其中最主要的一个方面，就是它们的价值之间的关系，更完整地说，是它们的色彩。除非你真的是绘出你的图像（而且你有时间这样做），擦掉所有的边缘线，否则你也是心照不宣地同意在实际绘图中运用一些速记。不过，有时你会过分关注细微之处，而转移了注意力。使用色彩和光线（如油画）是一个更简单的方法。

一般来说，适宜的色彩和光线可以替代大量的绘图细节，而且使绘图看起来真实可信。如果加亮的区域或鲜明的边缘画得好，一般可以完整地描绘出整个外形，而非精确和详尽地画线。历史上就有的问题是，在只用到“钢笔和纸”的设计会议期间，不切实际地用到油画并刷上颜色。数码上色让这种绘图（绘画）的结合变得切实可行。

色彩概念/色彩模板

在鲁莽地开始为绘图上色之前，你必须花时间决定你的上色方法或者上色理念。通常来说，在情节串联图板或者粗略的草图中，这个理念在某种程度上说，是默认的妙法，有效表现出一天中的时间、阳光和阴影、植被或者建筑材料的颜色。即便如此，我们仍要有些参考材料，因为我们脑海里关于现实的图像通常是扭曲得厉害的。阴影、反射光线和氛围的效果，可以使表面的色彩产生戏剧性的变化，而这种变化我们可能不会马上就认识到。

应养成习惯，留意真实的颜色，在可能的情况下使用参考材料，这样会使你的绘图避免看起来像按数字填图似的。

当时间和绘图的完成程度有所保证，色彩模板的作用是大得无法衡量的。典型的色彩模板，就是一张指示照片或者一幅风景画，照片或画上有适合你设计的颜色和光线。良好的资源是建筑类的杂志和书，旅游和摄影类的书，还有商业摄影目录。

照片和用于复制照片的打印步骤，会改变和减少现实中存在的各种色彩。它的好处是能帮助你把特别的色彩和光线效果隔离出来，例如在日落时最显著位置的阴影的颜色，或者是太阳在头顶正上方时瓦屋顶上强光照射下的颜色。

虽然照片是人工的，但对于我们来说它代表着真实世界；而人们对照片的颜色的感知，也是真实的。如果你想要让你的设计绘图巧妙上色，无论是通过现实还是通过照片，对光线的学习都是极其有价值的。

3. 第三阶段：后期制作、构图和打印

当上色完成以后，建一个没有分层的文件，用于打印。可选择多种格式，不过总是用一种格式会让你做事更直接快捷。先选择保存一个副本，然后选择格式。这样做能保留Photoshop的文件，用于进一步的工作或修改。

对一幅已完成的图像进行全局的修整，通常是有益的。打开平面图像，调整水平线、曲线或者明暗度和对比度，以加强色彩的浓度。在平面图像上的一些实验性调整通常是适当的，但要小心不要调整过度，失去微妙之处。提倡用水平线而非曲线去调整浓度，是由于使用水平线能加入具体的价值，并能在此后重新制作。

对最终完成的拼合图像而言，还要做一项重要的调整。给图像加上噪点，会使作品结构统一，并使倾斜的地方不会出现束状物，还可以减轻低分辨率的问题。适宜的值通常是8～15（统一的，而非单色的）。在颜色较深的图像上噪点会更明显。

这时为调整过的文件做一个JPG格式的副本，通常是很有帮助的。这是一个压缩的文件格式，文件大小通常只有拼合的原始文件的10%。这个文件可以用来打印、发送电子邮件或者在其他程序中插入等。然而，JPG格式不能被修改或重新保存，否则它会失去精确度。如果文件要作出修改，用原始文件保存一个新的JPG文件。JPG格式可用于保存多种质量水平的文件。尽量使用最高质量的文件，除非是有些地方需要空间小的文件，如电子邮件等。

输出

通常数码图像文件的输出会有以下几种：

普通打印机打印

大版打印

幻灯片

屏幕报告

电子邮件

以上每种用途中，JPG格式文件都可以使用，不过服务机构会倾向于用TIF格式（在这种情况下，从拼合的修正图像保存副本，不要从JPG文件保存）。

另一困境：色彩校正

用dpi时，有许多这样的情况：色彩校正的出发点是很好的，然而最终却是白费心机。在消费者的水准来看，色彩校正仍然是很难做到的。最重要的是，要调整你的打印机，使它打印的结果与你的电脑显示器相符。向你的服务机构交出一张理想色彩的打印作品，是让他们满意的最好方法。

参考之前讲到扫描的章节，可以进一步讨论分辨率和输出的问题。

存档/归档

数码文件，特别是PSD格式的文件，在个人电脑上通常会是空间最大的单个文件。因此，及时把它们移出硬盘是很有必要的。刻录机是近来所推荐的标准，不过新的标准总是会不断产生的。JPEG格式的文件通常较小，能在硬盘上保留，可以用于绝大数的演示或打印。

数码上色过程的简短总结

这个对数码上色过程的总结，是阐明绘图的过程，见后面几页图例。

用150dpi左右的灰度扫描手工绘图。大图的尺寸应该有2000像素，而草图可以低到1000像素。叠接的、更大的绘图应该尽可能地限制在一排里。用地平线切掉原图的水平线，然后将边缘对准扫描仪的边缘进行扫描。在多列中修饰会带来调整准线的困难。打开第一张扫描图，从左或右增加画布的大小；打开第二张扫描图，选择全部绘图复制下来，然后关掉扫描，并把其粘贴在第一个文件里。

使用CAD（隐藏线）或者手绘草图作为背景。必须完全遵照地平线和消失点。在前缩透视法中可以允许近似值。尽可能地运用标尺，包括画曲线（用曲线规或者圆规）。这样会提高绘图的速度、合理性和前后一致性，对于简化Photoshop选择过程也是十分重要的。

在单独的绘图覆盖层上，可以对绘图作修改。在后面的修正图中擦掉旧的东西，粘贴上新的覆盖层，模式设置为多重。减少这一层或另外一层（不透明）的亮度，以分辨两个不同层次，然后将底层涂成100%白色，最后把不透明层转回高亮度，完成时把两层融合到一起。

构建一个白色背景时，要调整亮度/对比度，但不要毁坏线条边缘的灰度。

扫描出的线条层（叫线束）应该是一个红绿蓝颜色显示系统的PSD（RGB .PSD）文件。如果你完成绘图时背景层上是线束，建一个叫“线束”的二重的层，然后把背景层删掉。背景层的透明度不能转换。如果文件不是RGB模式，把其转换为RGB模式。

错误的润色、过分的线条等，都可以用数码的方法修正过来——不要总想着找到一幅十全十美的线条绘图来扫描。在线束层上使用100%白色的画刷。这比更改工具可靠多了。

构建一个新的图层（命名为薄涂层），然后把其设置为多重的。这意味着在下面所有较为深色的图层中，所有绘图都会显示出来，例如当涂上颜色时线条仍然是黑色的。图层还有其他许多种模式，因此重新排序和试验都是有用的。

另外一个基础图层（命名为“上色”）保留为标准，这样就可以在需要时覆盖住更深的颜色或线条。第四个通常有用的图层是“光层”，让羽状的颜色和倾斜度分开，把它们分开的原因是一旦它们合在一起，就很难把它们修改得平整了。

按照分开物项或者临时测试的需要，不时会构建新的层次。不同层次可以融合在一起，以便在任何可行时加固物项。最大的败笔之一，就是把某物放到了错误的层次上之后才发觉，因此最好是减少层次，并按照线条、粉刷、涂色和光线的顺序去完善你的绘图。

在斜率、画笔、喷枪和画线工具中，几乎都要用到颜色。在最初的整体刷上颜色后，就要运用斜率进行选择。选择由套索工具或矩形选择工具来完成，而非魔棒工具。除非一直能控制偏差，否则魔棒工具会留下很多白色的单独像素；更要命的是，如此一来所有的画线必须是封闭连接的，只留下显著的可选区域。

即使是只有微小混合过的精选图都要保存起来（最多可有24幅精选品），并按照不同的通道保存起来。要给这些精选图起一些你能认得的名字。增加或减少任何东西或者是保存精选图，都要非常小心，这样这幅混合的精选品就不会意外地被移除。精选图的边缘外层必须由很粗的黑线围起来。只要你有一幅精选图，你就不需要分隔一个单独的层次，也就是说，你不会再有“误把颜色涂到另外一层”的问题。

一般来说，无论是深颜色还是浅颜色，都是从中等的色区构建出来的。因为所有的颜色都是一样构建的，这比传统绘图媒介就有了很大的优势。

使用“颜色模板”的好处是无法衡量的。养成学习上色的习惯。照片的流行颜色是比较容易学习的。

使用25%斜度（在显著位置以便透明化），构建悦目的色调，而不要试图在同一个场景里完成。斜度更接近与真实的情况，因为没有平面的表层是有绝对的单一颜色的。

使用薄图层把平面从一般的褪洗颜色中分开。你需要开发一些巧妙的方法，例如画顶部是橙色或者底部是黄色的窗。

在单色绘图中，只需要用灰色，或者是一种单一的颜色加上白色。

画一般的颜色可以用画笔工具。把画笔工具的值设置成25%，就能出现调和的色调。只要画笔保持控制，绘图颜色就不会变深。重新再画一次以增加浓度。可以和喷枪做一个对比，只要一用到喷枪，它就会不断地增加颜色。

以下情况特别适合使用线条工具：突出边缘、为矩形物体上色、为背景建造矩形、窗状开口等。遗憾的是，并没有斜线工具或者是擦除斜线的工具。

喷枪最常使用于发光、照明灯类的光源和画雾或者画云。

有些自动的设计可以重复使用，例如聚光灯（羽状的、倾斜的、楔形的精选品），照相的闪光度（一个滤光器）、连续播送的前灯（另外一种照相的加工物），可粘贴的烟火状等。不过有时只是用它们来区分绘图。

天空是粘贴的理想对象，不过要确定烟雾、模糊物体和颜色的平衡，以配合整幅绘图。其他典型的粘贴对象是海报、标志和超大屏幕。使用输入工具来签名，并做出调整，使其适合整个图景。不需要为粘贴的物件建立一个单独的图层（除非它们盖过了其他物件，例如发光物），也不需要其他需要保存选择过程的东西，因为粘贴物件本身就会同一层次的其他事物分隔开来。

另外一种部分自动但更基本的物项是倒影。特别是在水中、在湿漉漉的街道上（在往下的方向中运用一种动态的模糊），还有反光的地板表面（运用羽状反转的形态，斜率调至透明）。要注意的是倒影与它们所反射的事物有着更紧密的联系，并且其所在的表面看起来是倾斜的。

任何物体需要覆盖下面更深的颜色（包括覆盖原来的线条），可用上色图层，例如突出边缘、光的反射和半透明或透明的表面。另外，要降低过于浓密的画线的浓度，在线条层上使用100%白涂色，而不要使用擦除工具。

发光图层用于增加气氛和调整不明光线等。通常，聚光灯形成的光圈会用于发光层或者用于灯光本身的图层，让光圈可以分离和便于编辑。由于很难记下接近透明的像素，而事实上发光层会覆盖在其他颜色上，因此要把发光层分离出来。

当你做好所有步骤后，要保存绘图。如果你不想把一件事做第二遍，一定要记得随时保存，保存为一个副本，不要覆盖原始的PSD格式的文件。如果你保存为TIF格式，你大概不想把透明后台图层（已保存的精选品）也包括在内，因为它们会增加文件所占空间。如果你想在文件中选择一幅绘图，你随时可以从PSD格式文件中挑选。

使用平整过的文件，在对比中进行全局的调整等。这一步最好在水平线上进行，因为这样可以计量，也可以精确地重新复制出来。将数据记录下来，以便日后使用。曲线实际上更富有灵活性，不过我想你不至于干得那么糟糕，需要曲线来如此大量的修改吧。水平线或者曲线可以穿插画在这个不太昂贵的文件里，以增加丰富程度和浓度。

加进噪点在绝大多数情况下都是有利的。它可以有效地隐藏低分辨率。通常它能清除倾斜度的光束，并且给绘图增加齿状。一般常用的数字是8—15（统一的，而非单色的）

保存这个文件，这样就记录下一幅浓度适中的图像。你通常还想保存一个JPG格式的文件，以用于打印和发送电子邮件等。JPG文件占用的空间很少，通常可以保留在硬盘中，PSD文件和其他的文件总是时不时（经常是立刻）就占满了整个硬盘，只能存档到光盘或者其他存储器中。

数码上色的优劣

前面的例子已阐明数码上色的手工绘图有众多优点。不过仍然有必要回顾并强调一些格外的因素。

优点

全部颜色都是同等建构的

数码上色的主要好处就是所有颜色都是按一样的方式构建出来的。当用到彩色铅笔或者彩色绘图工具时，你总是要想着如何填满大片的空白。更麻烦的是，如果画上了太深的颜色，要花费许多功夫才能把它变浅，并且会有破坏整幅绘图的可能。

使用电脑就可以在任何情况下运用任一种颜色。可以把浅色放置在深色上，可以在整张绘图上加上水洗效果，可以改变某个地方的色调，或者改变整张绘图的对比度，这些做法都是没有任何问题的。

如果时间允许，后期还可以徒手稍作修饰。按照时间和任务修改你的上色效果，这种能力和你在不同的“清晰度”上绘图的能力是有所不同的，取决于实际需要和时间（另外，数码色彩从来不会滴漏到你的衣服上）。

可测量性

同样的数码文件可以打印成任何大小。当你在初步的会议上、出版物中或者大型报告中，使用同一张图像时，这一点绝对是非常有用的。对比传统的原始大小绘图来说，这是一个很大的优点。同时，原本的复印件也没有任何复制后的失真。

输出和出版的选择

数码绘图可以在屏幕上看到，可以在多媒体报告中插入，可以用多种尺寸打印，可以做成传统的幻灯片，这些都可以从同一个单一文件中做出来。在压缩的JPG格式里，数码绘图可以很容易地用电子邮件发送到其他地方。在一个页面布局或屏幕报告的程序中，数码图像可以修剪和改变大小，而不用改变原来的文件。对于与单一图像或多幅图像共同创建文本，页面布局程序相比传统的“剪下粘贴”方法，自是有着数不尽的好处。

所保存的图像的耐受性

数码色彩不会被腐蚀，不会褪色，不会歪曲，不会被借出后没有归还，不会被复印机毁掉，也不会被其他东西弄污。如果在光盘上适当地存档，它们只占用很小的贮存空间。可以建立后备文件以防万一，并在其他地方保存。

文件分享

数码文件可以便捷地传送到光盘中，可以在网上共享，或者用电子邮件发送。（下接249页）

数码上色绘图的例子

在以下10页的例子中，我们可以看到数码上色的手工绘图的广泛可能性，从概念化的草图，到更精确的完成品。以下这点很重要：注

线条图：在素描纸上使用尖头笔进行手工素描，需使用垂直线和圆滑曲线。

意每一幅绘图的主要目的是发展和交流各种各样的设计理念。绘图的活力和趣味性，主要依赖于对于一个设计或理念开发性、实验性的想法，而非把精力放在创造一个完美的表达上。

在以下绘图中提到的工具和步骤涉及到Adobe Photoshop工具。电脑系统配置的描述会在这一章的结尾（第250页开始）有所提及。

单色调绘作图

制作该图的目的是表现类似的主题乐园的思想。这一空间有轻微的未来学派的作风，但是有些已经退减，像真正的地铁一样。地铁的表面要持久耐用，需要有光泽。

上图是该空间一系列粗线条的最后一层。此过程中的这一部分，并不需要具体的尺寸，但是整体形状应该为曲线，与后面的形状保持一致。

画垂直线时需要使用直尺，画曲线需要使用曲线板。使用最后一层的概念素描作为背景，而不是用手工或电脑创造出更加精确的分层，否

在倾斜角度的堆积层，添加了色调。用25%画笔工具进行人物的素描，人物的头发和裤子要用多重线条加粗。

色调完毕。使用白色，创造出内凹的效果，并使过于暗淡的事物更加突出。鲜艳的色彩和光亮将在图像层上添加。

图像层：只包含白色线条加亮区域，白色画图喷雾的光线，以及灰白色（带有一点黑色）或白色倾斜的倒影。

作图中Photoshop中的文件。注意三个层次的顺序。图像层需要重叠，并使颜色深的线条透过来。其余的正常，只采用灰色（白色和黑色各一部分）。

则将导致一个不可接受的线条扭曲。这对于某个空间作图来说，是符合条件的，但是到目前为止，还没有真正的结构出现。

忽略某些特定颜色会加快绘图的速度。在薄涂层上使用适当的色彩或在画图后为图纸着色能够加深该图的复杂性。降低图像的饱和度，然后调整不同的颜色的色彩平衡。

有倒影的人们的形状看起来只是一个个体或几个人。描绘这些倒影时一定要注意顺序，以便倒影按照立体的方式进行重叠。这些倒影可以放在图像层上，但是这会使图像层画起来更加困难。已褪色的倾斜度很难进行修改，因为所有的像素几近透明。因此，你也可以在它们自己的分层上分离出倒影。

人们的倒影在脚下最深，由于地板表面的不光滑、光线的照射，还有观察者越来越看不清，以至于倒影随着身体的加长越来越淡。地板通常是表面为白色，越向下颜色越蓝，因为远处的地板不是特别清晰，便显现出更多的光线。通常，我们会通过“反射”看得更多，而不是我们面前的地板。

画图喷雾工具，用于在低压时喷出白色，可以用于制造光线，以及几乎看不见的模糊光线。画图喷雾工具非常敏感，采用单独的“发光”层，以便更改起来更加方便。光线中某些特殊的发光完成后，在适当的区域应加入整体的亮光，增加模糊感。

改变图像的颜色平衡能够在没有进行其他工作的情形下，增添复杂性。选择的颜色能够加强图像的信息或状态，或者可以用于把一系列的图像结合起来，不管是平面图、透视图、设计素描还是图片。在这种情形下，蓝色将作为冷色调的首选。

绘图完成后，保存文件，以不分层的形式保存一份备份。在此备份上可以使用水平直线或曲线来调整密度。噪点将作为最后一步进行添加，为绘图添加“锯齿”，并减轻在打印过程中可能出现的任何条带问题或分辨率的问题。

线条图：黑色串联图板的水平素描，画直线的地方需使用直尺。构造上使用柔和的灰色调，使用铅笔作图。图案、素描或过多的线条不需要太多的描绘。

夜晚的场景意味着首先进行的是深色的薄涂层，预示着还有多余的光线（薄涂层将会重叠绘出）。注意多色的颜料，暗示着多种带颜色的光线。坡度的选择包括帐篷、天空还有雷达抛物面天线反射镜。

在图像层上需使用漆刷、光线工具和画图喷雾器进行颜色的加亮，这对于光线中的珍珠白色、人物和树木的边缘高光色极其重要，此过程中应注意会与其冲突的颜色。

会议地点：
黑色串联图板

这一素描是众多素描中的一个，用于描述被认为可以作为娱乐目的的很多组成部分。这些串连图板中的很多图像已经过于老化，或是保持原型，所以没有必要做出大量的解释。

类似于帐篷的舞台很容易理解，但是添加的这个光线雕刻的城堡带有雷达抛物面天线反射镜，告诉我们向上传输并相互连接，或许这就是人们聚集在此的原因。

正如以上所见，此绘图以白天描绘一个更像展览馆的环境为开端，人们散步其中，还有美丽的景观。此图还可逐步绘成白天的场景，或作为一个对比的场面，正如此部分后面中提到的冬季花园和夏季花园一样。

最后进行的是聚光灯，这一过程经常做得过头。但是对于一个音乐会的场所来说却是非常适合。聚光灯的光线是一个楔形断面，具有类似羽毛形状的边缘，前景是透明的倾斜角。使用画图喷雾器在高光区域添加一小簇光线。注意这个图像的低分辨率（约1000像素），添加的噪点降低了这个像素。

线条图：黑色线条。灰色线条使画面看起来更加复杂。使用黑色水性笔作图，相同的空间或许看起来简单一些。

薄涂层：暗色，要能够看出灯光的颜色。需描绘出主平面，建议使用调色板。

图像层：要添加反射面、高光区域以及聚光灯。由于聚光灯有可能与其他画过的区域有交叉，因此聚光灯的中心要保持在一个单独的层面上，减少以后修改的次数。

后添加的事物要放在一个单独的层次上。这些事物包括标语上的图片、文本及图画的元素。使用透明的事物或采用层次的模式可以达到有趣的效果。

语言展

人类语言为主题的展会作图从一个简单的黑色素描开始。此空间的意义和活跃性来自于色彩、光线和具体的作图元素。此空间还描述了一个空间的世界地图，在这个地图里，游览者可以使用独立式的“航海站”进行探索活动。

标语的表面采用摄影的图像，并为创造地图和其他图片的导航服务。由于这些图像已经扭曲，需要进行着色，并需要拍摄，建立幻灯片。应注意这些图像不要从此图纸中的凸显出来，这是非常重要的。

附近有很多经济的回字形的图书馆，想要找到你想要的需要进行一些搜索。通常情况下，选择哪个图像并不是绝对的。图像表达的信息只是这样一个思想：已完成的这个空间的图像是推荐使用的。这对于存储器和其他设备来说也同样适用。

买来的房屋照片使用更好的材料，但是耗费也大一些。一般来说，学习正确的摄影技术，对建立小的图像非常有利，这就好比这个图像里的大脑一样。

一般情况下，没有必要使用镜头眩光过滤器，但是在这样有聚光灯的展厅中，却是有必要的。真实物品的照片使手绘图看起来更加现实。

最后图片：镜头眩光的过滤器在一个合适的点（在这点上，光线可能直接指向观察者）应用于拉平的图像。然后调整层次，增加一些密度，添加噪点，并减轻倾斜位置的条带。

在这个薄涂层中，光线和阴影区域很明显，这种情况下，有光线进行对比，对比度很高。

在这个薄涂层中，光线和阴影以两种完全相反的颜色各自显现出来，但是他们给人的感觉却并不形成鲜明的对比。

冬季和夏季的花园：草图

这个有点儿音乐厅风格的帐篷由两种对比鲜明的风格进行着色。这些绘图的目的并不是解释结构的形式，而是描述一个可转换的吸引人的建筑，这个建筑冬暖夏凉。

这个绘图是一次手工绘图的第一层覆盖层。首次绘图的粗糙的线条层次很明显地显现出来，但是对颜色的仔细选择降低了该图的复杂程度。

这两幅图的颜色概念加强了季节的点的概念：冷颜色用于夏季，暖颜色用于冬季。斯德哥尔摩的对比鲜明的摄影为冬天的景色添加了灵感。

注意有些原始的树木的线条是用100%的纯白色画的，这样突出冬季树木树叶的凋零。

对于这样一个具有特殊色彩要求的图案来说，有一个参考是非常有利的，正如有些颜色很难让人相信一样。犹如冬季景色中的蒸汽，视觉线索也帮助人们更加相信这一真实性。

在夏季的这幅图里面，着色层放射式地发光，加强叶子和树木、多彩的花瓣的亮色，以及草地的亮色的明亮程度。

冬季的这幅图里面，着色层使帐篷里的颜色更加明亮，使雪在淡蓝色的映衬下，显得更加寒冷，使半透明的落光树叶的树木看起来更加凄凉。

这两幅图画中，有些东西比如蒸汽，画在单独的一个层次上，便于修改。有些层次最终与整个着色层融合在一起。

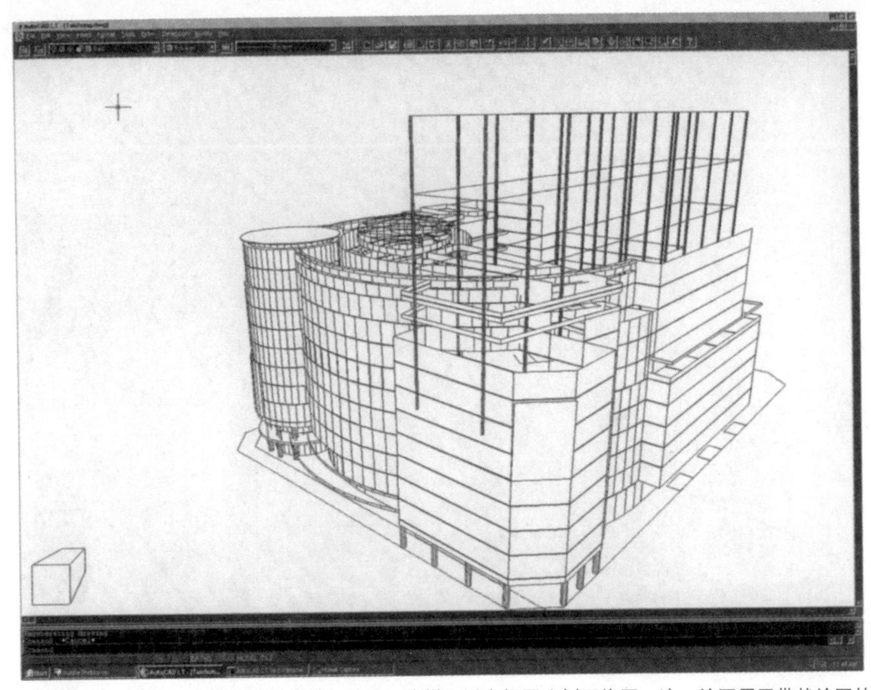

在设定场地上对3D AutoCAD模型进行绘图。这样可以在相同比例下修图。这一绘图用于带状绘图的背景。

白色描图纸上用水性笔进行手工画图。第三个消失点使这个看起来有点儿麻烦，但是CAD的背景为大多数的项目提供了指导。

TAICHUNG 零售商业区

设计发展图像

现有的数码楼层平面图、圆形几何结构和对多角度视图的要求加快了CAD模型的产生。这一全面的“完美计划”目的是对设计、安装、和整个发展做一个总结。

采用了一系列的外观物品，包括聚光灯，内嵌式超大屏幕显示器和广告镶嵌板的画面，以及流动的前灯。更有趣的是前灯，作为摄像的工具，在这里却很难与别的东西分离。我们已经习惯了看到这些东西，它们意味着运动和现实，即使它们是人造的。

颜色模型的使用，正如先前提到的，在展现这个城市背景中起着不可估量的作用。在一个需要展现许多内容的图像中，有一张照片就是非常好的参考了。因为它使颜料看起来更加简单化，照片就能让人很容易为阴影选择正确的颜色，或是街灯发光的本色。至于前灯，照片能代表现实，即使它被人为地简化了。

薄涂层将一幅照片中的天空镶嵌在图中，模糊不清，有点儿污浊，但是颜色很均衡，使人想起了颜色模型。第一个薄涂层的上面仅有灰暗的天空，预示着光线的加入。远处背景的淡蓝色让人想起了颜色模型。这个颜色还预示了哪个元素离落山的太阳越来越远。朝向太阳的一面是粉红色，和天空上的粉红色差不多。

流动的前灯和尾灯增添了一些戏剧色彩，让人感觉到一丝喧嚣的气息。这些都是在一个单独的层次上以模糊的线条做出的，与街道的边缘处于平衡状态。一些图选自顶棚，然后倒转过来，以便使街道中散发的光线添加上来。

剪帖画，比如广告板和超大屏幕显示器，要镶嵌在图案中，然后对形状进行拉伸，使其与图案相符合。灯光是羽毛边缘的楔形，里面是渐变的白色。

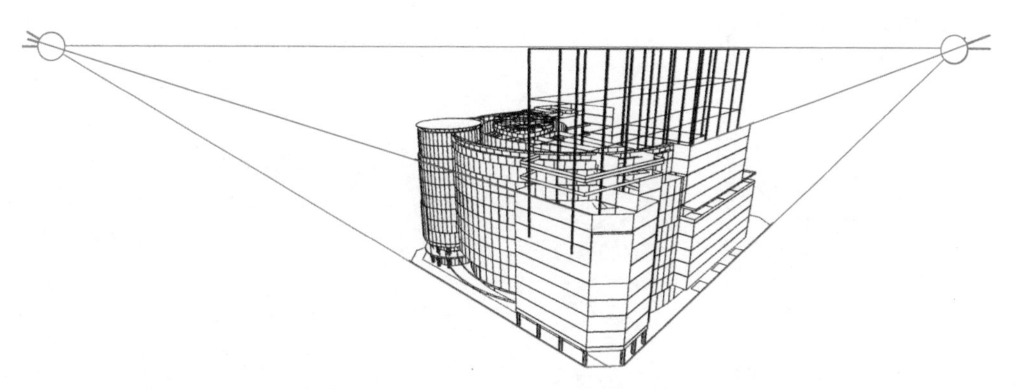

在图像中寻找水平线：水平线是连接两个消失点的一条直线。当整个图像都处在水平线以下时，使用第三消失点是非常有必要的。有意思的是，在一个升高的地基准平面中，人们更容易接受平行线和垂直线。

图像层：剪帖画的图片镶嵌在广告板和超大屏幕显示器中，加上了远方的城市灯光、高光和其他的灯光。

薄涂层：整个薄涂层的建筑元素都已分开，并且与倾斜的光线一起向上。图像层的上面可以看到天空。

试验性或半透明的物体，比如说上了色的树木和聚光灯，应画在一个单独的层次上，方便修改。

线条图：以简单的CAD图为背景。在这个简单的层次里，描绘线条的过程中做了很多视觉设计。

薄涂层：颜色非常暗，注意要加入光线，达到期望的效果。

音乐之都：概念的诠释

音乐之都宾馆工程是拉斯维加斯市某一地点的提议之一。这一建筑的概念在某些程度上受到了发电厂的启发，或许还在寻找更加暗淡或更加神秘的感觉。月光下的云彩使整个画面看起来不那么唐突，使淡蓝色的月光和暖色调的橙色的白炽灯形成鲜明的对比。

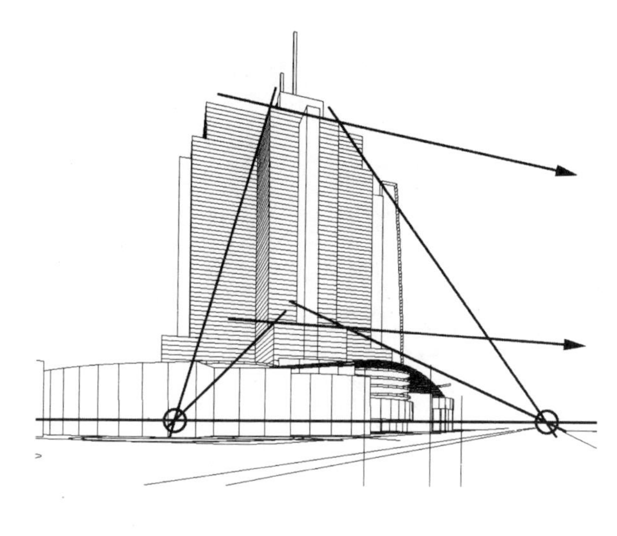

酒店顶部的整体X外形以及拟建楼层的数量使这个设计成为简单的CAD模型的候选之一。45° 角也为建立其余的消失点提供了便利。

文本工具用于添加介绍说明和指示内容。这一文本设计于一个单独的层次上，文本框可针对整体绘图整体绘图进行调整。然后加上一些画图喷雾的光线。为了制造出霓虹灯的效果或形成一个对比鲜明的轮廓，要对文本进行选择，这些选择出的文本被压缩2或3个像素，并经过删除后，只剩下字符的轮廓。然后将其放在另外一种颜色的原型上面。

此绘图中的酒店顶部显示出各种Photoshop工具作图的应用。正如细节中所见，线条工具对于创造高光的边缘和矩形非常有用。遗憾的是，没有倾斜的直线工具。

（上接238页“数码上色的优劣”）

不可携带性

虽然笔记本电脑轻便，但使用电脑并不像生产出描图纸并进行绘图一样。在路上使用便携式扫描仪和小型写字板来模仿数码装置是很可能的，但是在现存的矩形屏幕上对颜色进行判断就有些难度了。拿一个笔记本电脑并接入到远处的显示器中是很可行的，但是墨菲定律却应用于更多的远程设置。尽管如此，数码上色的一个优势就是可以在没有计算机的情况下，使人能够手工勾画并着色。

设备成本和存储要求

计算机的应用很普遍，尤其是在一个现代建筑师的办公室，具有一台合适的专门设备还是一个大问题。复制远程应用的设备也很难。

内存和硬盘的成本在近些年来有了大幅度的下降，但是数字图像文件毫无疑问占用了公司服务器最大的一部分。具有一个强大的系统做后盾，移动、找回这些文件就是非常重要的。这些东西有一定的成本，而且对于习惯了使用AutoCAD和Word文件来归档的系统管理员来说可能很难理解。存档入光盘中是最简单的一个方法，也是最节省成本的最好方法之一。

随时更新的系统的成本越来越高，这不得不让人担心，但是重点是对于这个系统需要做什么保持一个清醒的头脑。使用清晰的改进措施，避免不必要的“基础设施”。

学习曲线图表

使用任何一个新技术的同时，都要克服学习曲线图表，很多数字着色作图中需要的技巧都与一般作图和色彩作图密切相关。尤其是使用写字板作图和着色，这些比使用鼠标作图更加自然。

数字设计程序需要的许多技巧与一般计算机使用的技巧相同，比如文件管理、剪切和粘贴等等。如果你对计算机的基本用法还不熟悉，在你使用复杂的程序（如Photoshop）前，首先学习基本程序将会减少你的麻烦。Photoshop首先是作图工作人员使用的一个程序，这些程序具有比手绘更多的功能和应用。

数码上色的最后总结：动画编辑与实质

概念上的画图，尤其是那些以实践为主的画图，经常被认为是缺少实物或者太做作。当然，问题是，这一设计的实质是什么？它又创造出了什么样的现实？

所有设计绘图的目的都是探索并对设计的方面进行交流。如果动画演示和喜剧性的多彩灯光对于设计来说是非常重要的，那么它们必须是具有交流性质的。

当然，图像不能对设计仅仅起到点缀作用，还要突出它的主要方面。如果结构开间是绘图想表达的重点，那么绘图就是另一种形式了。

计算机系统

计算机都面临着很快被淘汰的境况，因此描述绘图需要的计算机系统是非常有必要的。尽管任何名单都有一些例外和增加的东西，以下方法对于所需的计算机系统提供了指导。

计算机

很显然，不管什么样的硬盘和内存，都会很快被淘汰，因此在任何时候，都尽量使用最快、最大、最新的系统。

你必须时刻明白自己电脑的弱点。知道你想提高什么性能，但是整个系统越简单越好。每次添加程序或是升级时，都会不可避免的出现调试阶段。

经常存在的PC与MAC的辩论毫无疑问地会持续很长时间，但是我们关心的性能上的差别在这一点上是不容忽视的。大多数建筑办公室中AutoCAD的长期使用就意味着PC电脑更加寻常，而Photoshop在MAC上也运行良好。

存储器

因为页面可以来回滚动，所以多大的显示器都能工作。但数码上色时显示器越大越好。

扫描仪

对于任何手工绘图的人来说，扫描仪都是“通向电脑的大门”，所以拥有一台扫描仪是非常必要的。

还要考虑扫描仪的大小。同一行的绘图片段很容易拼合起来，但是多行的重叠经常会导致严重的排列问题。因此，需要在扫描仪上扫描的绘图通常要将高度控制在14英寸（36cm）。令人高兴的是，绘图通常不会超过这个尺寸。

写字板

像作图设备一样贵重的当属钢笔写字板了。它是数码绘图中最自然、操作最容易的一项。如果你不想在绘图中把胳膊伸得过长，小型的10cm×15cm大小对于数码上色已经足够了。在节省桌面空间和便携性上讲，这一小型的也是非常方便的。通常情况下，这些写字板的压力敏感能力有些过高，而且是无用的，因此不要试图使用这个功能，但是这一功能并没有降低其总体功效。

存储概念/刻录光驱

绘图程序产生的大量文件很快会耗尽硬盘空间，因此形成一个后备战略复制这些文件是非常重要的，刻录光驱是很好的选择，花费很低，容易储存，恢复也很容易。尽管如此，还应有一个单独的光驱以便于日常使用，尤其是如果需要大量的阅读式活动，比如游戏，就可以在这个驱动上使用。

光盘的优点就是它们是只读的，这就保护了原文件不被重复抄写，而且价格低廉，丢失不会造成成本的损失，只要有普通的光盘驱动器就可以看到。

软件：CAD、作图、页面设置

软件在很大程度上类似于语言。你的母语很难再进行提高。即使它们发挥着相同的功能，与其竞争的程序和设备仍然存在。因此，我们将要讨论一下最好的甚至对于某项特殊的任务来说，唯一可以选择的特殊的软件。然而，你可以更加简单地发现并使用任何你想到的东西。

对于一个指定的任务来说，通常情况下最好使用当前最盛行的软件。当有设计任务需要完成时，文件共享、兼容和传达是主要的障碍。

AutoCAD在建模方面很实用，因为它能建立复杂的几何图形，能够运用现有的数据，另外它也是许多建筑师已经拥有的。建模在AutoCAD中是非常容易的，我们在这就不赘述。CAD建模的主要目的是给我们提供精确的透视图，然后我们能按图进行描绘。

这里提到的各种方法中，Photoshop或许是作图的唯一选择。尽管它有着很多实用的作图工具，但最主要的特点是使你能够把画面中的元素分离在不同的层次上，这就使对元素进行修改的难度大大降低。当然存在很多其他的作图工具，但是Photoshop提供的工具应有尽有，而且都是非常标准的。

请注意你从来不使用的具有很多复杂功能的程序。掌握几项简单的工具是非常实用的，因为不管计算机具有多少特殊的功能，它都不会主动为你创造任何事物。本书中的绘图都是使用Photoshop做的。

在层次上使用页面设置程序比Photoshop更加容易。为了避免dpi计算的复杂性，将完成的图像和文本放在Pagemaker（排版软件）、Quark（排版软件）或幻灯片上。这将会让你更容易控制输出。

输出设备

绘图一旦完成，下一步就是如何进行沟通。在过去的几年里，彩色打印得到了无限制的发展，也变得更加经济，尤其是在22cm的宽度内。甚至是一些宽的打印机也在人们购买能力范围之内，但是通常情况下，只有大的办公室和服务机构才有能力购买高度为14英寸（36cm）的打印机。

毫无疑问，喷墨打印机与碳粉打印机相比具有一个超强的彩色效果，但是速度有些慢。除非需要大量的打印工作，一台简单的喷墨打印机是对数码文件进行硬拷贝的最佳选择。

当在幻灯片或自由形式的陈述中添加文件时，屏幕的图像当然是一个很好的选择。可以使用位图和幻灯片文件做一个35mm的幻灯片，通常由服务机构完成，需要与服务机构核对版本和程序的兼容性。

将绘图与文字、图片结合起来

设计师，以及从事设计职业的人，应该寻找每个机会出版并发行他们的作品，不仅仅是为了自我提升，还是为了使广大人民意识到设计职业的价值。这些机会通常会涉及到文字和图像的结合。

一旦设计付诸实践，绘图的首要功能就变为描述结果。已完成的工程的绘图显示了工程的存在，因此预先的图像就不在需要了。它帮助人们描述这些图像是在哪拍摄的，并且将该工程作为一个设计的目标进行工程的统一。或许最重要的是，需要概念的图表来显示产生该设计的内涵的概念，以及使其发展的程序。

元素

考虑到能够与环境设计沟通的最佳组合，我们必须首先明白沟通的元素以及沟通对组合所起的作用。

口头描述与基本原理

设计师们必须意识到他们的绘图几乎从来不需要或不允许与其他的外界事物脱离。设计绘图通常情况下只是口头描述，正如学生向陪审团做陈述或设计师向他的客户做说明一样。

事实上，通常情况下，你需要不止一次地向客户们演示你的绘图，但是通常是在设计过程中的几个连续阶段。这些演示可以是正式的也可以是非正式的，但是会含有问题及深度解释的讨论。这些讨论会使人们更容易理解这些绘图。

对此工程的各种意见的讨论都是在没有绘图的前提下进行的，通常是通过电话联系，当然这不包括把绘图作为参考。因此，客户对于设计师口头说明的记忆可能比绘图的记忆更加重要。不习惯使用绘图或口头交流的客户可以应用设计师的描述性词语或短句得到大体的了解.

在口头描述中，词语或短句本身以及它们之间的逻辑和修辞极其重要。一些研究设计师与客户交流的学者和作家发现，最著名的设计师非常认真地对待他们对绘图的描述。

有时设计师对于其作品的看法是对他们设计思想的有利解释，这些看法不断地得到从一个项目到另一个项目的检验，并反映对设计最深刻的肯定。其他的可能从一个项目到另一个项目有所不同，正如设计师设计他们的作品一样。许多卓越的设计师都用一个富有诗意、浪漫的方式去设计他们的作品，许多客户也很欣赏这种解释方式。正如史蒂芬·A·克里门特在他的《写给设计专业人士》中写到：

记住你自己的角色是什么……，你的老板在你身上寻找的品质是你设计的独特性和个性，可是如果不能解释图像，你就不能展现出独特性，而个性终究会慢慢渗透于你的作品中。这些特征如正式性、无拘无束性、保守性，将会，也一定会在你的作品中展现出来。

客户有权利了解设计及安排的主要元素和系统的基本原理、三维表格的基本构造和清晰程度，以及材料和颜色的选择。除了这些基本的描述，设计师们还可以添加他们认为与交流相关的任何口头的诗句。客户喜欢设计师为了更好地解释他们的作品所做的努力。

作为设计师职业服务的一部分，对于任何工程，他们还需要给客户做出一个详细的口头说明。这一口头说明应该经过慎重考虑，并很有说服力地进行表达。这一表述可以是各种形式的、非正式的、对话式的描述性词语，也可以是详细系统的描述，也可以是此绘图的设计过程。我甚至提倡在解释文件的封面上包含一个工程设计概念的口头描述，以便使每个与建筑有关系的人都明白此设计的意图。

此工程的口头说明应以客户的首要要求为主。从早期的谈话开始，应尽可能包括各个阶段。对于首要目标的回答应在设计环境中得到体现，以便大家看到，但是需要进行勾画，使人们看到所有的重点。

使人们对展开设计的口头说明取得一致性意见应是设计过程的一个重点。随着设计的发展，设计的词语也应该有所发展，直到人们都清楚地理解这一设计，认为它是真实的反映，或许，更加富有诗意的描述。这就意味着如果客户迫切需要一个“温暖而受欢迎”的环境，那么就需要花费大量的时间进行分析，对那些随着环境不同而有不同意义的词语得到一致的意见。

我在上文提到并引用了蒂姆·怀特的一本书，是关于口头陈述转换成二维图表，最后转换成三维表格的。完成的设计项目的口头说明给这一过程进行了详细的解释，帮助所有者和使用者在完成的设计中看到更多首要的陈述。

你可能会说如果设计环境不反映原始的项目陈述，那么这就是失败的，该环境中的用户应该对那些回答完全了解，你也不需要解释这些设计是如何解决这些问题的。我不同意这一观点。我认为设计师完全有权利将任何一个工程和工程的基本原理，以及创作的过程进行构思，并写下来。

在理解这个设计的所有特征时，所有者和使用者可能需要帮助。我甚至提倡，对于大多数公共设施，出版一个解释该建筑的包含口头说明和少量图片的文件是很必要的，这一文件可以在接待处存放。

口头说明应作为该工程的一种“出生证明”，这一证明增加了该建筑的真实性，设计师把它交给使用者，使用者又传给下一个使用者。

通常情况下，建筑师、环境美化设计师或室内设计师不需要有很强的表达能力。我们通常使用左脑和视觉多一些，而不是右脑和语言方面。除了大学需要英文授课外，在设计室几乎不需要关于设计或研究领域的书面写作。

卡内基基金会的博伊主席和李·D·米刚在《建筑社区》中研究了建筑教育与实践的发展：

与其他的本科生一样，建筑系学生通常表现出很弱的口头表达和写作能力。一次，我们听了一堂建筑专业五年级学生的课，老师不得不花5分钟来讲解“its”和“it's”的区别。

“我的学生中50%的写作技能都非常差。”他告诉我们。

东海岸一个私立机构的一个工作人员告诉我们：“他们不仅仅语法和拼写不好，还不能组织具有很好开头和结尾的辩论。”

鉴于一项对最近雇佣的实习生的交流能力的评估，华盛顿的一个公司人员告诉我们：你可以看到学生们的组织都很有条理，也有很强的设计能力，但是他们就是不能把两个句子连接在一起。

如果建筑师想在社会、政治和经济范围内占据领导地位（这些领域对于建筑环境具有决策性地位），那么具有很清晰的听说和写作能力就是非常重要的。我们见过的许多管理人员和老师也在很严肃地讨论这一问题。拿Ball State的建筑项目来说，它就具有一个“写在设计上面”的项目，这一项目直接将人员带入播音室中，使老师和学生更加注重写作对一个建筑师的重要性。

总之，想知道在某些项目中清晰地交流被低估了多少是非常棘手的。在我们访问的一所著名的大学中，我们读了两篇毕业设计：一个写得非常有条理，语法也正确，另外一篇则是忽略了语法，几乎无法理解。但是，一位导师给这两篇文章都评了“A”，是什么原因使这两篇文章的分数相同呢，写作能力无疑占的比重较小。

对于所有这些原因，我建议在设计的早期教育中，就要很严肃地对待写作，特别是关于作品的写作。要使设计的口头描述成为你必备课程的一部分。将说明绘图的基本原理记录下来，作为在表达中的参考，并作为作品集中任何一个项目的不可分离的一部分。

概念图表

在建筑项目的各种因素一致性的交流过程中，自从照片代替了透视图，不需要画透视图就解脱了做演说式的计划，也不需要解释工程一致性这些复杂的工作。你还应该抓紧时间做出图表，解释概念的基础及设计的发展。

图森建筑师赖斯·沃勒克使用概念图表来设计他的项目，使他的团队和客户能够记住基本的概念，并在展览和著作中，以及以后的项目中需要的工作面试中对这些概念进行交流。

252页的图表是沃勒克的圣彼得河中心的概念图表。此图表的新鲜感和活力起了非常大的作用，使它成为一个不可或缺的图像，指导整个设计发展过程。这一图表非常清楚地阐明了这样一个想法，这一建筑将圣彼得河作为走廊，沿河岸有一条循环小路，路上布置多种功能。

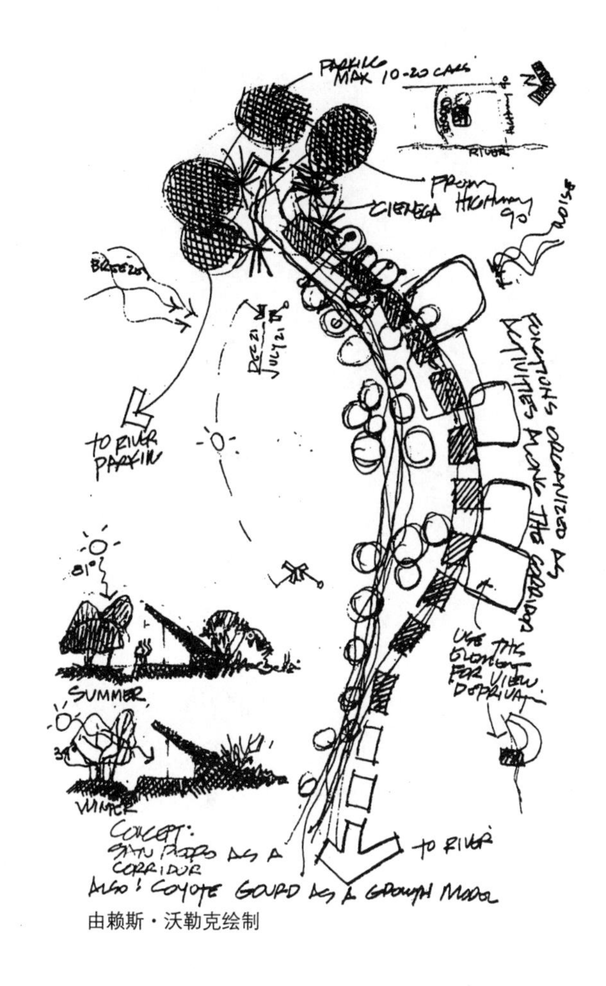

由赖斯·沃勒克绘制

这一图表使用不同种类的阴影区别各种功能，还包括象征周围大环境的语句和箭头。概念图表的信息可以包罗万象。它的主旨是在进行设计之前确保参与各方在概念上达成一致。

照片

一旦一个环境项目设计被建成，照片就将取代透视图作为交流环境体验的最好的方式。你应该自己摄影，或与一位职业摄影师建立良好的合作关系，以便将你的作品很好地拍摄下来。这些照片的质量起着很关键的作用，永远不要用不完美的照片来展示你的作品。

为了评奖的需要，照片可以配上强有力的文字说明。还可以将这些材料集结成书出版发行。

拍摄的照片要与文字说明对应，两者并行，互为补充。拍照者应提前看到文字说明，并熟悉你想在照片中表达的内容，你也要做好准备，为了与照片显示的内容相符，你可能需要对文字说明进行修改。

有注解的绘图

不要期待你的绘图可以独立存在，不需要任何解释。在对普通的客户进行说明时，要能够对客户解释绘图，并能回答客户提出的问题，当场扫清他们的误会。在说明后，也可能出现问题，这时客户只有那个绘图，可能忘记了你口头说明中的要点。这时，在客户只有绘图的情况下，只能靠绘图来交流了。

这就是带有注解的绘图的作用。带有注解的绘图就好比一个有注解的莎士比亚，或者作家的舞台下面一个私下的提醒，告诉客户这个设计中作者的目的。如果你养成了在你的设计中标出解释性注解的习惯，并使用这些注释使你的解说更加完美，那么当你不在时，这些注释就会使你的客户更好地理解设计的意图。

赖斯·沃勒克在展览和著作中有效地使用了注解的绘图。在1998年1–3月的《空间与社会》中，沃勒克将简单的线条图加上了手写注释。沃勒克想要确认他的设计意图得到了清楚的表达，因此他对读者的理解进行了指导。平面图和剖面图也可以加注释，或者这些记录可以直接写在图上。这对于解释大型复杂的图片是非常有帮助的。

进行现场手绘

我建议大家训练在公众面前进行手绘的技能和自信。这会使你在任何一个具有画架或黑板的团体会议中成为领导人物。你的画图技能，包括作图和书写，都有可能比这个房间中任何人的技能都好。即使你的画图技巧需要一点儿提升才能与大型的画架相匹配，作出努力也是值得的。

这种公开的工作形式在很多情况下都是有用的，所以你需要很擅长应用它。在一个有团体客户参加的早会上，你要试图了解建筑委员

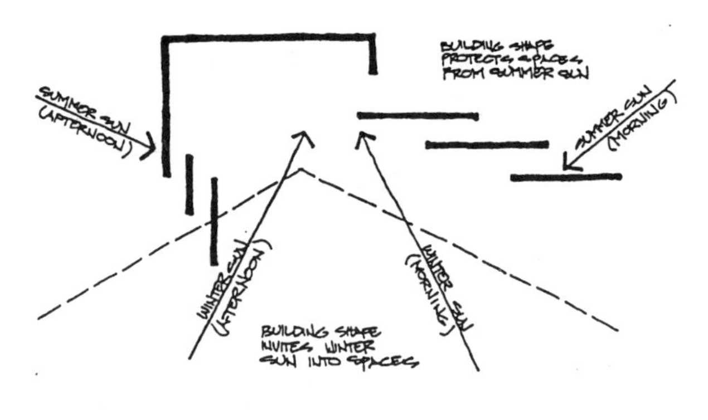

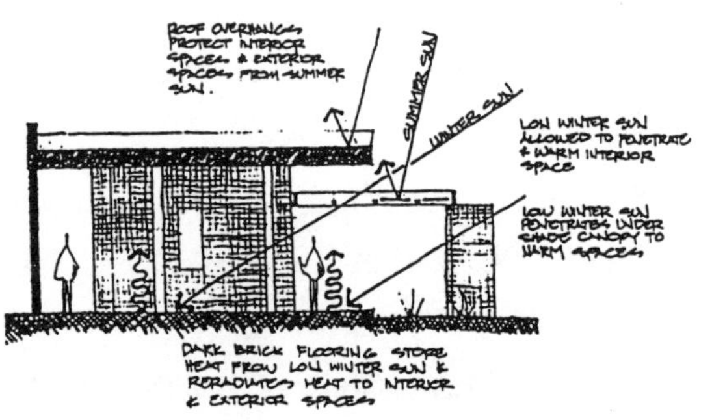

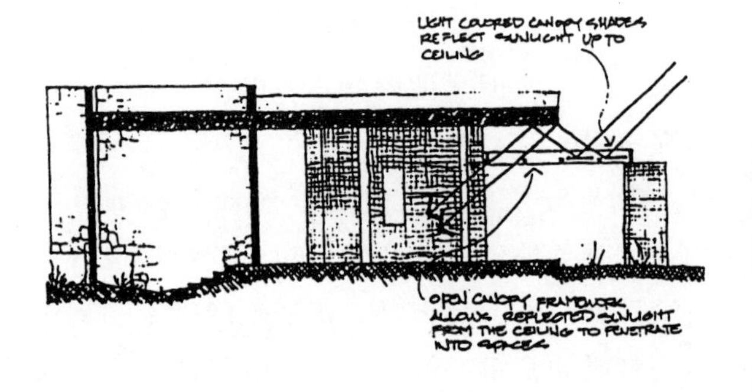

由鲍勃·克莱门特绘制

由亨利・汤姆拍摄

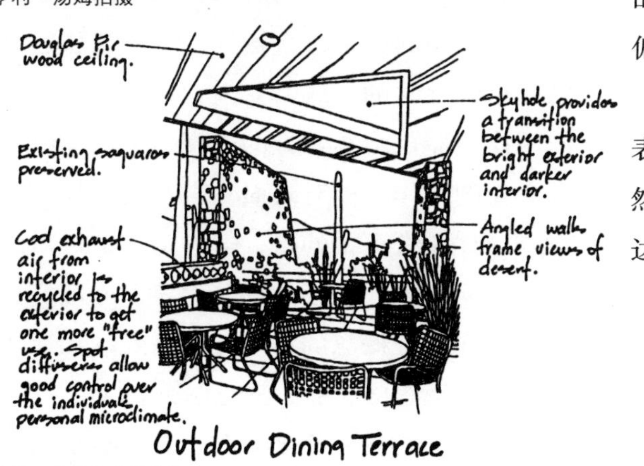

由约翰・布莱肯宾绘制

会，让他们相信你在倾听他们的意见，并且营造一个开放式讨论的氛围。这时候现场手绘就体现出了优势。通过倾听、记笔记，并且将他们的意见转换成二维图表，你需要提倡大家积极参与，并最后达成一致的意见。不仅仅需要倾听并记笔记，你还要把这些记在大脑里。

在这样一个输入的环节，画图的作用是非常重要的。例如，关于邻接问题，用图表形式可以清晰地表明各部分之间的邻接关系。这就说明了发展一个可行平面图的重要性。画图还可以使正式的问题更加清晰，比如建筑的外形是否看起来引人注目。

由于你不能在一个画架上设计整个环境，你可以用你的绘图能力对创造性部分进行解释和指导。那么从这样一个非正式的工作间中最大的受益者就是你自己。作为一个经纪人，你会很自然地了解个人及其想法和动力，并进而明白整个团体及其动态。除了提供交流中无价的内容外，你还要梳理与这个设计有关的各种偏见，开始想像你将如何洽谈并改善设计。

把客户的整体想法记录下来，并转化成图表，活生生地展现在他们面前，人们将自然而然地将你看作是一个从口头想法转化成视觉表达的转换者。

机遇

环境设计师应该利用一切机会展示他们的作品。总体来说，我这一代的设计师们对任何看起来有自我提升方面的事情都持反对的态度，我认为这就使人们不能很好地理解环境设计的价值。我认为，设计很好的建筑在没有进行重新改建或铲除的情况下很难能经过几十年的一个原因就是，使用者不能真正地理解伟大的建筑的意义何在。或许设计师们从来没有认真地解释过他们的作品有多么的伟大。

在这个充满商业宣传的年代，如果环境设计师不把握一切机会去解释自己，及其设计的作品，那么他们就是不明智的。媒体的宣传方式多种多样，从声望很高的、选择性很强的，到那些用广告效应刺激的。有些国内旅游的项目，也有一些自己出版的广告印刷品，这些可以让很多朋友知道你最新的项目。我们应该充分利用所有这些条件，尽可能多地使用更多的手段进行宣传。

考虑到交流中需要的各种因素的结合，我们现在可以考虑结合词语和照片的一些典型的方式，从正式的放映幻灯片到非正式的谈话。

以电脑为基础的演示

随着科技的进步，设计师们对于其作品的说明也变得越来越复杂。多亏了屏幕上的演示程序，使用投影的说明比以前更容易把图像、照片、幻灯片、文章、模型，甚至录像结合起来。

有很少错误和那些容易修改的演示现在可以通过电脑软件进行改正，使用容易扫描或电脑生成的数字影像就很容易。

优势：

以电脑为基础的演示的一个主要优势就是省去了底片处理过程，通过扫描图像和照片，你可以不用底片就能够生成可放映的图像。

对于现场的现有条件的照片，有时也有必要进行底片处理。打印的直接扫描通常是足够用的，但是使用照片光盘却是从底片中直接取得数码文件的一个既简单又省钱的方法。然而，这些图像通常需要经过剪切和编辑。

数码相机省去了底片的步骤，虽然效果不如胶片相机，但较短的周转时间是其优势，尤其是在现场的情况下。

数码上色的图像当然是进行数码说明的一个绝佳选择，最终的图像也具有多样的功能。投影能够使那些极小的图像具有很大的影响。在任何可能的情况下，要考虑扫描，并进行素描和制作图表。

用计算机程序进行说明的一个最重要的优势就是能够使修改并编辑提纲和内容变得很容易。

劣势：

以电脑为基础的演示的一个劣势就是很多人挤在一起围绕着电脑屏幕看这一说明有点奇怪，除非计算机屏幕特别大并且使用一定的形式建立起来。尽管投影仪有了一定的发展，但是光线却不够明亮，而且分辨率又低。这些仪器携带不方便，而且噪音很大。在大多数情况下，你需要在黑暗的房间里才能使用，这就构成了使用幻灯片做说明的一个最大的劣势——与观众相分离。

对于最有效的演示说明，将你的图片存在硬盘上是非常有必要的。使用计算机程序做的演示说明确实可以选择很多方式去打印说话者的内容、材料，还有演示说明后留下的其他资料。

步骤：PowerPoint有很多有用的功能对演示说明的纲要进行输入和格式化，但是这些功能比较适用于口头说明。对于那些有少量文字的图像说明，这种工具使用起来有些麻烦。

最好的方法是做个提纲，每个幻灯片要做一个单独的点，做到哪里就添加一个图像。当大多数内容都已完成时，在幻灯片间剪切和粘贴图像就非常简单了。重新组合每个幻灯片的层次，最后重新调整图像和文章的大小。“幻灯片分类”的视图效果对于整个说明的重新排列非常有利。

与幻灯片进行组合有可能创造一个双放映机演示，允许最好的放映机放映幻灯片，这样就得到一个更有动态的两个屏幕的演示。这个程序当然会消耗更多的时间。“动画”，能够添加到物体上的动态的、旋转式的或移动的效果，通常情况下，要省去。添加动画后，在最后一分钟的幻灯片的创作或修改会需要额外的动画处理步骤，因此最好不要在幻灯片中添加动画效果。

格式：我不推荐使用预先确定好的演示的样子。为你的图像或信息创作一个合适的形式是非常重要的。让浮动的图像具有一个好的效果，以简单的黑色背景开始要好一些。用一个简单的标题栏将幻灯片连接起来是非常有必要的。这样看起来就像是把栩栩如生的图像放在以口头说明为主的幻灯片里。希望你的演示说明达到非常好的效果，不会给人松散的感觉。

输入内容：大多数图片格式能够以各种视频和音频的形式进行输入。请注意那些复杂的、精确计时的，或需要大型显示器的视频，使用控制器是个非常好的选择，但是你将会有一个新的工作——对画面和声音进行同步调节将是一件非常可怕的事，这一工作最好留给专业的顾问来做。对于大部分而言，你最好把注意力放在设计概念的清晰性、高效性和适用性上，而不是信息的不必要的叠加上。

需要明白的一个要点是，在计算机为基础

的演示中，图像文件是嵌入的，这就意味着实际的图像就包含在文件中。注意在页面层次的程序中，文件通常只是链接在一起，这就更加容易升级。因此，一个30分钟的演示的文件大小很容易控制在30兆～50兆。

计算机系统：根据需要的视频处理和音频处理的大小，通过给视频卡和音频卡添加抓图，计算机系统可以与上文提到的数码上色相类似。

幻灯片演示

现在尽管35mm的幻灯片演示已被高科技的计算机演示所取代，幻灯片演示仍然是相对简单而且是给人印象深刻的演示技巧。当然，像其他任何投影的演示一样，你不会与观众进行眼神交流，但是幻灯片演示具有三个重要的优势：

1.幻灯片演示把观众的注意力放在一个单独的图像或想法上，这使你把观众贯穿在一个逻辑性的直线性过程上，一个幻灯片接着一个幻灯片，直到你想要表达的结尾。在有很多大的黑板做演示的情况下，不管演说者在说什么，观众的注意力都会不可避免地从一个黑板转移到另一个黑板。

2.幻灯片演示把各种不同的媒体，如图像、模型、照片、文字和很多活动的幻灯片，做成一个独立的35mm胶片的媒介。

3.就像计算机演示一样，但是比它要简单些，幻灯片演示可以完整地进行保存，或储存在幻灯片集里，以备后用。

幻灯片演示还有两个不可忽视的缺点：

1.需要时间对不是照片形式的媒体进行拍照，并要对底片进行洗印并嵌入。这看起来或许并不需要很多时间，但是在截止期前的一个小时甚至一分钟都是很宝贵的。

2.不能使用录像带，而且数码的图像必须要做成幻灯片。

如果演示地点是具有观众席的非常郑重的场合，你也不介意在黑暗的房间里与观众失去眼神交流，或没有昂贵的高科技设备，那么幻灯片演示也是非常有效的。

展览和评奖

许多环境设计的职业团体都会提供评奖活动，通常是按照惯例，不对公众开放。我们尊重别人的工作，给我们自己提供奖励，这一过程很短暂，可能会发表在商业杂志上或当地新闻上，但是我们并没有很大的效力通知公众我们做了什么和我们认为最好的作品。

一个原因就是在准备传统项目展览上的困难和很高的花费，它需要把整个工程的描述用图像和照片的形式在大的展示板上体现出来，尽管许多评奖项目最近开始减轻了工作的负担，只需要把一些照片和图像装订起来，或只要一个35mm胶片的装订本，即使这样的准备工作也是非常复杂的。

由于这些严格的要求带来的困难和高额的费用，我们很少去首创先例，上演单独的展览，现在有了高科技的交流方式，或许传统的展览已不需要了。但是如果我们忘了耗力而消费高的这些板报，我们可以使用科技与大众更有效地用展览交流。

由亨利·汤姆拍摄

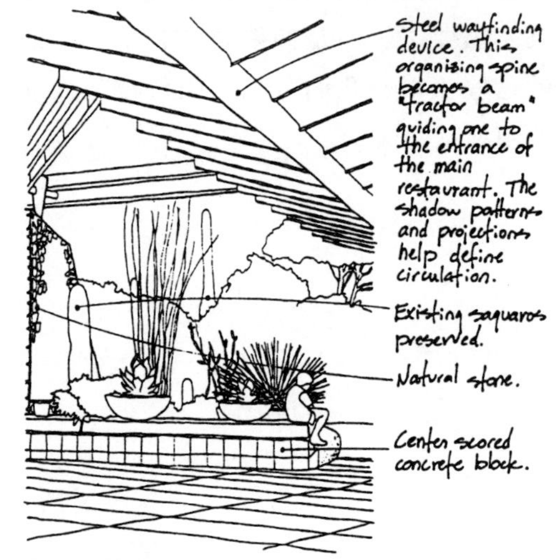

由约翰·布莱肯宾绘制

在图森，一个独立的环境设计师组织互通有无，已经根据北美沙漠地区的决定性因素，如太阳、阴影、颜色、水源和图案上进行了两场年度展览。展出者使用价格低廉的颜色准备了单独的巨大的图像。他们还提供了小的线条图层，指出与特殊的决定性因素相符合的设计特征。在左图中，我们可以看到赖斯·沃勒克在餐馆中使用的阴影效果，以及亚利桑那州北美沙漠博物馆的画廊。

这一展览非常成功，展览者很容易做出了这个展览，也易于观众理解，其在图森艺术博物馆举行，也提醒人们公众很高兴为有趣的环境设计展出提供场所。

出版

一旦你养成了为每个项目的设计写文字描述的习惯，准备正确的图像和最好的照片，那么你就可以开始寻找机会出版了。编辑们在寻找最著名的设计师，即使他们已经完成了照片处理过程，但是处于起步阶段的设计师和那些还不够出名的，想要被媒体发现的话，就需要努力进行出版。

首先从寻找可能出版你作品的那些出版商开始，找出那些对你的出版起决定作用的编辑们的名字、地址以及电话号码。编辑们永远不会因为你不断地给他们寄送作品而感到厌倦。他们不可能对所有年轻有为的设计师们进行跟踪，因此他们很高兴你把作品的样图寄给他们。

确保你寄送的东西要达到最好。照片要和设计一样突出。赖特先生曾经到欧洲亲自监督他的书的出版。马里昂·马奥尼是赖特办公室的一个建筑师，在那次出版中做了最多的贡献。

图森的建筑师赖斯·沃勒克和里克·乔伊对于他们的出版物中展现的图像也花费了很多心血。

乔伊的场地平面图和剖面图那么小而简单，却仍能清楚地表达内容，而照片因其尺寸较大则具有更强的沟通能力。这就是设计中一个非常重要的教训。正确的图像当然是非常必要的，但是如果仅仅把它们进行放大，这是毫无意义的。用来交流环境体验的照片，在放大的过程中变得更加有活力。

对话

图像最自然的伙伴就是正常对话。你可能已经发现，当建筑师、景观设计师或室内设计师在互相谈论时，他们会在图纸上画写东西来表达他们的意见，通常采用纸带、便贴条、桌布或就在桌面上，甚至任何具有空白地方的打印材料上面，来表达他们的对话。在对话或工作人员会议中，我以前的一个学生，后来也成了一名老师，道格·麦格尼尔，经常会在纸上作出不可思议的难以理解的图画。如果你拿走了设计师的笔，那么他们有很大一部分会哑口无言。

由比尔·蒂默曼拍摄

由比尔·蒂默曼拍摄

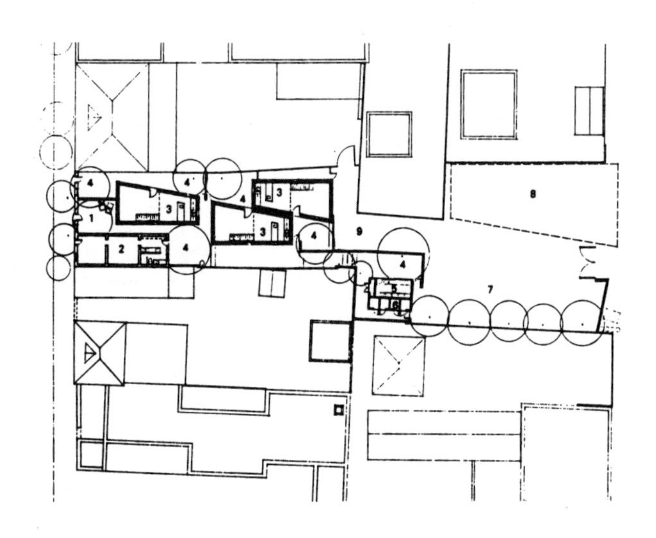

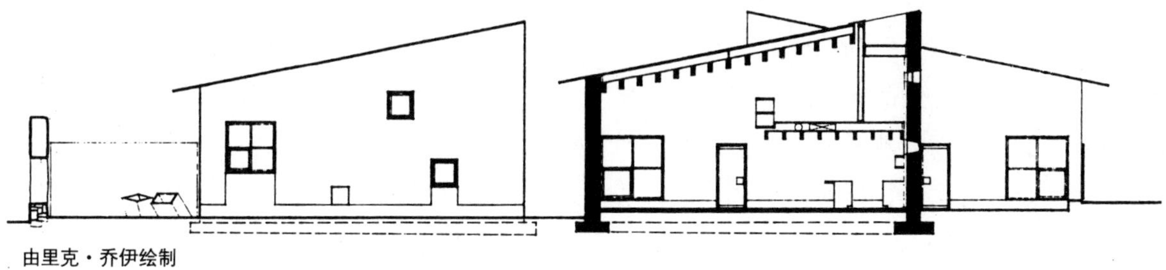

由里克·乔伊绘制

我们应该培养这种职业作图的习惯，这样就能更自然地与客户进行交谈，让他们意识到什么是真正好的技巧。更能给他们留下深刻印象的是，能够上下颠倒地画图，甚至是写字，这样你的图表或素描在他们的桌子前看起来就更加容易，从他们的角度看到的就是正确的图像。

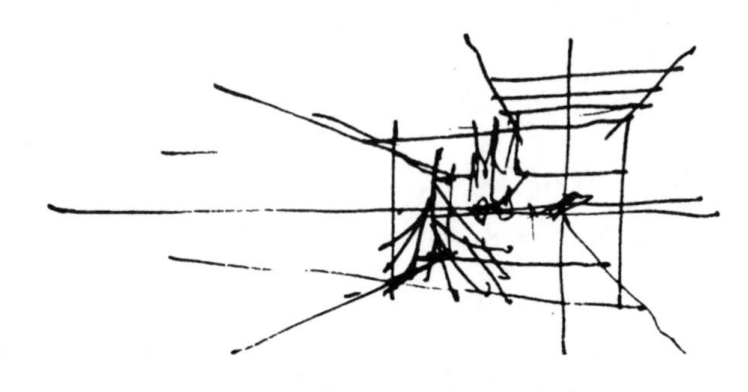

我第一次这样做完全是没有准备的，在一个客户大桌的中间，当时客户和我都没有意识到我是为了使他们看得清楚，而画成上下颠倒的图。如果你怀疑自己不能这样画简单的图或写简单的字，那就试试吧。你会惊奇地发现这样是多么简单，你仅仅是用了一点训练就掌握了这个技巧。

比尔·施塔姆，我的另一个同行老师，提倡学生们直接使用设计交流技能去给客户留下印象。他指出，医生们和律师们都有一套神秘的词汇，这就给他们的职业添加了很多神秘感，使他们拿到更高的薪水。我们也需要类似的词汇，平常人看不懂，这将会给我们的职业带来神秘感，而且也将提高我们的薪水。

重要的一点就是，探索一种在与客户进行谈话时你特有的绘图方式。要想使自己的图比其他人画得好，下面就是一些方法：

· 在设计谈话中作图的自发性使这个过程看起来更加开放、刺激，尤其是当你的绘图开始体现对方的观点时。

· 在设计谈话中作图使人们更加清楚你就是设计者。你不是在演示别人的作品。

· 很显然，你经过训练，具有创造力，简单点儿说，就是“我当然能画图，这是我职业能力的一个部分”。

画图作为交流的一部分

尽管画图非常重要，它也要尊重设计交流中其他更重要更大的目的，这些目的就是让人们对设计的环境有个清晰彻底的了解。不幸的是，设计师们不乏出现类似的情况，不知是设计师们不知不觉，还是故意误导客户接受那个他们根本不懂的设计，如果他们懂的话，他们很可能根本不会同意。

图纸，只有在负责任地画出并完全理解的情况下，才会比语言更加真实，也是设计交流中不可或缺的一部分。在任何一致性意见达成以前，有必要让该设计得到完整的、清晰的交流。

德国哲学家尤尔根·哈贝马斯提倡合理化，这来源于有效的交流，“理性交流”。他

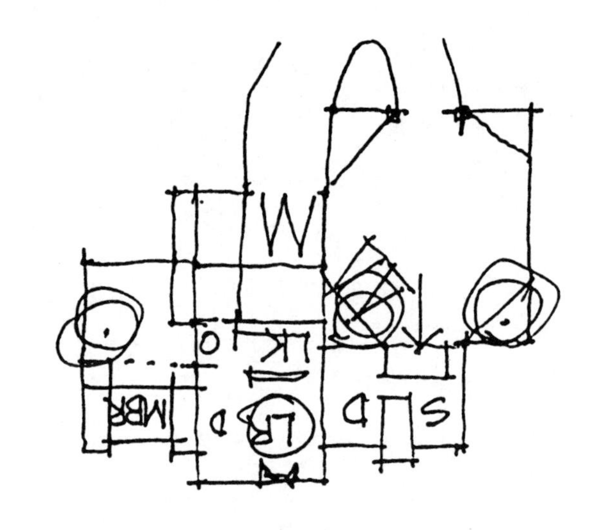

的思想给设计师们传达了很多与客户进行交流作品的思想。将这一思想应用于环境设计上，哈贝马斯认为设计总会从真实的、开放的交流中获益。这些交流能够确保每个受到该设计影响的人都能够明白这个设计及其作者的意图，并且有机会讲给别人听。这一看法为任何设计间的交流提出了更加严肃的作用，设计师不仅仅说服客户或解释设计，还要寻找更加清晰完整的理解，并回答那些所有被影响的人的观点。设计作图是设计交流中一个不可或缺的部分。

第8章　应　用

关于手绘的出版物经常会在书中忽略将他们教诲的技巧应用于真实场景的情况，而学生往往并不清楚应该怎样将学到的技巧进行应用，也不知道如何应用这些技巧。

要想使学生与教师之间、学生与学生之间的工作室对话发挥最大的作用，必须将讨论的想法通过手绘或模型表现出来。

如果没有现实的表现参照物，如手绘或模型，那么就不能保证学生和教师谈论的是一回事，教师一方的口头约定和赞许可能在作品完成之后的检验阶段变成严厉的批评，这当然不是学生希望看到的。

我们应该养成这种习惯，经常将设计概念表现出来，早期可以通过手绘和模型，如果足够幸运，我们还可以在手绘板周围留有一定的空间，将手绘作品钉在上面。这些作品可以吸引老师或同学进行评论，确保你在每个设计过程中都能够通过批评得到改进。

你的早期手绘可以是非常粗糙的平面或剖面泡泡图，也可以是粗糙的透视图，表现室内空间的整体三维形式或体验。在早期的工作室讨论阶段，教师不会指望学生去完成精确的草拟手绘。相反，他们会希望你可以将早期的想法用图表或草图的形式表现出来，他们很肯定这样的做法，并会积极回应，也很高兴能够提供一些建议用来改善你的早期草图。

关于在设计过程中应该何时开始手绘，你可能会听到各种意见，你不得不一一筛选，找到真正可行的意见。一些设计师认为，我们应该非常清楚地知道想要什么手绘之后才开始动笔。有一些人支持这种看法，他们担心，在你真正理解问题之前，你可能会毫无道理地喜欢上自己的早期手绘而无法自拔。基于类似的原因，还有的人认为你应该一直保留抽象的图像，直到大多数构想问题都已经解决，在大多数构想问题都已经达成共识之后，你才可以转向三维形式。这两种看法各有千秋，可能很适用于成熟的设计师，因为他们在管理时间方面已经是专家了。

对于初学设计的学生来说，个人认为将手绘延迟会产生一些问题。故意延迟手绘可能会成为学生的借口，他们进而忽略方案的三维发展，不去学习发展三维方案需要的定性和体验性的手绘。如果教师允许学生将这种延迟手绘的做法发展成一种习惯，那么学生就永远也学不会利用手绘来明确设计方向，他们也就不会成功进入工作单位的设计部门。

在设计工作室进行早期手绘的优势是很明显的。工作室对话讨论的大多是设计过程初期出现的设计想法，这些想法可以在设计师的工作板上钉下来，随时想办法加以解决。另外，你还能够看到自己提出的解决方案并对其进行自我修改，这是优秀设计师需要具备的能力，也是他们赖以生存的能力。

另外，在设计过程中较早进行手绘的设计师能够真正学习如何手绘，因为他们有足够的时间，同时他们也能够学习享受手绘，这会使他们更加自信，并创造出令人满意的作品。

在设计过程中是否较早进行手绘说到底取决于你对自己手绘能力的信心，也取决于你对手绘在设计过程中角色的认识。对我来说，手绘等同于设计。我不能想像没有手绘的设计，因此我会在设计之初马上开始手绘，期望在手绘中出现更多的想法，不加演示说明的想法绝对不可能产生更多的创意。

为罗伯特·F·洛伦岑博士设计的退休居所

尽量利用你的草图

接下来这几页中的草图是绘制在浅黄色描图纸上的，使用的是德国红环特细记号笔和美国三福黑白铅笔。然后，这些草图被裱贴在棕黄色的衬垫纸上，之后才作为图片被本书采用。将描图纸裱贴在有颜色的纸上可以凸显三福笔的白色，增强草图的效果。

尽管这些草图显得有些粗糙，并未经过修饰，但是它们可以告诉我自己需要知道的关于所设计居所的一些体验特征。因为客户是老朋友，我曾经为他们设计过其他居所，因此这里不需要向客户特别展示我的手绘能力，只需将这些手绘草图加一点颜色作为示意图展现给客户。这里需要注意，尽管这些草图比较粗糙，但是它们的透视布局必须要准确，光线和阴影、树木、家具和人物也都应该准确。

在本页出现的这幅草图中，即便空间没有窗户，三福笔的白色还是给出了光线的效果，似乎光线从屋顶的网架照射进来。这个陈列室将会展示主人的布艺、篮子和画作等收藏品。

学会使用衬垫

很多习惯对于初学设计的学生来说都是很有用的，其中，使用透明衬垫纸改善手绘或设计概念是最重要的。衬垫过程也是设计过程最好的模型和标志，因为这个过程显示的是自我批评和重复的综合过程，这个综合过程可以修饰设计本身。

下面的手绘展示了第一和最后一层衬垫，帮助设计来显现 教师、评判委员或客户。衬垫的第一步，我使用了开始设计时我惯用的综合的手绘技巧。一个设计师在开始早期设计手绘的时候应该具备特殊的、比较个性化的方法——你的设计必须满足自己的审美要求，能够促使自己继续进行手绘和设计。

本人写过几本关于手绘的书，如果不向大家展示一下自己的作品似乎有些奇怪。最主要的原因是，在图书的平版印刷过程中模仿浅黄描图纸作为中间色调并添加三福笔的白色是很困难的，也是很昂贵的，但是这些衬垫与平版印刷的效果非常接近。

最先完成的比较完整的手绘所需要的是不断努力构想，可以将设计组合在一起，这种最初的综合非常重要。这些手绘是对于设计的完整描述，包括平面图、剖面图和体验透视图。这种综合非常重要，因为它向你展示真实完整的设计，需要你考虑所提出方案的所有关系。成熟的设计师知道，在设计过程中，这种类似的综合进行的次数越多，最终的设计效果就会越好。

色调的应用是最耗费时间的任务，它能造就最好的手绘。在本页中，黑色、灰色和白色色调的模式通过剪纸图案来体现，这是最快、最有效的方式。这样做可以为描图纸上的手绘增加色调，从而突出光线较强的室外空间和被阳光照射的表面等等。更简单的方式是将白色或灰色的剪纸图案裱贴在描图纸的背面，但是这种做法显然不能在本书中加以详述了。

将草图和半成品衬垫放在本页之上，白色和灰色纸张的模式就会显现一种技巧，这种技巧是不可能在胶版印刷中得到复制的——在浅黄描图纸上添加了三福铅笔的不透明白色。在这里，这种技巧应用在四色摄影分离上，但仍然不能全面展示其效果。将不透明的蜡白色直接应用在不透明纸的背面会产生更好的效果。

这种技巧可以将白色铅笔应用在室内透视图中所有窗户的背面，也可以应用在室外透视图中所有被阳光照射的表面上。

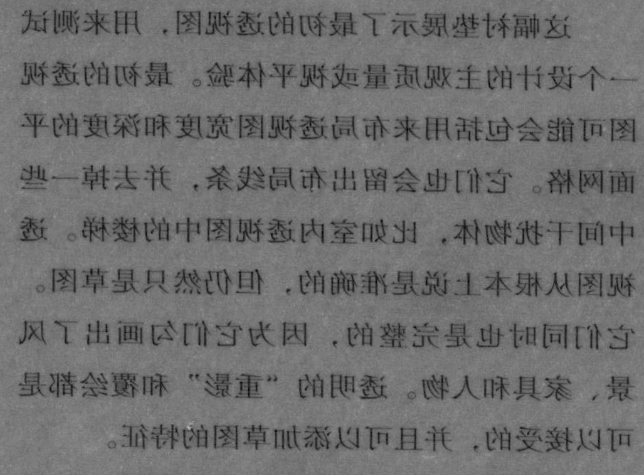

这幅衬垫展示了最初的透视图，用来测试一个设计的主观质量或视平体验。最初的透视图可能会包括用来布局透视图宽度和深度的平面网格。它们也会留出布局线条，并去掉一些中间干扰物体，比如室内透视图中的楼梯。透视图从根本上说是准确的，但仍然只是草图。它们同时也是完整的，因为它们勾画出了风景，家具和人物。透明的"重影"和覆绘都是可以接受的，并且可以添加草图的特征。

我们非常充分地使用色彩和色调，但下笔的方向却是一致的。这里，颜色不是设计表现，而仍然保持其传统的象征意义——蓝色代表天空，绿色代表树木，红色代表屋顶，地板和金属。这样，颜色可以帮助草图进行交流，不必在意最终的颜色系统。颜色的这种象征用途可以节省很多时间——比如，几笔树枝和一片绿色就可以表现一棵树。

这幅衬垫展示了最初的透视图，用来测试一个设计的主观质量或视平体验。最初的透视图可能会包括用来布局透视图宽度和深度的平面网格。它们也会留出布局线条，并去掉一些中间干扰物体，比如室内透视图中的楼梯。透视图从根本上说是准确的，但仍然只是草图。它们同时也是完整的，因为它们勾画出了风景、家具和人物。透明的“重影”和覆绘都是可以接受的，并且可以添加草图的特征。

我们非常充分地使用色彩和色调，但下笔的方向却是一致的。这里，颜色不是设计表现，而仍然保持其传统的象征意义——蓝色代表天空、绿色代表树木、红色代表屋顶、地板和金属。这样，颜色可以帮助草图进行交流，不必在意最终的颜色系统。颜色的这种象征用途可以节省很多时间——比如，几笔树枝和一片绿色就可以表现一棵树。

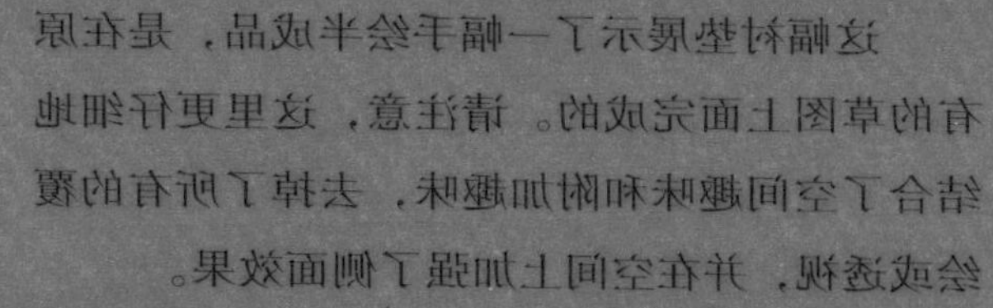

这幅衬垫展示了一幅手绘半成品，是在原有的草图上面完成的。请注意，这里更仔细地结合了空间趣味和附加趣味，去掉了所有的覆绘或透视，并在空间上加强了侧面效果。

色调——阴影和颜色——被更加仔细地添加进了这幅衬垫，色调的应用采用了一致的用笔方向，但基本上仍然只是草图，这样可以节省许多时间，并同时保持一个"过程"的特征，仍然可以随时进行更改。

后面仍然加入了三幅铅笔的白色，但是，所有其他颜色都被直接添加在了前面。一些设计师会在白色描图纸上直接使用更加完整的衬垫，将所有颜色都应用在后面，这样它们就不会遮掩到前面的黑色线条。迈克尔·多伊尔就是这样一位设计师。白色描图纸作为颜色背景来说更为中立，可以通过不同颜色的备份纸张进行彩色复印。

这幅衬垫展示了一幅手绘半成品，是在原有的草图上面完成的。请注意，这里更仔细地结合了空间趣味和附加趣味，去掉了所有的覆绘或透视，并在空间上加强了侧面效果。

色调——阴影和颜色——被更加仔细地添加进了这幅衬垫，色调的应用采用了一致的用笔方向，但基本上仍然只是草图，这样可以节省许多时间，并同时保持一个“过程”的特征，仍然可以随时进行更改。

后面仍然加入了三福铅笔的白色，但是，所有其他颜色都被直接添加在了前面。一些设计师会在白色描图纸上直接使用更加完整的衬垫，将所有颜色都应用在后面，这样它们就不会遮掩到前面的黑色线条。迈克尔·多伊尔就是这样一位设计师。白色描图纸作为颜色背景来说更为中立，可以通过不同颜色的备份纸张进行彩色复印。

这幅衬垫展示了一幅经过修饰的手绘作品，它是在原有的衬垫上完成的。它采用双线代表墙壁，并在线条粗细上有很大分别。通过家具的布局显示不同空间的功能，树木和植物也描绘得更加精细。

你可能也想为项目起一个好名字，或者以你的名字命名这个项目。保持这个名字的统一也可以为项目增添一致性。你应该认真为它起个好名字，随便起的名字

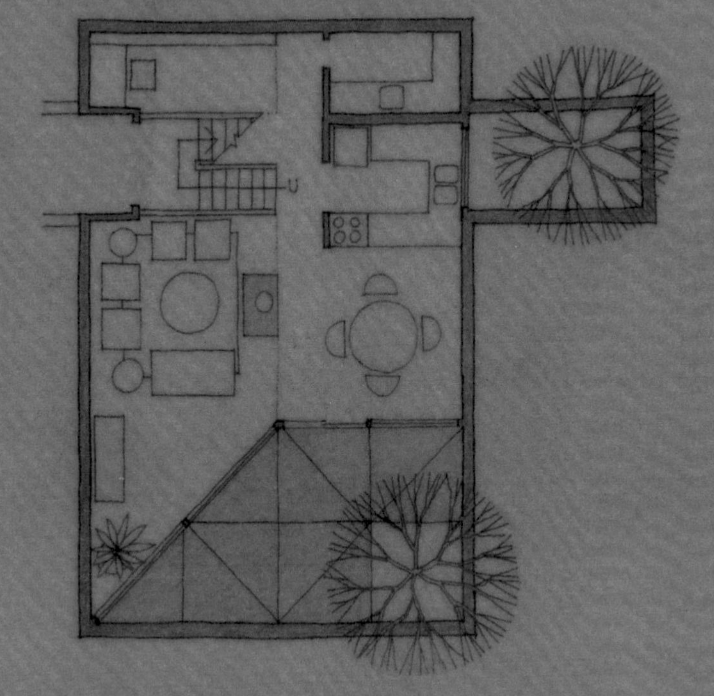

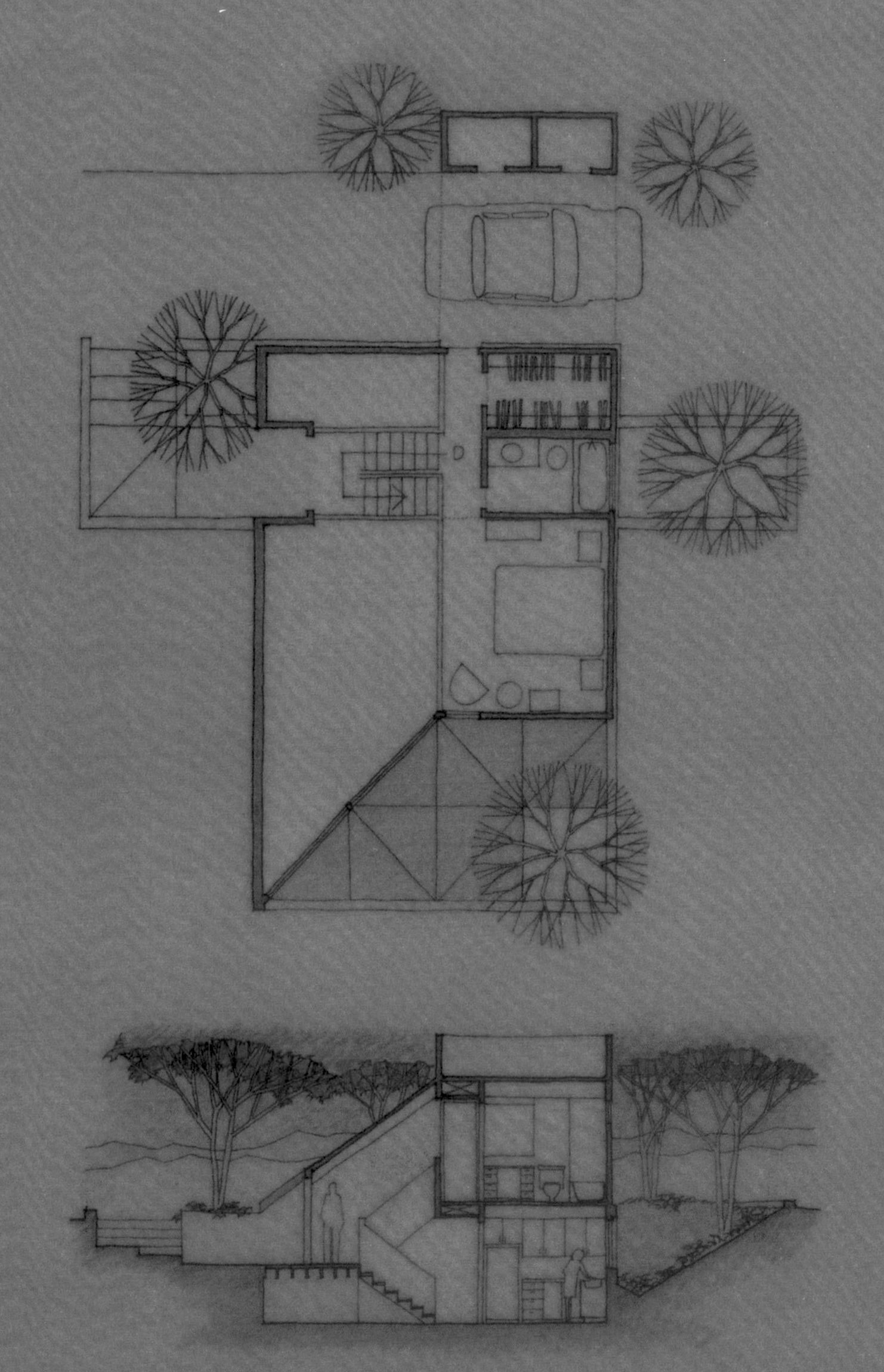

可能会与手绘在细致程度和形式上都不匹配，这样让人看起来很不舒服。完成手绘之后，如果想复印最后的作品，你需要记得要使用激光打印机打印出所有的文字，并在复印之前将这些文字粘贴在原作之上。

在这里，我们仍然需要在手绘的后面使用三福铅笔的白色，这样就可以显示空间封闭的程度。我们需要在手绘的前面使用颜色色调，以此来显示地板材料和景观。

这幅衬垫展示了一幅经过修饰的手绘作品，它是在原有的衬垫上完成的。它采用双线代表墙壁，并在线条粗细上有很大分别。通过家具的布局显示不同空间的功能，树木和植物也描绘得更加精细。

你可能也想为项目起一个好名字，或者以你的名字命名这个项目。保持这个名字的统一也可以为项目增添一致性。你应该认真为它起个好名字，随便起的名字

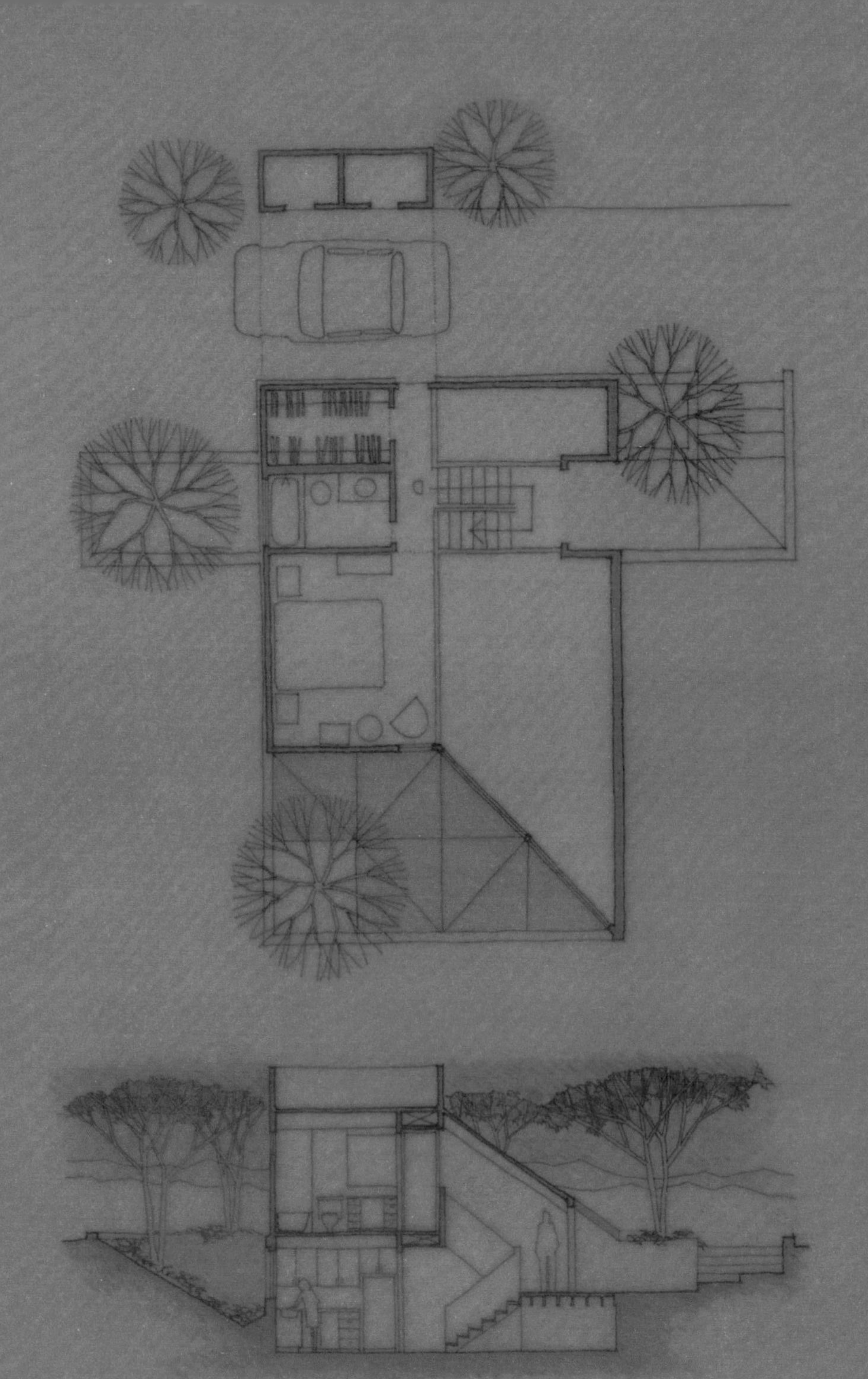

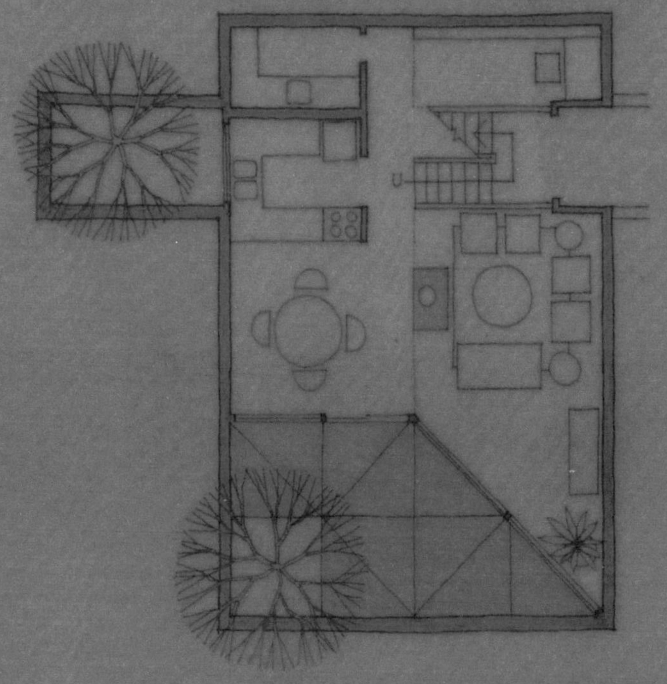

可能会与手绘在细致程度和形式上都不匹配，这样让人看起来很不舒服。完成手绘之后，如果想复印最后的作品，你需要记得要使用激光打印机打印出所有的文字，并在复印之前将这些文字粘贴在原作之上。

在这里，我们仍然需要在手绘的后面使用三福铅笔的白色，这样就可以显示空间封闭的程度。我们需要在手绘的前面使用颜色色调，以此来显示地板材料和景观。

第一篇草图衬垫表示的是你可以使用的平面图和剖面图，通过它们为自己描绘设计项目的特征。有时你并不需要向客户特别展现自己的手绘能力，此时你也可以通过草图衬垫为客户描绘设计特征。早期的平面图和剖面图达到了设计过程的这个阶段。这些手绘与早前的室外和室内透视图共同组成了设计的早期综合。

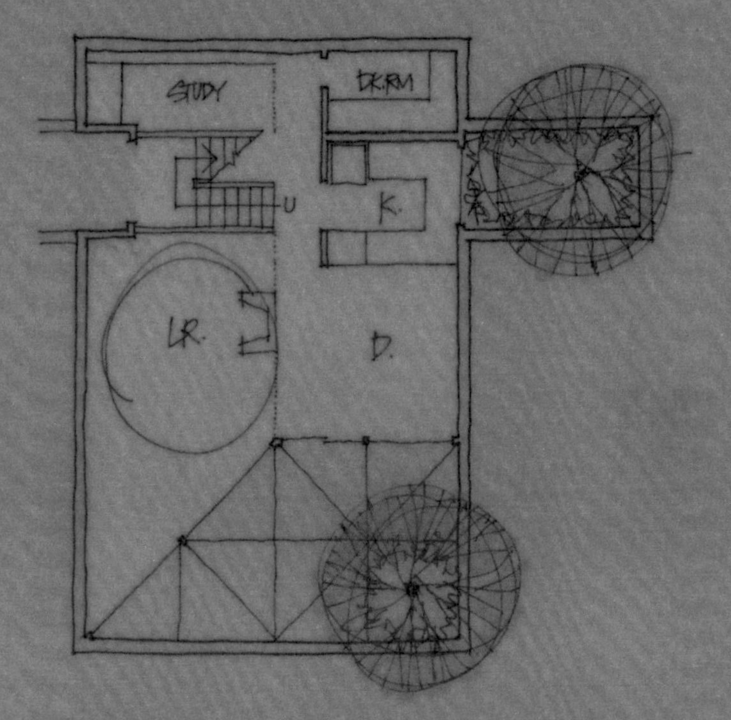

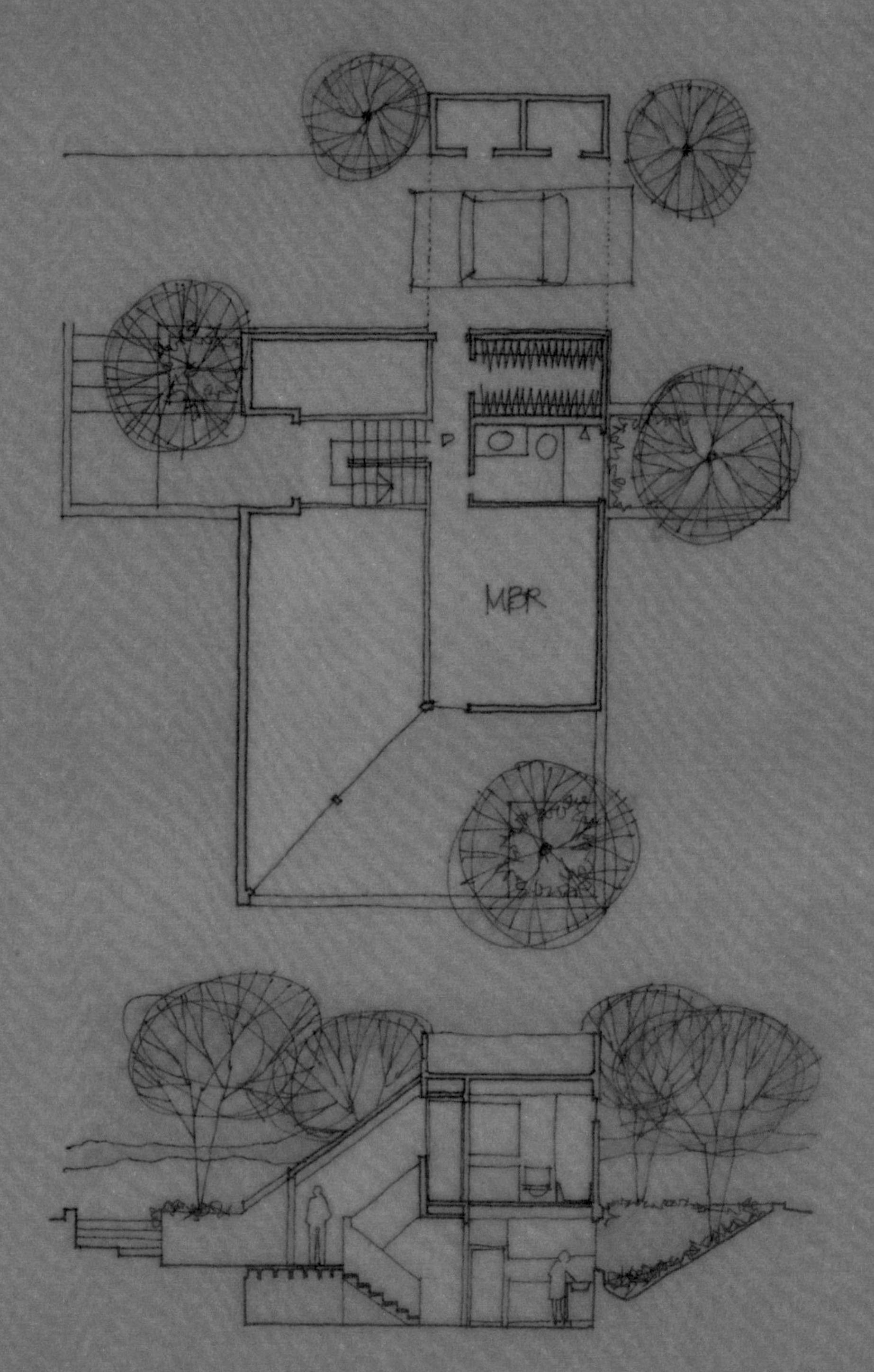

这些手绘可以徒手绘制在8英寸（0.20cm）网格上，或者首先由8英寸（0.20cm）描图纸隔离开来，但如果使用浅黄色衬垫，那么你需要利用纸张的半透明性，将三福铅笔的白色应用在浅黄色纸张的后面。

在这些草图中可以出现布局线，空间通过标签来显示，而不是通过家具的摆放来加以说明。三福铅笔的白色展示的是连接顶部和墙壁的空间，而这些空间并非完全封闭；圆圈和一片绿色则代表树木。颜色的分布看起来松散，实则规矩，用笔的方向需要保持一致。较厚的墙壁则使用较粗的线条来加以体现。

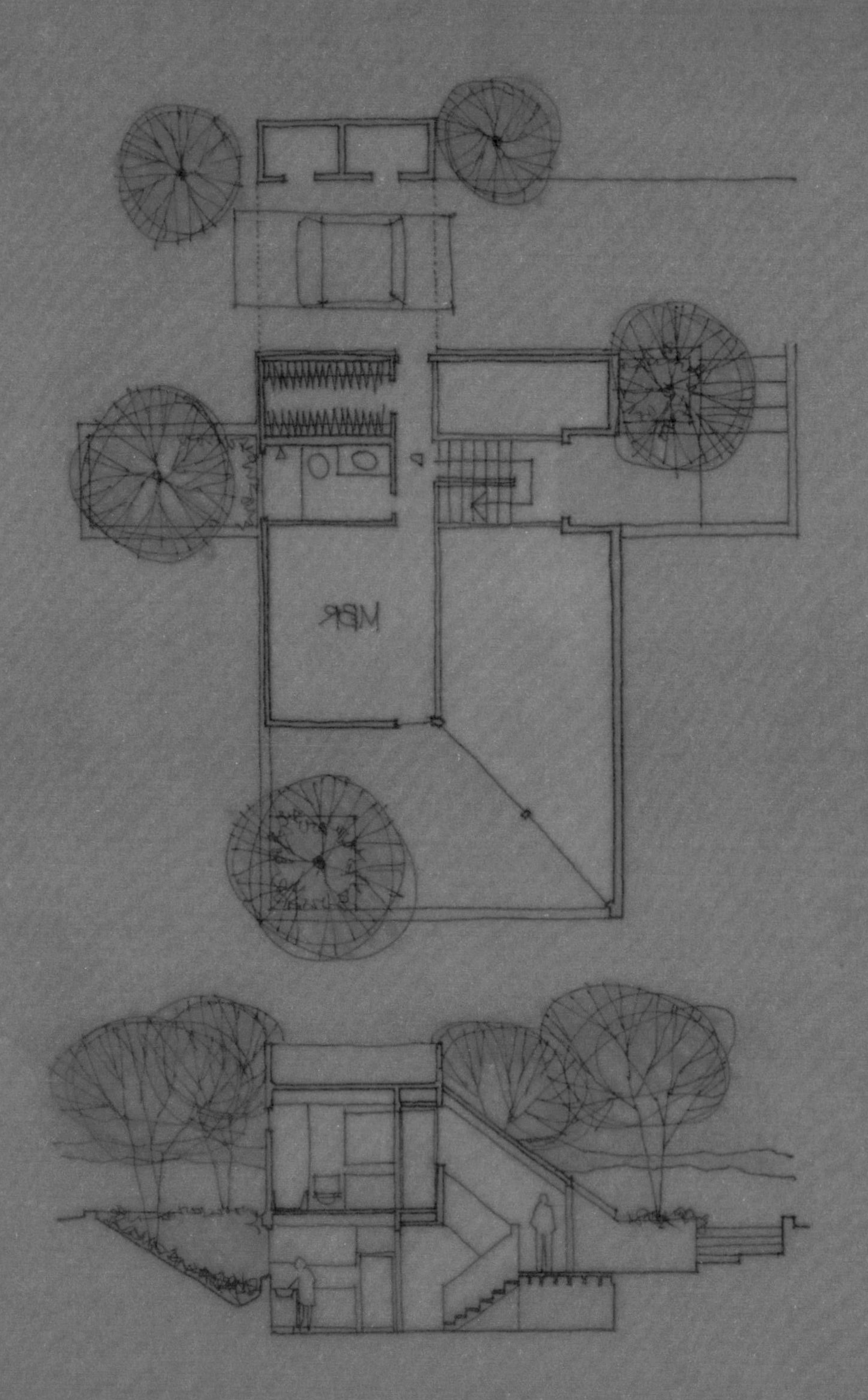

第一篇草图衬垫表示的是你可以使用的平面图和剖面图，通过它们为自己描绘设计项目的特征。有时你并不需要向客户特别展现自己的手绘能力，此时你也可以通过草图衬垫为客户描绘设计特征。早期的平面图和剖面图达到了设计过程的这个阶段。这些手绘与早前的室外和室内透视图共同组成了设计的早期综合。

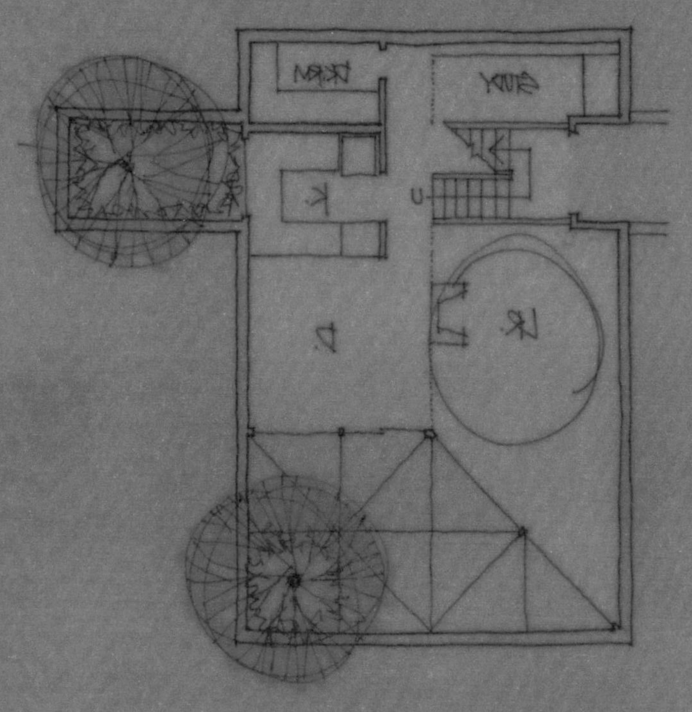

这些手绘可以徒手绘制在8英寸（0.20cm）网格上，或者首先由8英寸（0.20cm）描图纸隔离开来。但如果使用浅黄色衬垫，那么你需要利用纸张的半透明性，将三福铅笔的白色应用在浅黄色纸张的后面。

在这些草图中可以出现布局线，空间通过标签来显示，而不是通过家具的摆放来加以说明。三福铅笔的白色展示的是连接顶部和墙壁的空间，而这些空间并非完全封闭；圆圈和一片绿色则代表树木。颜色的分布看起来松散，实则规矩，用笔的方向需要保持一致。较厚的墙壁则使用较粗的线条来加以体现。

如264页所示，此页中显示的是黑色、灰色和白色纸张应用在垫板上显示出来的图案，在垫板上还要裱贴描图纸手绘。还有一种做法是将白色或浅黄色描图纸或白色高级书写纸直接应用在描图纸手绘的后面，然后将它裱贴在黑色或深色纸板上。当然，这种技术在类似本书的纸张上是不能复制的。

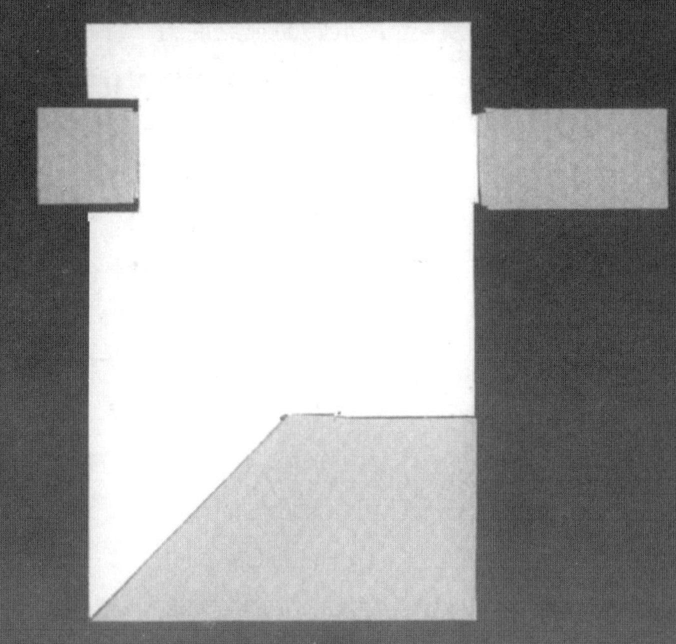

纸张的半透明性使你在修饰早期手绘的时候可以很快地加入色调趣味。

在平面图和剖面图中，你可能想要使用不透明的白色底垫，借以展示完全封闭的空间，或者使用额外的描图纸来展示半封闭的空间，这些半封闭的空间具有部分顶部或墙壁，但并非完全封闭。

对于早前使用的覆盖在上面的描图纸来说，这些白色和浅灰色的纸张模式也可以通过在浅黄色描图纸后面应用三福铅笔的白色来加以体现。这样做只需要几分钟，却可以更加强烈地展示出封闭的空间。

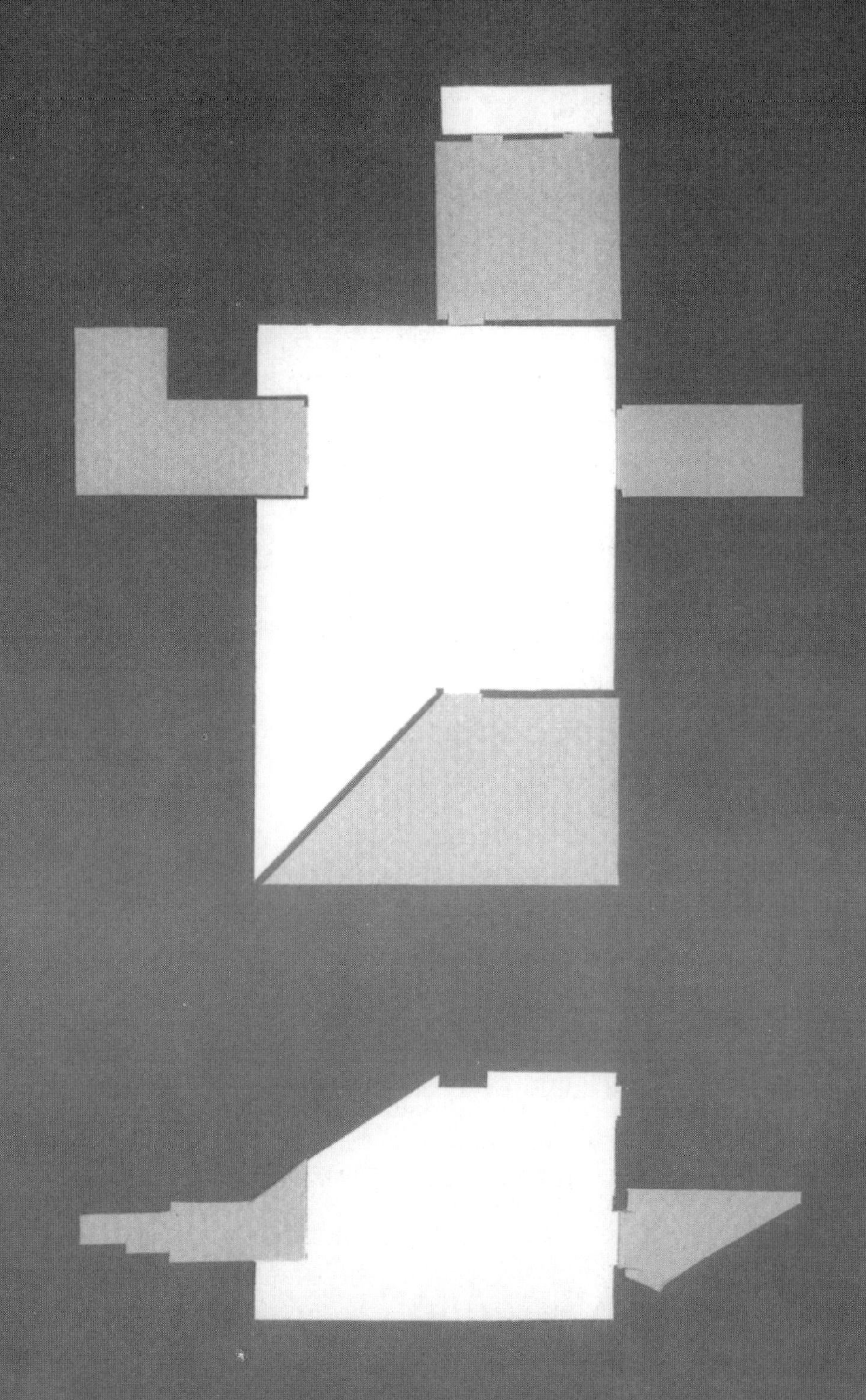

为第一评审团进行手绘

为你的第一评审团手绘有个最主要的问题，就是自我管理。这个问题可能非常困难，因为你可能仍然处在学习过程中，但实际上需要一套全新的视图管理技巧。学生们通常会低估手绘需要的时间，因此会选择一些非常难以应付的手绘技巧，进而使情况变得更糟。

成功的管理需要设计一个时间表，尽量按照时间表上的暂行期限完成任务。在选择技巧的时候，你还应该注意结合自己目前的技术水平，选择可能按时完成的技巧。当然，你也可以在选择技巧之后大量参照使用了该技巧的手绘，或者参考你需要完成的陈设或环境。如果你需要特殊的垫板、纸张或印记，记得在商店开门的时候买好这些用品。有效的管理能够避免措手不及。

将计划灵活性体现在你的作品中永远是上乘的选择。不论你计划得多么周密，还是会有出错的时候，或者有些任务的费时超过你的预期。这样的危机一旦发生，就需要拥有第二套方案的灵活计划了。

第二套方案可能很简单，比如去掉一幅或更多幅可有可无的手绘，或者决定是否添加色调或颜色。如果已经计划好的表现方式包括添加一些印记，你可以省略这些印记，直接使用原有的描图。

平衡你的手绘是保持灵活性的最好方式之一。如果你可以构想在不同的纸张上完成手绘，那么是最好不过的了。这样，所有的手绘都是开放性的单线手绘，包括并结合其所处环境和附加趣味。之后，应该描绘出所有手绘的轮廓，这样就能够保持其一致性。然后，你应该考虑在所有手绘中加入色调，然后是纹理和颜色。

这里的技巧是要使所有手绘看起来同样重要。如果你能够保持所有手绘之间的平衡，那么它们看起来就是完整的。如果一些手绘描绘得相当细致，而另外一些才刚刚着笔，或者还没有显现出背景环境，那么很明显，这一套手绘就是不完整的。另外一个明显的漏洞就是手绘没有标签。我并不提倡过分标注手绘，但至少即便你并不命名各个空间，平面图也应该是清晰明了的。要保持手绘的完整，我们还应该考虑在手绘上仔细写出你的主要构想，或者是一些构想图表，用来解释你的想法。

语言表现

关于设计和手绘，有一种认识非常具有误导性，那就是“手绘能够进行自我表现”。诚然，设计应该完全清晰地通过手绘和模型来体现，但是，错过表达设计观念的机会则是非常愚蠢的。

学生们第一次体验语言表现通常都是在有“评审团”参与的场景之中，邀请教师或嘉宾来审视学生的设计作品。这个时刻对一些学生来说是非常痛苦的，他们可能在进行公众展示方面并没有太多的经验。你应该准备好进行这样的公众展示，此时往往需要仔细设计语言说明。我建议你多做准备工作，可以将开头几段写下来或背诵下来，这样就不会忘记将设计中最重要的观点说给“评审团”听了。当然，你也可以在展示手稿的右侧写下一些基本原理的阐述，这样就不会忘记解释你的设计概念了。

为你的简历进行手绘

职业设计教育很快就结束了，在你意识到这一点之前可能就面临毕业找工作了。你的职业雇主想要了解的是你的绘图能力。一些雇主更加看重“生产型”人才，对你的电脑构图能力更加感趣味，但是，需要见习设计师的雇主大多更加注重你的手绘能力。

将自己最好的作品整理成简历的形式，你在找工作的时候就可以占得先机。简历的尺寸应该大于A4，这样的尺寸在展示作品的时候具有更大的灵活度，但这个尺寸不应该大于A3。欧内斯特·伯登在其著作《设计交流》中提供了很多优秀的布局案例。

有一点很重要，你需要将最好的作品拍下来，不然一旦它们毁坏就没有机会了。如果当下负担不起扩印，你可以留待以后再进行。

黑白手绘最简单，也最省钱，但你的简历里还是应该包括一些色调技巧和颜色。同时，你还需要加入素描草图和构想图表的案例。雇主们通常以为只要时间允许，大多数职业学校的毕业生就能够手绘出非常漂亮的作品。实际上，他们更加希望雇员能够非常快速地手绘或者具备更多的装备。

缝线—拉链类比就是一个模式，它囊括设计过程中可能出现的情况和解决办法。但模式也并不总是不偏不倚。我曾强烈质疑过线性模式的有效性，但即便缝线—拉链类比，看起来也是一个线性的过程。我花费了几年的时间研究各种构架，之后决定紧紧依靠过程、问题和方案这些东西，因为它们在设计教育中的接受度高，使用范围广。

在这里，我必须向严肃的读者做个简短而完整的免责声明。问题、方案和设计过程这些字眼如果从字面意义理解都是具有误导性的。我更愿意将问题替换为感觉的构想机会或感觉，将方案替换为合理化的构想反应或概念，将解决问题替换为寻找机会，将设计过程替换为设计综合。但是，我觉得自己想要表达的东西可能会受到本人写作技巧和劝说能力的限制，而我也并非试图改变早已为人接受的表达法。

设计过程的局限性

在所有关于设计的误导性词语之中，创造性地解决问题也是其一。这种说法也出现在矛盾修饰法、矮小的人旁边的庞然大物、邮政服务和情报局中。大家一谈到解决问题就首先提到创造性。创造性指的是解决明显或传统问题以外需要做的事情。创造性地解决问题意思是说这些问题是已知的了，只需要针对这个固定的问题创造性地找出解决方案——与我所说的概念如出一辙。真正的创造性包括寻找、理解和应对他人忽略的设计机会——概念形成融合。

所有线性的思维、创造性方法或模型最大的危险性在于它们往往引导设计师放弃其主观性，即便它们可能只像缝线—拉链类比那么松散，也一样会起到上述作用。我们是两个更加睿智过程（人类进化和我们自己的人生体验）的产物。如果我们的感觉认为线性合理的过程是“不适合的”或“丑陋的”，那么我们就应该接受这个判断，不需要怀疑，也不需要感觉歉意。

现代物理学中的标准、距离和速度并没有经历直接的人类体验，但是许多设计方法都仿效它们的技巧。我们所设计环境的标准和复杂性是可以应用传统手绘和模型技巧来加以表现的。我们所设计的环境最终要由我们的同类即人类来加以评估，而他们在评估过程中所使用的感觉工具正是我们一直在使用的。最好的希望从未改变：发展对于人类和环境的个性感觉，仔细斟酌我们能够赋予环境的额外东西，而这些都需要使用准确的表现手绘和模型，它们使这个过程保持开放，保证所有人的参与。

为了追求传统的虚假而否定或限制对于我们感觉的评价是非常严重的错误，即便这种必然看起来非常合乎逻辑，数学或科学意义也不能排除在外。对任何设计方法笃信无疑并任由其践踏自己的主观体验就是放弃环境设计师的角色，也没有尽到为人的责任。

后记

人类所知最古老的手绘就是设计手绘。法国阿尔代什河谷的洞穴壁画历史已超3万年。创作这些壁画并非为了记录历史，也不是为了打动或影响观者。它们是在火炬的光线下创作的，位于洞穴中最难以到达的地方，通常还覆盖在早前的绘画作品之上。它们不是应用平行边、三角或电脑创作而成，也并没有使用平面图或剖面图。然而，它们却最真实地表现了事实的存在。

大多数专家都认为这些手绘的目的是影响未来。它们的创造者认为将未来可能发生的成功狩猎用图像表现出来可以帮助这些努力成为现实。

设计手绘就是这些史前洞穴壁画的直系后代，与艺术或草图创作之间的关系比起来，手绘与史前洞穴壁画两者本身具有更多的相同之处。设计手绘与这些早期手绘的创作目的非常一致。设计手绘造就了描绘不同未来的能力，设计手绘也体现了这些表现形式帮助我们创造更好环境的潜力。

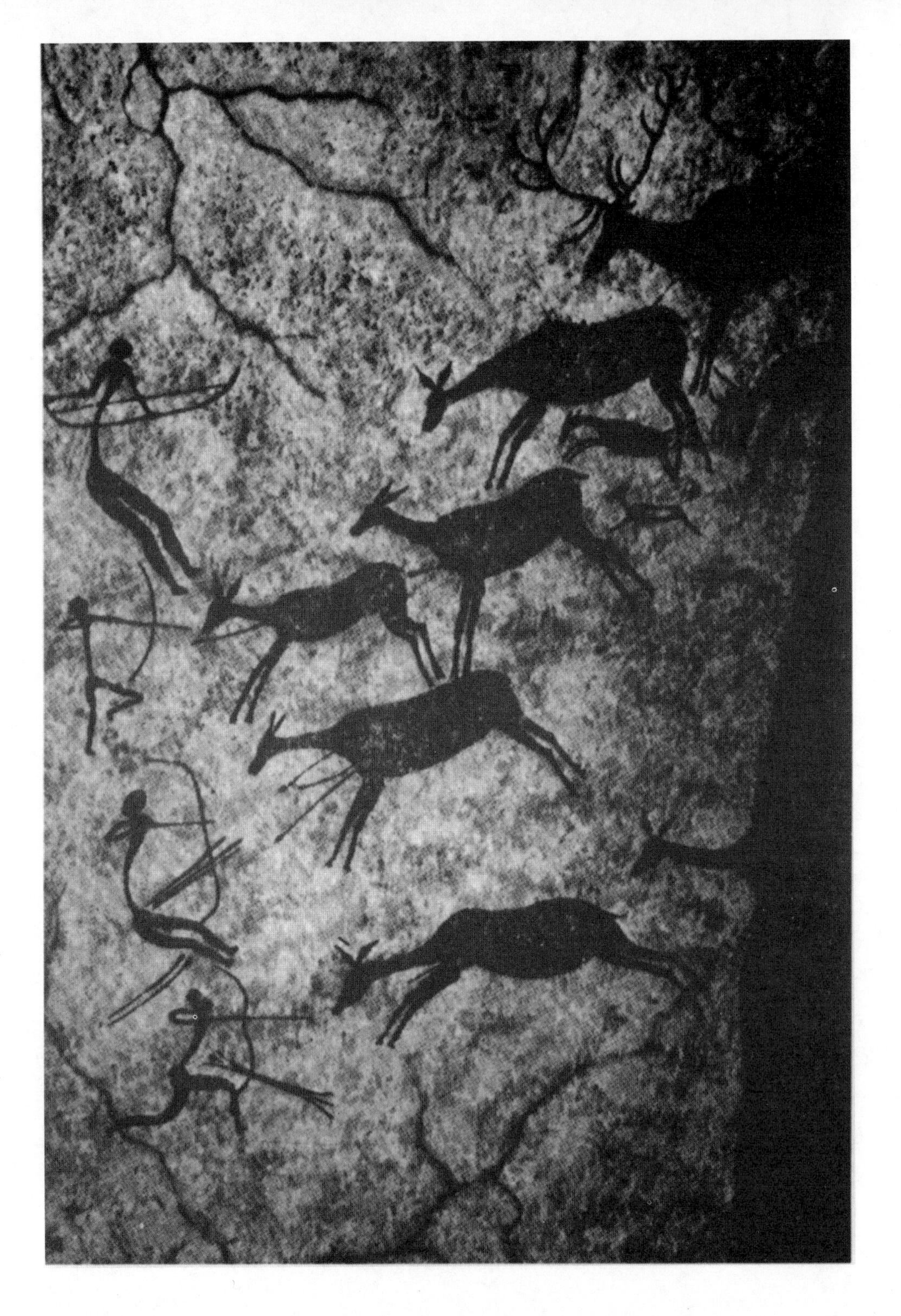

参考书目

手绘图书的分类一直以来都是一个问题，从这些图书在图书馆里的上架形式上，你就可以发现这个问题。该书参考书目根据图书的组织机构进行排列，对于设计手绘来说，这种排列方法是很适合的。

我在分类方面最大的困惑在于将我自己之前出版的书排放在哪里，它们是《建筑手绘方法》（1968年）和《设计手绘——体验与实践》（2000年版）。其他作者的图书在书目中多次出现，但是因为分类由我来做，所以我的书一般都放在各个类别的最后，当然有些类别里并没有我的书。我认为后一种做法比较谦虚，因此大家会发现，在与练习一同出现的书目中会列出我的书《设计手绘——体验与实践》。《建筑手绘方法》是最早试图将手绘与设计过程联系在一起的图书之一，它也启发我写出了本书的许多观点。这本书是综述类的图书，因此可以被归在任何类别之下。

知觉

这个书单是精挑细选出来的、最基本的，这些书直接将知觉与环境设计和手绘联系起来。

Arnheim, Rudolf. *Visual Thinking*. Berkeley/Los Angeles: University of California Press, 1969, 1971.

Berrill, N. J. *Man's Emerging Mind: The Story of Man's Progress Through Time*. New York: Fawcett World Library, 1965.

Bronowski, J. *The Ascent of Man*. Boston/ Toronto: Little, Brown & Company, 1973.

Gibson, James J. *The Perception of the Visual World*. Boston: Houghton Mifflin Company, 1950. Reprint, Westport, CT: Greenwood Press, 1974.

Gibson, James J. *The Senses Considered as Perceptual Systems*. Boston: Houghton Mifflin Company, 1966.

Gibson, James J. *The Ecological Approach to Visual Perception*. Boston: Houghton Miffin Company, 1979.

Gombrich, E. H. *Art and Illusion: A Study in the Psychology of Pictorial Representation*. The A. W. Mellon Lectures in the Fine Arts, 1965. Paperback ed. Bollingen Series XXXV 5. Princeton: Princeton University Press, 1972.

Gregory, R. L. *The Intelligent Eye*. New York: McGraw-Hill Book Company, 1970.

Hall, Edward T. *The Hidden Dimension*. New York: Doubleday and Company, 1966. Anchor Books ed., 1969.

Hoffman, Donald D. *Visual Intelligence*. New York: W. W. Norton & Company, Inc., 1998.

Ittelson, William H., ed. *Environment and Cognition*. New York: Seminar Press, 1973.

McLuhan, Marshall. *Understanding Media: The Extensions of Man*. New York: McGraw-Hill Book Company, 1964.

构想

The books that follow are selected to demonstrate the range of thought, most of it by nondesigners, that can be related to environmental design and drawing.

Adams, James L. *Conceptual Blockbusting: A Guide to Better Ideas*. 2nd ed. New York: W. W. Norton & Company, 1974.

Allport, Gordon W. *The Nature of Prejudice*. Reading, MA: Addison-Wesley Publishing Company, 1954. Garden City: Doubleday Anchor Books, 1958.

Arnheim, Rudolf. *Visual Thinking*. Berkeley/Los Angeles: University of California Press, 1971.

Bruner, Jerome S., Jacqueline J. Goodnow, and George A. Austin. *A Study of Thinking*. New York: John Wiley & Sons, 1956.

Bruner, Jerome S. *On Knowing: Essays for the Left Hand*. Cambridge: Harvard University Press, 1963. Paperback ed. New York: Atheneum, 1973.

Bruner, Jerome S. *Beyond the Information Given: Studies in the Psychology of Knowing*. Edited by Jeremy M. Anglin. New York: W. W. Norton & Company, 1973.

Churchman, C. West. *The Systems Approach*. New York: Dell Publishing, 1968.

deBono, Edward. *The Mechanism of Mind*. New York: Simon and Schuster, 1969.

deBono, Edward. *Lateral Thinking: Creativity Step by Step*. New York: Harper & Row, Publishers, 1970.

deBono, Edward. *New Think: The Use of Lateral Thinking in the Generation of New Ideas*. New York: The Hearst Corporation, Avon Books, 1971.

Foz, Adel Twefik-Khalil. "Some Observations on Designer Behavior in the Parti." Master's thesis, Massachusetts Institute of Technology, 1972.

Gordon, William J. J. *Synectics: The Development of Creative Capacity*. New York: Harper & Row Publishers, 1961. Paperback ed. Coffier Books, 1968.

Gruber, Howard E. *Darwin on Man: A Psychological Study of Scientific Creativity*. New York: E. P. Dutton and Company, 1974.

Kepes, Gyorgy. *The New Landscape in Art and Science*. Chicago: Paul Theobald and Company, 1956.

Koberg, Don, and Jim Bagnall. *The Universal Traveler*. Los Altos, CA: William Kaufman, 1972.

Koestler, Arthur. *The Act of Creation: A Study of the Conscious and Unconscious in Science and Art*. New York: The Macmillan Company, 1964. Paperback ed. Dell Publishing Company, 1967.

Koestler, Arthur. *The Ghost in the Machine*. New York: The Macmillan Company, 1967. Gateway ed. Chicago: Henry Regnery Company, 1971.

Koestler, Arthur. *Janus: A Summing Up*. New York: Random House, 1978. Vintage Book ed., 1979.

Kuhn, Thomas S. *Structure of Scientific Revolutions*. 2nd ed., enlarged. Chicago: The University of Chicago Press, 1962, 1970.

Levi-Strauss, Claude. *The Savage Mind*. Chicago: The University of Chicago Press, 1966.

McKim, R. H. *Experiences in Visual Thinking*. 2nd ed. Monterey, CA: Brooks/Cole Publishing Company, 1972.

Magee, Bryan. *Karl Popper*. New York: The Viking Press, 1973.

Martin, William David. "The Architect's Role in Participatory Planning Processes: Case Study—Boston Transportation Planning Review." Master's thesis, Massachusetts Institute of Technology, 1976.

Maslow, A. H. *The Farther Reaches of Human Nature*. New York: The Viking Press, 1971. Viking Compass ed., 1972.

Newell, Allen, and Herbert A. Simon. *Human Problem Solving*. Englewood Cliffs, NJ: Prentice-Hall, 1972.

Ornstein, Robert E. *Psychology of Consciousness*. San Francisco: W. H. Freeman and Company, 1972. 2nd ed. New York: Harcourt Brace Jovanovich, 1977.

Pearce, Joseph Chilton. *The Crack in the Cosmic Egg: Challenging Constructs of Mind and Reality*. New York: Julian Press, 1971. Paperback ed. Simon & Schuster, Pocket Books, 1973.

Polanyi, Michael. *The Tacit Dimension*. New York: Doubleday and Company, Inc., 1966. Anchor books, 1967.

Prince, George M. *The Practice of Creativity*. New York: Harper & Row. Paperback ed. Collier Books, 1972.

Samuels, Mike, M.D., and Nancy Samuels. *Seeing With the Mind's Eye: The History, Techniques and Uses of Visualization*. New York: Random House, 1975.

Wilson, Frank R. *The Hand*. New York: Random House, Inc., 1998.

3. 再现

手绘与体验的关系

手绘技巧

线条

Bon-Hui Uy. *Architectural Drawings and Leisure Sketches*. Hololulu: Bon-Hui Uy, 1978.

Bon-Hui Uy. *Drawings, Architecture and Leisure*. New York: Bon-Hui Uy, 1980.

Parenti, George. *Masonite Contemporary Studies*. Chicago: Masonite Corporation, 1960.

Welling, Richard. *The Technique of Drawing Buildings*. New York: Watson-Guptill Publications, 1971.

色调

Kautzky, Ted. *Pencil Broadsides: A Manual of Broad Stroke Technique*. New York: Reinhold, 1940, 1960.

Kautzky, Ted. *The Ted Kautzky Pencil Book*. New York: Van Nostrand Reinhold Company, 1979.

Oles, Paul Stevenson. *Architectural Illustration: The Value Delineation Process*. New York: Van Nostrand Reinhold Company, 1979.

色调线条

Guptill, Arthur Leighton. *Drawing with Pen and Ink*. New York: Reinhold, 1961.

White, Edward T. *A Graphic Vocabulary for Architectural Presentation*. Tucson: Architectural Media, 1972.

线条色调

Cullen, Gordon. *Townscape*. New York: Reinhold, 1961.

Jacoby, Helmut. *Architectural Drawings*. New York: Frederick A. Praeger, Publishers, 1965.

Jacoby, Helmut. *New Architectural Drawings*. New York: Frederick A. Praeger, Publishers, 1969.

4. 透视

Burden, Ernest. *Architectural Delineation: A Photographic Approach to Presentation.* New York: McGraw Hill Book Company, 1971.

D'Amelio, Joseph. *Perspective Drawing Handbook.* New York: Tudor Publishing, 1964.

Doblin, Jay. *Perspective: A New System for Designers.* New York: Whitney Library of Design, 1956.

Ivins, William M., Jr. *On the Rationalization of Sight: With an Examination of Three Renaissance Texts on Perspective.* New York: Da Capo Press, 1973.

光线

Doyle, Michael E. *Color Drawing.* New York: Van Nostrand Reinhold Company, 1981.

Forseth, Kevin, with David Vaughan. *Graphics for Architecture.* New York: Van Nostrand Reinhold Company, 1980.

Oles, Paul Stevenson. *Architectural Illustration: The Value Delineation Process.* New York: Van Nostrand Reinhold Company, 1979.

颜色

Doyle, Michael E. *Color Drawing.* New York: Van Nostrand Reinhold Company, 1981.

Oles, Paul Stevenson. *Architectural Illustration: The Value Delineation Process.* New York: Van Nostrand Reinhold Company, 1979.

Welling, Richard. *Drawing with Markers.* New York: Watson-Guptill Publications, 1974.

录像带和模板

Burden, Ernest E. *Entourage: A Tracing File for Architecture and Interior Design.* New York: McGraw Hill Book Company, 1981.

Denny, Edward, and Patricia Terrazas. *Bod File: A Resource Book for Designers & Illustrators.* Arlington: Inner Image Books, 1976.

McGinty, Tim. *Drawing Skills in Architecture: Perspective, Layout Design.* Dubuque: Kendall/Hunt Publishing Company, 1976.

Szabo. *Drawing File for Architects.* New York: Van Nostrand Reinhold Company, 1976.

Wang, Thomas C. *Plan and Section Drawing.* New York: Van Nostrand Reinhold Company, 1979.

White, Edward T. *A Graphic Vocabulary for Architectural Presentation.* Tucson: Architectural Media, 1972.

附带练习的介绍性图书

Lockard, William Kirby, *Design Drawing Experiences. 2000 Edition.* New York: W. W. Norton & Company, Inc., 2000.

McGinty, Tim. *Drawing Skills in Architecture: Perspective Layout, Design.* Dubuque: Kendall/Hunt Publishing Company, 1976.

Wester, Lari M. *Think and Do Graphics: A Graphic Communication Workbook.* Proof Copy. Guelph, Canada: Guelph Campus CO-OP, 1976.

草图

Ching, Francis D. K. *Architectural Graphics.* New York: Van Nostrand Reinhold Company, 1975.

Forseth, Kevin, with David Vaughan. *Graphics for Architecture.* New York: Van Nostrand Reinhold Company.

Martin, C. Leslie. *Design Graphics.* 2nd ed. New York: The Macmillan Company, 1968.

Patten, Lawton, M., and Milton L. Rogness. *Architectural Drawing.* Rev. ed. Dubuque: Win. C. Brown Company, Publishers, 1968.

Ramsey, Charles G., and Harold R. Sleeper. *Architectural Graphic Standards.* 6th ed. New York: John Wiley & Sons, 1970.

5. 手绘与设计过程的关系

设计过程和方法

本节书目涉及对于在设计过程中发生或应该发生的情况的描述和处方。一些方法认为手绘在过程中并不是个有意义的角色，这种看法与本书的根本观点是背道而驰的。

Broadbent, Geoffrey, and Anthony Ward, eds. *Design Methods in Architecture.* Architectural Association Paper number 4. London: Lund Humphries Publishers, 1969.

Broadbent, Geoffrey. *Design in Architecture: Architecture and the Human Sciences.* Chicester: John Wiley & Sons, 1973.

Jones, J. Christopher. *Design Methods: Seeds of Human Futures.* London: Wiley-Interscience, 1970.

Moore, Gary T., ed. *Emerging Methods in Environmental Design and Planning.* Cambridge: MIT Press, 1970.

构想手绘

这一类别讨论所有的手绘，它们涉及开启、清理和结束设计空间的各个阶段。

Adams, James L. *Conceptual Blockbusting: A Guide to Better Ideas.* 2nd ed. New York: W. W. Norton & Company, 1974.

Ching, Francis D. K. *Architecture: Form, Space & Order.* New York: Van Nostrand Reinhold Company, 1979.

Hanks, Kurt, and Larry Belliston. *Draw! A Visual Approach to Thinking, Learning and Communicating.* Los Altos, CA: William Kaufmann, 1977.

Hanks, Kurt, and Larry Belliston. *Rapid Viz: A New Method for the Rapid Visualization of Ideas.* Los Altos, CA: William Kaufmann, 1977.

Laseau, Paul. *Graphic Problem Solving for Architects and Builders*. Boston: CBI Publishing Company, 1975.
Laseau, Paul. *Graphic Thinking for Architects and Designers*. New York: Van Nostrand Reinhold Company, 1980.
McKim, R. H. *Experiences in Visual Thinking*. 2nd ed. Monterey, CA: Brooks/Cole Publishing Company, 1972.
Porter, Tom. *How Architects Visualize*. New York: Van Nostrand Reinhold Company, 1979.
White, Edward T. *Introduction to Architectural Programming*. Tucson: Architectural Media, 1972.
White, Edward T. *Ordering Systems: An Introduction to Architectural Design*. Tucson: Architectural Media, 1973.
White, Edward T. *Concept Sourcebook: A Vocabulary of Architectural Forms*. Tucson: Architectural Media, 1975.

再现手绘

以下的书目大多数都是关于封闭、有说服力的手绘，它们在所有设计决策做出之后出现——我将它们称为压缩手绘。这个组别最有希望的特点是它具有丰富的多样性，并且越来越多类似的图书都详细展示手绘的制作过程。

Atkin, William Wilson, Raniero Corbelletti, and Vincent T. Fiore. *Pencil Techniques in Modern Design*. New York: Van Nostrand Reinhold Company, 1953.
Atkin, William Wilson. *Architectural Presentation Techniques*. New York: Van Nostrand Reinhold Company, 1976.
Burden, Ernest. *Architectural Delineation: A Photographic Approach to Presentation*. New York: McGraw-Hill Book Company, 1971.
Doyle, Michael E. *Color Drawing*. New York: Van Nostrand Reinhold Company, 1981.
Halse, Albert O. *Architectural Rendering: The Techniques of Contemporary Presentation*. 2nd ed. New York: McGraw-Hill Book Company, 1972.
Jacoby, Helmut. *Architectural Drawings*. New York: Frederick A. Praeger, Publishers, 1965.
Jacoby, Helmut. *New Architectural Drawings*. New York: Frederick A. Praeger, Publishers, 1969
Jacoby, Helmut. *New Techniques of Architectural Rendering*. New York: Frederick A. Praeger, Publishers, 1971.
Kemper, Alfred M. *Drawings by American Architects*. New York: John Wiley & Sons, 1973.
Kemper, Alfred M. *Presentation Drawings by American Architects*. New York: Wiley-Interscience, John Wiley & Sons, 1977.
Oles, Paul Stevenson. *Architectural Illustration: The Value Delineation Process*. New York: Van Nostrand Reinhold Company, 1979.
Pile, John, comp. *Drawings of Architectural Interiors*. New York: Whitney Library of Design, 1967.
Walker, Theodore D. *Perspective Sketches*. West Lafayette, IN: PDA Publishers, 1972.
Walker, Theodore D. *Perspective Sketches II*. West Lafayette, IN: PDA Publishers, 1975.
White, Edward T. *A Graphic Vocabulary for Architectural Presentation*. Tucson: Architectural Media, 1972.
White, Edward T. *Presentation Strategies in Architecture*. Tucson: Architectural Media, 1977.

6. 组合：手绘作为交流伙伴

对于设计职业来说，并没有太多的出版物将手绘与其他媒介组合起来。以下书目的数量在未来几年会快速增长。

Boyer, Ernest L., and Lee D. Mitgang. *Building Community: A New Future for Architecture Education and Practice*. Princeton: The Carnegie Foundation for the Advancement of Teaching, 1996.
Kliment, Stephen A. *Writing for Design Professionals*. New York: W. W. Norton & Company, 1998.
Lewis, Roger K., *Shaping the City*. Washington, D.C.: The AIA Press, 1987.
Tuft, Edward R. *Envisioning Information*. Chesire, Connecticut: Graphics Press, 1991.
Tuft, Edward R. *The Visual Display of Quantitative Information*. Chesire, Connecticut: Graphics Press, 1983.
Wurman, Richard Saul. *Information Anxiety*. New York: Bantam Books, 1989.